三疣梭子蟹分子遗传学与遗传育种

崔朝霞　著

海洋出版社

2013 年·北京

图书在版编目(CIP)数据

三疣梭子蟹分子遗传学与遗传育种 / 崔朝霞著. —
北京：海洋出版社，2013. 12
ISBN 978 - 7 - 5027 - 8728 - 8

Ⅰ. ①三… Ⅱ. ①崔… Ⅲ. ①梭子蟹 – 分子遗传学②
梭子蟹 – 遗传育种 Ⅳ. ①S968. 252

中国版本图书馆 CIP 数据核字(2013)第 265578 号

责任编辑：赵　娟
责任印制：赵麟苏

海洋出版社　出版发行

http://www.oceanpress.com.cn
北京市海淀区大慧寺路 8 号　　邮编：100081
北京旺都印务有限公司　　　　印刷
2013 年 12 月第 1 版　　2013 年 12 月北京第 1 次印刷
开本：787 mm × 1092 mm　1/16　印张：18.75
字数：420 千字　　定价：80.00 元
发行部：62132549　邮购部：68038093　总编室：62114335
海洋版图书印、装错误可随时退换

前　言

　　忆往昔，峥嵘岁月。缘于20年前大学本科的一次实习，让我经历了一个产业从兴起走向繁盛的过程，我的学业也随之逐渐从极具应用的水产养殖专业转向了基础性较强的分子遗传学研究。立足我国的产业发展需求，我终于鼓足勇气，将积累多年的成果一一归纳、总结，形成了本书的内容。

　　本书共包括五章，除第一章绪论外，其余各章也都首先介绍了相关的常识性概念或方法，供感兴趣的读者浏览。在第一章中，介绍了分子遗传学的主要研究内容及三疣梭子蟹的产业背景，旨在明确本书的写作意图及其意义；在第二章和第四章中，主要总结了三疣梭子蟹种质资源遗传多样性状况及分子标记的开发利用，以便尽可能一览遗传资源和标记辅助选育研究的全貌；在第三章和第五章中，重点详述了三疣梭子蟹功能基因的研究结果及培育的"科甬1号"三疣梭子蟹抗溶藻弧菌快速生长新品种，是我所从事的核心研究内容，其中包括了与国内外同类研究的比较和探讨，也不乏从现有结果中推测得到的新发现、新理念，这些线索将用于相关研究的深入化、系统化。

　　感谢这本书，让我有机会审视多年的研究，发现其中的不足，同时理清了今后发展的思路和方向。希望它能够给感兴趣的读者提供一点科普常识，给同行提供一点相关研究的参考和启示。

　　在本书的写作过程中，我的课题组所有人员都付出了辛苦努力。从资料的搜集、整理到最后的校正、出版，刘媛协助完成第一章和第五章，惠敏、郭恩棉协助完成第二章，宋呈文协助完成第三章，李希红协助完成第四章。另外，李应东、师国慧、罗丹丽辅助实验室其他事务的处理，让我有更多的精力投入到书稿的撰写中。我的家人也由始至终地给予了全力的支持和理解。在此，一并向他们表示衷心的感谢！

不惑之年，初为人母，本书的出版正值女儿诞生之时。幸福在此刻凝聚，梦想在此刻放飞。新生命带来的将是对未知世界的深深渴望和无尽追求，我终将注定在科研之路上不断探索前行。

崔朝霞
2013 年 12 月于青岛

目　次

第1章 绪 论

1.1 分子遗传学含义

分子遗传学(Molecular genetics)是在分子水平上研究生物遗传和变异机制的遗传学分支学科。历经60多年突飞猛进的发展,分子遗传学已成为生命科学和生物技术领域的前沿学科之一,它的基础理论和实验技术已经渗透到生命科学的几乎所有领域(图1.1),促进了生命科学特别是其他遗传学中各分支学科的发展,如免疫遗传学、人类遗传学和体细胞遗传学[1]。在实践方面,分子遗传学促进了遗传工程、基因工程的发展,使得人类能够以更快的速度和更准确的目标进行生物品种的改良,甚至创造了新物种。

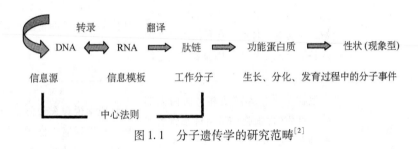

图 1.1 分子遗传学的研究范畴[2]

1.1.1 分子遗传学的中心概念——基因

基因(遗传因子)是遗传的物质基础,是 DNA 或 RNA 分子上具有遗传信息的特定核苷酸序列。基因概念是分子遗传学的中心概念,由其演化出来的一系列概念构成了分子遗传学概念体系的基本框架。孟德尔(G. J. Mendel)把控制性状的因子称为遗传因子,约翰生(W. L. Johannsen)提出基因这个名词,取代遗传因子,摩尔根(T. H. Morgan)等对果蝇、玉米等的大量研究,建立了以基因和染色体结构为主体的经典遗传学,随着分子遗传学的发展,对基因的本质有了更深的认识,基因由最初一个抽象的名词,最后定义为基因组中一段具体的、可以编码蛋白质或 RNA 的 DNA 序列,并成为了生物学最重要的词汇之一。但随着基因组计划完成,尤其是"DNA 元件百科全书"计划的完成,基因组组成的复杂性和多样性以及其动力学特点,对基因定义提出了挑战,人们发现基因并不像原来想象的那么简单,基因定义的解释又受到了更多人的关注。

1.1.1.1 基因概念的起源

在基因概念产生之前,人类在长期的农业生产和饲养家畜过程中,早已认识到遗传和变异现象，并根据生产实践如动植物育种、品种改良等的需要，开始重视遗传变异现象。

从 18 世纪下半叶起，许多学者对遗传与变异现象进行了系统的研究，提出种种学说（表 1.1），推动了遗传学的发展，也为基因概念的诞生创造了条件。

表 1.1　关于基因概念起源的代表性学说

学说	提出者	主要内容	贡献
用尽废退获得性遗传	拉马克（J. B. Lamarck）	生物在新环境的直接影响下，习性改变，某些经常使用的器官发达增大，不经常使用的器官逐渐退化。生物获得的后天性状可以遗传给后代，环境条件的改变是生物变异的根本原因	虽然是缺乏科学依据的一种推论，但它第一次从生物与环境的相互关系方面探讨生物进化的动力，为达尔文进化理论的产生提供了一定的基础
泛生论学说	达尔文（C. R. Darwin）	动物每个器官里都普遍存在微小的、流动在体内的泛生粒，以后聚集生殖器官里，形成生殖细胞，当受精卵发育为个体时，各种泛生粒即进入各器官发生作用，因而表现为遗传	泛生论虽然是混合遗传的解释，并不正确，但它第一次肯定有机体内部有特殊的物质负责传递遗传性状，这是合理的
种质学说	魏斯曼（A. Weismann）	生物体可分为体质和种质两大部分，种质(性细胞和产生性细胞的那些细胞)在世代繁衍过程中连续相传，体质有种质产生，体质细胞变化，不影响体质细胞	种质学说包含着科学合理的内核，意识到遗传物质问题，因此可以说基因的初步概念已经在种质学说中开始孕育和萌动了

1.1.1.2　基因概念的发展

1)经典遗传学阶段

(1)遗传因子学说

奥地利遗传学家孟德尔于 1854 年到 1965 年间对豌豆的遗传性状进行了长期的探索，发现豌豆的很多性状能够有规律地传给下一代，总结出生物遗传的两大定律（分离定律和自由组合定律），并据此提出了"遗传因子"假说，认为性状是受遗传因子控制的，亲代传给子代的不是具体性状而是遗传因子，这些遗传因子互不融合，互不干扰，独立分离，自由组合，具有颗粒性，从而否定了混合遗传理论，在基因概念的演变史上，遗传因子是最初的名称，它为以后的基因学说奠定了基础[3]。

(2)基因术语的提出

丹麦遗传学家约翰生首次提出"基因"的概念，并创立了"基因型"和"表现型"两个不同概念，把遗传基础和表现性状科学地区分。从此，基因一词一直沿用至今。

（3）基因是化学实体

约翰生创造了"基因"这一术语，用来表达孟德尔的遗传因子，但还只是提出了遗传因子的符号，没有提出基因的物质概念。1910 年，美国学者摩尔根等以果蝇做材料，研究性状的遗传方式，首先发现了伴性遗传，又解决了分配规律不能解释的性状连锁现象，得出连锁交换定律，证明基因在染色体上呈直线排列，第一次把代表某一特定性状的特定基因与某一特定染色体上的特定位置联系起来。这时基因已初步证明是有物质性的，基因概念再也不是抽象的性状符号，而是在染色体上占有一定位置的实体。与此同时，埃默森（R. A. Emerson）等在玉米工作中也得到同样的结论。这样就形成了一套经典的遗传学理论体系——以遗传的染色体学说为核心的基因论。

（4）"三位一体学说"

1927 年，缪勒（H. J. Muller）首先用 X 射线造成人工突变以研究基因的行为，证明了基因在染色体上有确定的位置，它本质上是一种微小的粒子，后来大量的研究证实、丰富和发展了这一理论。在此基础上，在摩尔根及他的学生的著作《基因论》中首次把基因的概念归纳为"三位一体学说"，他们认为：基因首先是一个功能单位，能控制蛋白质的合成，从而达到控制性状发育的目的；其次是一个突变单位，在一定环境条件和自然状态下，一个野生型基因能突变成它对应的突变型基因，而表现出变异类型；第三是一个重组单位，基因与基因之间可以发生重组，产生各种与亲本不同的重组类型；而这些基因都在染色体按一定顺序、间隔一定距离呈线状排列着，各自占有一定的区域。

（5）一个基因一个酶学说

1941 年，比德尔（G. W. Beadle）等对红色链孢霉进行了大量研究，提出"一个基因一个酶"的观点，认为基因控制酶的合成，一个基因产生一个相应的酶，基因与酶之间一一对应，基因通过酶控制一定的代谢过程，继而控制生物的性状，这是人们对基因功能的初步认识。

因此，经典遗传学认为，基因是一个最小的单位，它连续排列，界限分明，没有内部结构和不能再分；既是结构单位，又是功能单位。

2）分子遗传学阶段

（1）基因的化学本质主要是 DNA

艾弗里与格里菲斯（F. Griffith）通过肺炎双球菌的转化实验，首次证明了基因的本质——DNA 是遗传物质。1956 年，康兰特（F. Conrot）在烟草花叶病毒的研究中，证明了在不具有 DNA 的病毒中，RNA 是遗传物质。从而将基因的概念落实到具体的物质上，并给予具体的内容，基因的化学本质在多数生物中是 DNA，少数生物中是 RNA。

（2）基因不是最小的遗传单位

① 顺反子学说——基因结构是可分的。1955 年，美国分子生物学家本泽尔（S. Benzer）用大肠杆菌 T4 噬菌体为材料，分析了基因的精细结构，发现了基因内部还存

在着可分的精细结构，从而提出了顺反子、突变子和重组子的概念。顺反子是遗传上一个不容分割的功能单位，一个顺反子决定一条多肽链，这就使以前"一个基因一种酶"的假说发展为"一个基因一种多肽链"的假说；顺反子并不是一个突变单位或重组单位，而要比它们大很多。突变子是指在性状突变时，产生突变的最小单位。一个突变子可以小到只有一个碱基对，如移码突变。重组子是指在性状重组时，可交换的最小单位，一个重组子只包含一个碱基对。一个顺反子内部可以发生突变或重组，即包含着许多突变子和重组子。

② 操纵子学说——基因功能是可分的。1961 年，雅各布（F. Jacob）和莫诺（J. L. Monod）在对大肠杆菌产生半乳糖苷酶的研究过程中，提出了操纵子学说。该学说认为，所谓"操纵子"是由一个操纵基因和一系列结构基因结合形成的。操纵基因一头和结构基因相连，而另一头称为启动子，起着使转录过程开动的作用，结构基因受邻近的操纵基因的控制，而操纵基因又是在调节基因所生成的阻遏蛋白的控制下活动的。也就是说，基因在功能上不仅有直接转录成 mRNA 的结构基因，也有起着调节结构基因功能活动的操纵基因和调节基因，从而使人们认识到基因在功能上也是可分的。

3）现代发展阶段

20 世纪 70 年代，DNA 体外重组技术和基因工程技术成熟，人们对基因的结构和功能上的特征有了更多的认识，涌现出断裂基因、重叠基因、假基因、跳跃基因等基因的多元概念。

（1）断裂基因

断裂基因发现于 1977 年，又称不连续基因，由编码序列和非编码序列相间排列构成。现已查明，原核生物的基因一般是连续的，在一个基因的内部没有不编码的 DNA 序列。而真核生物的绝大多数基因都是不连续的断裂基因，无编码意义的插入片段称为内含子，有编码意义的基因片段称为外显子。在基因表达时，内含子与外显子被一起转录成 mRNA 前体，然后通过加工除掉与内含子对应的序列，再把与外显子对应的序列拼接起来，形成成熟的 mRNA 分子，最后翻译成多肽链。内含子把一个基因分成几个部分，打破了基因是一个不容分割的功能单位的传统观念。断裂基因的发现使人们对基因结构的认识产生了质的飞跃。

（2）重叠基因

1977 年桑戈尔（F. Sanger）等在研究 φX174 噬菌体 DNA 的核苷酸序列时发现重叠基因，即某一段核苷酸序列同时为两个基因编码。后来在其他病毒以及细菌和果蝇等生物中也发现了重叠基因，一段 DNA 序列为两个或三个基因所共用，或者一个小基因位于一个大基因之内。重叠基因是生物体合理而又经济地利用自身 DNA 的一种绝妙方式，它的发现打破了"基因在染色体上排列时是一个接一个线性排列的，彼此分立的"传统观念。

（3）跳跃基因

1956 年，麦克林托克（B. Mcclintock）在玉米的染色体中发现了可以改变自身位置的基因，称之为"解离因子"。解离因子可以在同一个染色体内或不同的染色体间移动，当它移动到新的位置以后，可以引起染色体断裂，使玉米籽粒出现色斑。后来，在其他生物中也发现了可以改变自身位置的移动基因，其中最常见的是细菌转座子。转座子除了含有与改变自身位置有关的基因以外，还携带与插入功能无关的基因，如耐药基因、毒素基因和代谢基因等。跳跃基因的发现使人们进一步认识到基因不都是稳定、静止不动的实体，它可以通过自身的运动调节活性。

（4）假基因

1977 年，杰奎（G. Jacq）等根据对非洲爪蟾 5S rRNA 基因家族的研究，首次提出了假基因的概念。假基因是指同已知的基因相似，处于不同的位点，因缺失或突变而不能转录或翻译，是没有功能的基因。根据是否保留相应功能基因的间隔序列，假基因分为两大类：一类保留了间隔序列，另一类则缺少间隔序列。近年来的研究发现，假基因也具有一定的功能和调控作用，这对于我们了解基因的概念具有重要意义。

（5）多个基因编码一条多肽链

1979 年，那卡尼施（S. Nakanishi）等发现并非一条肽链都由一个基因编码，例如有些病毒可以由一段 DNA 序列转录出一条 mRNA 分子，然后翻译出一条多肽链，最后这条多肽链被切割成多个有生物功能的肽链。有多少个功能肽链产生，对应的 DNA 序列就应当含有多少个基因。这种多个基因编码一条多肽链的现象，不符合"一个基因决定一条多肽链"的普遍原则，使基因的定义更加复杂化。

（6）隐蔽基因

一般来说，用作翻译模板的 mRNA 分子应该与其编码基因有对应关系，也就是说它的核苷酸碱基应与基因的核苷酸碱基互补，而且数量相等，对真核基因来说应与外显子序列相对应。但是，自 1985 年以来，在某些病毒、植物和动物中发现，mRNA 前体在成熟过程中发生了碱基的增加、缺失或置换，mRNA 与基因之间失去了一一对应的关系。这一现象首先在原生动物锥虫中发现，并称之为 RNA 编辑。这种需要编辑才能正常表达的基因称为隐蔽基因。隐蔽基因的发现使对基因的准确定义更加困难。

1.1.2 基因的结构

无论是原核基因还是真核基因，都可划分成编码区和非编码区两个基本组成部分。编码区含有大量的可以被细胞质中转译机器阅读的遗传密码，包括起始密码子（通常是 AUG）和终止密码子（UAA，UAG 或 UGA）。编码区能够转录 mRNA 的部分，它能够合成相应的蛋白质。非编码区是不能够转录 mRNA 的 DNA 结构，但是它能够调控遗传信息的表达，其结构中的 5′-UTR 和 3′-UTR，对于基因遗传信息的表述是必要的[4]。

虽然原核基因和真核基因的基本结构相同，但两者之间存在较大的差异（表 1.2）。原核基因的编码区（即转录区）是连续不断的序列，而真核基因的编码区是间隔的、不连续的，其中编码蛋白质的序列叫做外显子（exon），一般不能够编码蛋白质的序列叫做内含子（intron）。原核基因的转录产物直接是成熟的 RNA 分子，而真核基因转录首先产生初期 RNA 转录本，经剪辑加工（即去掉内含子）后才形成有功能的 mRNA 分子。

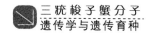
表 1.2　原核基因和真核基因结构差异

	原核基因	真核基因
结构示意图	非编码区　编码区　非编码区	非编码区　编码区　非编码区 外显子　　内含子
非编码区组成、作用	启动子等调控序列调控遗传信息的表达	同左
编码区组成、作用	不间断、编码蛋白合成	断裂，分为外显子与内含子。外显子编码蛋白质的合成
转录产物	成熟的 RNA	初级转录产物、经加工后才能成为成熟的 RNA
基因作用	储存、传递和表达遗传信息，可发生突变，决定生物性状	同左

　　基因的另一个重要组成部分是启动子(promoter)，指位于基因 5′-端上游外侧紧挨转录起点的一段非编码的核苷酸序列，其功能是引导 RNA 聚合酶同基因的正确部位结合。一般说来，原核基因的启动子比较简单，只有数十个碱基对大小，而真核基因启动子的分子量比较大，即便是相距数千个碱基对之遥，它亦能对基因的转录效率产生深刻的影响。在基因的 3′-端下游外侧与终止密码子相邻的一段非编码的核苷酸短序列叫做终止密码子(terminator)，具有转录终止信号的功能，也就是说，一旦 RNA 聚合酶完全通过了基因的转录单位，它就会阻断酶分子使之不再继续向前移动，从而使 RNA 分子的合成活动终止下来。

　　事实上，真核生物的基因都是以单顺反子(monocistron)的形式存在，因此它们编码的也都是单基因产物。而像大肠杆菌这样的原核生物则不同，它们的基因往往是以多顺反子(polycistron)的形式存在。由它转录产生的是一种大分子量的 mRNA，可同时编码两种甚至数种基因产物。

1.1.3　基因的传递规律

　　根据控制遗传性状的基因数目将遗传性状的遗传方式分为两大类：单基因遗传(monogenic inheritance)和多基因遗传(polygenic inheritance)。单基因遗传性状受一对基因的控制，遗传方式符合孟德尔定律；多基因遗传性状受多对微效基因的控制，还受环境因素的影响，遗传规律比较复杂[3,5]。

1.1.3.1　单基因孟德尔式遗传

　　单基因遗传是指一种遗传性状或遗传病，是由一对等位基因控制或一对等位基因起主要作用的遗传方式，等位基因基本上按孟德尔规律进行传递，所以这种遗传方式也称为孟德尔式遗传(Mendelian inheritance)。

依照等位基因所在的染色体和基因性质的不同，单基因遗传又可分为常染色体遗传(autosome inheritance)和性连锁遗传(sex-linked inheritance)。

1) 常染色体遗传

单基因遗传中，凡是某种性状的基因位于常染色体上，这种遗传就属于常染色体遗传。根据基因的性质可分为常染色体显性遗传(autosome dominance inheritance)和常染色体隐性遗传(autosome recessive inheritance)。

(1) 常染色体显性遗传

一种遗传性状或遗传病，其基因位于常染色体上，基因的性质如果是显性的，这种性状或遗传病的遗传方式称为常染色体显性遗传。依据表现程度不同，可以把它分为以下几类：

① 完全显性遗传：在常染色体显性遗传中，凡是杂合子(Aa)与纯合子(AA)都表现出显性性状，则称为完全显性(complete dominance)。例如，鲤鱼(*Cyprinus carpio*)的鳞片有全磷和散鳞两种，全鳞是显性基因 A 控制的，a 则表示散鳞隐性基因。基因型 AA 的个体是全磷，鲤鱼全身均有鳞片且分布整齐规则，基因型 aa 的个体是散鳞，鳞片少且分布不规律。基因型 Aa 的个体中，基因 A 和 a 的作用相反，由于 A 基因的作用强于基因 a，所以杂合子也是全磷。大多数的常染色体显性遗传性状都是属于这种遗传方式。

② 不完全显性遗传：在显性遗传中有一种情况，即杂合体 Aa 的表现型介于纯合子 AA 和 aa 两种表现型之间，表现为中间性状。当两个杂合体 Aa 杂交时，其子代中表现型比例不是 3:1 而是 1:2:1，和其基因型比例相同。这种遗传方式称为不完全显性(incomplete dominance)。

③ 共显性遗传：在杂合体中，一对等位基因的作用都得以表现的现象，称为共显性遗传。人类的 ABO 血型的遗传即为一种共显性遗传。

④ 不规则显性遗传：不规则显性(irregular dominance)是指在某些遗传背景和某些环境因素影响下，杂合子 Aa 表现为显性；在另一些情况下，则表现为隐性。

⑤ 延迟显性遗传：杂合子个体在幼年时期不反映遗传性状，到发育的晚期才出现显性性状的遗传方式，称为延迟显性(delayed dominance)。

⑥ 从性显性遗传：从性显性遗传(sex-condition dominance)是指显性基因对杂合子的表现型在不同性别中是不同的。最明显的例子是人类的早秃，杂合子男性会出现早秃，女性杂合体则不会出现早秃，女性只有显性纯合体才出现早秃。这里并非性染色体上的基因所造成，而是由于性别差异的影响，很可能与男女体内性激素水平不同有关。

(2) 常染色体隐性遗传

一种性状或遗传病的基因位于常染色体上，这种基因的性质是隐性的，这种遗传方式称为常染色体隐性遗传。隐性遗传的特点是只有在纯合状态 aa 时才出现相应的表现型。在杂合状态时，由于显性基因的存在，所以杂合子并不表现隐性性状，但是仍可把隐性基因 a 传给后代。这样的个体称为携带者(carrier)。

由于隐性致病基因的频率很低,纯合的隐性遗传病患者较少见。临床上见到的常染色体隐性遗传病患者大多是两个携带者的后代。

2)性连锁遗传

一种基因如果位于性染色体上,这种基因所控制性状的遗传方式称为性连锁遗传。目前已知动物界的性染色体构型包括 XY 型、ZW 型、XO 型、ZO 型。XY 型是指雌性体细胞具有两条形态相同的性染色体,雄性具有两条形态不同的性染色体,像哺乳动物、某些鱼类、大多数昆虫、圆虫类、海胆类、软体动物等动物的性染色体。ZW 型的情况与上述 XY 型的正相反,雌性细胞具有两条形态不同的性染色体,但是雄性细胞则具有两条形态相似的染色体,如大部分鸟类、蛾类和某些鱼类、两栖类、爬行类和卤虫。XO 型的动物雌性染色体为 XX,但雄性染色体比雌性少一条,即没有 Y 染色体,具有这种性别遗传型的只有一部分昆虫和少数深海鱼,如蝗虫、蟑螂、虱子和星光鱼、夜光鱼等。ZO 型是指在少数动物中,雄性有两条同型的性染色体 ZZ,雌性只有一条性染色体 Z,缺少 W 染色体,分布在长江中下游的短颌鲚(*Coilia brachygnathus*)属于这一类型。另外有些无脊椎动物、水产养殖动物如牡蛎中没有发现性染色体。

性染色体基因的情况与常染色体基因不同,无论性染色体遗传机制属于 XY、ZW、XO 或 ZO 类型,异型性染色体不仅在形态上不同,而且所携带的基因也有差异。例如,X 染色体和 Y 染色体有一段是彼此同源的,另一段是不同源的。性染色体同源部分的基因互为等位,遗传行为与常染色体基因有共同之处(可分离能交换),但又与性染色体连锁而不同于常染色体基因,因此是一些不完全伴性基因。X 染色体上非同源部分的基因,称为伴性基因,这些基因在雄体没有等位基因,在雌体则有等位基因,呈 X 连锁;Y 染色体的非同源部分只含有极少数基因,这些基因叫全雄基因,只存在于 Y 染色体,呈 Y 连锁。以 XY 型染色体为例,性连锁遗传可分为 X 连锁隐性遗传、X 连锁显性遗传和 Y 连锁遗传三类。

(1)X 连锁隐性遗传

一些性状或遗传病的基因位于 X 染色体上,这种基因的性质是隐性的,其遗传方式称为 X 连锁隐性遗传(X - linked recessive inheritance)。以人类为例,女性有两条 X 染色体,如果她只有 1 个隐性基因 b,由于还有一个正常基因 B,所以不发病而成为携带者,必须在隐性纯合状态下才能发病。而男性只有一条 X 染色体,只要他的 X 染色体上带有致病基因 b,即可发病。因此,男性表现出该性状或遗传病的频率要高于女性。

(2)X 连锁显性遗传

一些性状或遗传病的基因位于 X 染色体上,这种基因的性质是显性的,其遗传方式称为 X 连锁显性遗传(X - linked dominance inheritance)。

由于这种基因是显性的,女性的两条 X 染色体中任何一条具有此基因,都会出现相应的性状或遗传病。男性只有一条 X 染色体,所以,女性获得此基因的可能性比男性大一倍。因此,女性表现出该遗传性状或遗传病的频率要高于男性。

（3）Y 连锁遗传

一种遗传性状或遗传病的基因位于 Y 染色体上，这种基因随 Y 染色体而传递，由父传给子，再传给孙，这种遗传方式称为 Y 连锁遗传（Y‐linked inheritance），也称为全男性遗传。

（4）其他性染色体基因的遗传

ZW 型性别遗传机制的生物，性染色体基因的遗传情况与 XY 型类似。Z 染色体非同源片段的基因，呈 Z 连锁，类似于 X 连锁，性状在不同性别的分布与 X 连锁相反。W 染色体非同源片段的基因，呈 W 连锁，类似于 Y 连锁，但是只遗传给雌性。

XO 型性别遗传机制的生物，由于雄体比雌体少一条性染色体，X 染色体在雄性没有同源染色体，因此，全部 X 染色体基因呈 X 连锁。

ZO 型性别遗传机制的生物，雌性比雄性少一条性染色体，Z 染色体在雌体没有同源染色体，因此，全部 Z 染色体基因呈 Z 连锁。

1.1.3.2 多基因性状的遗传规律

由多基因控制的性状往往与单基因性状不同，其变异往往是连续的量的变异，称为数量性状。每对基因对多基因性状形成的效应是微小的，称为微效基因。微效基因的效应往往是累加的。多基因性状包括动植物的经济性状、人类某些疾病（高血压、心脏病、糖尿病等）的易感性以及一些连续变化的性状，例如舒张血压、免疫球蛋白 E 的滴度等。多基因性状遗传方式采用遗传连锁分析、相关研究、数量性状座位（QTL）定位等方法进行研究。

1.1.3.3 母系遗传

母系遗传（maternal inheritance）也称细胞质遗传，是指子代某一（或某些）性状的发育和遗传受母本影响或决定的现象，是由母本的细胞质决定的。这些基因能自主复制和表达，并通过母本卵细胞质传给后代，也可以说，后代总是从母本的卵子中获得可以遗传和表达的细胞质基因，从而表现母本性状，并将母本性状由雌性个体传至下一代。母系遗传的主要特点有相对性状之间无论正交或反交，其子一代总表现母本性状；遗传方式是非孟德尔式的，杂交后代一般不出现一定的分离比例；与核基因不连锁；细胞质基因在一定程度上是独立的，能自主复制。

1.1.4 基因的表达调控

基因的表达调控在 1960—1961 年由法国遗传学家莫诺和雅各布提出。他们根据在大肠杆菌和噬菌体中的研究结果提出乳糖操纵子模型。接着在 1964 年，又由美国微生物和分子遗传学家亚诺夫斯基和英国分子遗传学家布伦纳等，分别证实了基因的核苷酸顺序和它所编码的蛋白质分子的氨基酸顺序之间存在着排列上的线性对应关系，从而充分证实了一个基因一种酶假设。下面简单介绍原核生物和真核生物中基因的转录、翻译和后修饰的

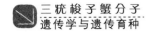

机制、原理、过程。

1.1.4.1 原核生物和真核生物中基因的转录

基因转录是在由 RNA 聚合酶和辅助因子组成的转录复合物的催化下，从双链 DNA 分子中拷贝生物信息生成一条 RNA 链的过程。转录中，一个基因会被读取复制为 mRNA，也就是特定 DNA 片段作为模板、DNA 依赖的 RNA 合成酶作为催化剂、合成前体 mRNA 的过程。转录产物主要有三类 RNA，即信使 RNA（mRNA）、核糖体 RNA（rRNA）和转移 RNA（tRNA）。在基因转录过程中，RNA 聚合酶起着非常重要的作用。RNA 聚合酶可以催化所有四种核苷 $-5'-$三磷酸（ATP、GTP、UTP 和 CTP）聚合成与模板 DNA 互补的 RNA。此反应需要 Mg^{2+}，反应中释放焦磷酸。该酶在转录的各个过程中发挥不同的作用。

（1）基因转录的启动

RNA 聚合酶正确识别 DNA 模板上的启动子并形成由酶、DNA 和核苷三磷酸构成的三元起始复合物，转录便开始进行。启动子是 DNA 分子上可与 RNA 聚合酶特异结合而使转录开始的一段 DNA 序列，其本身不被转录。DNA 模板上的启动区域常含有 TATAATG 顺序，称 P 盒。复合物中的核苷三磷酸一般为 GTP，少数为 ATP，因而原始转录产物的 5′端通常为三磷酸鸟苷（pppG）或三磷酸腺苷（pppA）。真核 DNA 上的转录启动区域也有类似原核 DNA 的启动区结构，在 -30 bp（即在酶和 DNA 结合点的上游 30 核苷酸处）附近也含有 TATA 结构，称 TATA 盒。第一个核苷三磷酸与第二个核苷三磷酸缩合生成 3′-5′磷酸二酯键后，启动阶段结束，进入延伸阶段。

（2）基因转录的延伸

σ 亚基脱离酶分子，留下的核心酶与 DNA 的结合变松，因而较易继续往前移动。核心酶无模板专一性，能转录模板上的任何顺序，包括在转录后加工时待切除的居间顺序。脱离核心酶的 σ 亚基还可与另外的核心酶结合，参与另一转录过程。随着转录不断延伸，DNA 双链顺次被打开，并接受新来的碱基配对，合成新的磷酸二酯键后，核心酶向前移去，已使用过的模板重新关闭起来，恢复原来的双链结构。一般合成的 RNA 链对 DNA 模板具有高度忠实性。

（3）基因转录的终止

转录的终止包括停止延伸及释放 RNA 聚合酶和合成 RNA。在原核生物基因或操纵子的末端通常有一段终止序列即终止子，RNA 合成就在这里终止。原核细胞转录终止大多数需要一种终止因子 ρ 的帮助。真核生物 DNA 上也可能有转录终止的信号。已知真核 DNA 转录单元的 3′端均含富有 AT 的序列［如 AATAA（A）或 ATTAA（A）等］，在相隔 0～30 bp 之后又出现 TTTT 顺序（通常是 3～5 个 T），这些结构可能与转录终止或者与 3′端添加多聚 A 顺序有关。

（4）原核生物和真核生物基因转录的差异

真核生物与原核生物基因的转录过程基本相同，主要有以下几点区别：

① 原核生物的转录和翻译几乎同时进行，而真核生物的转录在胞核，翻译在胞质。

② 真核生物 mRNA 分子一般只编码一个基因，原核生物的一个 mRNA 分子通常含多个基因。

③ 原核生物中只有一种 RNA 聚合酶催化 RNA 的合成，而在真核生物中则有 RNA 聚合酶 I、RNA 聚合酶 II 和 RNA 聚合酶 III 三种不同酶，分别催化不同类型 RNA 的合成。三种 RNA 聚合酶都是由 10 个以上亚基组成的复合酶。RNA 聚合酶 I 存在于细胞核仁内，催化除 5SrRNA 以外所有 rRNA 的合成；RNA 聚合酶 II 和 RNA 聚合酶 III 均存在于细胞核质内，RNA 聚合酶 II 催化合成 mRNA 前体，即不均一核 RNA(hnRNA)的合成，而 RNA 聚合酶 III 催化 tRNA 和小核 RNA 的合成。

④ 真核和原核生物的起始点识别和转录终止方式也有所不同。如原核生物的 RNA 聚合酶可以直接起始转录合成 RNA；真核生物的 RNA 聚合酶不能独立转录 RNA，三种聚合酶都必须在蛋白质转录因子的协助下才能进行 RNA 的转录，其 RNA 聚合酶对转录启动子的识别也比原核生物要复杂得多。

1.1.4.2　原核生物和真核生物的翻译

基因的遗传信息在转录过程中从 DNA 转移到 mRNA，再由 mRNA 将这种遗传信息表达为蛋白质中氨基酸顺序的过程叫做翻译，即蛋白质的生物合成。研究证明：mRNA 的翻译是从 mRNA 的 5′端向 3′端进行的。所有蛋白质的翻译开始于甲硫氨酸的参与，一个特殊的起始 tRNA 对所有蛋白质合成中起始氨基酸 – 甲硫氨酸的掺入负责，这个 tRNA 可简写为 $tRNA_i^{Met}$，它也对选择开始翻译的 mRNA 位置起重要作用[6]。翻译即蛋白质的生物合成过程大致为：氨基酸的激活；肽链合成的起始；肽链的延长；肽链合成的终止和释放。

1）氨基酸的激活

tRNA 在氨基酰 – tRNA 合成酶的帮助下，能够识别相应的氨基酸，并通过 tRNA 氨基酸臂的 3′ – OH 与氨基酸的羧基形成活化酯 – 氨基酰 – tRNA。氨基酰 – tRNA 的形成是一个两步反应过程：第一步是氨基酸与 ATP 作用，形成氨基酰腺嘌呤核苷酸；第二步是氨基酰基转移到 tRNA 的 3′ – OH 端上，形成氨基酰 – tRNA。一般说来，各种氨基酸需要各自专一的合成酶激活，原核细胞大体如此，真核细胞则每种氨基酸有一个以上专一的合成酶。在合成酶的作用下，氨基酸被激活且转移到 tRNA 分子上。

2）肽链合成的起始

在蛋白质生物合成的起始阶段，核糖体的大、小亚基，mRNA 与甲酰甲硫氨酰 tRNAimet 共同构成 70S 起始复合体。这一过程需要一些称为起始因子(initiation factor，简称 IF)的蛋白质以及 GTP 与镁离子的参与。已知原核生物中的起始因子有 3 种。IF3 可使核糖体 30S 亚基不与 50S 亚基结合，而与 mRNA 结合，IF1 起辅助作用。IF2 特异识别甲酰甲硫氨酰 $tRNA_i^{Met}$，可促进 30S 亚基与甲酰甲硫氨酰 $tRNA_i^{Met}$ 结合，在核糖体存在时有 GTP 酶活性。起始阶段可分两步：先形成 30S 起始复合体，再形成 70S 起始复合体。

（1）30S 起始复合体的形成

原核生物 mRNA 的 5′端与起始信号之间，相距约 25 个核苷酸，此处存在富含嘌呤区

（如 AGGA 或 GAGG），称为 Shine – Dalgarno(SD)序列。核糖体 30S 亚基的 16S rRNA 有相应的富含嘧啶区可与 SD 序列互补。由此，30S 亚基在 IF3 与 IF1 的促进下，与 mRNA 的起始部位结合。IF2 在 GTP 参与下可特异与甲酰甲硫氨酰 tRNA$_i^{Met}$ 结合，形成三元复合物，并使此三元复合物中 tRNA 的反密码子与上述 30S 亚基上 mRNA 的起始密码子互补结合，形成 30S 起始复合体。所以，30S 起始复合体是由 30S 亚基、mRNA、甲酰甲硫氨酰 tRNA$_i^{Met}$ 及 IF1、IF2、IF3 与 GTP 共同构成。

（2）70S 起始复合体的形成

30S 起始复合体一旦形成，IF3 也就脱落，50S 亚基随即与其结合。此时复合体中的 GTP 水解释出 GDP 与无机磷酸，使 IF2 与 IF1 脱落，形成 70S 起始复合体。70S 起始复合体的形成，表明蛋白质生物合成的起始阶段已经完成，可进入肽链延长阶段。70S 起始复合体由大、小亚基，mRNA 与甲酰甲硫氨酰 tRNA$_i^{Met}$ 共同构成。

3）肽链的延长

这一阶段，与 mRNA 上的密码子相适应，新的氨基酸不断被相应特异的 tRNA 运至核糖体的受位，形成肽链。同时，核糖体从 mRNA 的 5′端向 3′端不断移位以推进翻译。一般有以下过程：

① 进位(氨酰 tRNA 进入 A 位点)，此过程参与因子有延长因子 EFTu(Tu)、EFTs(Ts)、GTP、氨酰 tRNA；

② 肽链的形成，即肽酰基从 P 位点转移到 A 位点形成新的肽链；

③ 移位，在移位因子(移位酶)EF – G 的作用下，核糖体沿 mRNA(5′ – 3′)做相对移动，使原来在 A 位点的肽酰 – tRNA 回到 P 位点。

4）肽链合成的终止和释放

终止阶段包括已合成完毕的肽链被水解释放以及核糖体与 tRNA 从 mRNA 上脱落的过程。这一阶段需要 GTP 与一种起终止作用的蛋白质因子——释放因子(release factor，RF)的参与。原核生物的 RF 有 3 种。RF1 识别终止信号 UAA 或 UAG，RF2 识别 UAA 或 UGA，RF3 可与 GTP 结合，水解 GTP 为 GDP 与磷酸，协助 RF1 与 RF2。RF 使大亚基"给位"的转肽酶不起转肽作用，而起水解作用。转肽酶水解"给位"上 tRNA 与多肽链之间的酯键，使多肽链脱落。RF、核糖体及 tRNA 亦渐次脱离。从 mRNA 上脱落的核糖体，分解为大小两亚基，重新进入核糖体循环。核糖体大小亚基解离状态的维持需要 IF3。

5）原核生物和真核生物翻译的差异

真核生物和原核生物的翻译机制非常相似，但并不相同。真核生物翻译过程涉及因子多，起始复合物形成较复杂。以下简要说明几个主要区别：

① 真核生物的蛋白质合成与 mRNA 的转录生成不偶联，mRNA 在细胞核内以前体形式合成，合成后需经加工修饰才成熟为 mRNA，从细胞核内输往胞浆，投入蛋白质合成过程，而原核生物的转录与翻译几乎同时进行。

② 原核生物起始因子主要有 IF1、IF2 和 IF3 3 种，而真核生物的起始因子有 9 种左右，其中 eIF2 由 3 个亚基组成(2α、2β 和 2γ)，而 eIF4 按其参与复合物的作用不同区分

为4A、4B、4C、4E、4F。形成的复合物4F称为帽子结构结合蛋白复合物(CBPC)。

③ 起始复合物形成过程的次序差异。真核生物蛋白质合成的起始过程分为三步，包括43S起始复合物的形成、48S起始复合物的形成和80S起始复合物的形成。

a. 43S起始复合物的形成。小亚基40S核糖体首先与起始因子eIF3和eIF4C结合生成43S核糖体复合物，然后再与elF2·GTP·Met–tRNAi复合物结合形成43S前起始复合物。而原核生物在起始因子IF1、IF2、IF3和GTP促使下形成复合物后，与mRNA结合生成复合物再与fMet–tRNAfMet结合生成30S前起始复合物。

b. 48S起始复合物的形成。真核生物43S前起始复合物与mRNA结合成48S前起始复合物。mRNA复合物含有CBP1、elF4A、elF4B和elF4F。在有ATP条件下，这些因子一起生成复合物。原核生物无此步骤。

c. 80S起始复合物的形成。在延长因子elF5作用下，48S前起始复合物中所有elF释放出，并与60S大亚基核糖体结合，生成80S起始复合物。

④ 肽链延长和终止过程。真核生物蛋白质合成过程中的肽链延长，由延长因子EF1α、EF1βγ作用下进行的。EF1α与GTP、氨基酰–tRNA形成复合物，促使氨酰–tR-NA进入核糖体。EF1βγ催化GDP与GTP交换，利于EF1α循环利用。而移位是由EF2作用进行的，相当于原核生物的EF–G，它催化GTP水解和驱动氨基酰–tRNA从A位移到P位。

终止过程由释放因子RF识别UAA或UAG或UGA终止密码。它使肽酰基转移酶变构成具有水解肽酰基与tRNA之间的酯键，释放出新合成的肽链，在终止过程中需GTP供能。而原核生物的终止密码分别由RF1和RF2识别。

1.1.4.3 原核生物和真核生物的后修饰

蛋白质生物合成完成后，必然要对新生蛋白质进行加工修饰，才能转变为具有不同功能的蛋白。把某些从mRNA翻译出来的蛋白质修饰加工成能被生物体细胞利用的成熟蛋白质就叫做翻译后修饰。加工修饰的类型很多，以下简单介绍4种。

1)N–端fMet或Met的切除

原核生物的肽链，其N–端不保留fMet，大约半数蛋白由脱甲酰酶除去甲酰基，留下Met作为第一个氨基酸；在原核及真核细胞中fMet或者Met一般都要被除去，由氨肽酶水解来完成。水解的过程有时发生在肽链合成的过程中，有时在肽链从核糖体上释放以后。至于是脱甲酰还是除去fMet，与邻接的氨基酸有关。如果第二氨基酸是Arg、Asn、Asp、Glu、Ily或Lys，以脱甲酰基为主；如果邻接的氨基酸是Gly、Pro、Thr或Val，则常除去fMet。

2)二硫键的形成

两个半胱氨酸虽然可以在一级结构中相距较远，但它们的硫氢基可以氧化成二硫键，产生mRNA中没有相应密码子的胱氨酸。很多细胞外蛋白质中都有二硫键的形成，例如胰岛素、免疫球蛋白。

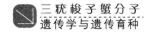

3）化学修饰

化学修饰是蛋白质修饰的主要方式，其修饰的类型很多，包括磷酸化（如核糖体蛋白的 Ser、Tyr 和 Trp 残基常被磷酸化）、糖基化（如各种糖蛋白）、甲基化（如组蛋白、肌蛋白）、乙基化（如组蛋白）、羟基化（如胶原蛋白）。其中，糖基化是真核生物细胞中特有的加工，这些蛋白常和细胞信号的识别有关，如受体蛋白等。糖基化过程主要包括：

（1）折叠

在内质网（ER）腔中折叠和修饰是有关的，糖的连接对于正确的折叠是十分必要的。蛋白二硫异构酶（protein disulfide isomerase，PDI）可以改变二硫键，影响到折叠，它和特殊的 ER 蛋白的结合是必须的，此酶的某些活性或全部的活性可能是酶作为 ER 中的一种复合体的形式来实现的，即在越膜位点和蛋白结合才能发挥它的功能。通过对折叠和寡聚物产物的计算表明折叠需要一种酶来催化，使其在细胞中迅速发生。

一个与折叠功能有关的蛋白是 BiP，它是分子伴侣 Hsp70 家族的一个成员。BiP 促使寡聚物的形成和 ER 腔中蛋白的折叠。ER 可能含有各种辅助蛋白，它们的功能是识别蛋白折叠的形态，以帮助这些蛋白产生一种构象，使其可迅速地转运到下一个目标。

大部分膜上的糖蛋白都是寡聚物，一般在 ER 中寡聚，然后迅速地从 ER 转到高尔基体，但非组装的亚基和错误折叠的蛋白质却被阻断。错误折叠的蛋白常和 BiP 相联，在这种情况下他们会被降解掉。若折叠正确，就可以转运到高尔基体或继续转运。

（2）在 ER 中的糖基化及修整

几乎所有的分泌蛋白和膜蛋白都是被糖基化的蛋白。糖基化有两种类型：

① 糖蛋白由寡糖连接在 Asp 的氨基形成，连接的链叫 N－糖苷键；

② 寡糖连接在 Ser、Thr 或羟基－lys 的羟基上（O－糖苷键）。N－糖苷键是在 ER 开始，而在高尔基体中进一步完成；O－糖苷键的形成仅发生在高尔基体中。

（3）在高尔基体的进一步加工

复合寡聚糖是在高尔基体中进一步修整和加上糖的残基。第一步是通过高尔基体的甘露糖苷酶Ⅰ修整甘露糖残基，然后单个的糖基由 N－乙酰－葡萄糖胺转移加上，由高尔基体甘露糖苷酶Ⅱ继续切除甘露糖残基。这种加工使寡糖对内糖苷酶 H 产生抗性。

高尔基体的修饰会产生内部核心，它是由 NAc－Glc·NAc－Gle·Man$_3$ 构成，最后要被剥去。在内部核心上继续添加糖基形成末端区域，末端区域的残基包括 N－乙酰葡萄糖胺，半乳糖和唾液酸。加工和糖基化的过程是高度有序的，而且两种类型的反应交互进行。

4）剪切

很多前体蛋白要经过剪切后方可成为成熟的蛋白。在原核生物中常常一种多蛋白的前体要经剪切后才能成为成熟的蛋白，如反转录病毒中有 3 个基因 gag、pol 和 env，其中 pol 基因长约 2 900 个核苷酸，其产物经剪切后产生反转录酶、内切酶和蛋白酶 3 种蛋白。其他两个基因的产物也要经过加工才能产生核心蛋白和外壳蛋白。

在真核生物中有些蛋白要经过切除才能成为有活性的成熟蛋白，最有名的例子是高等生物的胰岛素，它是一种分泌蛋白，具有信号肽。新合成的前胰岛素原（preproinsulin）在 ER 中切除信号肽变成胰岛素原（proinsulin），它是单链的多肽，由 3 个二硫键将主键连在一起，弯曲成复杂的环形结构。分子由 A 链（21aa）、B 链（31aa）和 C 链（33aa）3 个连续的片段构成。当转运到胰岛细胞的囊胞中，C 链被切除，A、B 两条分开的链通过 3 个二硫键连结为成熟的胰岛素。

蛋白内含子又称为内蛋白子，是近年发现的一种新的翻译后加工的产物。它是 1994 年由 Perler 等首先提出的。蛋白外显子又称为外蛋白子。内蛋白子的基因不是单独的开放阅读框（ORF），它是插入在外蛋白子的基因中。与内含子不同，它可以和外蛋白子的基因一起表达，产生前体蛋白以后再从前体中被切除掉，余下的外蛋白子连接在一起成为成熟的蛋白。发现的内蛋白子有 7 种，多分布于酵母和微生物中，内蛋白子的分子量为 40 - 60 KDa，有高度保守的末端氨基酸：N - 端常为 Cys 或 Ser，C - 端总是 His - Asn。内蛋白子未剪切前称融合内蛋白子，可催化前体的自我剪接反应；剪切后的内蛋白子称游离内蛋白子，可作为归巢内切酶参与内蛋白子的归巢。

1.2　分子遗传学的传承与发展

遗传学（genetics）是生物学中出现较晚的学科之一，但却是发展最为迅速、成果最为丰富的学科。遗传学这个名称，最初是由英国科学家贝特森（W. Bateson）于 1906 年在英国伦敦召开的第三届国际植物杂交大会上提出。按照各阶段的主要特点和成就，遗传学的发展历史大体上可以划分为经典遗传学（classical genetics）、生化遗传学（biochemical genetics）、分子遗传学（molecular genetics）、基因工程学（genetic engineering）、基因组学（genomics）和表观遗传学（epigenetics）等数个既彼此相对独立，又前后互相交融的不同发展阶段。分子遗传学的地位无疑是相当重要的，它起到了承上启下的作用。

1.2.1　经典遗传学

从 1865 年孟德尔《植物杂交实验》论文发表至 20 世纪 40 年代初，遗传学主要从细胞和染色体水平上研究生命有机体的遗传与变异的规律，属于细胞遗传学（cytogenetics）或叫染色体遗传学（chromosomal genetics）阶段。为了与后继发展的分子遗传学相区别，如今人们也习惯地称这一阶段的遗传学为经典遗传学或传统遗传学。鉴于经典遗传学主要研究生命有机体上下两个世代之间基因是如何传递的，故有时也称之为传递遗传学（transmission genetics）。

孟德尔通过豌豆杂交实验，为现代遗传学的诞生做出了划时代的杰出贡献。概括地说主要有如下两大方面：

第一，发现两条遗传学的基本定律，即遗传因子分离律和自由组合律。孟德尔从 1857 年到 1864 年，坚持以豌豆为材料进行植物杂交试验。他选择了 7 对区别分明的性状仔细观察。例如，他用产生圆形种子的植株同产生皱形种子的植株杂交，得到的几百粒杂交子一代的种子全是圆形的。第二年，他种了253粒圆形杂交种子，并让它们自交，结果得到的7 324粒子二代种子中，有5 474粒是圆形的，1 850粒是皱形的。用统计学方法计算得出，圆皱比为3∶1。据此孟德尔推导出遗传因子分离律。他还研究了具有两种彼此不同的对立性状的2个豌豆品系之间的双因子杂交试验。他选用产生黄色圆形种子的豌豆品系同产生绿色皱形种子的豌豆品系进行杂交，所产生的杂种子一代种子全是黄色圆形的。但在自交产生的子二代556粒种子中，不但出现了两种亲代类型，还出现了两种新的组合类型。其中黄色圆形的315粒，黄色皱形的121粒，绿色圆形的108粒，绿色皱形的32粒，四种类型比例近于9∶3∶3∶1。这就是孟德尔遗传因子的独立分配律。

第二，提出遗传因子假说。为了解释豌豆杂交的遗传现象，孟德尔从生殖细胞着眼，提出了遗传因子假说。他推想生物个体的所有性状都是由遗传因子控制的，这些因子从亲本到子代，代代相传；遗传因子有显性和隐性之分，决定一对相对性状的显性因子和隐性因子，叫做等位因子（即现在所说的等位基因）；在体细胞中遗传因子是成对存在的，其中一个来自父本，一个来自母本；在形成配子时，成对的遗传因子彼此分开，因此在性细胞中，它们则是成单存在的；在杂交子一代细胞中，成对的遗传因子各自独立，彼此保持纯一的状态；由杂种形成的不同类型的配子数目相等；雌雄配子的结合是随机的，有同等的结合机会。

在孟德尔当时，学术界流行着一种"融合遗传"（blending inheritance）观点，认为决定不同亲本性状的遗传物质，在杂种后代彼此融合而逐渐消失。这好比把红颜料同蓝颜料混合之后，会形成一种既不是红也不是蓝的紫颜色一样。孟德尔冲破这种错误观点的束缚，提出了与"融合遗传"相对立的"颗粒遗传"（particulate inheritance）思想。在大量实验事实的基础上，通过严格的统计学分析和缜密的逻辑推理，证明遗传性状是由一种独立存在的颗粒性的遗传因子决定的。

孟德尔的科学发现，为现代遗传学奠定了坚实的理论基础，后世人为纪念他的伟大科学贡献，称这些定律为孟德尔定律，并尊称孟德尔为现代遗传学的创始人。

美国著名的遗传学家摩尔根对基因学说的建立作出了卓越贡献。他以果蝇为材料进行遗传学研究。1910年，摩尔根和他的三位助手布里吉斯（C. B. Bridges）、缪勒（H. J. Muller）及斯特蒂文特（A. H. Sturtevant），从红眼的果蝇群体中发现了1只白眼的雄果蝇。因为正常的果蝇都是红眼的，叫做野生型，所以称白眼果蝇为突变型。到了1915年，他们一共找到了85种果蝇的突变型。这些突变型跟正常的野生型果蝇，在诸多如翅长、体色、刚毛形状、复眼数目等性状上都有差别。有了这些突变型，就能够更广泛地进行杂交实验，也能更加深入地研究遗传的机理。摩尔根将白眼雄果蝇同红眼雌果蝇交配，所产生的子一代不论是雄的还是雌的，无一例外的都是红眼果蝇。让这些子一代果蝇互相交配，所产生的子二代有红眼的也有白眼的，但有趣的是所有的白眼果蝇都是雄性的。说明这个白眼性状与性别有联系。

为了解释这种现象，需要简单地了解果蝇的染色体。果蝇只有4对染色体。在雌果蝇中有1对很小呈粒状，2对呈V形，另有1对呈棒状的特称为XX染色体；在雄果蝇中，前 3 对同雌果蝇的完全一样，但没有 1 对棒状的 XX 染色体，它是由 1 个棒状的 X 染色体和 1 个 J 形的 Y 染色体取代，这一对叫做 XY 染色体。摩尔根当时就已经知道性染色体的存在。因此他推想，白眼这一隐性性状的基因（w）是位于 X 染色体上，而在 Y 染色体上没有它的等位基因。他让子一代红眼雌果蝇（Ww）跟亲本的白眼雄果蝇（wY）回交，结果产生的后代果蝇中有 1/4 是红眼雌果蝇，1/4 是白眼雄果蝇。这个实验说明，白眼隐性突变基因（w）确实位于 X 染色体上。摩尔根称这种现象为遗传性状的连锁定律。

摩尔根和他助手们的杰出工作，第一次将代表某一特定性状的基因同某一特定的染色体联系起来，创立了遗传的染色体理论并提出了遗传的连锁定律，从此基因有了具体的物质内涵。随后的遗传学家们又应用基因作图技术，构建了基因的连锁图，进一步揭示了在染色体分子上基因是按线性顺序排列的，从而使学术界普遍接受了孟德尔遗传学原理。

经典遗传学的主要研究内容可概括为遗传的孟德尔定律（Mondelian laws of inheritance）、遗传的染色体理论（the chromosome theory of inheritance）、遗传重组和作图（genetic recombination and mapping）以及重组的物理证据（physical evidence for recombination）四大方面。

1.2.2 生化遗传学

摩尔根曾经正确地指出："种质必须由某种独立的要素组成，正是这些要素我们叫做遗传因子，或者更简单地叫做基因。"尽管由于摩尔根及其学派的广大科学工作者的努力，使基因学说得到了学术界的普遍承认，然而当时人们对基因本质的认识还相当肤浅，并不知道基因与蛋白质及表型之间究竟存在着什么样的内在联系。早在 1909 年，英国的医生兼生物化学家加罗德（A. Garrod）就已指出，特定酶的表达是由野生型基因控制的假说。这个假说在 20 世纪 30 年代，经过众多遗传学家的努力获得了很大的发展与充实。遗憾的是，由于当时人们掌握的酶分子结构的知识相当贫乏，没有认识到大部分基因的编码产物都是蛋白质，也不知道是否所有的蛋白质都是由基因编码的。在这样的知识背景下，要进一步研究分析基因与蛋白质之间的内在联系，显然是难以做到的。

值得庆幸的是，20 世纪 40 年代初期，孟德尔-摩尔根学派的遗传学家清醒地认识到，如果继续沿用经典遗传学的研究方法和实验体系，难以有效地揭示基因控制蛋白质合成及表型特征的遗传机理。因此，他们便广泛地转而使用诸如红色面包霉（Neurospora crassa）和肺炎链球菌（Streptococcus pneumpniae）等微生物为研究材料，并着力从生物化学的角度，探索基因与蛋白质及表型之间内在联系的分子本质。所以人们称这个阶段的遗传学为生化遗传学（biochemical genetics），或微生物遗传学（microbial genetics）。

由于微生物具有个体小、细胞结构简单、繁殖速度快、世代时间短和容易培养、便于操作等许多优点，因此极大地加速了生化遗传学的研究，在短短的二三十年间就取得了丰硕的成果，主要有如下三项：第一，1941 年两位美国科学家比德尔（G. Beadle）和塔特姆（E. Tatum），通过对红色面包霉营养突变体的研究，提出了"一种基因一种酶"（后来修改为"一种基因一种多肽"）的假说。此后在 1957 年，这个假说被英国科学家英格拉姆

(V. M. Ingram)证明是正确的。从而明确了基因是通过对酶(即蛋白质)合成的控制,实现对生命有机体性状表达的调节作用。第二,1944年微生物学家艾弗里及其同事证明,肺炎链球菌的转化因子是DNA。第三,1952年,赫尔希(A. Hershey)和蔡斯(M. Chase)也在噬菌体感染实验中发现,转化因子的确是DNA而不是蛋白质,肯定了艾弗里的结论。至此基因的分子载体是DNA已是不争的事实。生化遗传学上承经典遗传学,下启分子遗传学,是经典遗传学向分子遗传学发展过程中的一个重要的过渡阶段。

1.2.3 分子遗传学

经典遗传学虽然揭示了基因传递的一般规律,甚至还能够绘制出基因在染色体分子上的排列顺序及其相对距离的遗传图;生化遗传学尽管证明了基因的载体是DNA,但它们都不能准确地解释基因究竟是以何种机理、通过什么途径来控制个体的发育分化及表型特征的。确切地说,直到1953年Watson-Crick DNA双螺旋模型提出之前,人们对于基因的理解仍然停留在初级阶段。那时的遗传学家不但没有揭示出基因的结构特征,而且也不能解释位于细胞核中的基因是怎样控制在细胞质中发生的各种生化过程,以及在细胞繁殖过程中,为何基因可准确地产生自己的复制品。而诸如此类的问题便是属于分子遗传学的研究范畴。由于长期以来分子遗传学的核心主题一直是围绕着基因展开的,所以也被冠名为基因分子遗传学(molecular genetics of the gene)。

分子遗传学的主要研究方向集中在核酸与蛋白质大分子的遗传上,重点是从DNA水平探索基因的分子结构与功能的关系以及表达和调节的分子机理等诸多问题。特别是DNA双螺旋结构模型的建立,为有关的科学工作者着手研究构成分子遗传学两大理论支柱,即维系遗传现象分子本质的DNA自我复制和基因与蛋白质之间的关系提供了正确思路。因此说,1953年沃森和克里克DNA双螺旋模型的建立,标志着遗传学研究已经跨入了分子遗传学的新阶段。它全面继承和发展了经典遗传学和生化遗传学的科学内涵,又孕育并催生了基因工程学、基因组学和表观遗传学3个现代遗传学主要分支的相继问世。

应该说20世纪50年代初期至70年代初期,是分子遗传学迅猛发展的年代。在这短短的20余年间,许多有关分子遗传学的基本原理相继提出,大量的重要发现不断涌现。其中比较重要的有:1956年,美国科学家科恩伯格(A. Kornberg)在大肠杆菌中发现了DNA聚合酶 I,这是可以在试管中合成DNA链的第一种核酸酶,从此拉开了DNA合成研究的序幕;1957年,弗伦克尔-康拉特(H. Fraenkal-Conrat)和辛格(B-Singer)证实,烟草花叶病毒TMV的遗传物质是RNA,进一步表明RNA同样具有重要的生物学意义;1958年梅塞尔森(M. Meselson)和斯塔尔(F. W. Stahl)发现了DNA半保留复制机理,揭示了基因之所以能够代代相传准确保留的分子本质;同年克里克提出了描述遗传信息流向的中心法则,阐明了在基因表达过程中,遗传信息从DNA到RNA再到蛋白质的传递途径;1961年两位法国科学家雅各布和莫洛建立了解释原核基因表达调节机理的操纵子模型,说明基因不但在结构上是可分的,而且在功能上也是有分工的;自1961年开始,经过尼伦伯格(M. W. Nirenberg)和库拉钠(H. G. Khorana)等科学家的努力,至1966年全部64种遗传密码子成功破译，从而将 RNA 分子上的核苷酸顺序同蛋白质多肽链中的氨基酸顺序联系起来；1970 年，美国科学家特明（H. N. Temin）和巴尔帝摩（D. Baltimore）发现 RNA 病毒及其反转录酶，证明遗传信息也可以从 RNA 反向传递到 DNA，这是对中心法则的重大修正；1970 年，史密斯（H. O. Smith）等从流感嗜血菌中首先分离到 Ⅱ 型核酸内切限制酶，它与 1967 年发现的 DNA 连接酶，同为 DNA 体外重组技术的建立提供了酶学基础。正是上述这些研究发现与进展构成了分子遗传学的核心内容。

1.2.4 基因工程学

基因工程学简称基因工程（genetic engineering），又称基因拼接技术和 DNA 重组技术，是在 20 世纪 70 年代诞生的一门崭新的生物技术科学（biotechnology）。基因工程是以分子遗传学为理论基础，以分子生物学和微生物学的现代方法为手段，将不同来源的基因按预先设计的蓝图，在体外构建杂种 DNA 分子，然后导入活细胞，以改变生物原有的遗传特性，获得新品种、生产新产品；或者理解为将外源基因通过体外重组后导入受体细胞内，使这个基因能在受体细胞内复制，转录，翻译表达。基因工程技术为基因的结构和功能的研究提供了有力手段，对基因进行克隆、修饰、转移等操作，手段有化学的、物理的。它的创立与发展直接依赖于分子遗传学的进步，而基因工程技术的发展与应用又有力地促进了分子遗传学的深化与提高，两者之间有着密不可分的内在联系。

早期分子遗传学的研究成果，为基因工程的创立与发展奠定了坚实的理论基础。概括起来主要有如下三个方面：第一，在 20 世纪 40 年代确立了遗传信息的携带者，即基因的分子载体是 DNA 而不是蛋白质，明确了遗传的物质基础问题；第二，在 20 世纪 50 年代揭示了 DNA 分子的双螺旋结构模型和半保留复制机理，弄清了基因的自我复制和传递的问题；第三，在 20 世纪 50 年代末期和 60 年代，相继提出了中心法则和操纵子学说，并成功破译了遗传密码系统，阐明了遗传信息的流向和表达问题。由于这些问题的相继解决，人们期待已久的应用类似于工程技术的程序，主动地改造生命有机体的遗传特性，创造具有优良性状的生物新类型的美好愿望，从理论上讲已有可能变为现实。

基因工程之所以会在 20 世纪 70 年代初期诞生，并在随后的十来年时间中获得迅速的发展，这并非偶然事件，而是由当时科学技术发展的水平决定的。特别是分子生物学及分子遗传学实验方法的进步，为基因工程的创立与发展奠定了强有力的技术基础。这些技术主要的有依赖于核酸内切限制酶和 DNA 连接酶的 DNA 分子体外切割与连接、基因克隆载体和大肠杆菌转化体系、DNA 核酸序列结构分析以及核酸分子杂交和琼脂糖凝胶电泳等。有趣的是，这些技术差不多是同时得到发展，并被迅速地应用于 DNA 体外重组实验。于是在 20 世纪 70 年代开展基因工程研究工作，无论在理论上还是在技术上都已经具备了条件。

首先，1972 年美国斯坦福大学的伯格（P. Berg）等完成了世界上第一例 DNA 体外重组实验。接着，1973 年另外两位斯坦福大学的科学家科恩（S. Cohen）和博耶（H. Boyer）利用

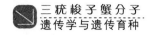
大肠杆菌体系，首次成功地进行了基因克隆实验。这些工作预示着基因工程学即将正式诞生。

简单地说，所谓基因工程是指在体外试管中，应用 DNA 重组技术将外源 DNA（基因）插入到载体分子构成遗传物质的重组体，并使之转移到原先没有这类分子（基因）的受体细胞内，而能持续稳定地表达与增殖，进而形成转基因的克隆或个体的实验操作过程。这个定义说明基因工程虽然是分子遗传学发展的必然结果，但它自身也具有如下几个方面独特的优点。

第一，具有跨越天然物种屏障的能力，可以把来自不同物种的 DNA（基因）转移到与其毫无亲缘关系的新寄主细胞中进行复制与表达。这意味着应用基因工程技术有可能按照人们的主观愿望和社会需求，创造出自然界原本并不存在的新的生物类型。

第二，能够使特定的 DNA 片段或目的基因在大肠杆菌寄主细胞中大量扩增。如此人们便能够制备到大量纯化的特定 DNA 片段或目的基因，从而极大地促进了有关基因的分子遗传学的基础研究工作。

第三，确立了反向遗传学（reverse genetics）研究途径。传统遗传学是根据生物个体的表型特征去探究其相应的基因型的结构，人们习惯上称这样的遗传学研究途径为正向遗传学（forward genetics）。随着分子遗传学尤其是重组 DNA 技术的发展与应用，人们已经有可能通过配合使用基因克隆、定点突变、PCR 扩增及转基因等各项技术，首先从基因开始研究其核苷酸序列特征、蛋白质产物的结构与功能，进而根据人们的需求对基因进行修饰改造，然后再返回到生物体内观察其生物学活性与表型特征的变化。为与传统的正向遗传学相区别，人们称这样的遗传学研究途径为反向遗传学，亦即是基因工程学。

1.2.5　基因组学

基因组（genome）这个术语系由基因（gene）和染色体（chromosome）两个英语单词缩合而成，最早于 1920 年被温克勒（H. Winkler）首先使用。它是指生命有机体细胞所携带的全部遗传信息，包括所有的基因及基因间序列的总和。例如人类基因组便是由复杂的核基因组和简单的线粒体基因组两大部分组成。前者包含约 24 000 种基因，后者只有 37 种基因。由于两者复杂度相差过于悬殊，因此通常所说的人类基因组测序，一般就是指核基因组测序。

人类基因组含有 22 条常染色体及两条性染色体 X 和 Y，其 DNA 分子的总长度约为 3×10^9 bp。但每一条染色体 DNA 分子的长度并不一样，最长的一条达 250 Mb，最短的一条仅有 55 Mb。人类线粒体基因组 DNA 是一种长度为 16 569 bp 的环形分子。每个细胞平均拥有 800 个左右的线粒体颗粒，其中每个颗粒含有 10 个基因组拷贝。

一个成年人个体大约拥有总数达 75 万亿个细胞，每个细胞都含有相同的基因组拷贝。但也有某种特别类型的细胞，比如处于终极分化状态的血红细胞并不存在细胞核，因此也就没有核基因组。体细胞是二倍体，每个细胞都含有两套共 44 条常染色体和两条性染色体（其中男性的为 X 和 Y，女性的两条都是 X）。单倍体细胞精子和卵子，都只有一套 22

条常染色体和一条性染色体，其中精子的有 X 和 Y 两种不同的类型，而卵子只有 X 一种类型。因此，一套完整的人类核基因组，实际上包括 22 条常染色体和一条 Y 染色体和一条 X 染色体，总数为 24 条染色体。

在讨论基因组问题时，不能不提及人类基因组计划（Human Genome Project，HGP）。这是一项在 1984 年由美国科学家首先提出并于 1990 年 10 月 1 日正式启动的、以测定人类基因组全序列为主要目标的国际性合作研究项目。除了美国之外，参加该项目的国家还有英国、法国、德国、日本和中国等 6 个国家，预计总投资 30 亿美元。其工程之浩大，任务之艰巨，与制造原子弹的"曼哈顿（Manhattan）计划"及送人登月的"阿波罗（Apollo）计划"相比毫不逊色。

人类基因组计划分两步进行。第一步，图谱的绘制，即将所有的基因全部定位在单倍体基因组的全套 24 条染色体上，然后对这些功能基因进行核苷酸序列的测定。第二步，对染色体基因组的 DNA 分子包括编码的和非编码的进行全序列测定。它的根本目的在于绘制出一部揭示人体生命奥秘的"天书"，为生命科学特别是医学研究提供极其珍贵的参考资料。该计划原定于 2005 年完成，但实际上提前了 4 年，在 2001 年人类基因组序列草图的两个版本，便同时分别在《Science》和《Nature》期刊上发表。

随着研究工作的逐步深入和积累的资料日渐丰富，事实上自 1995 年开始有关基因组的分析范围，便已经由原来确定的图谱绘制和序列测定两大主题，扩展到了包括基因功能鉴定在内的三大任务。为了适应这种变化了的情况，有关的科学工作者提出了一个更加综合的、能切实反应具体学科内容的新的术语——基因组学（genomics）予以替代。

基因组学是利用基因组全序列提供的信息，结合高通量的基因组分析技术，在基因组水平上研究生命有机体基因的结构和功能、表达与调节、发育及分化等一系列基础理论问题的分子遗传学的崭新研究领域。虽然基因组学的概念已得到广大科学工作者认同，但由于历史短暂且发展迅速，因此目前关于它的具体的研究范围尚难准确界定。一般认为它主要包括结构基因组学、功能基因组学（转录本组学、蛋白质组学和代谢物组学）、基础基因组学、应用基因组学和比较基因组学共五大分支学科。

基因组学对分子遗传学的发展产生了深刻的影响。长期以来，分子遗传学家都是以单个基因或由少数几个基因组成的操纵子作为主要的研究目标。然而由于正常的细胞生命活动，是通过整个基因组所有基因间的协同表达和综合调节的结果。因此仅靠对单个基因孤立的研究，是难以揭示出细胞新陈代谢过程的真实情况。基因组学则不然，它的出发点是把基因组的结构与功能作为一个有机的整体看待，认为细胞的生命活动是通过由各个基因的表达调节组成的统一的网络体系综合体现的。所以它比单基因的研究途径，能够更加有效地接近细胞生命活动的本来面目。事实也的确如此，当今分子遗传学的主要进展，例如下面将要叙述的表观遗传学（epigenetics）的许多概念，便是来源于基因组学而非单个基因的研究。

1.2.6 表观遗传学

最近十多年来，随着分子遗传学尤其是基因组学研究工作的不断深入，在诸多的生命有机体中发现了越来越多的非孟德尔遗传(non - Mondelian inheritance)现象和异常的遗传模式(disparate pattern of inheritance)。这些问题强烈地吸引着一大批有关科学工作者的浓厚兴趣,有力地促进了表观遗传学的研究,使之迅速地发展成为分子遗传学研究领域中相对独立的一门新兴科学。

表观遗传学(epigenetics)一词系由后成论(epigenesis)和遗传学(genetics)两个单词缩合而成。它是专门研究在生命有机体发育与分化过程中,导致表型性状特征发生改变而相应基因的核苷酸序列却没有变化的特殊的遗传现象。这种只对表型有影响但并不导致基因型改变的类型独特的遗传变化,叫做表观遗传改变(epigenetic change)。表观遗传学的主要论点是,生命有机体的大部分性状是由 DNA 序列中编码蛋白质的基因负责传递的,但是 DNA 序列以外的化学标记(chemical marker)编码的表观遗传密码(epigenetic code),对于生命有机体的表型特征尤其是健康状况,同样也有深刻的影响。

近年来表观遗传学的研究成果告诉我们,DNA 并非是遗传信息的唯一载体。生命有机体遗传信息的组成事实上是相当复杂的,它包括三个不同的层次。第一个层次由基因组 DNA 中编码蛋白质的基因构成。已知在人类基因组中,此类基因所占的比例还不到全部 DNA 序列的 2%,但它对于生命活动的重要性已经是众所周知的事实。第二个层次仅含有非编码的 RNA(non - coding RNA, ncRNA)基因,诸如 miRNA 基因以及 siRNA 基因等,但一般不包括 rRNA 基因、tRNA 基因和 snoRNA 基因。这类 RNA 基因存在于基因组 DNA 广袤的非编码蛋白质的序列中。如同蛋白质编码基因一样,RNA 基因在生命过程中的作用也是不可或缺的。第三个层次为表观遗传信息层(epigenetic layer of information)。它贮藏于环绕在 DNA 分子的周围、并同 DNA 相互结合的蛋白质及其他化合物当中。尽管目前我们对于表观遗传信息层的功能效应尚不十分清楚,但大量的报告提示它对于生命有机体的作用,可能比 RNA 基因信息层还要重要。一般认为表观遗传信息层可能在生长、发育、衰老及癌变的过程中起到关键的作用。

最常见的例子是同卵双生子(twins),虽然他们具有完全一样的基因组 DNA 序列,但往往也存在着一些外观表型的差异。在不少的同卵双生子中均观察到,有一个成员患上了诸如神经分裂症(schizophrenia)、躁郁症(bipolar disorder)及儿童糖尿病(childhood diabetes)等与遗传有关的复杂的疾病,而另一个成员的健康状态却正常。产生这些差异当然有可能与环境因素有关系,然而研究者们更加倾向于用表观遗传改变(epigenetic variation)这一概念给予解释。所以说,在不断加强表观遗传学研究的基础上逐步增进表观遗传学的基础知识,不仅在理论上对全面理解细胞命运和类型的决定以及表型的维持具有重要的意义,而且在实际应用方面还有可能为某些遗传性疾病的治疗和新药的制备指明新的途径。因此无怪乎有学者认为,在目前遗传学的研究正逐步地让位给表观遗传学,它是分子遗传学发展的崭新阶段。

上述有关遗传学发展历程的 6 个阶段,只是为了叙述的方便而作出的大体合理的人为划分。事实上它们之间并不存在确切的时间界限,也不可能有严格的内容归属。以本书讨论的分子遗传学为例,它既系统地继承和发展了先前学科经典遗传学和生化遗传学的研究脉络，又全面地影响并渗透到后继学科的各个领域。由此可见，遗传学发展的前后阶段，实是彼此衔接相互传承的过程。其实，无论是基因工程学还是基因组学乃至表观遗传学，都应归属于分子遗传学的总体研究范畴。因为它们都是在分子遗传学的基础上形成的不同分支学科，是分子遗传学发展的必然结果。

1.3　水产动物遗传育种

1.3.1　我国水产养殖业现状

随着捕捞资源的急剧衰减，水产养殖已成为国际社会为满足人类日益增长的蛋白质需求普遍采纳的主要举措。我国是世界水产养殖大国，养殖产量位居世界第一。按 2012 年我国渔业统计年鉴资料显示，2011 年我国水产品总产量 5 603.21 万 t，养殖产量 4 023.26 万 t，占总产量的 71.80%。水产养殖面积达到 11 752 万亩[①]，比上年度增加 286 万亩，水产养殖产值 7 883.97 亿元，实现增加值 4 420.76 亿元。我国渔业共吸纳了近 2 060.69 万人就业，大批渔（农）民通过从事水产养殖摆脱了贫困，人均纯收入 10 011.65 元，比上年增加 11.70%[7]。高效健康水产养殖业的发展，不仅大大缓解了食物安全对陆地农业的压力，节约了大量耕地，同时推动了"三农问题"的解决和沿海经济的发展，对沿海地区农业产业结构调整和农民增收起到了巨大作用。水产养殖业已成为我国国民经济的重要组成部分，是促进农村经济发展、调整农业产业结构、增加农民就业和收入的有效途径之一，对建设和谐社会具有重要作用。

1.3.1.1　我国海水养殖业发展的历史

与淡水养殖业相比，海水养殖业历史发展短。但近半个世纪以来，我国海水增养殖业得到长足发展，初步实现了虾贝并举、以贝保藻、以藻养珍的良性循环。如同淡水养殖业，我国海水养殖业实现了举世瞩目的藻、虾、贝三次产业浪潮和目前正在形成的海水鱼类养殖产业浪潮。2011 年，全国海水养殖产量达到 1 551.33 万 t，海水养殖产量占全国养殖总产量的 38.56%，居世界之首，海水养殖产量约占全球海水养殖总产量的 80% 以上。其中甲壳类 570.69 万 t。

（1）对虾养殖

我国对虾养殖业曾创造过辉煌的业绩，早在 1960 年，吴尚勤、刘瑞玉等首次在实验室内培育出第一批中国对虾虾苗；70 年代后期，驻青岛等有关科研院所科研人员通力协作、联合攻关，突破了中国对虾的工厂化育苗技术和养成技术；80 年代对虾养殖转入快速发展；90 年代初期对虾养殖进入高峰，养殖面积 240 万亩，育苗能力 1 000 亿尾，产量达到 22 万 t 以上。

---

① 亩为非法定计量单位，1 亩 ≈ 667 平方米。

1993 年起，由于种种原因，特别是世界性对虾病毒性疾病暴发的直接影响，我国对虾养殖业出现了大幅度滑坡，从此对虾养殖产业步入低谷。尽管导致对虾大面积死亡的原因尚有争议，但可以肯定，养虾业发展过热，养殖环境和自然环境失调，大量工业、农业、生活污水和来自虾塘的污染大量入海，加速了近海水域的富营养化是最根本的原因。目前我国对虾养殖业还处于寻求复苏阶段，如何预防虾病、提高单位养殖产量、减轻对虾养殖对环境的影响，是今后我国海水池塘养殖业重点解决的问题。

（2）蟹类养殖

我国蟹类养殖历史虽然不长，但发展极为迅速。在 90 年代初，海洋蟹类的养殖面积达 7.6 万亩，产量达 16 682 t。中华绒螯蟹养殖已成为长江口附近地区、辽宁省等部分地区的重要产业，在当地的农业经济中占有较大的比重。拟穴青蟹和三疣梭子蟹等蟹类的养殖技术也不断完善，养殖产量和效益不断提高，已成为我国南、北方沿海重要海水养殖品种。目前，三疣梭子蟹和拟穴青蟹的全国养殖产量 20 多万 t，养殖面积已超过 120 万亩，苗种需求量每年约为 60 亿尾。

我国沿海气候和水域环境适合蟹类的养殖，蟹类在国内外市场深受欢迎，是我国出口产品，仅浙江省三疣梭子蟹出口量 1.23 万 t，出口额达到 6 800 万美元。蟹类养殖业的兴起，对丰富我国海水养殖品种，促进区域海水养殖结构调整，增加养殖收入以及利用混养方式改善养殖环境生态条件等方面做出较大贡献。

1.3.1.2 我国水产养殖业取得的成绩

我国水产养殖业之所以飞速发展并取得巨大成就，一个重要的因素是科技进步对水产养殖业发展的重要推动作用，主要体现在以下几方面[8]：

（1）拓展了水产养殖的生产领域

科技的进步，提高了对资源的开发利用水平，从而使许多从前未被利用或利用率很低的资源得到了较为充分的利用，对促进我国水产养殖业的发展起了极为重要的作用。如滩涂贝类育苗、养殖技术的提高及对虾人工育苗和养殖技术的成功开发，使我国滩涂养殖利用面积达到了 1 124 万亩。以贝类、藻类养殖和网箱养鱼等为主体的浅海养殖技术的推广应用，使我国 10 m 等深线以内的浅海得到大面积的利用，并正在向 40 m 等深线发展。低洼盐碱地的渔业利用、稻田养鱼养蟹、高密度流水养鱼、工厂化养殖技术的兴起，使水产养殖业具有了更广阔的前景。

（2）提高了水域利用率和劳动生产率

由于各种综合高产技术的研究和应用，极大地提高了生产水平，使养殖生产的单产水平大幅度上升。2001 年，我国的淡水养殖产量达 1 595 万 t，面积 8 040 万亩，分别比 1978 年增长了 21 倍和 2 倍；淡水养殖单产 189 kg/亩，是 1978 年的 10 倍以上。海水养殖产量 1 132 万 t，面积 1 935 万亩，分别比 1978 年增长了 25 倍和 13 倍；海水养殖单产 586 kg/亩，是 1983 年的 3 倍(1978 年无海水养殖单产统计)。

（3）增强了开发新资源、新品种的能力

由于技术的突破，带动新产业的形成，改变了传统的生产格局。继 20 世纪 50 年代"四大家鱼"人工繁殖技术的突破带动了淡水养殖业的巨大发展后，海带、扇贝、中国对虾及海水鱼类人工育苗技术的突破和养殖技术的发展，为 20 世纪 80 年代以后我国海水养殖业的兴起和蓬勃发展奠定了技术基础。通过引进、驯化、人工培育等方式，一大批生长性能优良，经济价值较高的新品种被开发出来并应用于生产，对优化养殖结构，发展"两高一优"水产养殖业起了重要的促进作用。

（4）促进了渔业生产方式的变革

随着技术的进步，以牺牲自然资源和大量的物质消耗为其主要特征的传统渔业生产方式得到改善，人工控制程度和现代化程度较高的各种养殖方式得到较大发展，持续发展已越来越被重视。立体利用水域、水陆复合生产的生态渔业模式得以较为广泛的应用，保持渔业资源和水域资源可持续利用的生产技术已越来越被生产者接受和掌握。同时，以生物技术（细胞工程及基因工程应用）、信息技术为主的渔业高新技术也有了较大发展，有些已在生产中发挥了作用。这些技术的应用和日益普及，加快了渔业现代化的步伐。

1.3.1.3　我国水产养殖业的发展与前景

分析我国的资源现状，进一步发展水产养殖业仍具有相当大的潜力。据统计，全国有适宜养殖的浅海滩涂 3 900 万亩，目前仅利用约 1/3；可养内陆水域 10 050 万亩，也仅利用 2/3；还有未开发的宜渔盐碱低洼荒地 3 450 万亩。同时，已利用的养殖水面，提高单产的潜力也很大。因此，发展我国的水产养殖业，无论从经济发展的需要，还是从资源的潜力来讲都具有较好的条件。但我国水产养殖业的发展目前还面临很多新情况、新问题。主要表现在：渔业水域生态环境恶化的状况比较严重，病害防治体系尚未健全；水产养殖种苗培育体系不完善，养殖品种结构不合理；渔业基础设施薄弱，产前、产中、产后诸环节的产业链结构不够完善。这些问题的存在，极大地制约着我国渔业的进一步发展，也是水产养殖科技工作的努力方向。针对以上问题，重点可从以下两方面着手改进[8]：

（1）注重改善养殖生态环境，发展健康养殖

我国在淡水池塘综合生态养殖方面处于世界领先水平，但对浅海、滩涂养殖生态系统研究基础薄弱，研究刚刚起步，在短期内尚不可能为增养合理布局提供技术依据。

在病害防治方面，我国对主要水产养殖病害的病原、病理、药物及免疫防治方法的研究有一定基础，但总体研究深度不够。在淡水养殖领域，针对草鱼出血病、嗜水气单胞菌引起的淡水鱼类暴发病等进行了病原学及综合防治方面的研究；在海水养殖领域，针对对虾常见的细菌性疾病和对虾白斑病等进行了病原学及综合防治方面的研究；在渔用疫苗、生态制剂等方面也开展了应用性研究。

今后要加强研究不同类型（浅海、滩涂、内陆大水面、低洼盐碱地等）水域的科学养殖方式，确定合理的养殖容量、养殖结构，提出降低养殖生态环境负荷的立体利用水域的养殖技术及养殖水域的环境优化和生物修复技术，为养殖方式改革提供科学依据。建立以生

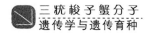

态调控为主要手段的健康养殖技术和病害的监测、预报技术，加强免疫防治技术、疫病检疫技术及安全用药技术研究。

（2）优化养殖品种结构，加强优良品种开发

目前，我国已开发成功一大批养殖种类。其中甲壳类有对虾（中国对虾、斑节对虾、南美白对虾等）、拟穴青蟹、三疣梭子蟹等。但我国的水产养殖种类基本上是野生种的直接利用，人工选育出的良种很少，导致良种更新率极低，今后要在加强种质评价和筛选、创新优质选育种材料的基础上，大力开展优良、抗逆新品种（系）选育研究，以传统选育技术为基础，研究建立分子标记辅助选育、基因组育种等育种新技术，加快良种选育进程；结合生理生态学手段，找出抑制性腺发育和制约早期苗种成活率的关键性环境和内在因子，突破海水养殖动物的人工繁殖技术，建立全面系统的水产苗种繁育体系。

1.3.2　水产经济动物遗传育种方法

目前水产动物所采用的遗传育种方法较多，下面概述主要的一些研究方法：

1.3.2.1　选择育种

选择育种是基于表型性状，选择符合要求的亲本（个体、群体或家系），经过定向选择或近交以获得优良品种的常规育种手段。选育的目的是将有利的性状（基因）进行"富集"，逐步提高经济性状的表现值。一般来说遗传力高的性状选择容易，而遗传力低的性状选择难。在遗传变异水平较低的情况下，通常采取的措施有诱变、建立纯系或直接利用自然遗传资源进行杂交等。近50年，选择育种对农林作物种植业和养殖业做出了巨大贡献，尤以提高农作物产量和牲畜生长率更为突出。

在水产养殖上，已经开展了选择性育种计划（Selective breeding program）。在虾类中，美国高健康养殖公司（High Health Aquaculture Inc.）通过对凡纳滨对虾抗 TSV 性状的选育，每代成活率增加15%，经过连续4代选择，存活率可达到92%～100%，而对照组的存活率只有31%；对生长速度的选择已使凡纳滨对虾体重达到22～25 g，这表明选择育种可明显改进养殖对虾的生长表现[9]。中国水产科学研究院黄海水产研究所等单位进行了中国对虾（*P. chinensis*）遗传改良研究，从1997年开始进行中国对虾种群选育技术的研究。对无特定病原对虾亲虾的筛选、幼体的培育、病原的检疫和检测以及健康对虾的养殖技术进行了比较系统的研究和探索。在贝类中，巴伯（Barber）等[10]发现牡蛎选育群体表现出生长速率和抗病性上的多方面优势；迪瓦西（Dvasi）[11]发现选育三代的牡蛎幼虫壳长和软体部重明显高于对照组；英格里斯（English）[12]通过对重量选育两年与三年的牡蛎（*Saccostrea glomerata*）同工酶谱带分析，发现虽然选育群体与对照群体遗传结构未发生明显变化，但是在一些位点上却发生频率的显著变化。在鱼类中，李思发等[13]获得 T4 代选育的团头鲂，发现其生长速度提高了19.1%，并分析了双向选择对团头鲂生化遗传变异的影响。

选择育种一般只选择少量优良个体，一定要避免近交效应，维持有效群体大小，防止

近交造成遗传种质的衰退；其次，还必须加强数量遗传学基础研究，利用一些遗传参数（如遗传力）指导选择育种，减少选择的盲目性。

1.3.2.2　杂交育种

杂交育种是基于运用遗传中的分离、自由组合和连锁互换规律重建生物的遗传性，利用杂种优势，创造性地培育具有优良性状品种的育种手段。在对虾上，已经进行了许多杂交育种的尝试，结果表明虾类杂交的受精率和孵化率均较正常种内交配低，杂种后代的形态特征、生长发育速度大多为父母本的中间型，虾类种间的杂交后代大多是中性不育的。在贝类上，赫奇可克（Hedgecock）等[14]发现太平洋牡蛎的杂交种不仅在幼虫及成体的生长速率方面具有明显的优势，而且在能量和蛋白质代谢、摄食效率等方面明显优于亲本品系。在鱼类上，王新成等[15]研究了石蝶（♀）与牙鲆（♂）的人工杂交，杂交后代许多生物学特征较牙鲆、石蝶发生了较大变异。杂交鱼的体高比牙鲆体高增加了6%、比石蝶体高增加了4.2%，体重以及成活率也都分别比牙鲆、石蝶的高，杂种优势明显。

对于杂交子代优良性状的产生原因，现在普遍认为主要来自杂种优势，许多学者对此在不同方面进行了大量研究。亚当凯维奇（Adamkewicz）等[16]分析了来源于三个不同地理群体的硬壳蛤的杂交后代在不同地理区域的生长速率变化，发现虽然生长速率很大程度上来源于亲本遗传，但是其中一个杂交组中生长速率与地理区域关系更大。克鲁兹（Cruz）等[17]在对不同地区扇贝的杂交分析时发现杂交种只有在一定的选择压下才表现出杂种优势。万俊芬[18]研究发现杂交子代在与父母本之间的遗传关系上并不对等。杨弘等[19]利用RAPD标记分析证明了奥利亚罗非鱼（♀）×鳜（♂）子代在继承大部分母本罗非鱼遗传物质的同时，也融合了来自父本鳜鱼的遗传物质。而这种远缘杂交，可能有以下几种结果：一是发生真正的精卵结合，但杂种一代通常是不育的；二是双亲部分遗传物质发生了合并或交换；三是未发生精卵的结合，异源精子只起着刺激卵子发育的作用，即雌核发育，但父本遗传物质仍有部分可以掺入到受精卵。由此可见，杂交育种具体的作用机理以及杂交对其他相关特性的影响是非常复杂的，仍需要进一步深入研究。

1.3.2.3　现代生物技术育种

1）超低温保存技术

超低温保存为液氮（-196℃）低温下的保存，在此温度下，生命体的物质代谢和生命活动几乎完全停止。生物体能在低温下长期保存是因为低温能抑制生物体的生化活动。在冷冻保存中，生物体中的细胞由常温下的高耗能、高代谢状态，进入一种能量消耗、新陈代谢降至最低点的休眠状态或假死状态。超低温保存技术具有长期性和稳定性的优点，是水生生物种质保存的有效方法，也是水生生物遗传改良和分子遗传学研究的前提和基础。精子冷冻保存在水产生物养殖、遗传育种及种质资源保存中的作用主要表现在以下几个方面：

第一，建立养殖品种精子冷冻保存库，可将重要养殖种类和濒危种类的种质长期保存起来，从而避免由于捕捞过度、生态破坏或环境污染而造成的物种灭绝或因长期养殖、近交而造成的种质退化和遗传变异现象。而且，精子冷冻库是基因库的替代物，构建精子冷冻库可以节约大量的资金。

第二，精子的冷冻保存可以使不同物种之间的杂交、异源雌核发育等试验变得更容易、方便，使不同生殖期或地理间隔的品系得以交配，解决了雌、雄成熟不同步的问题。可以为雄性严重不足的厂家提供精液，直接应用于实际生产，在繁殖盛期把过量的精子保存起来可以避免精液的大量浪费。

第三，精子的冷冻保存可为水产生物技术研究不间断地提供材料，大大方便了实验操作。

2）多倍体诱导技术

人工诱导多倍体的方法，概括起来有物理方法，主要是冷、热休克和静水压处理等；化学方法，即药物诱变，如秋水仙碱、细胞松弛素 B、聚乙烯乙二醇及某些麻醉剂等；生物学方法，主要是远缘杂交。在精子入卵而第一或第二极体尚未排出之时，对受精卵进行高温（热休克）、低温（冷休克）、高压或化学药品等处理，阻止极体排出卵外，则可诱导出具有三组染色体的三倍体个体。如果抑制第一次有丝分裂，则可获得四倍体个体，四倍体再和二倍体杂交，也可获得三倍体。三倍体往往是不育的，这一特点对经济物种的养殖意义重大，它避免了性腺发育阶段和产卵季节肉质下降并延长了上市时间，避免了性腺发育时期的生长停滞和死亡率上升，减少了养殖成本，同时利用三倍体的不育性可以控制养殖物种的过速繁殖和防止对天然资源的干扰。

包振民等[20]用细胞松弛素 B 处理中国对虾的受精卵，获得了三倍体对虾幼体，诱导率达 6.25%，细胞松弛素浓度越高，对极体排放的抑制力越强，但胚胎畸形率和非整倍体数增多。近年中国科学院海洋研究所在对虾三倍体和四倍体研究中又取得进展，经过条件优化，中国对虾三倍体的最高诱导率可达 90% 以上；在胚胎期检测，四倍体最高诱导率达 90% 以上。利用三倍体不育性导致的生长优势，可培育出大规格的对虾个体，同时还能克服雄虾因性腺早熟造成的大量死亡而提高繁殖期的成活率。而四倍体的虾有可能达到性成熟并繁育后代，它与二倍体交配，即可产生不育的三倍体，这将使大规模生产三倍体虾成为可能，比用诱导方法使染色体加倍获得三倍体更为有效。中国科学院海洋研究所崔朝霞等克服了中华绒螯蟹三倍体诱导中离体培养的困难，做到了自然产卵、批量诱导，培育至幼蟹期时最高诱导率达 60%，并对三倍体群体早期生长及营养进行了研究，同时探索了四倍体诱导的优化方法[21-23]。除了采用抑制减数分裂中极体排出、细胞融合、抑制有丝分裂等方法诱导四倍体的产生，用种间杂交方法产生异源四倍体也是四倍体研究的一个重要领域。从理论上讲异源四倍体有可能综合杂交育种和多倍体育种的优势，扩展四倍体育种研究的领域，如果该方法获得成功，可以克服三倍体诱导中的副作用，为解决生产中的三倍体苗种来源提供新的有效手段。

3）性别控制技术

性别控制的研究对水产养殖来说，具有重要的实用价值。因为许多水产生物雌雄之间的经济性状，如生长率和个体大小等存在差异。因此，通过控制性别的方法专门生产全雌或全雄苗种进行单性养殖可以提高经济效益。从繁殖阻遏角度，性别控制技术也很有意义，这样能减少或避免逃逸的养殖品种和同种野生种间交尾繁殖。人工性别控制方法，主要包括性反转法、雌核发育、雄核发育等。

（1）性反转法

性反转法主要指生理性别即表现型性别，是在遗传性别控制下的生殖生理和生化过程。例如，鱼类性腺的分化是一个渐进的过程，其遗传性别在受精时刻便已决定，但真正生理上的性别分化却是从生殖嵴形成后开始的。若不用药物诱导，鱼类的性别分化将受遗传性别的调控，与遗传性别保持一致。但若在生殖嵴形成前用药物诱导则可使其生理性别发生逆转。由此可见，作为低等脊椎动物的鱼类，性别分化有一定可塑性。另外，性反转法还包括遗传性别人工控制的生物技术，遗传性别（又称基因型性别或染色体性别），是由父母双方精、卵的染色体或基因相互结合决定的，每种物种都有自己特点的性染色体或基因。

（2）雌核发育

雌核发育（Gynogenesis）是单倍体育种的主要途径之一，属于"染色体工程"（Chromosome set engineering）的范畴，人工诱导雌核发育（Artificially induced gynogenesis）是指通过物理或化学方法使遗传失活的精子激活卵，精子不参与合子核的形成，卵仅靠雌核发育形成胚胎的现象。由于此方法子代遗传物质完全来自母本，故对于快速建立纯系有着非常重要的实用价值。

雌核发育技术于 20 世纪 50 年代后期在国外首先发展起来，70 年代初我国才开始涉足这一领域的研究，40 年来取得了丰硕的成果。近年来，有关鱼类雌核发育的细胞和分子生物学研究和雌核发育牙鲆同工酶基因的重组及父方基因的表达研究更是从理论上探索了雌核发育发生的机制问题，从细胞和分子角度为该领域的研究展示了美好的前景。海洋经济贝类的雌核发育研究也取得了一定的成果。近年来美洲牡蛎（*Crassostrea virginica*）、太平洋牡蛎、贻贝（*Mytilus edulis*）、地中海贻贝（*M. galloprovincialis*）、华贵栉孔扇贝（*Chalmys nobilis*）、虾夷扇贝（*Patinopecten yessoensis*）、皱纹盘鲍（*Haliotisdiscus hannai*）等贝类，通过用人工灭活精子的方法都获得了雌核发育单倍体和二倍体胚胎，但是还没有培养到成体的报道，有关雌核发育二倍体诱导的细胞学机制和有效的诱导程序也没有像鱼类那样建立起来。因此提高雌核发育二倍体的诱导率、孵化率，培育出贝类雌核发育二倍体个体，将是贝类下一步研究所必须解决的重点问题。相建海等[24]以确凿的细胞学证据证明了对虾人工雌核发育的可行性，随后，戴继勋等[25]用 $^{60}Co\gamma$ 射线照射中国对虾的精子诱导雌核发育，实验表明用 $^{60}Co\gamma$ 射线照射精子受精后，随着辐射剂量的增加，胚胎的存活率显著下降，而到了更高剂量时，胚胎的存活率反而增加，存活率出现了"U"形曲线，表现有所谓 Hertwig 效应。蔡难儿等[26]用紫外线照射精子、受精、温度或细胞松弛素 B 处理卵子方法，诱导出了中国对虾雌核发育个体，最高诱导率达 37.22%。对虾雌核发育诱导的成功为其他甲壳动物雌核发育的诱导提供了一定的理论依据。

（3）雄核发育

雄核发育与雌核发育方法差不多，主要区别是通过正常的精子和失活的卵子受精。这样得到的雄核发育单倍体染色体只有一套，为正常二倍体的一半，因此，其胚胎发育表现为典型的单倍体综合征，因此，必须对这样的受精卵进行染色体二倍化处理，方法主要是利用温度或静水压抑制受精卵的第一次卵裂，使父源的染色体加倍，即可得到雄核发育二倍体。

赵振山等[27-30]通过冷、热休克已成功获得了泥鳅和大鳞副泥鳅雄核发育纯合二倍体，研究表明雄核发育后代其染色体完全来源于父本，可以利用雄核发育得到完全纯合的二倍体。雄核发育也可用于性别控制，因为在雄性异配种类中，雄核发育会导致 YY 超雄鱼的产生；而用 XX 雌鱼和 YY 雄鱼杂交可得到全雄群体（XY）。在鱼类中有很多种类雄性鱼明显生长比雌性鱼快，如罗非鱼、黄颡鱼等。利用雄核发育来繁育全雄鱼在生产实践中有非常重要的意义。

4）细胞核质杂交（核移植）技术

细胞核移植是应用显微操作，将一种动物的细胞核移入同种或异种动物的去核成熟卵内的方法。将一种动物细胞核移植到另一种动物卵细胞，由此发育成的杂种称核质杂种。细胞核移植的操作主要有供体和受体的准备、去卵膜、挑去卵核、分离囊胚细胞和移核等程序[31]。我国在用细胞核移植技术培育鱼类新品种方面是有特色的，处于国际领先地位[32,33]。

5）细胞融合技术

细胞融合技术指采用化学或物理的方法将两个或多个紧连的细胞融合成一个细胞。它改变了以往的传统育种方式，可按照人们的主观意愿，把来自不同组织类型的细胞融合在一起。细胞融合法在遗传育种、培育新品种等方面具有广阔的应用前景，正日益成为生物技术和细胞工程中的热点。通过能产生免疫抗体的淋巴细胞和不断分裂的肿瘤细胞的融合，由此构建的杂交瘤细胞产生专一性很强的单克隆抗体，在快速、准确诊断水产生物的疾病方面很有意义。人工诱导细胞融合法大体经历了病毒融合法、化学融合法（其中的 PEG 法是应用较广的一种）、电融合法和激光微束融合法，现在一般采用化学和物理相结合的方法。

1.3.3　新兴分子育种技术在水产养殖动物遗传育种中的应用前景

在我国，水产动物分子遗传研究虽起步较晚，但发展十分迅速，是近年来水产动物科学领域中最为活跃和最有活力的生长点。与主要的农作物相比，水产动物大多数性状均表现为数量遗传、个体基因组高度杂合、进行传统的遗传育种非常耗资、费时和费力。分子生物学技术的介入，特别是转基因技术、分子遗传标记、遗传图谱的构建与QTL 定位、基因组学及分子标记辅助选育等的发展和应用，对水产动物遗传学起到了巨大的推动作用。

1.3.3.1 转基因技术

转基因技术是 20 世纪 80 年代发展起来的新兴技术，由于它直接将外源目的基因导入目标生物从而产生新的生产性状，因此克服了生殖隔离，彻底打破了种的界限，是目前培育新品种的有效途径之一。转基因生物是指用实验方法导入的外源基因在染色体基因组内稳定整合并能遗传给后代的一类生物。自从 1982 年帕尔米特（Palmiter）[34]等首次将大鼠生长激素基因导入小鼠受精卵雄性原核中，获得了个体比对照组大一倍的转基因"超级小鼠"以来，这项高新技术受到各国重视，发展迅速。转基因所用的方法主要有显微注射法、电脉冲法、精子携带法、基因枪注射法、逆转录病毒感染法、组织注射法、基因打靶法、卵母细胞的基因转移等。水产动物中研究较成功的是转基因鱼，中国科学院水生生物所朱作言院士等[35]成功地将带有小鼠重金属结合蛋白（mMT）启动子的人生长激素（hGH）基因导入鲫鱼受精卵，培育成功世界上第一批转基因鱼后，又相继获得了转基因泥鳅、鲤鱼、团头鲂等。在其他水产生物上，蔡（Tsai）等[36]使用电脉冲介导的精子载体法将外源基因导入杂色鲍中，其导入率达到了 65%；鲍尔（Power）等[37]将鲍本身的启动子和鲑的生长素基因及报告基因连接于质粒中通过电转移导入红鲍卵中，Southern 杂交结果表明目的基因已经整合到了红鲍基因组中，而且所转入的基因也已经获得了表达；莫尔（Mooer）等[38]利用逆转录介导致癌基因转染牡蛎，用于建立美洲牡蛎细胞系，通过实验发现转染率与载体浓度、转染时间密切相关；刘志毅等[39]用基因枪的方法，以绿色荧光蛋白基因作为报告基因，和带有切割对虾白斑病病毒基因的核酶基因质粒 pGDNA－RZ1 导入中国对虾受精卵，检测到绿色荧光蛋白在无节幼体和蚤状幼体中的瞬间表达强烈，并且外源的 GFP 基因已转移到中国对虾成体内并有相应的基因产物表达。有关转基因技术，如何发展有效的转基因方法以及研究外源基因与基因组基因的整合等方面还有待进一步的深入探讨。

1.3.3.2 基因组学研究

21 世纪以来，随着人和主要模式动植物以及模式鱼类斑马鱼、河鲀、绿河鲀、青鳉和三棘刺鱼等全基因组的破译，沟鲶、尼罗罗非鱼、大西洋鲑、虹鳟、乌颊鲷、欧鲈和大西洋鳕等鱼类的基因组序列也相继被测定。从 2010 年开始，我国从事水产动物研究的主要单位也相继宣布破译完成了太平洋牡蛎、半滑舌鳎、大黄鱼、橙点石斑鱼、鲤和牙鲆的全基因组序列（表 1.3）[40]。这些重要水产动物全基因组信息和其详细的分子解析，将为水产动物的性状改良和病害控制研究提供重要的参考和指导。

表 1.3　我国已宣布完成全基因组测序的水产动物

种名	基因组大小	预计基因数	主要发布机构	发布时间
太平洋牡蛎 (*Crassostrea gigas*)	8 Gb	2 万多个	中国科学院海洋研究所	2010 年 8 月
半滑舌鳎 (*Cynoglossus semilaevis*)	520 Mb	2 万多个	中国水产科学研究院黄海水产研究所	2010 年 8 月
大黄鱼 (*Pseudosciaena crocea*)	750 Mb	未提供数据	浙江海洋学院	2011 年 1 月
橙点石斑鱼 (*Epinephelus coioides*)	1.1 Gb	2 万多个	中山大学	2011 年 3 月
鲤 (*Cyprinus carpio*)	1.7 Gb	未提供数据	中国水产科学研究院水产生物应用基因组研究中心	2011 年 5 月
牙鲆 (*Paralichthys olivaceu*)	620 Mb	约 23 000 个	中国水产科学研究院黄海水产研究所	2011 年 12 月

分子标记技术的发展及其在遗传学研究的广泛应用推动了一门遗传学的分支学科——比较基因组学的产生和发展。比较基因组研究主要是利用相同的 DNA 分子标记在相关物种之间进行遗传或物理作图，比较这些标记在不同物种基因组中的分布特点，揭示染色体或其片段上的基因及其排列顺序的相同或相似性，并据此对相关物种的基因组结构和起源进化进行分析。比较基因组研究使得传统遗传学突破了物种的框架，发展成为新的系统遗传学。除了其对物种进化研究上的重大意义外，它也推动了整个生物遗传学的研究，使得人们对模式物种基因组研究的结果能很快推广到相关物种上去。在农作物研究上，Moore[41] 同时对水稻、小麦、玉米、谷子、甘蔗以及高粱 6 种主要禾本科物种比较基因组的研究表明，基因组最小的水稻居于中枢地位，将禾本科植物基因组的保守性归结到了水稻基因组的 19 个连锁区段上，由这 19 个区段可实现对所研究的全部禾谷类作物染色体的重建，并构成一个禾谷类作物祖先种的染色体骨架。目前在水生动物中，已经开展了斑马鱼与人类和其他动物基因组的比较研究[42]。红鳍东方鲀(*Fugu rubripes*)的基因组由于小而且致密，本身又是脊椎动物，对其进行比较基因组学的研究较多[43-45]比较基因组学研究还可以清晰地提供水产动物各自类群以及相互之间基因组水平上的进化关系，克隆、鉴定质量和数量性状座位，达到高产、抗逆、环保、健康的目的。

1.4　三疣梭子蟹基础生物学与养殖业

1.4.1　基础生物学特征

三疣梭子蟹(*Portunus trituberculatus*)俗称白蟹、枪蟹，隶属节肢动物门(Phylum Arthropoda)、甲壳动物亚门(Subphylum Crustacea)、软甲纲(Class Malacostraca)、真软甲亚纲(Subclass Eumalcostraca)、十足目(Order Decapoda)、腹胚亚目(Suborder Pleocyemata)、短尾次目(Infraorder Brachyura)、梭子蟹科(Family Portunidae)、梭子蟹属(*Genus Portunus*),是一种重要的海产经济蟹类,广泛分布于中国、日本及朝鲜等海域[46]。

1.4.1.1　形态特点

三疣梭子蟹背面呈茶绿色,螯足及末对游泳足呈蓝色;全身分为头胸部和腹部,头胸甲梭形,表面稍隆起,覆盖有细小颗粒;额缘具有 4 个小齿,前侧缘具 9 锐齿,末齿长刺状;头部附肢包括 2 对触角、1 对大颚、2 对小颚,胸部附肢包括 3 对颚足、1 对螯足和 4 对步足[46,47]。腹部位于头胸甲腹面后方,覆盖在头胸甲的腹甲中央沟表面,俗称蟹脐,雄性尖脐,雌性团脐。腹部 7 节,雄蟹腹部附肢均退化,只存第一和第二腹节的附肢特化的生殖器,第一腹肢特化为雄性交接刺,第二腹肢特化为雄附肢;雌蟹腹部附肢 4 对,位于第二至第五节腹面两侧,形状相同。心脏五角形,位于内脏中央,前后端均有动脉与各器官相连。鳃 6 对,位于鳃腔内,水从螯足基部的孔流入,然后从口器近旁的出水孔流出。消化管由口、食道、胃囊、肠和肛门组成。肝脏 2 叶,在胃的两侧。雌性生殖系统由卵巢、输卵管和受精囊组成,开口于胸板愈合后的第三节。卵巢壁由外膜和内生殖上皮组成,输卵管壁由单层柱状上皮、纵肌层和结缔组织外膜构成,受精囊上皮层为多层细胞构成的移形上皮;雄性生殖系统由精巢、输精管和射精管组成,开口于游泳足基部。精巢由生殖小管盘绕而成,输精管由位于基膜上的单层柱状上皮和其外侧的环形横纹肌组成,射精管由单层柱状上皮及内纵、外环的两层横纹肌组成,精子球形,顶体圆球状,核杯状,核包围着顶体,二者间有退化的膜状复合体和中心粒,精子表面有由核外突形成的辐射臂[48,49]。

1.4.1.2　生活习性

三疣梭子蟹生活在盐度为 16 ~ 35 的海水中,其活动地区随季节变化及个体大小而有不同,常成群洄游,具有生殖洄游和越冬洄游的习性。春、夏(4—9 月)期间,常在 3 ~ 5 m 深的浅海,尤其是在港湾或河口附近产卵;冬季,移居到 10 ~ 30 m 深的海底泥沙里越冬。它可依靠末对步足的划动向左、右及前方游动,但大多只能顺着海流游动,遇到障碍物或受惊时,也可很快向后倒退。在底层时则用前三对步足的指尖左右横行,螯足有时高高举起,有时弯曲在头胸甲下。静止时一般常用末对步足掘拨泥沙,将自己与底面呈一定角度(45°)埋在泥沙中,眼和触角露出沙外,不停地转动和打水。蜕壳时,常在岩石下或海草间躲藏起来,直至新壳变硬才出来活动。三疣梭子蟹体色与周围环境相适应,生活于沙质处的个体呈浅灰绿色,海藻间的多呈深茶绿色[50]。

三疣梭子蟹白天潜伏海底,夜间出来觅食,并有明显的趋光性。养在池塘中的三疣梭子蟹在日出、日落时有比较明显的昼夜垂直移动现象。三疣梭子蟹游动时,身体倾斜,倒垂于水中,第 5 步足频频摆动,做横向或不定向的水平游动。三疣梭子蟹无钻洞能力,池

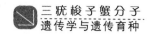
塘养殖不必设防逃设施。水温在18℃以下，多潜伏在池塘边的沙堆里。

1.4.1.3 繁殖习性

三疣梭子蟹交配季节随地区以及个体年龄而有不同[51]。在渤海，7—8月为越冬蟹交配的盛期，9—10月为当年蟹交配的盛期；在浙江，交配期为7—11月，以9—10月为盛期。交配时，雄蟹将精荚输入雌蟹的受精囊中。渤海三疣梭子蟹的产卵期为4月下旬至7月上旬，在4月底5月初出现一次高峰；浙北近海三疣梭子蟹主要产卵期在4—7月，高峰期在4月下旬至6月底。卵的颜色开始为浅黄色，随胚胎发育逐渐变成橘黄色、褐色，最后变成灰黑色、黑色，形成卵内最后一期溞状幼体，然后孵化。一个产卵期内，三疣梭子蟹可排卵1~3次，属多次排卵类型。抱卵量与个体大小有关，渤海三疣梭子蟹抱卵量在13万~220万粒间，浙江沿岸三疣梭子蟹抱卵量在3.53万~266.30万粒间。不同时期，三疣梭子蟹抱卵量也有差异，4月下旬至6月上旬少于6月中旬至7月末。排卵量与甲宽、体重关系密切，一般随甲宽、体重的增长而增加，排卵量与体重大致呈线性关系。

1.4.1.4 发育和生长规律

三疣梭子蟹幼体发育经历溞状幼体和大眼幼体两个阶段，溞状幼体分为四期。当水温为22~25℃时，幼体发育时间为15~18天，其中溞状幼体阶段为10~12天，蜕皮4次，变态为大眼幼体，5~6天后，再蜕皮1次变态为第Ⅰ期仔蟹。一般情况下，溞Ⅰ期的体重为0.06 mg，溞Ⅱ期的为0.14 mg，溞Ⅲ期的为0.35 mg，溞Ⅳ期的为0.75 mg，大眼幼蟹的体重为0.75 mg，Ⅰ龄仔蟹的体重为8~9 mg。水温在20~31℃范围内，第Ⅰ期仔蟹至性成熟约需3个月，雄蟹蜕壳8~10次，体重达55.5~176.4 g；雌蟹蜕壳9~10次，体重达83.0~176.9 g[52]。

三疣梭子蟹靠蜕壳生长，从幼到老(寿命一般1~3年)要多次蜕壳，每蜕一次壳，体长、体重就增大一些，其甲长与体重增长的速度与蜕壳的次数有关。仔幼蟹的蜕壳周期较短，生长十分迅速，成蟹阶段，由于蜕壳周期延长，甲长增长缓慢，但因性腺不断发育，体重大幅增加，雌蟹较雄蟹更加显著[53,54]。蜕壳周期变化取决于个体大小和水温，蜕壳间隔的时间随个体增大不断延长。甲长与甲宽的比接近1:2，体重与甲长和甲宽有一定的相关性，体重$W(g)$与甲长$L(mm)$的关系为$W = 3.96 \times 10^{-4} L^{3.068}$，体重$W(g)$与甲宽$L(mm)$的关系为：$W = 4.8943 \times 10^{-5} L^{3.025}$。

1.4.2 三疣梭子蟹养殖业形成与发展

三疣梭子蟹广泛分布于我国从北到南包括渤海、黄海、东海和南海等所有沿海区域，是深受大众喜爱的高档水产品。20世纪90年代，由于自然资源下降，捕捞产量远不能满足消费需求，我国开始了人工养殖，现已在整个东海沿岸、山东半岛和辽东半岛沿岸得到普及。以浙江省为例，经过十几年的发展，从开始的沙池暂养发展到目前以围塘养殖为主，沙池暂养、浅海笼养、低坝高网、浅海沉箱和深水网箱养殖等多种形式并存的养殖格局；至2003年，全省养殖面积达16万亩，产量达2万t，产值10多亿元，发展势头迅猛；特别是浙北的舟山和宁波的象山、北仑等地，三疣梭子蟹围塘养殖已占海水围塘养殖总面积的70%~80%，成为继对虾以后浙江省海水养殖的主要品种之一和浙北海水养殖单位获取较高经济效益的首选品种。三疣梭子蟹的人工养殖在我国广大沿海蓬勃发展，据2012年我国渔业统计年鉴资料显示，全国三疣梭子蟹养殖面积达45万亩，产量达到9万t，年产值近100亿元，已发展成我国海水养殖蟹类的主导种类。

1.4.2.1 养殖方式

根据养殖设施的不同，三疣梭子蟹养殖有池塘养殖、滩涂围栏养殖、水泥池养殖和海区笼养等几种方式[55]。池塘养殖是三疣梭子蟹最主要的养殖方式，海涂围栏养殖的特点是利用潮差进行自然流水池养殖梭子蟹，水泥池养殖一般适宜于三疣梭子蟹的育肥与蓄养，浅海笼养是三疣梭子蟹暂养的一种方式。

（1）池塘底充式增氧养殖

随着三疣梭子蟹养殖业的不断推广扩大，以海水池塘养殖为主要方式的养殖过程暴露出养殖技术缺乏、经营传统、管理粗放、效益低下的问题，成为制约养殖产业发展的重要因素之一。只有开发三疣梭子蟹池塘养殖的高效新技术，才能适应养殖规模的不断扩大和解决养殖效益低下的问题。水中溶氧是蟹类赖以生存的首要条件，它不仅影响蟹的摄食率、饵料利用率和增重率，严重缺氧时还会引起缺氧死亡，造成养殖重大损失。在溶氧不足时，水环境理化条件差，蟹类体质下降，也能致使一些流行病爆发。如何保证三疣梭子蟹养殖池塘有充足的溶氧是高效养殖技术突破的关键。池塘底部管道微孔增氧技术是近两年来我国三疣梭子蟹池塘养殖中的一项新技术。其原理是通过实施池塘底部管道微孔增氧，改变传统的增氧方式，变一点增氧为全面增氧、上层增氧为底层增氧、动态增氧为静态增氧，大大优化了水产养殖池塘的生态环境。通过水质检验仪检测塘底层、表层的溶解氧含量均在4.5 mg/L以上，底充氧养殖模式使水体呈富氧状态，能迅速有效地分解水中的有害物质，同时底充氧促使池塘水体上下翻腾避免了盐跃层和氧跃层，维持良好的水环境，从而减少疾病的出现，促进了梭子蟹的生长和发育。底充氧养殖模式其养殖成活率明显高于常规养殖模式，成活率提高20%以上，单产量提高近一倍，目前三疣梭子蟹池塘底充式增氧养殖已经在浙江省大面积推广。

（2）滩涂围栏养殖

滩涂围栏养殖又叫滩涂低坝高网养殖，这种养殖方式在日本、菲律宾及我国山东、福建和浙江等地已开展多年。海涂低坝高网养殖一般作为三疣梭子蟹的暂养育肥方式。此种方式既能保持原有环境的生态平衡，又能维护养殖品种的生态、生活习性，其养殖品种具有生长速度快、养殖周期短、经济效益显著、生产操作灵活等优点，还充分开发利用高潮荒废的土地资源。该养殖方式具有良好的推广意义和发展前景。

（3）育肥暂养方式

三疣梭子蟹育肥暂养也称"育膏"，放养时间一般为每年的8—9月，梭子蟹规格约在每只 50～100 g，此时蟹的个体较小、较瘦，需经过强化培育，养至体肥膏满的商品蟹为止。按养殖硬件设施划分，梭子蟹育肥暂养方式主要有 3 种：一是池塘育肥暂养；二是小型土池（或水泥池）铺沙暂养；三是浅海笼式育肥暂养。小型土池铺沙暂养梭子蟹方式发展较早，始于 20 世纪 90 年代初期，主要分布于福建、浙江一带沿海，一般池子为长方形，大小为 0.195～0.495 亩，坝高 0.8 m 左右，土坝下底宽为 1 m 左右，坝顶为 0.5 m 左右。坝内面可覆塑料薄膜，以防漏水，池内还可用网布分隔分养。全场配以专门的进、排水沟，最好配一只专门的蓄水沉淀池，容量据暂养池面积而定。池底铺中、粗砂 10 cm厚。围塘养殖或暂养育肥指利用较大池塘，即目前的海水池塘养殖或育肥暂养。浅海笼式育肥暂养方式是近两年新发展的浅海养蟹方式，分延绳式和渔排式两种设施吊挂蟹笼养蟹。

（4）笼式养殖

浅海笼养采用延绳式，不仅避开了三疣梭子蟹易自残的特性，并且适用于风浪较大的海区，拓展了浅海养殖空间，近年来在浙江和山东等地蓬勃兴起。

1.4.2.2 养殖的主要问题

我国的三疣梭子蟹养殖业发展迅速，已形成规模化，但同时也带来了种质、资源、环境及病害等诸多问题，严重制约了三疣梭子蟹人工养殖的健康发展。首先，三疣梭子蟹亲本基本都是野外随机捕捞，不经严格的人工选育。由于持续过度捕捞，梭子蟹的天然资源每况愈下，种质已经出现退化；其次，当前三疣梭子蟹的产量虽然大大增加，但受养殖模式和养殖技术制约，单产水平非常低，集约化程度较差，提高单产产量已成为养殖户的迫切需求；最后，由于多年的养殖积累，三疣梭子蟹养殖环境不断恶化，病害频繁发生。近年来，"乳化病"令养殖者头痛不已，其造成的死亡率很高，发病严重的水体甚至导致绝产绝收，损失惨重。然而，迄今为止，无论是三疣梭子蟹育种实践，还是其养殖病害防控的有效措施的确立，都缺少明确科学技术理论的支持，更多还是依赖养殖户的经验，或是借鉴其他物种的养殖模式，针对性不强。这些都是制约三疣梭子蟹养殖产业发展的重要因素。

目前，关于三疣梭子蟹病害及其防治的研究尚处于起步阶段，主要集中于对病因的探讨和环境因子、致病因子的了解。已报道的三疣梭子蟹的病害种类主要有细菌性疾病包括弧菌病、丝状细菌病、烂鳃病、甲壳溃疡病等，真菌性疾病，病毒性疾病，寄生虫性疾病等（表 1.4）[56]。此外，对环境因子的研究表明，盐度胁迫对三疣梭子蟹的非特异性免疫影响显著且表现出较强的应激反应，引起机体内机能协调失常，免疫防御能力降低[57]；温度骤变的短期胁迫会影响三疣梭子蟹机体的生理功能和机体的免疫防御能力，导致自由基代谢紊乱，从而诱导病害发生[58]；在氨氮胁迫下三疣梭子蟹血细胞数量、proPO 活力和mRNA 表达以及免疫指标表现出明显的时间、剂量效应性，氨氮对梭子蟹抗菌、溶菌活力具有显著的免疫毒性效应[59]。

表 1.4 三疣梭子蟹主要病害及其流行情况

病害	病原	流行情况
细菌性疾病		
弧菌病	鳗弧菌、副溶血弧菌、溶藻弧菌、创伤弧菌等	主要流行于苗种培养期和养殖高温期
丝状细菌病	主要为毛霉亮发菌，少数为发硫菌	主要危害养殖中期的梭子蟹，尤其是处于生殖蜕壳交配期的蟹
烂鳃病	弧菌及杆状细菌或丝状藻类	主要流行于 8 月高温季节
甲壳溃疡病	能够分解几丁质的细菌	主要流行于成蟹和越冬期的蟹
真菌性疾病		
链壶菌病	链壶菌、离壶菌属和海壶菌属等	主要流行于育苗期
病毒性疾病		
疱疹病毒病	疱疹状病毒	多发于 5—10 月
小核糖核酸病	小核糖核酸病毒	多发于 5—10 月
白斑病毒病	WSSV	通常是受对虾传染
寄生虫性疾病		
固着类纤毛虫病	钟虫、单缩虫、聚缩虫和累枝虫等固着类纤毛虫类	主要流行于饵料投喂过量，池塘老化，水体中有机质含量高的养殖塘内
其他疾病		
乳化病或称牛奶病、牙膏病	弧菌、假丝酵母	主要流行于秋冬季(9—11 月)的成蟹阶段
颤抖病	病因不明	主要流行于高温季节

三疣梭子蟹的病害防治主要是采用抗生素及化学药物防治，虽然对某些疾病有一定疗效，但长期盲目滥用药物，造成抗药性问题日益严重，非但难以有效地控制病情，反而带来资金的浪费、蟹品质的下降、环境污染及对人类健康构成潜在威胁等不良后果。所以，开展三疣梭子蟹免疫防疫基础研究，为蟹病的防治寻找更科学有效的途径，通过提高蟹自身免疫抵抗力来防止和减少蟹病的发生，具有十分重要的理论与实践意义。

1.4.2.3 养殖业展望

可持续发展的养殖业，首先应建立在优良养殖品种的培育基础之上。培育优良苗种和通过遗传改良来选育优质、高产、抗逆的新品种，是加快发展三疣梭子蟹养殖业的重要目标之一。目前，三疣梭子蟹的育种研究相对比较薄弱，应重视传统育种和现代生物技术相结合,有必要对当前梭子蟹产业发展中存在的关键问题进行一次整理和规范。为了我国三疣梭子蟹养殖业的可持续发展,迫切需要开展梭子蟹养殖各项基础理论的研究,包括筛选具多态性分子标记,评估育种基础群的遗传多样性,加强梭子蟹主要经济性状基因表达调控的研究,克隆与生长、抗逆等性状相关的关键基因,建立完善育种核心前沿技术等,依靠科技进步,降低成本,提高效益,更需要利用科技力量助推养殖观念从传统的"大养蟹"向"养好蟹"转变,从数量型向质量型转化,防微杜渐,走健康养殖之路,才能在激烈的市场竞争中继续占有一席之地。

参考文献

[1] 孙乃恩,孙东旭,朱德煦. 分子遗传学(第一版). 南京:南京大学出版社,1990.

[2] 张振刚,分子遗传学(第三版). 北京:科学出版社,2008.

[3] 王亚馥,戴灼华. 遗传. 北京:高等教育出版社,1999.

[4] 吴乃虎. 基因工程原理. 北京:科学出版社,2002.

[5] 吴仲庆. 水产生物遗传育种学. 厦门:厦门大学出版社,1991.

[6] 王镜岩,朱圣庚,徐长法. 生物化学(第三版下册). 北京:高等教育出版社,2002,517-536.

[7] 农业部渔业局. 2012 中国渔业统计年鉴. 北京:中国农业出版社,2012.

[8] 李杰人. 中国水产养殖业的现状及展望. 饲料广角,2002,20:7-9.

[9] Wyban J. Breeding shrimp for fast growth and virus resistance. The Advocate, 2000, 3(6): 32-33.

[10] Barber B J, Dvais C V, Corbsy M A. Cultured oysters, *Crossostrea virginica*, genetically selected for fast growth in the Damariscotta River, Maine, are resistant to mortality caused by Juvenile Oyster Disease (JOD). J. Shellfish Res. , 1998, 17(4): 117-175.

[11] Dvais C V. Estimation of narrow-sense hertability for larval and juvenile growth traits in selected and unselected sub-lines of eastern oysters, Crossostrea virginica. J. Shellfish Res. , 2000, 19: 613.

[12] English L J, Nell J A, Maguire G B, et al. Allozyme variation in three generations of selection for whole weight in Sydney rock oysters (*Saccostrea glomerata*). Aquaculture, 2001, 193: 213-225.

[13] 李思发,杨学明. 双向选择对团头鲂生化遗传变异的影响. 中国水产科学,1996,3(1):1-5.

[14] Hedgecock D, Davis J P. Improcing Pacific oyster broodstock through crossbreeding. J Shellfish Res. , 2000, 199: 614-615.

[15] 王新成,尤锋,倪高田,等. 石蝶与牙鲆人工杂交的研究. 海洋科学,2003,27(1):1-4.

[16] Adamkewicz L. Geographical effects on growth rate in the hard clam Mercenaria. J Shellfish Res. , 1988, 7: 146.

[17] Cruz P, Ibarra A M. Larval growth and survival of two catarina scallop (*Agropecten circularis*, *Sowerby*, 1835) populations their reciprocal crosses. Journal of experienmental marine biology and ecology. 1997, 212 (1): 95-110.

[18] 万俊芬. 鲍与扇贝遗传育种中的分子标记研究//中国海洋大学博士论文,2003.

[19] 杨弘,夏德全,刘蕾,等. 奥利亚罗非鱼(♀)、鳜(♂)及其子代间遗传关系的研究水产学报,2004,28(5):594-598.

[20] 包振民,张全启,王海,等. 中国对虾三倍体的诱导研究——细胞松弛素 B 处理. 海洋学报,1993,

15(3)：101 – 105.

[21]崔朝霞，相建海，周岭华. 中华绒螯蟹四倍体诱导的研究. 高技术通讯，2002，12：97 – 102.

[22]崔朝霞，相建海，周岭华，等. 中华绒螯蟹三倍体群体早期生长及营养的研究. 海洋与湖沼，2003，34(1)：17 – 25.

[23]Cui Z，Xiang J，Zhou L，et al. Improvement of polyploidy induction on *Eriocheir Sinensis*. Acta Oceanologica Sinica，2004，23：725 – 732.

[24]相建海，Clark WH. 锐脊单肢虾染色体组操作的可行性研究(英文)//国际甲壳动物大会(澳大利亚布里斯班)论文. 1990.

[25]戴继勋，包振民，张全启，等. ^{60}Coγ 射线诱导中国对虾雌核发育的观察. 青岛海洋大学学报，1993，23(4)：151 – 154.

[26]蔡难儿，林峰，柯亚夫，等. 中国对虾人工诱导雌核发育的研究 I——四部诱导法. 海洋科学，1995，3：35 – 41.

[27]赵振山，吴青江，黄峰. 冷休克诱导鳞副泥鳅雄核发育纯合二倍体的产生. 华中农业大学学报，1997，25(增刊)：55 – 61.

[28]赵振山，吴青江. 人工诱导大鳞副泥鳅雄核发育二倍体克隆鱼的产生. 遗传学报，1998，25(5)：416 – 421.

[29]赵振山，吴青江，刘辉宇. 大鳞副泥鳅雄核发育单倍体早期发育. 动物学报，2000，46(3)：353 – 356.

[30]赵振山，高贵琴，吴青江. 两种泥鳅杂交及人工诱导大鳞副泥鳅雄核发育的染色体变化. 大连水产学院学报，2002，17(1)：15 – 19.

[31]张士璀. 海洋生物技术新进展，北京：海洋出版社，1999. 140 – 147.

[32]童第周，叶毓芬. 细胞核移植. 动物学报，1963，15(1)：251 – 161.

[33]陈宏溪，等. 鱼类培养细胞发育潜能的研究. 水生生物学报，1986，10(1)：1 – 7.

[34]Palmiter R D，Brinster R L. Germ – line transformation of mice. Am. Rev. Lenet. 1982，20：465 – 499.

[35]朱作言，等. 转基因鱼模型的建立. 中国科学(B 辑)，1989，(2)：147 – 155.

[36]Tsai H J，Lai C H，Yang H S. Sperm as a carrier to introduce an exogenous DNA fragment into the oocyte of Japanese abalone (*Haliotis diversicolor suportexta*). Transgen Res. 1997，6：85 – 95.

[37]Power D A，Kirby V. Genetic engeering abalone：Gene engineering abalone：Gene transfer and ploidy manipulation. J Shellfish Res. 1996，15：477.

[38]Mooer J D，Boulo V，Burns J C，et al. Retroviral vector – mediated oncogene transfer to create Crassostrea virginaica cell lines. J Shellfish Res. 2000，19：646.

[39]刘志毅，相建海，周国瑛，等. 用基因枪将外源 DNA 导入中国对虾. 科学通报，2000，23：2 539 – 2 544.

[40]桂建芳，朱作言. 水产动物重要经济性状的分子基础及其遗传改良. 科学通报，2012，50(19)：1 719 – 1 729.

[41]Moore G. Grasses Line up and form a circle. Aligning male and female linkage map of apple (Malus pumila Mill.) Crurrent Biology，1995，5：737 – 739.

[42]Postlethwait J H，Yan Y L，Gate M A et al. Vertebrate genome evolution and the zebrafish gene map. Nature Genet，1998，18：345 – 349.

［43］Gilley J, Fried M. Extensive gene order differences within regions of conserved synteny between the Fugu and human genomes: implication from chromosomal evolution and the cloning of disease genes. Hum Mol Genet, 1999, 8: 1 313 – 1 320.

［44］Yamaguchi F, Yamaguchi K, Tokuda H, et al. Molecular cloning EDG – 3 and N – She genes from the puffer fish, Fugu rubripes, and conservation of synteny with the human genome. FEBS Letter, 1999, 459: 105 – 110.

［45］Brunner B, Todt T, Lenzer S, et al. Genomic structure and comparative analysis of nine Fugu genes: conservation of synteny with human chromosome Xp22. 2 – p22. 1. Genome Res, 1999, 9: 437 – 448.

［46］戴爱云, 杨思谅, 宋玉枝, 等. 中国海洋蟹类. 北京: 海洋出版社, 1986, 213 – 214.

［47］薛俊增, 堵南山, 赖伟, 等. 中国三疣梭子蟹 Portunus tribuberculatus Miers 的研究. 东海海洋, 1997, 15(4): 60 – 65.

［48］李太武. 三疣梭子蟹雄性生殖系统的组织学研究. 辽宁师范大学学报, 1993, 16(4): 315 – 323.

［49］李太武. 三疣梭子蟹精子的发生及超微结构的研究. 动物学报, 1995, 41(1): 41 – 47.

［50］宋鹏东. 三疣梭子蟹的形态和习性. 生物学通报, 1982, (5): 18 – 21.

［51］宋海棠. 浙江北部近海三疣梭子蟹生殖习性的研究. 浙江水产学院学报, 1988, 7(1): 39 – 46.

［52］孙颖民, 宋志乐, 严瑞深, 等. 三疣梭子蟹生长的初步研究. 生态学报, 1984, 4(1): 57 – 64.

［53］游克仁. 三疣梭子蟹的繁殖与混养. 农村实用工程技术, 1995(3): 21.

［54］夏金树. 三疣梭子蟹养殖技术. 河北渔业, 2006(3): 31 – 33.

［55］史会来, 金翀略, 林桂装, 等. 浙江省三疣梭子蟹养殖现状. 河北渔业, 2010, 7: 39 – 41.

［56］何伟贤. 三疣梭子蟹养殖常见病及防治办法. 水产养殖, 2004, 25: 29 – 30, 40.

［57］郑萍萍, 王春琳, 宋微微, 等. 盐度胁迫对三疣梭子蟹血清非特异性免疫因子的影响. 水产科学, 2010, 11: 634 – 638.

［58］吴丹华, 郑萍萍, 张玉玉, 等. 温度胁迫对三疣梭子蟹血清非特异性免疫因子的影响. 大连海洋大学学报, 2010, 25: 370 – 375.

［59］岳峰, 潘鲁青, 谢鹏, 等. 氨氮胁迫对三疣梭子蟹酚氧化酶原系统和免疫指标的影响. 中国水产科学, 2010, 17: 761 – 770.

第2章 三疣梭子蟹种质资源及群体遗传学研究

三疣梭子蟹在我国分布很广，北起辽东半岛，南至闽南沿海，山东、浙江、广西、广东、福建等各省（区）海域均有分布。它是世界重要的经济蟹类之一，每年渔产量达30万t，其中98%的产量来自中国。近年来，由于过度捕捞，我国三疣梭子蟹自然资源急剧下降。对我国不同地域的三疣梭子蟹种质资源进行的系统研究，明确了我国三疣梭子蟹的遗传多样性和遗传结构，为合理利用遗传资源、开发优良品种提供了理论依据。

2.1 种质资源概述

2.1.1 种质资源的概念及分类

种质（germplasm）指决定生物遗传性并将其遗传信息从亲代传递给后代的遗传信息的总体。种质资源（germplasm resources）也称遗传资源（genetic resources），它与现今国际上生物多样性（biodiversity）概念中的遗传多样性（genetic diversity）相对应，又称基因多样性，是生物多样性的基础，广义上是指地球上所有生物携带的遗传信息的总和，也就是各种生物拥有的多种多样的遗传信息。一般指的是种内不同群体之间或一个群体内不同个体的遗传变异的总和，可以表现在多个层次上，如分子、细胞、个体等。具体对于某一物种而言，种质资源包括栽培或驯化品种、野生种、近缘野生种在内的所有可供利用和研究的遗传材料。种质资源有两个基本属性，一是有一定的丰度和表现层次，可以被测量；二是在自然界中，形成一定的分布格局。

种质资源依据不同的分类依据可有如下划分[1]。首先，按照来源可分为：

① 本地种质资源。包括本地种类和当前推广的改良品种（如中国明对虾）。一般本地种对本地环境条件有比较高的适应性，而且包含较丰富的基因型；新推广的改良品种在适应新的条件和要求上优于地方种。

② 外来种质资源。外地区或者国外的种类，特别是原产于起源中心与次生中心的许多原始品种（如凡纳滨对虾），具有不同的形态学和生理学上的遗传性状，有些是本地区品种所欠缺的，从中可以筛选出一般品种所没有的特殊种质。但是，外地区与国外的品种，对本地区的环境条件，大都不能全面的适应。其次，按性质可分为：

① 野生种质资源。目前，我国海水养殖种类绝大多数为野生种。

② 人造种质资源。人工创造的种质资源包括人工诱导产生的各种突变体，通过远缘

杂交而创造的各种新类型以及人工选育的各种育种系,基因纯合系和特殊的遗传物质等。
再次,根据研究和利用目的的不同进行分类,可划分为:

① 从系统分类学角度出发,有各门类动植物种质资源,如鱼类种质资源,虾蟹类种质资源等。

② 从保护生物学角度出发,有濒危物种、稀有物种、旗舰物种种质资源;国家或地区重大经济意义的物种及其种质资源;一般物种的种质资源等[2]。

③ 从农业、畜牧业品种培育经济角度出发,有烟草、水稻、药用植物种质资源;奶牛、绵羊种质资源;水产种质资源等[3]。

④ 从生态遗传学角度出发,有野生种群、关键种、优势种、异质种群的种质资源等。

2.1.2 种质资源遗传多样性

种质资源是极其珍贵的生物产业自然资源。随着自然资源的破坏、生态环境的破坏以及养殖业新品种或杂交种的推广,使得很多种质资源遭到破坏或者由于长期人工选择与自然选择造成某些重要遗传信息消失的危险,对种质资源进行研究具有以下重要的生物学意义。

首先,种质资源状况,即物种的遗传多样性,与物种的形成、发展和消失有着密切关系。物种或种群的遗传多样性是长期进化的产物,是其生存适应和进化的前提。一个物种或种群遗传多样性越高或遗传变异越丰富,对环境变化的适应能力就越强,越容易扩展其分布范围和适应新环境。研究表明,生物种群中遗传变异的大小与其进化速率成正比。因此,对遗传多样性的研究可以揭示物种或种群的进化历史,例如起源的时间、地点、方式,也能为进一步分析其进化潜力和命运提供重要资料,尤其有助于探讨造成物种稀有或濒危的原因及过程。其次,有助于推动保护生物学研究。只有了解种质资源状况,种内遗传变异的大小、时空分布及其与环境条件的关系,才能采取科学有效的措施保护人类赖以生存的遗传资源。除此以外,对物种保护方针和措施的制定,如采样策略、迁地或就地保护的选样等都有赖于对物种遗传多样性的认识。再次,对种质资源遗传多样性的认识是生物各分支学科重要的背景资料。古老的分类学或系统学几百年来都在不懈地探索、描述和解释生物界的多样性,并试图建立一个能反映进化关系的系统以及一个便利而实用的资料存取或查寻系统。最后,有助于生物资源的可持续利用。研究和利用驯养动物野生近缘种所含有的遗传变异以及明确这些变异中哪些与产量、质量、抗性等性状相关是这些动物遗传改良成功的关键。

综上所述,对种质资源遗传多样性进行研究无疑有助于我们更清楚地认识生物多样性的起源和进化,为动物的分类提供有益的资料,进而为动物遗传育种奠定基础,并为保护生物学提供依据。

2.1.3 相关学科发展及理论基础

种质资源遗传多样性对于物种的生存和可持续发展具有决定性作用,物种保护策略的制定及新品种的培育必须建立在对种群遗传结构及多样性充分认识的基础上。种群(population)是指在特定的时间与空间中，由相同物种组成的相互之间能够随机交配的生物群体。种群是物种进化的基本单元，是生物群落或生态系统的基本组成成分，同时也是渔业生物学研究和渔业资源开发利用与管理保护的基本单位。一个种群的遗传差异存在多样化的时空分布即种群的遗传结构。进一步说，种群遗传结构(population genetic structure)也称群体遗传结构，是指基因型或基因在空间上和时间上的分布模式，它包括种群内的遗传变异和种群间的遗传分化。种群遗传结构的研究是探讨生物对环境的适应、物种的形成及进化机制的基础，也是保护生物学的核心之一，对渔业资源的可持续发展利用与保护具有十分重要的理论意义和现实意义。

早期种群遗传结构及其演化规律的研究属于种群遗传学(population genetics)范畴。种群遗传学根据经典遗传学理论，利用数学统计方法研究生物种群中基因频率和基因型频率以及影响这些频率的因素，了解种群内及种群间的遗传交流情况，进而探索物种形成和进化的机制[4]。究其本质，种群遗传学研究的中心就是基因频率变化的动力学。种群遗传学主要依赖于经典遗传学理论，这一理论是 20 世纪由 Wright、Haldane 和 Fisher 创立的。哈迪－温伯格(Hardy－Weinberg)法则是种群遗传学的基础，即在一定条件下，不管一个种群的初始基因频率如何，经过一代的随机交配，等位基因频率和基因型频率将达到平衡，即在以后的世代中保持不变。哈迪－温伯格原理为检验种群演化过程中是否存在其他进化力量提供了理论依据。影响种群遗传结构的因子是多样化的，包括：突变、遗传漂变、基因流动及自然选择。突变(mutation)是所有变异的来源；遗传漂变(genetic drift)造成了基因频率的随机变化，从而导致遗传变异的丢失及隔离种群遗传分化加剧；基因流动(gene flow)可以使不同种群基因频率趋同，频繁的基因流动改变原有种群的基因频率，进而改变遗传结构，使种群间在遗传上趋于一致；自然选择(natural selection)修饰基因频率，以使种群适应于环境变化。通常这些因子可同时作用于一个种群，因此种群遗传学是理解这些因子相互作用的基础。

从 20 世纪 70 年代中期开始，线粒体分子标记开始被大量应用于动物类群(鱼类、啮齿类、鸟类及其他哺乳动物)的种群遗传学和系统学(Phylogeny)研究。大量的研究发现系统发育分析的概念和方法可以被用于种内水平的研究，并且线粒体基因谱系常具有明显的地理格局。而溯祖理论(coalescent theory)在种群遗传学中的发展则为系统地理学(phylogeography)提供了理论根基，并成为系统地理学统计分析方法的基础。同时，DNA 测序技术和聚合酶链式反应(PCR，polymerase chain reaction)的发明都从技术层面促进了线粒体DNA 的应用，也为系统地理学提供了技术支撑。因此，在线粒体标记应用和溯祖理论的基础上，系统地理学开始兴起并且迅速发展。系统地理学是研究物种及种内不同种群形成现有分布格局的历史原因和演化过程的一门学科。作为生物地理学的一个分支，系统地理学突破性地连接了种群遗传学和系统发育生物学，从而将种内水平的微进化(microevolution)和种上水平的宏进化(macroevolution)有机地结合起来，有助于理解种群的进化过程与区域生物地理学及多样性格局之间的根本联系[5]。

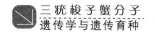

种群遗传结构是经过长时间的进化而形成的，很多物种的遗传结构反映了其进化历史中的一些特殊事件。种内谱系的进化关系与种群的历史变化动态是相关的，因此遗传分析成为重现生物演变的重要工具，进化分析成为了解生物种群历史演化动态的宝贵窗口。分子系统地理学（molecular phylogeography）的发展为研究这一问题提供了重要的科学依据。分子系统地理学主要采用分子生物学技术，在分子水平上探讨种内系统地理格局（phylogeographic pattern）的形成机制[6]。分子系统地理学的发展历史就是分子生物学、种群遗传学、系统发育学、统计学、行为学、古地理学和历史生物地理学等学科交叉融合的历史。目前，分子系统地理学是当今生物地理学领域最为活跃的研究领域之一，并且取得了前所未有的进展。

群体遗传结构的研究，无论对于生物资源的管理和保护，还是系统地理学理论上的拓展和积累，都具有重要意义。从海洋生物的层面上具体阐述如下：

（1）渔业管理和生物多样性保护

群体遗传结构的背景知识是对渔业资源进行合理开发利用的基础，对种群结构进行准确的判别是渔业资源可持续利用的关键。在对渔业进行开发和管理时，如果忽略遗传结构的存在，对混合群体进行持续的捕捞开采，很有可能导致数量较少的种群灭绝，从而大大降低种内的遗传多样度。物种一旦处于低的遗传多样性水平，在抵御环境变迁或外来突发事件（如疾病、水域污染、过度捕捞等）的能力会大大降低，使得物种很可能处于濒临灭绝的风险之中。近年来，遗传结构的研究也被广泛应用到一些养殖群体当中。通过对养殖群体和野生群体的比较分析，可以了解养殖群体的遗传多样性状况，为遗传育种和优良家系的筛选提供合理指导，也可以用来评估养殖群体对野生群体遗传状况的影响并制定合理的养殖策略。

（2）检验海洋生物地理学假设

利用群体结构的研究和群体历史动态的推断检验生物地理学假设，已经在海洋物种中得到广泛应用，并取得了一些非常有意义的结果，极大地加深了我们对影响海洋物种进化的生物地理学因素的认识。

（3）景观进化和比较系统地理学领域的应用

比较系统地理学（Comparative Phylogeography）描述景观进化，使在地域水平上分析历史和地理因素对生物群落结构的影响成为可能。尽管海洋生物在地域上的分布范围往往并不一致，然而随着分子系统地理学数据的积累，一些同域分布的海洋物种在遗传差异的分布模式上表现出一致性。比较系统地理学的研究将单个物种内确定的进化显著性单元拓展到多个种内，为我们提供了一个研究和比较不同海洋区系进化模式的框架，而且还可以根据遗传多样性的分布估计物种多样性的水平，进而为制订合理的保护计划奠定基础。

2.1.4　海洋生物遗传多样性的主要影响因素及其保护

2.1.4.1　海洋生物遗传多样性的主要影响因素

与陆地生物相比，海洋生物一般具有较小的地理分化，这和海洋生物的特性有关，如较大的群体(large population size)、较高的群体内变异(high within – population genetic variances)、较广泛的分布(wide range of distribution)、较高的生产力(high fecundity)和较长的浮游期(long time of planktonic larva)[7]。很多的报道总结了不同海洋生物遗传分化的原因,一般认为:海洋生物的不同群体的遗传分化及多样性取决于 4 个主要因素:历史上的地质历史变动、海洋生物的分布能力(dispersal ability of marine species)、海洋环境因素(oceanic environments)以及人类的行为。

首先,历史上第四纪末剧烈的气候波动和周期性的冰期——间冰期循环对物种的形成、种内的分化以及当前的地理分布具有重要的影响。在过去的约 80 万年里,气候波动主要以一个约为 10 万年的周期进行,伴随每次冰盛期,海平面下降 120～140 m[8],对于高纬度分布的生物,往往在数量上急剧缩减,并残存于几个相互隔离的冰期避难所。如此反复的隔离,到一定程度就会促成种内的分化,甚至新种的形成。

其次,海洋生物的分布能力是由生物本身的生物学特性所决定的。例如,在发育过程中缺少浮游幼虫期的固着生物和底栖生物的不同地理群体一般会表现出较大的遗传分化,而具有较长浮游期的海洋生物或者浮游生物会表现出较小的遗传分化[9,10]。

再次,海洋环境因素,尤其是洋流,会促使不同地域的海洋生物的生殖细胞、幼虫甚至成体发生交换,从而影响不同地理群体的遗传分化。

最后,人类的行为。由于对海洋资源的开发利用强度日益加剧,我国海洋生物多样性包括遗传多样性已经受到各种威胁,主要包括以下几个方面[11]:

① 过度捕捞。当前海洋捕捞船只急剧增加,捕捞手段日益完善,造成渔业资源急剧衰减,许多优质品种无法再形成渔汛,而且使得一些珍稀海洋生物遭受巨大破坏,底层拖网或炸鱼等方式严重影响了海洋生态环境。

② 生境丧失。主要由滩涂围垦、海洋及海岸工程或人工构造物以及航道疏浚等活动造成。这些活动重则使海洋生物生境彻底丧失,轻则使海洋生物的正常活动受到严重干扰,如许多洄游鱼类的洄游受到航道工程的影响。

③ 环境污染。主要由于陆源污染物的排放、直接向海洋倾废或排污以及海洋石油开采或航运溢油等造成。污染物使得海洋生物被毒死或受到伤害,有的则影响其正常繁殖或导致有害的基因突变。

④ 生态入侵。由于远洋船只携带或盲目引进外来种,导致本地海洋生态系统受到影响,许多原有物种因被排挤而消失。

⑤ 海水养殖单一化。盲目发展的单一海水养殖品种不但占据了大量野生海洋生物的栖息地,而且饵料分解造成了海域富营养化直至赤潮发生进而造成大批海洋生物死亡。此外,高密度的养殖单一品种,往往造成大规模病害的流行。

上述所有因素,连同海洋生物的行为、各种阻隔(barrier),可用来解释不同生物的不同地理群体的遗传分化[10]。一般认为:底栖固着生物(sessile species)由于自身的生活史,不同的地理群体之间会有较大的遗传分化。但是,大多数海洋甲壳类动物均经历一段浮游幼虫期,这段浮游幼虫期会弥补由于成体迁移困难所造成群体之间个体交换的不足。因此，在海洋甲壳类动物中，更多的因素，如浮游幼虫的扩散分布能力、历史上由于地形变化引起的地理分隔、海湾和岛屿、洋流、栖息地的不连续甚至人类活动，都能够影响到群体的遗传结构和遗传分化。在对海洋甲壳类遗传分化的研究中，不同的结果也相继被报道。因此，由于甲壳类自身的生物特性和海洋环境的复杂性，我们很难估计不同采样地点的群体的遗传分化，即使样品是从较为临近的海域取到的。

2.1.4.2　海洋生物遗传多样性的保护

目前，一般采用显著进化单元 ESU（evolutionary significant unit）或管理单元（management unit）对某一物种种质资源进行管理和保护，其前提就是要对物种遗传结构充分地了解。种内保护单元的确定是制定经济有效的保护对策的前提。Moritz[12]曾对目前公认的两种保护单元的异同进行过探讨。管理单元代表目前在种群统计学上相互独立的一组群体。ESU 则是代表经过进化历史事件而相互隔离的一组群体，它们涵盖了一个分类群的进化多样性。两种类型的保护单元在保护中都很重要。前者适用于短期的管理策略，后者适用于长期的管理策略。进化显著单元的概念由 Ryder[13]首先提出，并将其作为保护的基本单元。此概念目前在遗传管理中已得到广泛的采纳，并给出了量化的定义。其基本含义是：假如我们有 A 和 B 两个类群，如果这两个类群在线粒体 DNA 水平上是互为单系群的，并且在核基因座位上其基因频率已有显著的分化，则我们认为 A、B 两个类群分属不同的ESU，在保护和遗传管理中应分别对待。

确立保护单元是制定经济有效的保护策略的基础，尤其在遗传多样性的保护和遗传管理中更为重要。通常人们将种或亚种作为保护的基本单元，这对于很多类群是适用的。在这种前提下，如何定义一个种或亚种对现代生物作了详尽的划分，但仍存在很多的问题。因为传统的分类方法是建立在对形态、生理、生态等的分析基础之上的，而这些经典的方法所能获得的特征信息常常是有限的，尤其确定亲缘关系较近的类群之间的关系就显得尤为不足。分子生物学的发展为传统的分类方法注入了新的活力，分子分类学（molecular taxonomy）也因此应运而生。在保护单元的确立过程中，分子系统学的方法已经得到了实际的应用。我们之所以要保护不同 ESU 之间的遗传差异，是因为这种差异是在进化历史中自然形成的，它是一个类群有别于其他类群的进化潜力的体现。从长远的观点出发，保护一个物种不仅要保护其生存和繁衍，同时也要保护其进化潜力，即它们的遗传特质。在实际操作过程中，我们有时会发现两个类群间差异显著，但并未形成完全独立的单系群，即被称为"管理单元"，在管理中应分别对待。虽然在这种情况下，两个类群间没有形成像ESU 要求的遗传差异，但群体间的基因流很小，以致两个类群在功能上是相互独立的。

我国已经建立了较为完善的海洋自然保护区体系，目前已经建设的海洋自然保护区 60多处，其中国家级保护区有 18 处，基本涵盖了中国海洋主要的典型生态类型，保护了许多珍稀濒危海洋生物。此外，在我国沿海许多地区，建立了"科技兴海"示范区，大力推广海水生态养殖技术，通过符合自然生态系统物质循环及能量流动的养殖方式，减少饵料投放并防止海水富营养化，保存生物多样性并减少病害发生。而在渔业方面，则应严格控制捕捞强度及时期，促进渔业资源的恢复和可持续利用。

2.2 遗传多样性研究的分子标记

作为基因型易于识别的表现形式，遗传标记（genetic marker）在生物种质资源研究及育种工作中有重要的作用，物种遗传多样性的检测主要借助于标记的分析实现。目前应用较广泛的遗传标记主要包含以下 4 类：形态标记（morphological marker）、细胞标记（cytological markers）、生化标记（biochemical marker）和分子标记（molecular marker）[14]。前 3 种标记都是基因表达的结果，无法直接反映遗传物质的特征，而且标记数目有限、多态性差、易受环境影响等，应用具有很大局限性。分子标记（molecular marker）是 DNA 水平上遗传多态性的直接反映，遍及整个基因组，不受环境及基因表达与否的限制，从而弥补了其他三类遗传标记的不足。

2.2.1 分子标记概述

分子标记是指能反映生物个体或种群间基因组中某种差异的特异性 DNA 片段，理想的分子标记需达到以下几个要求[15]：① 具有较高的多态性；② 共显性遗传，即利用分子标记可鉴别二倍体中杂合和纯合基因型；③ 能明确辨别等位基因；④ 遍布整个基因组；⑤ 除特殊位点的标记外，要求分子标记均匀分布于整个基因组；⑥ 选择中性（即无基因多效性）；⑦ 检测手段简单、快速（如实验程序易自动化）；⑧ 开发成本和使用成本低廉；⑨ 在实验室内和实验室间重复性好（便于数据交换）。随着人们对生命世界的不断深入认识以及遗传学的持续快速发展，分子标记技术也取得了迅猛的进步，如今已有几十种分子标记技术相继出现，并广泛应用于遗传结构分析、遗传图谱构建、亲缘关系鉴定、数量性状基因座（quantitative trait loci，QTL）定位等各个方面的研究。DNA 分子标记主要可以分为三大类，分别是以限制性片段长度多态性（restriction fragment length polymorphism，RFLP）标记为代表的第一代分子标记，以简单重复序列（single sequence repeat，SSR）标记为代表的第二代分子标记和以单核苷酸多态性（single nucleotide polymorphism，SNP）标记为代表的第三代分子标记。

2.2.2 分子标记的类型与发展

2.2.2.1 第一代分子标记

（1）限制性片段长度多态性（Restriction Fragment Length Polymorphism，RFLP）

RFLP 是出现最早、应用最广泛的 DNA 分子标记之一，它是在 1974 年由 Grodzicker 等作为遗传工具最先创建并提出的，后于 1980 年由人类遗传学家 Botstein 再次提出，并在此后获得更多发展[16]。RFLP 技术利用的是限制性内切酶能识别 DNA 分子的特异序列，并在特定序列处切开 DNA 分子产生限制性片段的特性。对不同种群的生物个体而言，它们的 DNA 序列之间互有不同，凡是可以引起酶切位点变异的突变如点突变(新产生和去除酶切位点)和一段 DNA 的重新组织(如插入和缺失造成酶切位点间的长度发生变化)等均可导致 RFLP 的出现，并产生不同长度大小、不同数量的限制性酶切片段。将这些片段经过凝胶电泳、转膜、变性、与标记探针杂交和洗膜之后，便可进行多态性结果的检测分析。

RFLP 标记呈现共显性，不受显隐性关系、环境条件、发展阶段及组织部位等的影响，数据多态性信息量大，结果稳定，重复性好，探针多；然而它所需要的实验技术复杂，周期长，工作量大，DNA 需求量多，且有时也过分依赖限制性内切酶和放射性同位素标记的探针，使得多态性降低，这些缺点都导致 RFLP 的应用受限。

(2)随机扩增多态性 DNA(random amplified polymorphic DNA，RAPD)

为克服 RFLP 技术的缺陷和局限性，1990 年 Williams[17] 和 Welsh[18] 开发了 RAPD 标记技术。这是建立在 PCR 基础之上的一种可对整个未知序列的基因组进行多态性分析的分子技术。它以基因组 DNA 为模板，以单个人工合成的随机多核苷酸序列(通常为 10 个碱基对)为引物，在热稳定的 DNA 聚合酶(Taq 酶)作用下，进行 PCR 扩增。扩增产物经琼脂糖或聚丙烯酰胺电泳分离、溴化乙锭(ethidium bromide，EB)染色之后，在紫外透视仪上检测结果。RAPD 所使用的引物各不相同，但任一特定引物在基因组 DNA 序列上都具有其特定的结合位点，一旦基因组在这些区域发生 DNA 片段的插入缺失或碱基突变，就可能导致这些特定结合位点的分布发生变化，从而引起扩增产物数量和长度的改变，进而表现出多态性；扩增产物的多态性就反映了基因组的多态性。

与 RFLP 相比，RAPD 具有对 DNA 质量的要求不算太高而且需要量少，不需接触放射性，操作简便易行，检测范围广，不需要知道整个基因组的基本信息即可进行分析等一系列优点；但 RAPD 的不足之处在于稳定性和重复性较差。

(3)扩增片段长度多态性(amplified fragment length polymorphisms，AFLP)

为进一步改善分子标记，1993 年 Zabeau 和 Vos 发明了一种新的 DNA 分子标记技术，即 AFLP 标记[19]。其基本原理是将基因组 DNA 经限制性内切酶酶切后，产生大小不同的限制性片段，然后将特定接头连接到片段两端，通过接头序列和 PCR 引物 3′端的识别使得特异性片段得到扩增，最终通过凝胶电泳将这些特异的限制性片段分离开来。

AFLP 标记是将 RFLP 和 RAPD 标记相融合的结果，既具有 RFLP 的可靠性，又具有 RAPD 的灵敏性，同时克服了 RFLP 和 RAPD 的缺点，从而具有分析所需 DNA 量少、可重复性好、多态性强、分辨率高、无放射性危害、不需预先知道被分析基因组 DNA 的序列信息、遗传稳定性好等一系列的优点，是一种较为理想和有效的分子标记。

(4)DNA 序列分析(DNA Sequencing)

DNA 序列分析指测定基因组 DNA 的碱基构成，直接检测核苷酸序列的变异，是遗传多样性研究中最准确、最有效的分析方法。它适用于中等和高层次分类群的系统学研究，近年来用于群体水平的研究也逐渐增多[20]。一般而言，承受选择压力小、编码蛋白质的基因比较保守，进化速度相对较慢，其序列分析适合于亲缘关系较远的物种之间的遗传变异研究与比较，而进化速度较快的片段适合于群体遗传变异研究。

DNA 序列分析目前主要使用双脱氧末端终止法。基本步骤为用酶学或化学方法使待测定的 DNA 片段形成携带核素或荧光标记，产生具有不同末端和长度相差仅一个碱基的寡聚核苷酸片段，在凝胶电泳中分离。由于电泳中具有相同末端的片段在同一泳道中分离，因而 DNA 序列可直接从"阶梯"式寡聚核苷酸电泳中读出。因为不论个体还是群体，任何遗传变异或多态最终都是 DNA 序列的差异。DNA 序列分析可以检测到碱基替换、插入和缺失等变异信息，从而在分子水平检测个体、群体及种间的多态及遗传差异。DNA 序列分析直接检测核苷酸序列变异，数据最完整可靠，但成本较大，技术难度高。PCR 技术的诞生，使得不需进行分子克隆就可通过扩增直接测定基因序列成为现实。目前 mtDNA 序列分析是 DNA 多态性分析技术中最有效的方法之一，通过 mtDNA 的多态性分析，可以研究生物的遗传多样性及遗传结构变异。

2.2.2.2　第二代分子标记

(1) 简单重复序列(simple sequence repeat，SSR)

SSR 也称微卫星 DNA（microsatellite DNA）、短串联重复序列（short tandem repeat，STR）或简单序列长度多态性(single sequence length polymorphism，SSLP)，是以 2~6 bp 的短核苷酸为基本单位并首尾相接而形成的串联重复序列，重复序列的长度由重复单元的重复次数决定。它最早是在 1996 年由 Coote 和 Bruford 在小鼠的基因组中发现，经研究发现几乎均匀分布于所有真核生物的基因组中，后由 Moore 和 Sollotterer 于 1999 年同时提出[21]。SSR 标记的基本原理是，根据核心序列两端的保守序列设计引物，通过 PCR 扩增 SSR 片段。由于核心序列串联重复数目不同，因而用 PCR 方法可以扩增出不同长度的 PCR 产物，经检测可计算等位基因频率。

作为分子标记，微卫星具有许多优点。首先，微卫星 DNA 广泛分布于各类真核生物基因组的各个部分，含量丰富且随机均匀分布，每隔 10~50 kb 就有一个微卫星[22]。主要以二核苷酸重复序列为主，少部分三核苷酸重复序列，还有极少数的四核苷酸重复序列，共约占真核基因组的 5%。它们多位于编码区附近，也可位于内含子、启动子、Alu 序列中。其次，SSR 具有高度多态性且突变率较低。在不同的个体中，微卫星 DNA 重复单位的重复次数呈高度变异性且数量极多，因而在不同品种间具有广泛的位点变异，造成高度的长度多态性，并使其具有较高的多态信息。一个微卫星位点通常具有多个等位基因，不同物种或不同基因座位之间的突变速率不同，但微卫星位点的突变率仅在 10^{-4}~10^{-5} 之间，在家系中可以稳定遗传，是一种很好的遗传标记。第三，SSR 等位基因与基因型检测方法简便易行。若一个高度多态序列的等位基因小于 500 bp 并且变动范围窄，则可以用 PCR 结合凝胶电泳法检测，而微卫星序列就很好地符合了上述标准。由于微卫星序列较短，即使是降解的 DNA 也可能包含足够用来扩增的微卫星序列，这一特点使得研究人员在野外收集材料和运输过程中的工作量大为降低。一个标记的检测一般可在 24 h 内完成，且可同时进行多标记的检测。第四，SSR 为共显性标记。微卫星标记遵循孟德尔遗传法则，呈共显性遗传，在亲代和子代之间遵循孟德尔遗传分离定律和自由组合规律，因此能很好地区分纯合子与杂合子。该标记可以快速、直接地通过亲本与后代的基因型比较来区分杂交后代、自交后代和父母本，也可以通过非父母本等位基因的出现与否来判断繁育过程中是否存在其他家系的污染，是个体识别和家系识别中一类非常重要的分子标记。第五，微卫星引物的通用性。微卫星侧翼序列的保守性以及物种间某些染色体区段的共显性，使得从一个物种获得的引物可以应用于相关的分类群。微卫星引物的通用性意味着在基因组文库的发展和筛选上将会花费更少的时间和精力。最后，微卫星DNA为中性标记。在多数情况下，微卫星标记没有任何表型效应，因而不存在对个体的有害或次级效应。

微卫星标记在目前的应用中也存在一些不足。首先，利用微卫星标记的前提是获得微卫星序列，这需要进行基因组文库的构建和筛选、分子杂交、阳性克隆筛选、DNA序列测定、多态性分析等，这些工作耗时耗力，获得微卫星的过程较为繁琐，经济投入也较大。其次，微卫星起源和进化复杂，在等位基因分型时可能会出现等位基因分型误差。即在分析每个个体的基因型时，因各种原因而导致的对等位基因的误判，具体表现在：可能出现同源异型(微卫星重复序列相同，但PCR产物长度不同)或者异源同型(微卫星重复序列不同，但PCR长度相同)。另外，存在无效等位基因(null allele)，即不能被PCR扩增的等位基因，常常是由引物结合部位的点突变、插入或缺失引起的，这会使能通过判读而获知的基因型与经典的孟德尔遗传方式明显不一致，同时在群体遗传学上会错误估算杂合子数量以及等位基因频率，从而影响遗传学分析。微卫星PCR扩增产物在检测过程中，也常出现"影子带"(溴化乙锭或硝酸银染色)和波峰重叠(荧光自动测序仪)(即在PCR产物检测时出现的前滞带或后滞带，由PCR中的滑动错配引起)，从而也可能导致基因型的鉴定错误。而且并不是所有的生物都适合进行微卫星DNA位点开发，微卫星DNA虽然广泛存在于各种生物的基因组中，但他们在不同物种基因组中的分布频率不同。因此，微卫星DNA在不同物种中开发难度各不相同。

(2)内部简单重复序列(inter simple sequence repeat，ISSR)

ISSR是Zietkeiwitcz等[23]于1994年在SSR基础上发展起来的一种分子标记。ISSR标记技术，也称加锚/锚定微卫星寡核苷酸(anchored microsatellite oligonucleotides)技术。它的基本原理是：用锚定的微卫星DNA为引物(在所用的两端引物中，可以一个是锚定引物，另一个是随机引物)，即在SSR序列的3′端或5′端加上2~4个随机核苷酸，在PCR反应中锚定引物可引起特定位点退火，从而导致与锚定引物互补的间隔不太大的重复序列间的DNA片段进行PCR扩增；所扩增的ISSR区域的多个条带通过聚丙烯酰胺凝胶电泳得以分辨，扩增谱带多为显性表现。

ISSR引物的开发不像SSR引物那样需测序获得SSR两侧的单拷贝序列，开发费用降低。与SSR标记相比，ISSR引物可以在不同的物种间通用，不像SSR标记一样具有较强的种特异性；与RAPD和RFLP相比，ISSR揭示的多态性较高，可获得几倍于RAPD的信息量，精确度几乎可与RFLP相媲美，检测非常方便，因而是一种非常有发展前途的分子标记。

2.2.2.3　第三代分子标记

（1）单核苷酸多态性（single nucleotide polymorphism，SNP）

SNP 是 Lander 于 1996 年提出的基于测序和单个核苷酸多态性的第三代 DNA 分子标记，主要是指在基因组水平上由单个核苷酸的变异（变异频率大于 1%）所引起的 DNA 序列多态性，其表现的多态性一般只涉及单个碱基的差异，这种差异可由单个碱基的转换（transition）或颠换（transversion）造成，也可由碱基插入（insert）或缺失（delete）造成[24]。通常所指的 SNP 多为前两种情况。转换的发生率总是明显高于颠换，约占总 SNP 的 2/3。转换的几率之所以高，可能是因为 CpG 二核苷酸上的胞嘧啶残基是最易发生突变的位点，且多数是甲基化的，可自发地脱去氨基而形成胸腺嘧啶。

目前，SNP 是覆盖基因组 DNA 多态的唯一标记方法。在 DNA 序列中，任何位置的任意核苷酸都有可能出现变异，因此 SNP 广泛分布于整个基因组中，且具有较高的变异频率。例如，它是人类可遗传的变异中最常见的一种，占所有已知多态性的 90% 以上；在人类基因组 30 亿碱基中平均每 500 ~ 1 000 bp 就有 1 个 SNP，估计 SNP 总数可达 300 万个甚至更多。此外，SNP 既有可能出现在基因序列内，也有可能出现在基因序列之外的编码序列上。对于发生在基因内的 SNP 可分为 2 大类，一类是位于基因非编码区的 SNP（non - coding SNP，ncSNP），另一类是位于基因编码区的 SNP（coding SNP，cSNP）。总的来说，外显子内变异率仅及周围序列的 1/5，cSNP 出现较少，但它在遗传性疾病研究中却有重要意义，所以 cSNP 的研究更受关注。从对生物的遗传性状的影响上看，cSNP 又可分为两种：一种是同义 cSNP（synonymous cSNP），即 SNP 所致的编码序列的改变并不影响其所翻译的蛋白质的氨基酸序列，突变碱基与未突变碱基的含义相同；另一种是非同义 cSNP（non - synonymous cSNP），即碱基序列的改变可以使得以其为模板进行翻译的蛋白质序列发生改变，从而改变蛋白质的结构和功能，这种改变常是导致生物性状改变的直接原因。cSNP 中约有一半是非同义 cSNP。

作为最新一代的分子标记，SNP 具有一系列不可比拟的优势，其自身的特性也决定了它适合于对复杂性状与疾病的遗传研究以及群体育种等方面：① 遗传稳定性高；② 数量多，分布广，几乎遍布整个基因组；③ 多为二等位多态性，在种群中等位基因频率易于估计；④ 筛选时往往只需作简单的 +/ - 分析，并直接以序列变异作为标记，而不用分析 DNA 片段长度，适于快速、规模、自动化筛查或检测；⑤ 易于基因分型，可通过 PCR 直接测序、高分辨率溶解曲线等方法分析其纯合型和杂合型基因；⑥ 基因内 SNP，尤其编码区非同义 SNP，可直接影响蛋白结构功能或改变基因表达水平，可能作为某些疾病或生长性状相关的候选标记位点，并用于生物新品系的选育。

（2）表达序列标签

表达序列标签（expressed sequence tag，EST）是美国国立卫生研究院（National Ititutes of Health，NIH）的生物学家 Venter 于 1991 年提出的，也被视作第三代分子标记。它是从基于 mRNA 构建的 cDNA 文库中随机挑取 cDNA 克隆，进而从 5′末端或 3′末端对插入的

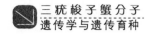
cDNA 片段进行一轮单向自动测序而获得的末端序列片段[25]，长度一般为 300 ~ 500 bp，其上携带基因的部分遗传信息。EST 来源于一定环境下一个组织总 mRNA 所构建的 cDNA 文库，因此 EST 也能说明该组织中各基因的表达水平。其研究方法一般为：提取样品 mRNA 后在逆转录酶作用下反转，选择合适载体构建 cDNA 文库，随机挑选大量克隆后进行测序，然后对测序获得的 EST 序列进行拼接组装，并与网上已知 EST 库进行序列比对和同源性分析，预测 EST 序列所代表的的基因及其结构功能等。随着人类基因组计划的开展，EST 技术首先被广泛应用于寻找人类新基因，绘制人类基因组图谱，识别基因组序列编码区等研究领域，之后又被广泛应用于各种基因组研究中。EST 作为分子标记用于位点特异性标签序列(site – specific tag sequence，STS)作图，是目前最为有效的基因组作图方法。

2.3 群体遗传学研究的主要遗传规律及分析方法

种质资源遗传多样性对于物种的生存和可持续发展具有决定性作用，物种保护策略的制定及新品种的培育必须建立在对遗传结构及多样性充分认识的基础上。DNA 分子标记的发展与应用，有效地克服了传统研究方法野外调查周期长、分辨率有限及环境条件难以控制等缺陷，迅速成为种质资源研究的主要手段。在群体遗传学研究中，DNA 分子标记的基本数据通常包括两种类型：一是单倍型(haplotype)数据，二是基因型(genotype)数据。前者反映的是单倍染色体组中的遗传信息，如单个等位基因与 mtDNA 单倍型等；而基因型数据指在二倍体中由不同等位基因组合的两种情形：一种可还原为单倍型，如杂合体可辨认的共显性标记数据，另一种只能得到对应于基因型的表型，如杂合体不可辨认的显性标记检测数据(如 RAPD、AFLP、ISSR 表型数据等)。随着种质资源群体遗传学研究的深入，处理上述基本数据的众多分析方法和软件应运而生，以用于解析生物群体内或群体间的动态变化规律。

2.3.1 主要群体遗传规律

2.3.1.1 Hardy – Weinberg 平衡

Hardy – Weinberg(H – W)定律指在一个群体无限大，且又具备以下条件：随机交配、没有突变、选择、遗传漂变或迁移因素的作用，群体内一个位点上的基因频率和基因型频率将世代保持不变，处于遗传平衡状态，这一平衡状态就称之为 Hardy – Weinberg 平衡，符合该条件的群体即为 H – W 平衡群体。

H – W 平衡群体的检验通常主要采用卡方检验(χ^2 test)、似然比检验(likelihood ratio test)或精确检验(exact test)来判别实测的基因型频率与理论推断数值是否相符合，从而确定该群体是否处于平衡状态。目前，精确检验被认为更适合于检验 H – W 平衡群体[26]。对一个位点存在两种以上等位形式的情况，Guo 和 Thompson[27]提出了两个方法应用于精确检验：蒙特卡罗法（Monte Carlo method）和马尔科夫链法（Markov Chain method）。通常，蒙特卡罗法对小数据集（每位点含少于 50 ～ 75 个观测值）运算速度更快；马尔科夫链法则对大数据集可得到更好的运算结果。

进一步，Wright 固定指数（F）可用于检验群体实际观测杂合度与理论期望杂合度的偏离程度及原因。其计算公式为[28]：

$$F = 1 - \frac{H_o}{H_e}$$

公式中：H_o 为实际观测杂合度，H_e 为理论期望杂合度。当 $F = 0$ 时，群体符合 H － W 平衡；当 $F < 0$ 时，群体实际杂合度超过期望杂合度；当 $F > 0$ 时，群体实际杂合度低于期望杂合度。

2.3.1.2 有效群体大小

在实际群体内，并不是所有个体都能同等的参加繁殖过程。实际群体所具有的相当于理想群体繁育个体数目的个体数称为有效群体大小。预测实际群体的有效群体大小主要应用于群体遗传保护方面（如种质资源库的建立、群体衰退的鉴定等）。直接估测有效群体大小是非常困难的，尤其是对于自然种群，因为这涉及一些参数的测定，如不同个体存活力和繁殖率的测定等。为了解决这个问题，一些间接估测有效种群大小的方法已被发展。这些方法主要依据的原理有：① 等位基因频率的时序变化；② 连锁不平衡；③ 杂合子过剩；④ 等位基因数目的减少。

2.3.1.3 连锁不平衡

群体中两个或两个以上位点等位基因非随机关联现象称为连锁不平衡或配子不平衡。产生连锁不平衡的原因主要有：① 被考察的群体来源于具有等位基因 A、a 和 B、b 不同频率的两个群体，这两个亚群体混合的时间不足以产生完全的随机化；② 位于同一条染色体上的两个突变体距离较近，二者之间未经足够的世代，通过重组来分离；③ 某些基因座的等位基因组合有选择优势而维持较高频率。

2.3.2 遗传结构及遗传多样性研究常用参数

在群体遗传研究中，无论是单倍型数据（如线粒体序列标记）还是基因型数据（如微卫星标记），都有一些可以共同计算的遗传学参数，用以阐述群体间的遗传分化程度，具体总结如下。

2.3.2.1 F_{ST} 和 G_{ST}

F_{ST} 又称为近交系数，是进行群体间遗传分化概括分析最常用的方法之一，可用于揭示多个群体间总的遗传分化程度，也可以进行两两群体间的比较，表示的是特定基因座位在群体间的分化程度[29]，可以计算主要采用如下两种方法：

第一，基于基因频率方差。计算公式为：

$$F_{ST} = \frac{Var(p)}{p(1-p)}$$

式中：p 为某等位基因在整个群体中的频率，其方差为 $Var(p)$。

第二，基于杂合度。计算公式为：

$$F_{ST} = \frac{H_T - H_S}{H_T}$$

式中：H_S 为多个亚群体内期望杂合度的平均值；H_T 为整个群体的期望杂合度。但 Wright 的 F_{ST} 在实际应用中存在一些问题，如该模型是由共显性双等位基因位点推导而来、等级结构较少等。因此不同学者又在 Wright 的 F_{ST} 基础之上建立或完善了与之相关的各种参数。当分析群体间在许多基因座位上的平均分化程度时，可以计算 G_{ST}[30]。计算公式为：

$$G_{ST} = \frac{H_T' - H_S'}{H_T'}$$

式中：H_T' 为整个群体的平均杂合度；H_S' 为亚群体内平均杂合度。

2.3.2.2　AMOVA

Excoffier 等[31]发展了一种分子方差分析（Analysis of Molecular Variance，AMOVA）方法。该方法通过估计单倍型或基因型之间的进化距离，进行遗传变异的等级剖分，并提出了与 F_{ST} 类似的 Φ_{ST} 来度量亚群体间的分化。AMOVA 方法适用于所有类型的遗传学数据，可以在不需要假设的情况下直接对显性标记数据进行分析，加上相应分析软件的应用，使得各种单倍型和显性标记数据在群体遗传结构研究中得到广泛的应用。

2.3.2.3　遗传距离

遗传距离是用来对群体间遗传分化程度进行量化分析的指标。目前，关于遗传距离的统计方法众多，这里主要介绍较为常用的 Nei 遗传距离（基于基因频率）和 Jaccard 遗传距离（基于基因型频率）以及基于逐步突变模型的 ASD 和 $(\delta u)^2$[32]。

（1）Nei 遗传距离

Nei 遗传距离是基于无限基因突变模型的应用最广泛的距离测度。该模型假定每次突变产生一种新的当前种群不存在的等位基因。这就意味着如果两个等位基因相同，则没有突变发生；如果两个等位基因不同，则至少发生一次突变，但不清楚这种情况下突变发生的具体次数。

（2）Jaccard 遗传距离

Jaccard 遗传距离是基于基因型频率的常用距离测度，适合于显性遗传标记数据的计算。其表达式为[33]：

$$D = 1 - \frac{A_{xy}}{B_{xy}}$$

式中：A_{xy} 为 x 和 y 群体具有相同基因型的数目；B_{xy} 为 x 和 y 群体全部基因型的总数。

（3）ASD 和 $(\delta u)^2$

ASD 和 $(\delta u)^2$ 均为基于逐步突变模型的距离测度。该模型假定突变是逐步发生的，主要针对同功酶电荷差异或微卫星重复次数差异进行遗传距离的计算。

2.3.2.4　基因流

当一些个体从一个群体迁移至另一个群体时，就会产生基因流动，即基因流。基因流是影响群体内部和群体之间遗传变异程度的重要因素。对基因流的研究，近些年来越来越受到重视。它对群体遗传学、进化生物学、保护遗传学、生态学有着极其重要的作用。对基因流的研究主要分为直接方法和间接方法。传统上，主要采用直接方法（如标记－重捕法等）估测基因流的大小，但其精确性有很大局限性，而且对大的群体应用非常困难。随着分子标记技术的发展，对基因流的研究逐渐向分子水平过渡，目前，大部分研究主要采用间接方法进行群体间基因流的研究。

（1）岛屿模型中的 N_m 和距离隔离模型中的 N_b

岛屿模型是 Wright[34] 提出的用于描述群体遗传结构的经典模型。该模型的基本思想是假设一个群体分化为无限多个亚群体，亚群体在空间呈离散分布，每个亚群体接受一小部分来自整个群体的迁移个体。迁移率与迁移基因频率在任一世代内假设为常数。岛屿模型中的 N_m 为每代迁入的有效个体数，即基因流的估计值。计算公式为：

$$N_m = \frac{1 - F_{ST}}{4F_{ST}}$$

式中：F_{ST} 为群体间的遗传分化程度。一般来讲，N_m 的值远小于 1 时将导致较强的种群分化，而 N_m 值大于 4 的群体可以作为一个单一随机交配群体。

距离隔离模型由 Wright[35,36] 提出。与岛屿模型情况相反，距离隔离模型中的群体在空间上呈连续分布。由于有限的短距离基因迁移（即个体间交配仅局限于小范围内进行），远距离分开的不同个体由于有限距离的基因迁移而产生遗传分化。该模型的一个重要参数就是邻近群体大小（N_b），它被定义为一定范围内能随机交配的个体数量，其作用与岛屿模型中的 N_m 一样。其计算公式为：

$$N_b = \pi r^2 d$$

式中：r 为个体间能随机交配范围的半径；d 为群体密度。利用这二者推断基因流的缺点是：限制条件非常多，对现实群体而言，一些条件难以满足。

（2）共祖检验

共祖检验主要是通过追踪个体的祖先谱系关系，来推断个体是否为迁移个体或迁移个体后代可获得群体间长时间的基因流的估计值。该检验放宽了一些限制条件（如短期内群体的扩张，非交互式迁移等）。但仍然要求群体有恒定的大小或连续确定的扩张方向[37]。

（3）指定检验

指定检验根据个体的基因型，将个体指定到其来源群体（该基因型可能发生的最大概率的群体)中去。由于指定检验主要依据短期内迁移个体或其后代的基因型存在暂时的不平衡现象,所以该方法只能推断短期内(一般在几代之内)的基因流估计值。目前,已有一些统计软件可进行指定检验,如:Pritchard 等[38] 开发的 Structure 和 Schneider 等[39] 开发的 Arlequin。

(4) Bayesian 推断

Wilson 和 Rannala[40] 根据 Bayesian 理论提出的利用个体多位点基因型来估算群体间新近的迁移率的新方法。相比而言,这一方法需要更少的假设条件,甚至可应用于非 H – W 平衡的群体。目前,该方法已可由相应的统计软件 BayesAss 实现。

以上是对常用的群体遗传学规律和参数的阐述,但在应用具体标记进行分析时,每种标记都有其特有的数据类型及分析方法。下面对群体遗传学分析中常用的两种标记类型:微卫星标记和线粒体标记进行具体说明,对二者本身特有的遗传学参数和分析方法及软件做简单概述。

2.3.3 基于微卫星标记(基因型)的群体遗传学分析

微卫星片段经 PCR 扩增,经检测后可以判读微卫星等位基因的长度,因微卫星是共显性标记,将等位基因形成的基因型输入计算机后进行数据分析。

2.3.3.1 群体内遗传多样性分析及 Hardy – Weinberg 平衡检验

分析各群体微卫星位点的多态性,常选用以下参数,可用软件 POPGENE 32[41] 完成:① 各位点等位基因数目(A)和有效等位基因数目(A_e)。等位基因数目即群体内某位点全部的等位基因总数,是衡量群体内遗传多样性的一个最基本指标。有效等位基因数目($A_e = \dfrac{1}{\sum P_i^2}$)即可维持在有限群体中的等位基因数目[42],式中 P_i 为等位基因 i 的频率。相比而言,有效等位基因数目在衡量群体内遗传多样性方面有着更为广泛的应用。② 观察到的平均杂合度(H_o)= 观察得到杂合个体数/样本个体总数。③ 预期杂合度 $H_e = 1 - \sum\limits_{i=1}^{n} p_i^2$ 根据 Nei(1978)提供的公式计算,其中 p_i 是第 i 个等位形式的频率,所有位点的等位基因频率由软件 POPGENE32 计算得出, n 是等位基因的数目。H_e 值的范围从 0(说明无多态性)到 1(说明无限多个等位形式具有相同的频率,是个极限值)。

位点的 Hardy – Weinberg 平衡性检测采用马尔可夫链法(Markov Chain tests),常由软件 GENEPOP[43] 完成,并需使用连续 Bonferroni 修正法对所有多重检验的显著性标准进行准确校正[44]。

2.3.3.2 遗传结构分析

应用微卫星标记进行遗传结构分析时,为检测逐步突变与遗传漂变对群体间遗传分化的贡献程度,需使用等位基因长度置换检验(allele size permutation test)比较两两群体间的

遗传分化指数 F_{ST} 和 R_{ST}，其中前者是基于无限等位基因模型(IAM)，后者是基于等位基因逐步突变模型(SMM)[45]。利用 SPAGeDi 1.3[46] 软件中的显著性单侧测试(significant one - side test)可用来检验 R_{ST}，是否显著性大于 ρR_{ST}，以推测导致群体遗传分化的原因。若 $R_{ST} > \rho R_{ST}(P < 0.05)$，说明群体间遗传分化主要是由等位基因逐步突变模型的突变(SMM - like mutation)造成的，反之用 Fstat 2.9.3[47] 软件计算的 F_{ST} 值则被用于量化群体间遗传分化程度。

此外，利用 GENETIX v.4.05[48] 软件可进行三维因子对应分析(3D - factorial correspondence analysis，3D - FCA)，分析群体间遗传关系；运用 STRUCTURE v.2.2[49] 软件推导最可能的自由交配组数，并计算全部个体被分配到各个群体中的概率。应用混群模型运算后根据软件给出的 ln P(D)推测最合适的分组 K。最后，利用 ARLEQUIN 软件进行分子方差分析(AMOVA)评估群体遗传结构，当 AMOVA 不能进行最优分组时，采用 SAMOVA1.0 进行分组定义划分[50]，最理想的分组将产生最大且统计检验显著的 F_{CT} 值，同时具有最小的组内群体间 F_{ST} 值。

2.3.3.3　距离隔离分析

为分析群体间的遗传分化与地理阻隔之间的关系，可利用 BARRIER v.2.2[51] 软件，检测群体间的遗传中断。地理距离按照经纬度输入，遗传分化利用两两群体间的 F_{ST} 值表示。根据 Delaunay 三角法则获得群体间 F_{ST} 值的几何网络图，采用 Monmonier 最大距离法识别可能的遗传中断。

为进一步检验地理分离模式，利用 Mantel 检验用来评估线性回归后的遗传距离 $[F_{ST}/(1 - F_{ST})]$ 和地理距离之间的联系。若在基石模型(stepping - stone model)下，相邻的群体间由于基因交流而不存在显著的遗传分化，但距离较远的群体间却可以产生显著的遗传分化，一般在这种情况下，群体间的地理距离和遗传距离间呈现正相关关系[52]。该分析可使用 IBDWS(http://ibdws.sdsu.edu/~ibdws/)完成。

2.3.3.4　瓶颈效应分析

利用 BOTTLENECK 1.2.02[53] 软件可分析地理群体是否经历过瓶颈效应。在近期经历了瓶颈效应的群体中，有效群体大小减少，其多态位点上的等位基因数和杂合度也会相应减少。受遗传漂变的影响，稀有等位基因更容易丢失，因此等位基因数的减少要比杂合度减少的快，从而出现杂合度过剩(heterozygosity excess)现象。根据微卫星位点的等位基因频率，基于 3 种模型：无限等位基因模型(Infinite allele model，IAM)、逐步突变模型(stepwise mutation model，SMM)和双相突变模型(two - phased mutation model，TPM)分别计算平均期望杂合度，并通过 Wilcoxon 符号秩次检验(Wilcoxon sign - rank test)的双尾检测法(two - tailed test)检测杂合度过剩的显著性。此外，利用 BOTTLENECK 1.2.02[53] 软件中的 Mode Shift Indicator 检验[54] 可对等位基因频率分布进行分析。若是出现 L - 型等位基因频率分布图，说明所检测的群体近期未经历过瓶颈事件。

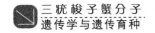

2.3.4　基于线粒体序列(单倍型)的群体遗传学分析

线粒体(mtDNA)序列的分析是基于每个样品的序列信息,为了尽可能保证获得单倍型序列的准确性,一般需要对每个样品进行正反链测序,并仔细核对测序胶图。所有序列可由软件包(DNASTAR,Inc.,Madison,USA)进行编辑、校对和排序,并对排序结果进行分析和手工调整。

(1)群体内遗传多样性

通过 mtDNA 序列标记分析群体内遗传多样性可以通过计算以下参数获得,主要包括单倍型数目、多态位点、转换、颠换、插入/缺失等分子多态性指数,可使用 ARLEQUIN软件进行统计。单倍型多态度(h)、核苷酸多态度(π)根据 Nei 的公式也由 ARLEQUIN 软件计算。采用 Modeltest v.3.06 可估算出 DNA 序列的最适模型和反映突变速率在不同位点间异质性的 gamma 分布形状参数,并基于 AIC 参数筛选获得适合研究中数据集的模型。

(2)遗传结构分析

在线粒体数据分析中,也可利用 ARLEQUIN 软件计算总体间以及两两群体间的 F_{ST} 值并进行分组 AMOVA 分析,检验组群间的遗传结构,找出遗传分化比较大的组群划分方式。

对于 mtDNA 单倍型数据,还可应用 NCA 分析(nested clade analyse)检验单倍型间的网络关系以及单倍型与地理分布的相关关系。使用 TCS1.15 可构建单倍型网络图。进而采用 GEODIS 2.5 检验单倍型分支与地理分布的显著相关关系。应用该软件主要计算两个统计指标:分支距离 Dc 和嵌套支距离 Dn。Dc 主要衡量分支的地理分布范围,Dn 则用以衡量这一分支与其最近的姐妹支的地理分布情况。

(3)群体历史动态

利用线粒体标记进行分析时,有两种基本的不同方法可以检测群体的历史动态。首先,可采用 Tajima's D 检验和 Fu's Fs 检验检测中性假说是否成立,Tajima's D 和 Fu's Fs 中性检验如果是负值并且显著偏离中性,则可能是由于群体扩张引起的。其次,采用核苷酸不配对分布(mismatch distribution)分析检验是否存在群体扩张。核苷酸不配对分布分析主要基于 3 个参数:θ_0、θ_1(群体扩张前和扩张后的 θ 值)和 τ 值(用突变单位表示的群体扩张的时间)[55]。核苷酸不配对分布在平衡群体中通常呈现多峰分布,但是在经历过近期群体扩张的群体中通常呈现明显的单峰分布。最小方差法[56]可用来检验观测分布和群体扩张模型下的预期分布之间的一致性(concordance)。中性检验和核苷酸不配对分布分析均采用 ARLEQUIN 软件完成。对于没有显著偏离扩张模型的分布,采用广义非线性最小方差法(general non-linear least-square)估算扩张参数 τ,其置信区间采用参数重抽样法(para-metric bootstrap approach)计算[56]。参数 τ 通过公式 $\tau = 2ut$ 转化为实际的扩张时间,其中 u 是所研究的整个序列长度的突变速率,t 是自群体扩张开始到现在的时间。现有的数据表明在海洋生物不同的类群中,mtDNA 不同区域序列在不同物种中的进化速率是不一样的，如控制区分歧速率约在 3% ~10%/MY 范围内。需要针对不同的生物类群以及序列位置查阅资料。

综上所述，对于不同的分子标记类型用于物种的群体遗传学分析时，应该选取不同的分析方法和软件，并选取具有代表性的遗传参数进行分析。此外不难看出，不同的标记类型在使用时也具有自己特有的功能，可以从不同层面揭示物种遗传多样性及分化产生的原因。所以，应根据具体的研究目的选用合适的分子标记类型。

2.4　基于线粒体 DNA 序列信息的群体遗传学研究

动物线粒体 DNA(Mitochondrial DNA，mtDNA) 是一种环状、共价闭合的超螺旋分子，约含 16 000 个碱基对，其基因组结构由重链(H) 和轻链(L) 组成。mtDNA 可编码 37 种基因，包括 2 种 rRNA(12S 和 16S)，22 种 tRNA，13 种疏水性蛋白质多肽，这些多肽包括了与线粒体内膜相结合的酶复合体的亚单位：细胞色素 b(Cytb)，2 个 ATP 酶的亚单位，3 个细胞色素 C(Cytc) 氧化酶的亚单位(COI，Ⅱ，Ⅲ)，7 个 NADH 还原酶复合体的亚单位(ND – 1，ND – 2，ND – 3，ND – 4，ND – 4L，ND – 5 和 ND – 6)[57]。这些基因紧密地排列在一起，其间不但没有内含子，有些编码序列甚至出现重叠。mtDNA 的复制与转录均不对称，其编码的基因信息不对称的分布在两条链上。在 37 个转录基因中，仅 9 个基因(8 个 tRNA 和 1 个 mRNA 基因) 由 L 链编码，其余的位于 H 链上。mtDNA 属于细胞质中的遗传物质，具有以下特点：

(1) 无组织特异性

mtDNA 的结构没有组织特异性，有利于用限制性内切酶进行分析。不同组织 mtDNA 反映在含量和断裂的程度有所不同，此外，新鲜组织提取 mtDNA 受核 DNA 污染少，易纯化。

(2) 母系遗传

高等动物的 mtDNA 一般都是母系遗传的。虽然在某些高等生物的受精过程中，精子可以全部进入卵细胞，但精子只含有 100 个左右的 mtDNA 拷贝，而卵细胞内却含有 10^8 个以上的 mtDNA 分子。因此，来自父系的 mtDNA 并不对遗传做出重要贡献。由于严格的母系遗传，一个个体就可以代表一个母系集团，在进行酶切分析时，通过几个随机的动物个体样本就可以了解一个群体的遗传结构，这也可减少供试动物的数量，同时严格的母系遗传方式又使 mtDNA 成为可靠的分子遗传标记。

(3) 进化速度快

mtDNA 变异速率是单拷贝核 DNA 的 5 ~10 倍。群体内变异大，近缘种间分析的灵敏度很高。其进化速度快的原因主要有四点：① 选择压力小。细胞核承担了有关细胞的生长发育和新陈代谢的绝大部分功能，线粒体只是细胞内分子进行呼吸的一个细胞器。核 DNA 承担了绝大部分的选择压力，对 mtDNA 的选择压力相对较小，因而其突变容易固定下来。② 受诱变的影响。mtDNA 没有与之结合的核蛋白，在某种意义上说，mtDNA 是裸露于诱变剂之中。因为线粒体作为氧化磷酸化和许多代谢反应的场所，自由基和一些代谢中间物如烷化剂，就在其中积累。这些物质都是强诱变剂，可以使 mtDNA 的突变率增高。③ 代谢增补时间短。由于代谢过程中被损伤与破坏的线粒体需要不断补充，mtDNA 表现快速增殖，为碱基的突变提供了更多的机会，使突变能不断传递下去。④ 复制无校对修复。脊椎动物 mtDNA 复制酶 α－多聚酶不具备校对能力，且线粒体缺乏修复机制。实际上在已发现的脊椎动物的 mtDNA 中，每 1 000 个脱氧核苷酸中就掺有 1～2 个随机分布的核糖核酸。

(4)提取方法简单，结果重复性高

每个细胞中 mtDNA 有 1 000～10 000 个拷贝，因其分子量小，又具有线粒体双层膜的保护，mtDNA 的提取相对核 DNA 来说容易得多，不需繁复的保护步骤就可获得完整的mtDNA 分子。

线粒体基因组的非编码区 D－loop 控制区以及编码区 12S rRNA 和 16S rRNA 等 rRNA基因、CO I 基因、细胞色素 b(Cytb)和 NADH 脱氢酶亚基－4、NADH 脱氢酶亚基－5(ND4、ND5)等蛋白质编码基因都常被选做分子标记，广泛应用于动物种质资源研究包括群体遗传多样性和遗传结构分析、物种及品系鉴定等方面。基于 mtDNA 序列的三疣梭子蟹及其他经济蟹类(如中华绒螯蟹、拟穴青蟹)的遗传多样性研究主要以 16S－rRNA、COI、COII、Cytb、ND5 等基因序列和非编码区控制区序列作为分子标记。

2.4.1　基于 mtDNA 基因序列的三疣梭子蟹群体遗传学研究

三疣梭子蟹线粒体基因组序列(图 2.1)全长 16 026 bp，包含 37 个基因片段(2 个rRNAs 基因、22 个 tRNAs 基因和 13 个蛋白质编码基因)以及非编码控制区。[58]其中，除了tRNA^{His}以外，其余大部分基因序列与其他节肢动物(如果蝇 Drosophi layakuba)基因序列相同。三疣梭子蟹中的 tRNA^{His}位于 ND5 基因下游的 tRNA^{Glu}和 tRNA^{Phe}基因之间，而其他节肢动物的 tRNA^{His}基因则位于线粒体基因组 ND4 和 ND5 基因之间，推断这是由于 tRNA^{Phe}－ND5－tRNA^{His}区域(节肢动物中一段典型的基因序列)一些基因片段的连续重复以及随后发生的某些冗余基因的缺失造成。

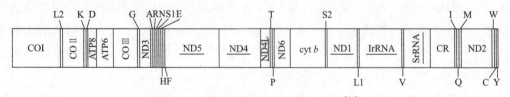

图 2.1　三疣梭子蟹线粒体基因组序列[58]

对山东潍坊和福建厦门两个不同居群的三疣梭子蟹线粒体 Cytb 和 S－rRNA 基因序列的分析[59]，发现 2 个基因片段的 AT 含量均高于 GC 含量；Cytb 基因片段有 3 个位点发生了突变，S－rRNA 只有 1 个位点发生了突变；在两种居群的 4 个突变位点中，2 个位置突变为相同的碱基，且所有突变位点均呈转换方式。所以认为 Cytb 基因序列比 S－rRNA 基因序列具有相对高的突变率。通过分析大连、潍坊、日照和舟山 4 个三疣梭子蟹地理群体的 mtDNA ND5 基因序列[60]，发现潍坊和日照群体的遗传距离最近，大连群体与日照和潍坊两个群体的遗传距离最远。采用 ND5 基因全序列构建的 NJ 树表明：分属于渤海（大连、潍坊）、黄海（日照）和东海（舟山）三大海域的 4 个三疣梭子蟹地理群体的系统发育关系与它们的地理分布并不十分吻合，大连和舟山聚为一小支，潍坊和日照聚为另一支。这可能与近年来三疣梭子蟹人工育苗和养殖的蓬勃发展以及苗种的南北大交流有关，存在同一地区苗种的广泛使用和扩散等问题，增加了基因在各群体中的流动。

对三疣梭子蟹 16S rRNA 和 CO Ⅰ 两个基因片段遗传特征的比较研究表明[61]，在这两种基因片段中 AT 含量均明显高于 GC 含量，与果蝇、虾类、蟹类等无脊椎动物中 16S rRNA 和 CO Ⅰ 的结果相似。二者在同一种群内的变异程度较低，但在不同种群之间，16S rRNA 基因片段要明显保守。由此可见，对于近缘物种的研究，应选用进化速率相对较快的区域（如 CO Ⅰ）；对于远缘物种，则应选择进化速率相对保守的区域（如 16S rRNA）。此外，基于 16S rRNA 基因对梭子蟹科 5 个属的聚类结果显示与传统分类一致，进一步说明 16S rRNA 适合用于种间遗传多样性的分析。同样，对采自辽东湾、莱州湾、海州湾和舟山的三疣梭子蟹 4 个野生群体的线粒体 16S rRNA 和 CO Ⅰ 基因片段进行了扩增和测序[62]，分别得到长度为 524 bp 和 658 bp 的基因片段。两段序列的碱基组成均显示较高的 AT 比例。通过对三疣梭子蟹 16S rRNA 和 CO Ⅰ 基因片段遗传特征的研究，发现种内变异较低；在 16 个样本的 16S rRNA 基因序列中共检测到 1 个变异位点，2 种单倍型；CO Ⅰ 基因序列中共检测到 4 个变异位点，5 种单倍型，说明不同种群之间 16S rRNA 基因较 CO Ⅰ 基因明显保守。对三疣梭子蟹日本北海道、韩国东海岸和我国山东即墨市会场村 3 个野生群体的 16S rRNA 和 CO Ⅰ 基因片段扩增和测序[63]，分别得到了长度为 523 bp 和 658 bp 的片段。通过统计变异位点、平均核苷酸差异数和核苷酸多样性指数，分析比较了不同群体间的序列差异和遗传多样性水平。结果显示，我国会场三疣梭子蟹野生群体的遗传多样性水平较低。此外，研究共发现 19 种单倍型，我国会场群体与日本北海道群体、韩国东海岸群体均有共享单倍型，表明我国会场群体与国外两个野生群体的遗传背景相似。

检测的近海长江口、嵊泗群岛、舟山群岛、洞头群岛 4 个采样点的 147 个三疣梭子蟹个体的 mtDNA 16S rRNA 序列[64]长度 991 bp，共发现 14 个单倍型，11 个核苷酸多态性变异位点。三疣梭子蟹 4 个群体的平均核苷酸多样性和单倍型多样性分别为 0.001 和 0.565。其中，嵊泗群岛群体的遗传多样性水平最高，长江口群体最低。长江口与嵊泗群岛群体之间的遗传分化指数最大，舟山群岛与洞头群岛群体之间遗传分化指数最小。相应的，舟山群岛和洞头群岛群体之间的基因流最大，长江口与嵊泗群岛群体之间基因流最小，且舟山群岛与其他群体之间的基因流均大于 4，表明舟山群岛三疣梭子蟹群体与其他群体之间基因流动较为频繁。检测东海长江口、嵊泗、舟山、洞头、定海和泉州 6 个三疣梭子蟹群体 213 个个体的 mtDNA 16S rRNA 基因[65]和 CO Ⅰ 基因[66]的序列信息发现，在长度 991 bp 的 16S rRNA 基因中检测到 22 个多态位点和 25 个特定的单倍型，在长度 787 bp

的 CO I 基因中检测到 27 个单倍型和 21 个变异位点。说明 6 个群体具有中等程度的遗传多样性，但是单倍型之间的序列变异较低。绝大部分单倍型在 6 个群体中共享，但也有个别单倍型只在其中 1 个或 2 个群体中出现。无论是邻接（NJ）分子树还是最小生成树（MSN）都没有检测到 6 个地理种群的分化。中性检测和歧点分布分析暗示了东海三疣梭子蟹群体特别是长江口和嵊泗群体可能经历了突然的种群数量扩张，这和两个种群的过度捕捞是相符的。AMOVA 和 F_{ST} 统计表明嵊泗、舟山、洞头和泉州群体之间存在显著分化，表明尽管三疣梭子蟹有较强的扩散能力，即便在比较靠近的区域，群体之间的基因交流仍然是有限的。这些研究结果为解决相关的渔业管理问题，包括人工养殖、渔业资源识别和保护等问题提供了理论依据。浙江近海每年都进行大量的三疣梭子蟹人工增殖放流，这必将对三疣梭子蟹种群遗传结构产生影响。因此，在人工增殖放流前应对其遗传背景进行调查，避免盲目地增殖放流造成种质资源混杂。同时，还应该加大对野生三疣梭子蟹资源的保护力度，监测和保护种质资源，建立三疣梭子蟹的保护区和原种场，降低三疣梭子蟹野生遗传资源的衰退速度，防止种质退化和优良性状的丧失，加强蟹苗规范化管理，真正实现对三疣梭子蟹资源的合理开发利用。

2.4.2　基于线粒体控制区序列的三疣梭子蟹群体遗传学研究

以大连、东营、连云港、舟山、湛江和漳州 6 个三疣梭子蟹地理种群为研究对象，采用线粒体控制区 CR 全基因序列，对野生群体的遗传多样性及群体遗传结构分析。结果发现[67]，在用于分析的 1 141 bp 的 D - loop 全基因序列中共有 185 个变异位点，129 个简约信息位点。60 个个体中共出现 48 个单倍型，基因多样性和核苷酸多样性指数显示中国沿海三疣梭子蟹群体具有较高的遗传多样性，而且三疣梭子蟹在过去没有出现很强的选择效应，群体大小稳定。其种群遗传分化指数（F_{ST}）为 0. 189（P < 0. 05），将中国沿海三疣梭子蟹作为一个大群体来讲已产生了一定的分化。遗传距离与地理距离并不存在显著的相关性，群体发生与扩散可能有更复杂的原因。

应用 mtDNA 控制区（CR）序列作为标记，对渤海沿岸的潍坊、黄骅，黄海沿岸的青岛、连云港，东海沿岸的象山、莆田，南海沿岸的南澳、湛江、乌石 9 个野生三疣梭子蟹群体 83 个个体进行遗传多样性分析[68]，得到长度为 530 bp 的序列片段，A + T 平均含量为 73. 2%，共检测到 91 个变异位点，66 种单倍型。NJ 分子树的聚类结果显示：黄海、东海、渤海 6 个群体之间的相对遗传距离比较近，聚为一大支；南海 3 个群体相对遗传距离比较近，聚为一大支。AMOVA 分析表明，群体间的遗传分化指数（F_{ST}）为 0. 106，其中部分群体间达到显著差异与极显著差异，说明我国三疣梭子蟹不同野生群体间存在一定程度的遗传分化。

分析的渤海沿岸的盘锦和蓬莱，黄海沿岸的丹东、青岛和盐城，东海沿岸的舟山、洞头、炎亭和厦门 9 个群体的三疣梭子蟹 CR，序列长约 1 241 bp[69]。该片段 AT、GC 平均含量分别为 75. 8% 和 24. 2%，AT 含量明显高于 GC 含量，种群间的遗传距离平均为 0. 025。分别运用邻接法（NJ）、最小进化法（ME）及最大简约法（MP）三种方法，构建中国沿海三疣梭子蟹亲缘关系的系统发生树,结果显示亲缘关系基本一致。各海区种群间存在明显的基因交流。个体洄游和长期以来跨海区的捕捞作业可能是三疣梭子蟹种群间基因交流的根本原因;蓬勃发展的三疣梭子蟹人工养殖和放流也会导致亲蟹和苗种跨海区交流,对三疣梭子蟹种质资源的保护将产生巨大影响。

我们从取自渤海海域的营口(YK)、莱州(LZ),黄海海域的丹东(DD)、青岛(QD)、连云港(LYG),东海海域的宁波(NB),南海海域的北海(BH),日本 Fukuyama(JA)的 8 个三疣梭子蟹群体 72 个个体中扩增了长度为 617 bp 的线粒体控制区(CR)片段,进行遗传多样性和种群结构分析。共检测到 53 个单倍型和 102 个变异位点,其中有 90 个位点呈现多态性,65 个是简约有效位点。经检测,莱州群体具有最低的平均核苷酸差异度(4.667)、核苷酸多样性(0.007)和单倍型丰富度(0.733),其次是北海群体,其平均核苷酸差异度、核苷酸多样性和单倍型丰富度依次是 6.689、0.011 和 0.956。而宁波群体具有最高的平均核苷酸差异度(16.000)、核苷酸多样性(0.026)和单倍型丰富度(1.000)。72 个个体的平均核苷酸差异度、核苷酸多样性和单倍型丰富度分别是 12.501、0.020 和 0.989。此外,相较而言,营口、丹东、莱州和北海群体的遗传多样性比宁波、连云港、青岛群体的低。

遗传结构的分析结果显示,三疣梭子蟹群体间的遗传距离变动范围为 0.013 到 0.025 之间(表 2.1),其中宁波群体和其他群体间的遗传距离较大,均高于 0.02。三疣梭子蟹本身的迁徙习性和人类活动的干扰是造成宁波群体和其他群体之间遗传距离较大的可能原因。这和宁波群体"具有较高的单倍型比例,但独有单倍型却比较少"的分析结果一致。其次,对三疣梭子蟹群体遗传分化指数和基因流的分析发现,北海和莱州的三疣梭子蟹群体发生了分化。同时基于线粒体控制区序列的对所有个体进行的 NJ 系统发育树分析显示,8 个群体共分成 2 支,莱州和北海群体分别位于不同的支上,而其他群体的个体则分散在两个支上。莱州、北海、营口和丹东的个体相对集中,如图 2.2 所示。这一结果证实了中国沿海三疣梭子蟹至少有两个分支的假设。而 Mantel 检测表明种群之间的分化程度和种群的地理距离呈正相关(图 2.3)。

表 2.1　基于 Kimura 双参数法计算的群体间平均遗传距离

	NB	YK	DD	QD	LYG	JA	LZ	BH
NB	0.026 2							
YK	0.023 9	0.018 1						
DD	0.023 6	0.017 9	0.017 2					
QD	0.024 1	0.019 7	0.020 0	0.020 7				
LYG	0.025 8	0.021 8	0.021 3	0.022 6	0.024 6			
JA	0.024 1	0.021 2	0.020 4	0.022 0	0.023 5	0.022 6		
LZ	0.021 8	0.013 6	0.013 6	0.015 7	0.018 9	0.017 3	0.007 7	
BH	0.024 8	0.020 5	0.022 4	0.018 8	0.022 1	0.023 8	0.018 3	0.011 1

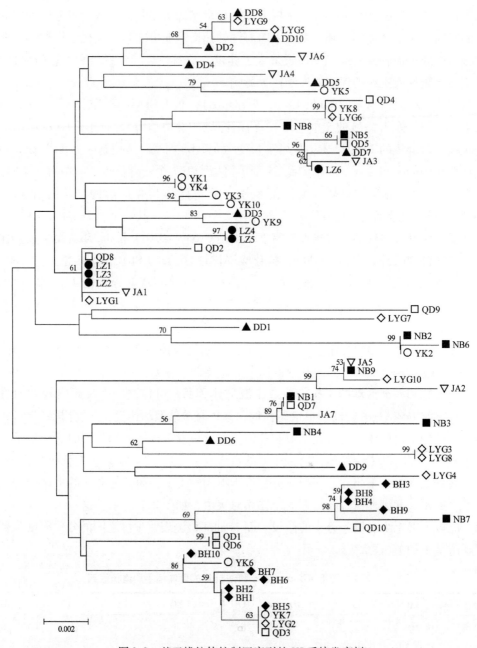

图2.2　基于线粒体控制区序列的 NJ 系统发育树

此外，分析群体中出现的单倍型，其中有 8 个单倍型在 2～4 个群体中出现，而其他的 45 个单倍型是特有的，只在某一群体出现。所有的群体都有它们独有的特征性单倍型（特有等位基因），其中丹东群体拥有最多的特有等位基因（9 个），其次是北海和营口群体，分别有 7 和 6 个。宁波、青岛和连云港都具有 5 个特有等位基因，而莱州群体只有两个特有的等位基因。将 53 个单倍型进行 TCS 简约结构分析，发现 53 个单倍型集成倒立的树状结构（图 2.4），树的根部包括了除莱州以外的其他个体，来自同一地点的单倍型分散

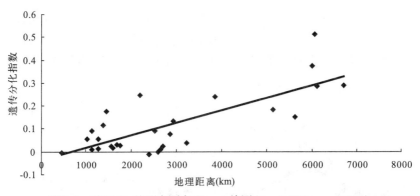

图 2.3　基于 F_{ST} 的距离隔离 Mantel 检测（$r = 0.823$，$p = 0.015$）

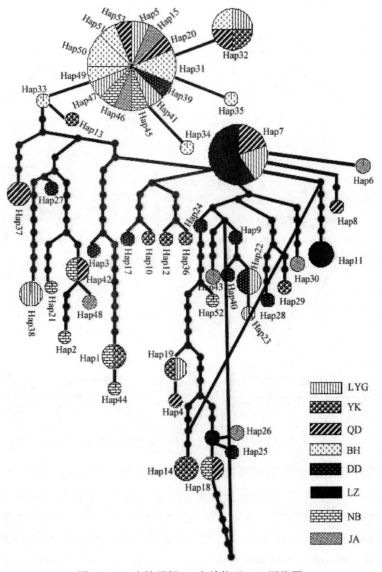

图 2.4　三疣梭子蟹 53 个单倍型 TCS 网络图

在整个网络中，而且很多中间型缺失。单倍型的分布情况暗示了近代的一个种群扩张事件和紧接着进行的当地种群的分化现象。平均配对差异分析也显示宁波、营口、青岛、连云港、日本，特别是丹东群体曾经历了一次种群数量或生活区域的突然扩张事件（图2.5、表2.2）。

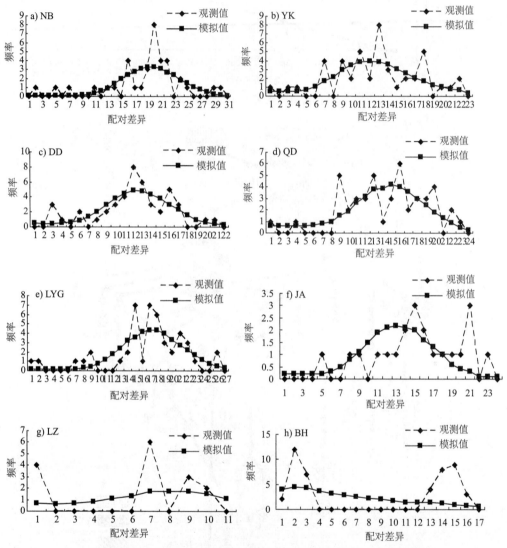

图2.5 三疣梭子蟹单倍型观测配对差异分析和模拟配对差异分析

我们的研究检测的单倍型多样性和核苷酸多样性变化范围分别为0.733~1.00和0.007~0.026，略低于韩国三疣梭子蟹群体，但是比用其他手段检测到的三疣梭子蟹遗传多样性高。例如，用COI检测到的三疣梭子蟹单倍型多样性和核苷酸多样性变化范围一般为0.582~0.847和0.002~0.003，用16S rRNA检测的分别为0.322~0.823和0.001~0.002。与宁波、连云港、青岛群体相比，营口、丹东、莱州和北海群体遗传多样性较低。虽然三疣梭子蟹可以进行长距离的迁徙，但是环境因素也会影响该种群的地理分布。

表 2.2 三疣梭子蟹群体的中性检测和历史种群数量变动分析

	中性检测		配对差异分析					
	Tajima's D	Fu's F_s	Tau(τ)	Theta 0(θ_0)	Theta 1(θ_1)	SSD	Raggedness index(r)	t (MY)
NB	-0.383	-1.586	19.186 (CI 12.957 - 22.779)	0.000(CI 0.000 - 4.983)	417.500(CI 131.164 - 99999.000)	0.040	0.080	0.777(0.404 - 1.319)
YK	-1.085	-1.259	9.725 (CI 5.496 - 19.137)	3.406(CI 0.000 - 13.110)	103.672(CI 32.422 - 99999.000)	0.029	0.088	0.394(0.171 - 1.108)
DD	-0.926	-3.196*	12.168(CI 7.414 - 15.738)	0.002(CI 0.000 - 3.814)	106.719(CI 39.688 - 99999.000)	0.019	0.040	0.493(0.231 - 0.911)
QD	-0.931	-0.960	14.734(CI 8.596 - 19.586)	0.000(CI 0.000 - 4.198)	71.719(CI 35.715 - 99999.000)	0.021	0.055	0.597(0.231 - 0.911)
LYG	-0.393	-0.655	17.025(CI 11.568 - 20.857)	0.002(CI 0.000 - 4.525)	276.094(CI 88.750 - 99999.000)	0.027	0.067	0.690(0.361 - 1.207)
JA	-0.234	-0.953	12.797 (CI 6.832 - 17.270)	0.000(CI 0.000 - 4.604)	111.406(CI 35.382 - 99999.000)	0.037	0.054	0.519(0.213 - 1)
LZ	0.394	3.056	8.055 (CI 0.719 - 14.211)	0.004(CI 0.000 - 11.545)	23.696(CI 8.397 - 99999.000)	0.178*	0.453	0.326(0.022 - 0.823)
BH	1.610	-0.883	0.254 (CI 0.000 - 12.422)	7.984(CI 0.000 - 17.200)	99999.000(CI 9.908 - 99999.000)	0.122	0.124	0.010(0 - 0.719)
平均值	-0.243	-0.805	11.743 (CI 6.640 - 16.439)	1.425(CI 0.000 - 5.764)	12638.726(CI 47.549 - 99999.000)	0.059	0.120	0.476(0.207 - 0.952)

注：配对差异分析应用了种群数量扩张模型。CI 表示 95% 的置信区间。SSD，总方偏差；r，离散指数。* 表示差异显著（$P < 0.05$）。

营口、丹东、莱州和北海海域相对比较封闭，位于这些海区的生物活动受到限制，造成遗传多样性较低。然而宁波、连云港和青岛海域比较开阔，戴爱云等[70]研究发现东海海区的三疣梭子蟹活动范围相当广泛，不仅可以在东海海域迁移，还可以随着北上的高盐度海水梯度迁移到黄海，这可能是黄海和东海海区三疣梭子蟹群体具有较丰富的遗传多样性的原因。种群遗传多样性越丰富，该种群适应环境变化和进化的能力就越强，所以应该制定合适有效的渔政管理政策以保护营口、丹东、莱州和北海海域三疣梭子蟹的遗传多样性，以实现这些种群资源的可持续利用。特别是莱州和北海群体的私有等位基因比率更高，种群退化问题更加严重，采取合理措施加以保护迫在眉睫。

在单倍型分析时，有 8 个单倍型在两个或更多的群体中出现，说明群体间具有一定的基因流动，证实了 Song 的观点：三疣梭子蟹具有越冬洄游、生殖洄游和索饵洄游习性，这将引起种群间的基因交换。中国海岸洋流从渤海携带低盐度海水到东海，造成黄海和东海群体间交流较多。其余 55 个单倍型只存在于某一个群体，说明三疣梭子蟹有比较大的历史有效种群数量，这才使得在种群间基因流动明显的情况下，还能保持各自独有的单倍体型，同时私有等位基因可以作为种质鉴定的标记使用。

在遗传结构方面，虽然宁波群体和其他群体的遗传距离较大，但我们不认为它形成了亚种，过多的基因交流和人为活动干扰可能造成这个结果，这和单倍型分析是一致的，宁波群体具有高比例的单倍型，但自己的特有单倍型却较少。此外，北海群体和宁波、连云港、青岛群体间发生了明显的分化，和莱州、丹东和营口群体间发生了非常显著的分化；同时莱州群体也和其他群体发生了分化。以上均表明莱州和北海群体可能出现了一定程度的分化，也证实了在中国沿海至少存在两个三疣梭子蟹分支。究其物种发生和产生分化的原因：首先，IBD 分析证实了三疣梭子蟹遗传分化与群体之间的地理距离有关，呈正相关；其次，TCS 简约网络分析暗示目前莱州群体以外的所有三疣梭子蟹群体可能都源于一个历史单倍型，莱州群体的发生比其他群体可能要晚；再次，不匹配分布和 Tajima's D、Fu's Fs 分析则显示三疣梭子蟹群体历史上可能经历过一个数量突然扩张的阶段。以前有报道东海在冰川期几乎和太平洋隔离，日本、营口、丹东、莱州、青岛、连云港和宁波群体的个体都是北海某个单倍型的分支，冰川期作用可能影响了该物种的发生和分化。

2.4.3 mtDNA 序列信息在其他经济蟹类群体遗传学研究中的应用

2.4.3.1 中华绒螯蟹的群体遗传学研究

中华绒螯蟹(*Eriocheir sinensis*)俗称河蟹、大闸蟹，是我国重要的经济蟹类，主要养殖在江苏省和辽宁省。目前其种质资源状况及产业主要存在两大问题：① 过度捕捞和栖息地的破坏造成天然产量明显下降；② 人工养殖业的迅猛发展带来了种质资源、环境等诸多问题。此外，在国外，20 世纪中华绒螯蟹随轮船压舱水被带到了欧洲和美国[71,72]，由于其极强的适应性在当地形成了种群并迅速繁殖，给当地造成了严重的生态破坏，成为世界 100 种入侵物种之一。因此，种质资源状况、多样性分布、种群遗传结构及基因流等问题的研究对中华绒螯蟹优良品种的培育及渔业资源管理和保护有重要意义。

首先，围绕中国及日本等亚洲国家和欧洲中华绒螯蟹的群体遗传多样性和遗传结构进行了研究。

对来自中国辽河、黄河、长江、乌江、闽江、珠江和南流江的 154 个个体以及来自日本的 15 个个体用细胞色素氧化酶亚基Ⅱ（COⅡ）和细胞色素 b（Cytb）序列研究的结果发现[73]，这些群体可划分为三个主要的单系群，分别为中国北部群体、中国南部群体和日本群体。位于中国中部地区的乌江和闽江群体拥有南部和北部群体的混合单倍型，推测这种分化结果的形成与上新世的地质历史变化有关。此外，计算得出北部群体的单倍型与中部地区拥有的北部单倍型分化时间为 120 000 年，南部群体的单倍型与中部地区拥有的南部单倍型分化时间为 160 000，也暗示了上新世的地质历史事件对群体结构的影响。

利用 COI 和 Cytb 基因片段，检测了冰期地质历史变化对东亚中华绒螯蟹地理分布及遗传结构的影响[74]。揭示出四个分化程度较小但独特的谱系，分别为中国东部黄河分支、日本海区域分支以及中国南部分支和日本冲绳岛分支。这四个分支显示分化时间发生于上新世中期，且各分支均发生过种群扩张。

研究长江、辽河、瓯江水系野生中华绒螯蟹及莱茵河水系共 4 个群体 71 个个体的 COI 基因序列[75]，比对长度 628 bp 共含 17 种单倍型。分析表明，长江群体单倍型多样性指数最高，莱茵河水系群体最低；长江群体与辽河群体间遗传距离最小，推测长江与辽河群体间基因交流较多；长江群体内遗传距离大于除瓯江外的其他水系群体内遗传距离，揭示长江群体内遗传变异较大、种质混杂较严重。各群体间的基因流（N_m）均高于 1，其中长江群体与辽河及莱茵河群体间的基因流分别为 8.27 和 9.72，表明长江群体与这 2 个群体间曾经有较为频繁的基因交流。

其次，围绕中华绒螯蟹在亚洲、欧洲及北美洲的扩散机制，许多学者也开展了相关研究。

用 586 bp 长度的 COI 基因部分序列对中国群体，欧洲群体和美洲群体进行群体遗传分析[76]，发现原始土著群体的遗传多样性高于新形成的群体，欧洲群体是经历多次生物入侵形成的，并发现旧金山群体只有一种单倍型，这种单倍型在欧洲群体中出现，而在中国大陆群体中不出现，据此认为旧金山湾的中华绒螯群体来自欧洲，而并非来自亚洲。同样，利用 COI 基因部分序列对位于美国和加拿大交界处的五大湖及圣罗伦斯海道的中华绒螯蟹群体以及欧洲群体进行分析发现[77]，也推测北美的群体很可能起源于欧洲的群体。

对我国长江与移居到英国泰晤士河、美国旧金山湾的 3 个中华绒螯蟹群体的线粒体 COII 的全序列进行了测定[78]。在 693 bp 的序列长度中，长江群体、泰晤士河群体和旧金山湾群体分别有 20、8、7 个变异位点；它们的单倍型多样性指数分别为 0.843、0.815、0.782；核苷酸多样性指数分别为 0.004、0.003、0.003。AMOVA 分析表明：长江群体与泰晤士河群体和旧金山湾群体已出了显著的遗传分化，而泰晤士河群体和旧金山湾群体间没有显著的遗传分化。邻接法（NJ）构建的系统关系树和最小拓展网络分析显示，旧金山湾群体与泰晤士河群体存在一定程度的基因流，旧金山湾的中华绒螯蟹群体除直接来自中国长江外，也可能有一部分来自先移居于欧洲的群体。

进一步运用 COII（693 bp）、Cytb（766 bp）和 ITS（706 bp）分析了分布于中国本土扬子江、黄河和辽河，入侵地欧洲的易北河、莱茵河与泰晤士河以及北美洲的旧金山湾区域的中华绒螯蟹不同群体的遗传分布情况[79]。结果发现：① 中国本土群体的遗传多样性高于欧洲和北美群体，其中易北河群体除外，它具备和中国群体相当水平的遗传多样性；② AMOVA and F_{ST} 数据显示三大板块间未发现显著的遗传分化，但是部分群体间存在显著差异；③ 入侵地区的群体中奠基者效应显著，而在扬子江群体中检测到近期的群体扩张；④ 欧洲群体起源于中国群体，而北美群体起源于中国群体和欧洲群体，其中可能性比较大的欧洲群体是易北河。

2.4.3.2　拟穴青蟹的群体遗传学研究

拟穴青蟹（*Scylla paramamosain*）隶属于甲壳纲（Crustacea）、十足目（Decapoda）、梭子蟹科（Portunidae）、青蟹属（Scylla），广泛分布于印度—西太平洋沿岸水域，在我国主要分布于浙江、福建、广东、广西、海南以及台湾等东南沿海水域，是重要的海洋经济蟹类之一。近年来，由于生态环境变化及过度捕捞，拟穴青蟹资源遭到了一定程度的破坏，野生资源量日趋减少。

利用 716 bp CO Ⅰ 基因片段对中国海南岛拟穴青蟹的遗传多样性研究[80]。92 个个体分别取自海口、文昌、万宁、三亚、东方和儋州，共测得 32 种单倍型，1 种为最常见单倍型，在 6 个群体中均有出现，而其他的单倍型大部分仅在 1～2 个个体中出现。群体的单倍型多样性指数（h）在 0.625～0.914 之间，核苷酸多样性指数（π）在 0.001～0.003 之间，平均值分别为 0.841 和 0.002。群体内遗传距离为 0.001～0.002，群体间遗传距离为 0.002～0.003。AMOVA 分析的结果表明群体间遗传分化很低（$F_{ST} = 0.017$，$P > 0.05$）。中性检验以及配对差异分析结果暗示这些种群发生过群体扩张事件。

利用线粒体 16S rRNA 基因片段分析了北部湾拟穴青蟹群体遗传结构及其种群扩张历史[81]。结果表明，16S rRNA 基因片段长度在 521～523 bp 之间，6 个拟穴青蟹群体具 21 种单倍型。群体总体水平的单倍型多样性指数和核苷酸多样性指数分别为 0.625 和 0.002。群体间遗传距离与地理距离之间无相关性。群体间遗传分化系数 F_{ST} 在 0.020～0.043 之间，基因流（N_m）在 5.48～12.20 之间。AMOVA 分析表明，群体间遗传变异占 0.1%，群体内遗传变异占 99.9%。群体间固定指数（F_{ST}）的绝对值在 0.001～0.030 之间，暗示群体间没有产生遗传分化。单倍型邻接树和单倍型网络图也显示，单倍型没有按采样地形成谱系分支。而中性检验和配对差异分析揭示，北部湾拟穴青蟹群体在历史上经历过群体扩张。群体扩张时间大致在上新世晚期的 0.045～0.019 MY 之间。

对位于中国沿岸的 11 个地点的拟穴青蟹群体进行了遗传学分析[82]，主要用到的标记为 COI 和 16S rDNA。结果显示群体在近代经历了种群扩张，尽管两两比较的 F_{ST} 显示出北部湾群体和其他群体有一定的遗传分化，但是大部分群体间存在良好的基因交流（*Nem* > 5），群体呈现均质化。研究认为冰期海平面的变化是导致群体瓶颈效应及随后种群扩张的原因，而间冰期的周期性变化及浮游幼虫期的扩散是造成群体间基因交流的重要因素。

2.5　基于微卫星标记的群体遗传学研究

在蟹类的种质资源研究、群体结构分析方面，虽然很多学者利用线粒体标记开展了研究，但是线粒体标记往往只代表一个基因座位、母性遗传，且很可能受选择的影响[83,84]，所以需要进一步结合核基因组标记进行分析说明。应用线粒体序列信息和微卫星标记揭示出的遗传多样性和遗传结构有一定差异，两种分子标记综合分析能反映群体在不同时间和空间尺度的遗传结构特征。群体遗传学分析是微卫星标记最主要的应用之一。微卫星比当前大部分子标记如 RFLP、RAPD、AFLP 和 ISSR 更能揭示遗传多样性，在估测种群的杂合度上更加精确和高效。微卫星标记在海洋生物群体遗传学方面的研究主要集中在以下三个方面：① 评价不同群体(种群)的遗传多样性和遗传结构；② 人工干预(水产养殖、种苗繁育和遗传操作等)对于群体遗传多样性的影响；③ 群体亲缘关系研究。此外，微卫星标记在不同群体中存在差异，有的等位基因为个别群体所特有，还可作为群体遗传差异的特异标记[85]。

2.5.1　基于微卫星标记的三疣梭子蟹群体遗传学研究

采用 8 个微卫星分子标记，对我国舟山(ZS)、海州湾(HZ)、青岛会场(HC)、莱州湾(LZ)和鸭绿江口(YL) 5 个三疣梭子蟹野生群体共计 120 个个体进行了遗传多样性分析[86]。8 个位点共扩增到 72 个等位基因，平均等位基因数为 9.0，平均有效等位基因数为 5.467；平均多态信息含量为 0.696；平均期望杂合度为 0.750。5 个群体的期望杂合度由高到低依次为莱州湾、青岛会场、鸭绿江口、海州湾、舟山。群体间的遗传距离在 0.245 ~ 0.517 之间，HC 和 HZ 的遗传距离最小，LZ 和 ZS 的遗传距离最大。通过构建 UPGMA 聚类树，5 个群体聚为南北两大支，HC 和 HZ 两个群体遗传距离最近先聚到一起，再与 ZS 群体相聚，形成南方群体；YL 与 LZ 群体相聚形成北方群体，最后南北两大群体聚为一支。两两群体间的 F_{ST} 值在 0.054 ~ 0.108(0.05 < F_{ST} < 0.15)之间，群体间产生了极显著的遗传分化。

同样采用 8 个微卫星位点对取自山东半岛的东营、潍坊、威海、青岛、日照 5 个野生种群和烟台的养殖群体的遗传多样性进行了检测[87]。每个位点含有 2.5 ~ 6.5 个等位基因，其中有效等位基因变化范围为 1.34 ~ 4.5；基因型数目范围为 2.8 ~ 12.3；平均观测杂合度为 0.71 ~ 0.83，期望杂合度为 0.66 ~ 0.77。和野生种群比较，烟台养殖群体表现出显著的遗传变异，比如每个位点包含较少的等位基因，低频率基因、特有等位基因和基因型减少，这些指标都显示了养殖群体的遗传多样性降低。

为探明三疣梭子蟹养殖群体对野生资源的遗传影响，选取 20 对 SSR 引物对来自海州湾的三疣梭子蟹野生群体与两个养殖群体进行群体遗传结构和遗传分化的研究[88]。经单因子方差分析显示，海州湾野生三疣梭子蟹的 N_e、H_o、H_e、PIC 均显著高于养殖群体

（$P < 0.05$），但养殖群体间的 N_e、H_o、H_e、PIC 并无显著差异（$P < 0.05$）。以上结果说明，海州湾三疣梭子蟹野生种群的遗传多样性显著高于养殖群体。群体 F_{ST} 值范围在 0.108 ~ 0.144 之间，处于中度分化水平；基因流 N_m 值在 1.5 ~ 2.0 之间，野生种群与养殖群体的遗传分化大于养殖群体之间的分化。目前海州湾三疣梭子蟹遗传资源状况良好，但仍然需要定期监测资源的变动情况，预防养殖活动和增殖放流对现有遗传资源产生影响。

我们利用 6 个微卫星位点对丹东、青岛、北海、营口和宁波 5 个群体 120 个个体的三疣梭子蟹遗传多样性和种群结构进行了分析[89]。6 个位点一共获得 137 个等位基因，每个位点平均有 22.8 个等位基因和 11.3 个有效等位基因。所有 6 个位点观测杂合度都低于对应的期望杂合度，这可能暗示了这几个位点的杂合子缺失（表 2.3）。研究发现，有些位点偏离了 Hardy – Weinberg 平衡和中性检验（表 2.4）。

表 2.3　6 个微卫星位点在三疣梭子蟹群体的多态性结果分析

位点	N_a	N_e	基因型数目	杂合度		无效等位基因比例	固定指数		
				H_O	H_E		F_{IS}	F_{IT}	F_{ST}
P04	24	14.9	58	0.891 7	0.932 7	0.021 2	0.005 1	0.057 9	0.053 1*
H35	18	6.8	33	0.225 0	0.852 0	0.338 6	0.720 5*	0.742 9*	0.080 0*
C13	18	11.4	54	0.708 3	0.912 5	0.106 8	0.166 3*	0.229 8*	0.076 2*
C3	37	16.7	74	0.908 3	0.940 4	0.016 5	−0.103 6	−0.052 5	0.046 4*
PN27	13	3.8	25	0.358 3	0.735 2	0.217 2	−0.037 0	0.055 0	0.088 8*
E20	27	14.5	53	0.991 7	0.930 9	−0.031 5	0.377 8*	0.557 2*	0.288 4*
平均值	22.8	11.3	49.5	0.680 6	0.884 0	0.111 5	0.165 1*	0.224 81*	0.099 3*

注：N_a：等位基因数；N_e：有效等位基因数；H_O：观测杂合度；H_E：Nei's 期望杂合度；F_{IS}：群体内个体间的变异；F_{IT}：所有个体间的变异；F_{ST}：群体间的变异，*：差异显著（$P < 0.05$）。

表 2.4　6 个微卫星位点在 5 个三疣梭子蟹群体的哈迪 – 温伯格平衡和中性检测

位点	Obs. F					D				
	DD	YK	QD	NB	BH	DD	YK	QD	NB	BH
P04	0.121 5	0.150 2	0.108 5	0.119 8	0.118 9*	0.138 3	0.176 7*	−0.252 2	−0.100 5	0.134 9*
H35	0.184 9	0.134 5	0.210 9	0.354 2	0.238 7	−0.693 3*	−0.663 0*	−0.894 4*	−0.483 9*	−0.781 0*
C13	0.171 0	0.171 0	0.171 0	0.178 8	0.118 1*	−0.145 6	−0.296 4*	0.005 2	−0.441 9*	0.086 6
E20	0.147 6	0.137 2	0.093 8*	0.105 9*	0.106 8	0.173 2	0.110 7	0.103 5	0.118 4	0.119 6
C3	0.136 3	0.149 3*	0.099 0	0.118 9*	0.209 2	0.157 8	0.077 6	0.017 4	0.040 4*	0.001 1
PN27	0.191 0	0.881 1	0.430 6	0.507 8	0.171 0	−0.279 0	0.051 3	−0.707 2*	−0.068 9	−0.447 2*

注：Obs. F：计算 10 000 模拟样品获得的观测等位基因频率；D：遗传偏离程度；*：偏离显著。

对5个三疣梭子蟹群体的遗传多样性和遗传结构分析发现：丹东、青岛和北海群体的遗传多样性较高，营口和宁波群体遗传多样性较低。5个种群出现了不同程度的分化，其中青岛和营口群体间分化程度最大，出现了中等程度的分化；其他群体间出现了一般程度的分化，青岛和北海群体间的分化程度最小（表2.5）。

表2.5 5个群体间遗传分化指数（F_{ST}，左下角）和基因流（N_m，右上角）分析

种群	DD	YK	QD	NB	BH
DD	—	2.117	3.281	1.808	3.966
YK	0.106*	—	1.343	2.346	1.786
QD	0.071*	0.157*	—	1.591	4.476
NB	0.122*	0.096*	0.136*	—	2.255
BH	0.059*	0.123*	0.053*	0.100*	—

注：*：出现分化（$P < 0.05$）。

Mantel 检测发现三疣梭子蟹的种群分化程度与群体间的地理距离呈明显的负相关（$r = -0.421$，$P = 0.862$，图2.6）。

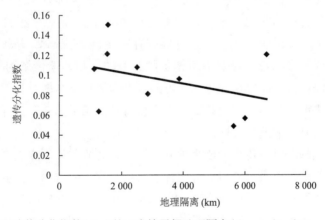

图2.6 基于遗传分化指数（F_{ST}）的三疣梭子蟹地理隔离（Geographic distance）情况检测

应用 Bottleneck 1.2.02 软件分析了5个梭子蟹群体在 SMM、IAM、TPM 模式下的瓶颈效应情况（表2.6）。5个群体在 SMM 模式下、营口与北海群体在 TPM 和 IAM 模式下都没表现出瓶颈效应，但是检测到丹东、青岛和宁波群体在 IAM 模式下、宁波群体在 TPM 模式下具有瓶颈效应。此外，在 IAM 和 SMM 模式下，5个群体历史有效种群数量变动范围分别是 9 100~51 100 和 16 500~114 700。其中丹东具有最大的历史有效种群数量，其次是北海、青岛、营口和宁波群体。SMM 模式下的历史有效种群数量大于 IAM 模式，但是两者具有同样的趋势，差异不显著。

表 2.6 5 个群体瓶颈效应和历史有效种群分析

种群	两相突变模型	无限等位基因突变模式		逐步突变模式	
	Wilcoxon test P（one tail for *Hex*）	Wilcoxon test P（one tail for *Hex*）	历史有效种群大小（$\times 10^4$）	Wilcoxon test P（one tail for *Hex*）	历史有效种群大小（$\times 10^4$）
DD	0.421 9	0.007 8	3.13~5.11	0.992 2	7.03~11.47
YK	0.421 9	0.054 7	1.27~2.08	0.656 3	2.59~4.22
QD	0.500 0	0.007 8	2.28~3.72	0.921 9	4.93~8.04
NB	0.023 4	0.007 8	0.91~1.49	0.218 8	1.65~2.69
BH	0.218 8	0.054 7	2.38~3.89	0.218 8	5.29~8.64

注：P：可能性；*Hex*：杂合度过剩。

综合以上，与线粒体控制区基因分析结果比较，和莱州群体位于同一海区的营口群体遗传多样性也较低。但是基于微卫星位点的东海群体的遗传多样性也较低，这和与线粒体控制区基因分析结果不一致，东海群体较小的种群数量可能是引起这一结果的原因。另外中性检测和瓶颈分析发现宁波较小的历史有效种群数量可能由冰川期影响所致。

基于微卫星位点的遗传结构分析也发现 5 个三疣梭子蟹群体发生了中等程度分化，但和线粒体控制区基因分析结果也有不同，主要有以下几个方面：① 种群遗传分化和种群的地理距离呈负相关，这说明三疣梭子蟹群体间存在基因交流。② 青岛和营口群体发生了显著分化，说明洋流影响着存在浮游幼体阶段的海洋生物的遗传结构形成。③ 没有检测到青岛群体和北海群体之间存在分化，这可能是因为线粒体基因是母系遗传，父本线粒体基因可能在受精之前、受精过程中和受精之后被清除。雌蟹和雄蟹的迁移能力不同将影响基于线粒体控制区基因的遗传多样性和种群结构的分析。

基于微卫星位点的北海三疣梭子蟹瓶颈分析发现，北海群体历史上没有发生瓶颈效应迹象，并且具有 5 个群体里最大的历史有效种群数量。这可能说明北海群体对其他地理群体的发生有着重要的影响。宁波群体在 TPM 和 IAM 模式下表现出明显的瓶颈效应，暗示东海群体近代可能经历了快速的种群数量扩张。另外，丹东和青岛群体在 IAM 下也有瓶颈迹象，估测可能和三疣梭子蟹快速发展的人工繁养殖有关。

2.5.2 微卫星标记在其他经济蟹类群体遗传学研究中的应用

2.5.2.1 中华绒螯蟹的群体遗传学研究

利用 10 对微卫星引物对中华绒螯蟹长江水系天然群体、人工选育 F4A 级群体、F4B 级群体以及江苏射阳群体共 95 个个体进行遗传多样性分析[90]。F4A、F4B 选育起始群体均来源于固城湖国家级长江水系中华绒螯蟹原种场，射阳群体为江苏省河蟹养殖普遍采用的苗种，其亲本为当地养殖河蟹。结果表明，人工选育 F4A 级以及 B 级群体的遗传多样性指数均高于天然群体，但是无显著性差异（$P > 0.05$）。总体而言，4 个群体的遗传多样性均处在较高水平，其中射阳群体的平均期望杂合度最高，天然群体最低，各群体间遗传多样性也无显著性差异（$P > 0.05$）。聚类分析结果发现，天然群体、F4A 级和 F4B 级选育群体聚为一支，而射阳群体单独聚为一支，表明人工选育中华绒螯蟹群体与长江水系天然群体间没有发生显著性遗传分化。

应用 16 对微卫星引物对长江水系中华绒螯蟹 3 个育种基础群体（分别采自长江口崇明团结沙、长江扬中江段以及长江靖江、六合、江浦江段）共计 89 个个体的遗传特征进行分析[91]。结果表明：3 个中华绒螯蟹基础群体均具有较高的遗传多样性，各群体在 16 个微卫星位点上的观察杂合度均高于期望杂合度。固定指数 F_{IS} 多为负值，提示各群体内部存在着较为明显的远缘繁殖现象。

利用 6 对微卫星引物对当前长江、辽河、瓯江 3 个中华绒螯蟹天然群体以及莱茵河水系 F2 代群体共计 80 个个体进行群体遗传学研究[92]。结果表明：4 个中华绒螯蟹群体均具有较高的遗传多样性。各群体在 6 个微卫星位点上的观察杂合度也均高于期望杂合度，其中瓯江群体的平均期望杂合度最高，莱茵河水系 F2 代群体最低，各群体间无显著性差异（$P > 0.05$）。此外，群体间的平均基因流均大于 1，其中长江群体与辽河群体、莱茵河水系 F2 代群体间的基因流较大，遗传分化指数 F_{ST} 较小。瓯江群体与莱茵河水系 F2 代群体间的基因流最小，遗传分化指数 F_{ST} 最大。聚类分析结果显示，长江群体与辽河群体首先聚为一支，然后与莱茵河水系 F2 代群体相聚，而瓯江群体单独聚为一支。AMOVA 分析结果表明，各群体间的基因交流比较频繁，群体间的遗传分化较小，其中大部分遗传变异存在于群体内部（95.96%），存在于群体间的遗传变异较少（4.04%），结果提示当前各水系中华绒螯蟹的种质混杂情况较为严重。

运用毛细管电泳检测荧光标记（FAM 或 HEX）的 10 个中华绒螯蟹微卫星标记，对采自无锡、苏州和上海 102 个人工养殖样品进行遗传多样性分析[93]。单一位点等位基因数为 15 ~ 42 个，平均值为 22.9；多态信息含量（PIC）和有效等位基因数分别高达 0.826 和 7.699。结果表明，10 个位点均为高度多态位点，中华绒螯蟹人工养殖群体具有较高的遗传多样性。欧氏遗传距离、遗传相似性和群体内固定系数（F_{ST}）平均值分别为 0.439、0.825 和 0.099，显示不同的人工养殖群体之间也存在较大的遗传多样性。除上海群体在同步突变模式（SMM）下显示近期不会有瓶颈，所有群体在 SMM 和无限等位基因模式（IAM）下均显示有显著或极显著的瓶颈，提示进行科学的品种保护计划的迫切性。

采用 25 个微卫星标记对两个原种群体（取自江苏和安徽）和两个养殖群体（取自天津扬子江和辽宁辽河）进行遗传多样性分析[94]。结果显示群体的平均观测杂合度范围为 0.578 ~ 0.682，提示近交的存在和杂合子的缺失现象。分析群体遗传结构发现，只有约 10.3% 的变异来自群体间，其他变异来自群体内。尽管群体间显示比较小的遗传分化，等位基因频率的不同仍使群体间形成一定的遗传结构。两个原种群体和扬子江养殖群体聚为一支（95% 的个体），另一个辽河养殖群体单独聚为另一支（97.1% 的个体）。遗传结构分析结果证实了扬子江和辽河的中华绒螯蟹尽管来源于同种，但是却拥有不同的基因库。

为了获取中华绒螯蟹群体遗传多态性的基本数据，寻找合适的遗传标记区分不同种类及不同水系的河蟹种群,对江苏地区两个地理种群(本地种与荷兰种)的中华绒螯蟹共计140个样本,进行了两个微卫星位点的遗传多样性分析[95]。结果表明:中华绒螯蟹本地种与荷兰种的两个微卫星基因座均有较好的多态性;荷兰种的杂合度和多态性信息含量均高于本地种。这些结果提示了江苏本地的绒螯蟹可能受到其他地区河蟹的种质污染,基因多态性下降。

运用6个微卫星标记,将传统的遗传学分析方法和Bayesian方法相结合,对入侵欧洲易北河、斯海尔德河、梅拉伦湖、泰晤士河、威悉河、塔霍河的中华绒螯蟹群体和中国辽河的土著中华绒螯蟹群体进行遗传分析[96]。结果显示,入侵欧洲群体的遗传多样性低于土著中国群体,并显示出近期的瓶颈效应。群体间的遗传分化虽小却是显著的,尤其是在刚刚形成的群体间更为明显。在泰晤士河不同区域取得的两个群体样品虽然地理距离较近但是却显示出显著的遗传分化,该结果暗示其较小的有效群体以及强烈的遗传漂变,均有可能由于近期的群体入侵定居造成。遗传距离和物理距离呈现正相关,而物理距离和群体形成的时间也呈现相关性,揭示出形成群体遗传结构的一部分原因。其理论基础即是随着时间的推移,均质化基因交流减少了奠基者效应。通过Coalescent分析,这一假设得到了进一步证实,混合分析(admixture analysis)发现近来在英国群体和欧洲大陆板块群体之间有绒螯蟹迁移发生,这可能由于船只之间的运输造成的。

利用20个微卫星标记对中华绒螯蟹国内土著群体(长江和黄河)和国外移居群体(德国易北河、荷兰莱茵河、英国泰晤士河和美国旧金山湾)的遗传变异和多样性进行了分析[97]。结果显示,中华绒螯蟹国内群体的遗传多样性(等位基因丰富度、多态信息含量和杂合度等)略高于国外移居群体;国内外群体间以及国外不同群体间存在显著的遗传分化;贝叶斯遗传聚类分析显示国内土著群体、欧洲移居群体和美国移居群体分成明显的3个遗传分支;主成分分析表明国外移居群体已产生了明显的遗传分化;荷兰莱茵河群体检测到显著的遗传瓶颈效应。表明中华绒螯蟹在海外的入侵过程中已发生了较为明显的适应性进化。

2.5.2.2 拟穴青蟹的群体遗传学研究

利用8个微卫星标记对拟穴青蟹6个家系共275个个体进行了遗传多样性分析[98],共检测到50个等位基因,平均每个位点4~8个,其中3个家系各自在1个位点表现为单态。多态信息含量、观测杂合度和期望杂合度分别在0.40~0.77、0.33~0.81和0.42~0.80之间。对6个家系的分子方差分析(AMOVA)结果显示,总的遗传变异中有20.57%的变异来自家系间,79.43%的变异来自家系内。采用UPGMA法对6个家系进行聚类分析,4号家系和5号家系之间的遗传距离最小,先聚在一起,2号家系和6号家系间的遗传距离最大。

利用17个微卫星标记对我国沿海7个拟穴青蟹野生群体(杭州湾、三门湾、闽江口、东山湾、珠江口、北部湾和清澜港)进行了遗传多样性分析[99]。结果表明,17个位点在所有拟穴青蟹群体中均为高度多态($PIC>0.5$),共检测到253个等位基因;7个群体的平均等位基因数 9.41～10.94，平均有效等位基因数 5.42～6.87，平均期望杂合度0.511～0.563，群体遗传多样性水平较高；Hardy - Weinberg 平衡检测表明，7 个群体普遍存在杂合子缺失现象。分子方差分析（AMOVA）结果显示，94.13% 的遗传变异存在于群体内，5.87% 的遗传变异存在于群体间，两两群体间 F_{ST} 值，表明群体间遗传分化水平中等偏低。UPGMA 聚类分析表明，杭州湾与三门湾群体首先聚在一起，再与闽江口群体、东山湾群体聚为一支；珠江口群体与清澜港群体聚为另一支；两分支最后与北部湾群体聚类在一起。该结果表明，中国沿海 7 个青蟹群体间亲缘关系的远近与其地理分布大致相符，其中北部湾独自聚为一支的主要原因可能是北部湾海域与我国其他海域相比处于一个较封闭的环境。在琼州海峡形成前，北部湾的青蟹由于受北部湾环流的影响，大部分在北部湾内漂流，加上拟穴青蟹沿岸活动的习性，容易造成一定的地理隔离，琼州海峡形成后才加大了青蟹群体间的基因交流。

2.6　运用其他分子标记的群体遗传学研究

2.6.1　基于 RFLP 标记的三疣梭子蟹群体遗传学研究

目前，利用 RFLP 技术探讨三疣梭子蟹种质资源的报道较少。仅运用该技术对取自日本冈山县沿海区域的 4 个三疣梭子蟹群体进行了群体遗传学分析[100]，511 个个体共得到 11 种单倍型，其中两种单倍型在 4 个群体中均有较高的出现频率。通过单倍型多样性和核苷酸多样性指数反映出的 4 个群体的遗传多样性水平基本相当。遗传结构方面，虽然 4 个群体间的地理距离较近，但其中 1 个群体与其他 3 个群体显示出较大的遗传分化。

2.6.2　基于 ITS 标记的三疣梭子蟹群体遗传学研究

以 ITS1 序列为标记对中国沿岸 6 个种群的三疣梭子蟹进行遗传多样性与遗传分化的研究[101]。结果显示 A、T、C、G 四种碱基的含量在 6 个种群内的变化不大；在 ITS1 序列中发现两个（TAC）n 微卫星；6 个种群的三疣梭子蟹的转换/颠换比值平均为 1.213。漳州和湛江群体之间遗传距离最小为 0.006，而舟山和大连之间的最大为 0.011。聚类分析显示湛江和漳州群体分为一小支，与大连、连云港聚为一支，东营和舟山群体则分为另一支。F_{ST} 显示三疣梭子蟹 6 个种群的整体遗传分化处于中度水平。

对我国沿海 4 个野生群体三疣梭子蟹的 ITS1 基因片段进行克隆和测序[16]，获得长度为 515～571 bp 的核苷酸序列，在 4 个群体中共检测到变异位点 56 个，多态位点比例为9.5%，其中简约信息位点 25 个，共检测到 40 种单倍型。统计单倍型多态性、平均核苷酸差异数和核苷酸多样性指数显示：舟山群体多样性指数最高，其次是鸭绿江口群体和海州湾群体，莱州湾群体最低。AMOVA 分析结果显示 4 个群体间的遗传差异显著。另外，将该研究所得序列结合 GenBank 数据库中十足目 12 种蟹 ITS1 序列构建系统进化树，显示同属的不同种各自聚支，与形态学分类吻合。

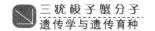

2.6.3 基于 AFLP 标记的三疣梭子蟹群体遗传学研究

利用 AFLP 标记分析了我国 6 个地理种群(大连、东营、连云港、漳州、舟山和湛江)三疣梭子蟹遗传多样性和遗传结构[102]。8 对引物组合在 85 个个体生成 894 个位点。结果显示,6 个种群遗传多样性有显著差异,其中漳州、东营和大连的遗传变异最大,遗传多样性最高。研究群体间的分化发现整个中国海三疣梭子蟹群体有中度的遗传分化。6 个种群除连云港和大连、舟山和湛江、漳州和东营的分化不明显,其他组合均存在较明显分化,特别是舟山与其他 4 群体产生了高度的遗传分化,基因流极低,而湛江分别与连云港、大连、东营群体发生了中度分化。总之,在 6 个群体中,舟山和湛江具有高遗传变异,和其他群体相比显示出高度的遗传分化。

利用 10 对 AFLP 引物组合对我国三疣梭子蟹黄海和东海两群体共 40 个个体进行了遗传多样性分析[103]。共扩增获得 411 条片段大小在 100~500 bp 之间清晰可辨的条带,平均每组引物扩增出 41.1 条带,其中,多态性条带 333 条,多态位点比例为 81.02%。十对引物在黄海和东海两个群体中分别扩增出 298 个和 257 个位点,多态位点百分率分别为 74.5% 和 63.1%,显示黄海群体 Nei 基因多样性指数和 Shannon 多样性指数均高于东海群体,但相差不明显,基本处于同一水平。两群体的基因分化系数 G_{ST} 则显示主要遗传变异来源于群体内不同个体间;另外,两群体基因流 N_m 为 6.074 2,表明两群体间存在着广泛的基因交流。绘制的两群体的显性基因频率分布图揭示出两个群体的遗传结构十分相近。利用 TFPGA 软件 UPGMA 法进行聚类,也显示两个群体间分化较弱,无明显分支。最终结果表明两群体均具有较丰富的遗传多样性,两群体间存在较弱的遗传变异,这种遗传变异主要来源于群体内个体间,两群体间出现了一定的遗传分化。

综上所述,运用不同的分子标记分析三疣梭子蟹种质资源状况,遗传多样性水平以及遗传结构状况有所差异,这与不同标记本身的特性有关。但是,综合各种标记和各个学者的研究结果,能让我们从更多层面理解和把握三疣梭子蟹的遗传分布状况,了解其分布范围内主要存在的不同遗传种群以及各地群体面临的环境和人为因素造成的压力。

2.6.4 相应分子标记在其他经济蟹类群体遗传学研究中的应用

2.6.4.1 中华绒螯蟹的群体遗传学研究

应用 PCR-RFLP 技术分析了长江、瓯江和辽河 3 个水系中华绒螯蟹的线粒体 COI 的基因片段遗传多样性[104]。共检测出 6 种复合单倍型,其中瓯江群体检测出 5 种复合单倍型,长江和辽河均有 2 种复合单倍型。数理统计分析显示瓯江群体的遗传多样性最高,其次为长江群体,而辽河群体在 3 个群体中遗传多样性最低。在群体间,辽河与瓯江群体的遗传距离最大,长江与瓯江群体间的遗传距离次之,而长江与辽河群体间的遗传距离最小,说明 3 个种群中长江与瓯江种群间的亲缘关系最近,而辽河与瓯江种群间的亲缘关系最远。

用 31 个可重复性好的随机引物同样对中华绒螯蟹的辽河、瓯江和长江种群进行了 RAPD 分析[105]。121 个扩增片段中有 27 个多态片段。遗传距离指数表明中华绒螯蟹种内遗传变异较低。3 个种群中，辽河种群和瓯江种群遗传变异较高，而长江种群遗传变异较低；辽河种群和瓯江种群间遗传距离小于它们与长江种群间的遗传距离。提示人类经济活动可能已使这 2 个种群发生了基因交流。进一步用 200 个随机引物对中华绒螯蟹辽河种群、长江种群和瓯江种群进行了 RAPD 遗传标记鉴别研究[106]，发现了可作为长江种群鉴别的特异性标记。用上述标记检查一些人工养殖的河蟹，发现一些苗种场的蟹苗种质严重混杂。研究中未发现可以区分瓯江种群和辽河种群的标记。同年，用 48 个具有丰富多态性的 10 碱基随机引物对辽河、黄河、长江、瓯江、珠江和南流江的中华绒螯蟹和日本绒螯蟹的 6 个群体进行 RAPD 分析[107]，发现了珠江蟹和南流江蟹群体特有标记以及可作为区别日本绒螯蟹和中华绒螯蟹的标记；6 群体间遗传距离及其 UPGMA、NJ 聚类分析则表明，南流江蟹、珠江蟹同长江蟹、辽河蟹及黄河蟹存在明显的遗传分化。同样用 RAPD 技术对来自荷兰斯科克莱、美国加州圣何塞的中华绒螯蟹群体与中国长江水系中华绒螯蟹群体进行遗传比较分析[108]。结果发现：欧洲、美国中华绒螯蟹与中国中华绒螯蟹为同种 *Eriocheir sinensis*，而非日本绒螯蟹 *Eriocheir japonicus*；欧洲与美国中华绒螯蟹群体极可能是从中国长江水系中华绒螯蟹引入繁衍的。另一基于 RAPD 的研究对中华绒螯蟹两个群体(荷兰盐城湖和中国太湖)进行了检测[109]，发现中华绒螯蟹群体遗传多样性不高，种内群体间的遗传变异较低，其遗传资源亟待保护，同时验证了荷兰的中华绒螯蟹是从中国引进繁衍的推论。

对分别来自于长江口外海进行生殖洄游和镇江丹徒进行索饵洄游的两个中华绒螯蟹群体 54 个个体进行 AFLP 遗传分析[110]。5 对选择性引物共扩增 270 个位点，其中多态位点数分别为 235(长江近海)、231(镇江丹徒)相应多态位点频率分别为 87.03%、85.56%，两群体遗传结构相差不大。有效等位基因数、Nei 基因多样性指数、Shannon 多样性指数表明镇江丹徒群体比长江外海遗传多样性水平稍高。两中华绒螯蟹群体遗传指数如此接近说明虽然生长环境不同且两群体有一定的地理距离，但由于其洄游特性使同一水系的群体间有基因交流，导致群体间的遗传分化水平不显著。说明目前自然环境下生活的长江蟹生存条件受捕捞、污染等人为原因所造成的影响已较小，较好地维持了蟹苗时的遗传结构状况。

结合德国易北河、美国旧金山湾以及中国沿岸的样品，对位于波兰境内的奥得河、维斯杜拉河以及位于瑞典的维纳恩湖内的中华绒螯蟹群体间的遗传及其群体起源关系进行研究[111]。除这几个群体外，采用的标记手段除核基因组的 ITS1 和 ITS2 以外，还使用了 COI 片段序列，但是 COI 数据经分析产生的信息量很低，结果主要由分析 ITS 数据得到。对 ITS 分析中，分别采用了简约法和最大可能性分析，ITS1 和 ITS2 揭示出相似的拓扑结构类型。其中，波兰奥得河群体与德国易北河和土著中国群体的单倍型序列相似性很高；波兰维斯杜拉斯群体与奥得河以及德国易北河群体显示出高的单倍型相似性；此外，瑞典的维纳恩湖与德国易北河显示较高的序列相似性，暗示出维纳恩湖的群体起源于易北河。研究表明，对于微小的进化差异的理解取决于序列分析时对空缺的处理以及不同的分析方法。中华绒螯蟹的入侵定居是一个来回移动的过程，其入侵路线与船只的携带运输以及航道有关。

2.6.4.2　拟穴青蟹的群体遗传学研究

采用 ISSR 技术对拟穴青蟹（*Scylla paramamosain*）3 个地理群体包括福建群体（FJ）、广西防城港群体（FC）和北海群体（BH）的遗传多样性进行检测[112]。用 10 对 ISSR 引物对 90 个个体进行 PCR 扩增，结果共检测到 63 个位点，多态位点数为 56，遗传多样性水平从高到低依次为 FJ、FC、BH。该研究中 32.34% 的变异发生在群体间，67.66% 的变异发生在群体内，3 个群体间遗传分化指数显示群体间产生了一定的遗传分化。同样应用 ISSR 标记技术分析了来自北部湾的拟穴青蟹 6 个地理群体（清化、党江、钦州湾、流沙湾、珍珠湾、闸口）的遗传变异和遗传结构[113]。8 条 ISSR 引物扩增 111 个个体，分析其中的 66 个位点，56 个位点表现出多态性，表明拟穴青蟹在物种水平上的多态位点百分率较高。群体的遗传多样性自高至低为清化群体、党江群体、钦州湾群体、流沙湾群体、珍珠湾群体、闸口群体。拟穴青蟹在种水平或群体水平上的多态位点百分率和 Shannon 信息指数表明，拟穴青蟹遗传多样性在甲壳类动物中处于较高层次，但比甲壳类以外的几类经济海产动物遗传多样性低。总的遗传分化系数结合 AMOVA 分析表明群体间遗传分化程度中等但分化显著。Mantel test 则显示，拟穴青蟹 6 个群体间的遗传距离与地理距离之间的相关性不显著。此外，聚类分析表明，来自广西沿海的 4 个群体聚成一支。

同年，采用 RAPD 技术检测广西沿海拟穴青蟹同样以上 6 个群体的遗传变异和遗传结构[114]，8 条 10 bp 寡核苷酸随机引物扩增 99 个个体，分析其中的 44 个位点，31 个位点表现出多态性，多态位点百分率也较高群体的遗传多样性高低按自高至低为钦州湾群体、党江群体、珍珠湾群体、闸口群体、清化群体、流沙湾群体；AMOVA 分析表明，群体内遗传变异占 87.03%，群体间遗传变异占 12.97%。群体间发生中等程度遗传分化。Mantel 检验表明，拟穴青蟹 6 个群体间的遗传距离与地理距离之间的相关系性也不显著。聚类分析表明，群体间聚类无明显的地域性分布格局。

采用 RAPD 和 AFLP 技术对中国拟穴青蟹 13 个野生群体和 3 个养殖群体共 480 个样本做了遗传多样性和遗传分化分析[115]。RAPD 和 AFLP 分子标记的结果均显示拟穴青蟹的遗传多样水平较低。野生群体间有一定遗传分化，但分化程度不高，超过 95% 的遗传变异来自于群体内。此外，野生群体各项遗传多样性指标均比养殖群体的略高。这与另一学者运用 RAPD 和 AFLP 技术对拟穴青蟹 3 个野生和 3 个养殖群体的遗传多样性进行分析的结果一致[116]，也显示养殖群体的遗传多样性比野生群体有所降低。此外，养殖群体与 13 个野生群体聚类分析结果显示，汕头养殖群体与汕头野生群体较接近，而厦门、福州养殖群体则与北部湾的野生群体较相近。遗传距离和两种分子标记的聚类分析结果均显示养殖群体与野生群体没有明显的分化。

参考文献

[1] 刘旭. 中国生物种质资源科学报告. 北京：科学出版社，2004.

[2] Primack R B. Essentials of conservation biology. （保护生物学概论，甄仁德译）. 长沙：湖南科学技术出版社，1996.

[3] 吴仲庆. 论我国水产动物种质资源的保护. 集美大学学报（自然科学版），1994，4：84 – 91.

[4] 张俊彬，黄晖，蔡泽平，等. 海洋动物群体遗传学的研究进展. 海洋通报，2005，12：65 – 73.

[5] Manel S, Schwartz M K, Luikart G, et al. Landscape genetics：combining landscape ecology and population genetics. Trends in Ecology and Evolution, 2003, 18：189 – 197.

[6] Avise J C. Phylogeography：the History and Formation of Species. Harvard University Press, Cambridge, MA, 2000.

[7] Baus E, Darrock D J, Bruford M W. Gene – flow pattern in Atlantic and Mediterranean populations of the Lusitanian sea star *Asterina gibbosa*. Molecular Ecology, 2005, 14：3 373 – 3 382.

[8] Smouse P E, Peakall R. Spatial autocorrelation analysis of individual multiallele and multilocus genetic structure. Heredity, 1999, 82：561 – 573.

[9] Hunt A. Effects of contrasting patterns of larval dispersal on the genetic connectedness of local populations of two intertidal starfish, *Patiriella calcar* and *P. exigua*. Marine Ecology Progress Series, 1993, 92：179 – 186.

[10] Collin R. The effects of mode of development on phylogeography and population structure of North Atlantic Crepidula（Gasteropoda：Calyptraeidae）. Molecular Ecology, 2001, 10：2 249 – 2 262.

[11] 王斌. 中国海洋生物多样性的保护和管理对策. 生物多样性，1999，7：347 – 350.

[12] Moritz C. Defining evolutionarily significant units for conservation. Trends in Ecology and Evolution, 1994, 9：373 – 375.

[13] Ryder O A. Species conservation and systematics：the dilemma of subspecies. Trends in Ecology and Evolution, 1986, 1：9 – 10.

[14] 周延清. 遗传标记的发展. 生物学通报，2000，35：17 – 18.

[15] 贾继增. 分子标记种质资源鉴定和分子标记育种. 中国农业科学，1996，29：1 – 10.

[16] Botstein D, White R L, Skolnick M, et al. Construction of a genetic linkage map in man using restricted fragment length polymorphisms. American Journal of Human Genetics, 1980, 32：314 – 331.

[17] Williams J G, Kubelik A R, Llivak K J, et al. DNA polymorphisms amplified by arbitrary primers are useful as genetic markers. Nucleic acids research, 1990, 18：6 531 – 6 535.

[18] Welsh J, Mclelland M. Fingerprinting genomes using PCR with arbitrary primers. Nucleic acids research, 1990, 18：7 213 – 7 218.

[19] Vos P, Hogers R, Bleeker M, et al. AFLP：a new technique for DNA fingerprinting. Nucleic Acids Research, 1995, 23：4 407 – 4 414.

[20] 戴艳菊. 三疣梭子蟹不同地理群体遗传多样性和杂交育种的初步研究//中国海洋大学硕士学位论文，2009.

[21] Moore S S, Whan V, Davis G P, et al. The development and application of genetic arkers for the Kuruma prawn *Penaeus japonicus*. Aquaculture 1999, 173：19 – 32.

[22] Tautz D. Hypervariabflity of simple sequences as a general source for polymorphic DNA markers. Nucleic acids research, 1989, 17: 6 463 – 6 471.

[23] Zietkiewicz E, Rafalski A, Labuda D. Genome fingerprinting by simple sequence repeat (SSR) – anchored polymerase chain reaction amplification. Genomics, 1994, 20: 176 – 183.

[24] Cho R J, Mindrinos M, Richards D R, et al. Genome – wide mapping with hiallelic markers in *Arabidopsis thaliana*. Nature Genetics, 1999, 23: 203 – 207.

[25] Adams M D, Kelley J M, Gocayne J D. Complementary DNA sequencing: expressed sequence tags and Human Genome Project. Science, 1991, 252: 11 651 – 11 656.

[26] Haldane J B S. An exact test for randomness of mating. Journal of Genetics, 1954, 52: 631 – 635.

[27] Guo S W, Thompson EA. Performing the exact test of Hardy – Weinberg proportion for multiple alleles. Biometrics, 1992, 48: 361 – 372.

[28] Wright S. The interpretation of population structure by F – statistics with special regard to systems of mating. Evolution, 1965, 19: 395 – 420.

[29] Wright S. The genetical structure of populations. Annual Eugenics, 1951, 15: 323 – 354.

[30] Nei M. Analysis of gene diversity in subdivided populations. Proceedings of NationalAcademy of Science, USA, 1973, 70: 3 321 – 3 323.

[31] Excoffier L, Smouse P E, Quattro J M. Analysis of molecular variance inferred from metric distances among DNA haplotypes: applications to human mitochondrial DNA restriction data. Genetics, 1992, 131: 479 – 491.

[32] 包振民, 王明玲, 李艳, 等. 基于核基因组标记的群体遗传学研究中的数学分析方法. 中国海洋大学学报 (自然科学版), 2011, 41: 48 – 56.

[33] Jaccard P. Nouvelles recherches sur la distribution florale. Bulletin de la Société vaudoise des sciences naturelles, 1908, 44: 223 – 270.

[34] Wright S. Evolution in Mendelian populations. Genetics, 1931, 16: 97 – 159.

[35] Wright S. Breeding structure of populations in realtion to speciation. Ammican Naturalist, 1940, 74: 232 – 248.

[36] Wright S. Isolation by distance. Genetics, 1943, 28: 114 – 138.

[37] Kingman J F C. On the genealogy of large populations. Journal Applied Probability, 1982, 19A (Suppl.): 27 – 43.

[38] Pritchard J K, Stephens M, Donnelly P J. Inference of population structure using multilocus genotype data. Genetics, 2000, 155: 945 – 959.

[39] Schneider S, Roessli D, Excoffier L. Arlequin: A software for population genetics data analysis. Ver 2000. Genetics and Biometry Lab, Dept. of Anthropology, University of Geneva.

[40] Wilson G A, Rannala B. Bayesian inference of recent migration rates using multilocus genotypes. Genetics, 2003, 163: 1 177 – 1 191.

[41] Yeh F C, Boyle T J B. Population genetic analysis of co – dominant and dominant markers and quantitative traits. Belgian Journal of Botany, 1997, 129: 157.

[42] Kimuraz M, Crow J F. The number of alleles that can be maintained in a finite population. Genetics, 1964, 49: 725 – 738.

［43］Raymond M, Rousset F. Genepop（version 1. 2）：population genetic software for exact tests and ecumenicism. Journal of Heredity, 1995, 86：248 – 249.

［44］Cockerham C C, Weir B S. Covariances of relatives stemming from a population undergoing mixed self and random mating, Biometrics, 1984：157 – 164.

［45］Slatkin M. A measure of population subdivision based on microsatellite allele frequencies. Genetics, 1995, 139：457 – 462.

［46］Hardy O J, Vekemans X. SPAGeDi：a versatile computer program to analyse spatial genetic structure at the individual or population levels. Molecular Ecology Notes, 2002, 2：618 – 620.

［47］Goudet J. FSTAT, a program to estimate and test gene diversities and fixation indices（version 2. 9. 3）. 2001.

［48］Belkhir K, Borsa P, Chikhi L, et al. GENETIX 4. 05, logiciel sous Windows TM pour la génétique des populations. Laboratoire génome, populations, interactions, CNRS UMR, 1996, 5000：1 996 – 2 004.

［49］Evanno G, Regnaut S, Goudet J. Detecting the number of clusters of individuals using the software STRUCTURE：a simulation study. Molecular Ecology, 2005, 14：2 611 – 2 620.

［50］Dupanloup I, Schneider S, Excoffier L. A simulated annealing approach to define the genetic structure of populations. Molecular Ecology, 2002, 11：2 571 – 2 581.

［51］Manni F, Guerard E, Heyer E. Geographic patterns of（genetic, morphologic, linguistic）variation：how barriers can be detected by using Monmonier's algorithm. Human biology, 2004, 76：173 – 190.

［52］Palumbi S R. Population genetics, demographic connectivity, and the design of marine reserves. Ecological Applications, 2003, 13（sp1）：146 – 158.

［53］Piry S, Luikart G, Cornuet J M. Computer note. BOTTLENECK：a computer program for detecting recent reductions in the effective size using allele frequency data. Journal of Heredity, 1999, 90：502 – 503.

［54］Luikart G, Allendorf F W, Cornuet J M, et al. Distortion of allele frequency distributions provides a test for recent population bottlenecks. Journal of Heredity, 1998, 89：238 – 247.

［55］Rogers A R, Harpending H. Population growth makes waves in the distribution of pairwise genetic differences. Molecular biology and evolution, 1992, 9：552 – 569.

［56］Schneider S, Excoffier L. Estimation of past demographic parameters from the distribution of pairwise differences when the mutation rates vary among sites：application to human mitochondrial DNA. Genetics, 1999, 152：1 079 – 1 089.

［57］Gares R. Drosophia melanogaster mitochondrial DNA：gene organization and evolutionary considerations . Genetics, 1998, 118：649 – 663.

［58］Yamauchi M M, Miya M U, Nishida M. Complete mitochondrial DNA sequence of the swimming crab, *Portunus trituberculatus*（Crustacea：Decapoda：Brachyura）. Gene, 2003, 311：129 – 135.

［59］王敏强, 崔志峰, 刘晓玲, 等. 2 种三疣梭子蟹居群线粒体 Cytb 和 S – rRNA 基因片段序列变异研究. 烟台大学学报（自然科学与工程版）, 2008, 21：191 – 196.

［60］孙钦艳, 王敏强, 苏培, 等. 三疣梭子蟹不同地理群体线粒体 DNA ND5 基因序列的变异与分化. 大连海洋大学学报, 2010, 25：518 – 522.

［61］郭天慧, 孔晓瑜, 陈四清, 等. 利用 16S rRNA 和 CO Ⅰ 基因序列对三疣梭子蟹不同群体遗传特征的比较分析. 渔业科学进展, 2004, 31：59 – 68.

［62］戴艳菊, 刘萍, 高保全, 等. 三疣梭子蟹 4 个野生群体线粒体 16S rRNA 和 CO Ⅰ 基因片段的比较分

析. 中国海洋大学学报, 2010, 40: 54 – 60.

[63]张亚平, 施立明. 动物线粒体 DNA 多态性的研究概况. 动物学研究, 1992, 13: 289 – 298.

[64]刘勇, 许强华, 陈新军, 等. 浙江近海三疣梭子蟹群体遗传结构的初步分析. 上海海洋大学学报, 2009, 18: 136 – 141.

[65]Xu Q, Liu R, Liu Y. Genetic population structure of the swimming crab, *Portunus trituberculatus* in the East China Sea based on mtDNA 16S rRNA sequences. Journal of Experimental Marine Biology and Ecology, 2009, 371: 121 – 129.

[66]Liu Y, Liu R, Ye L, et al. Genetic differentiation between populations of swimming crab *Portunus trituberculatus* along the coastal waters of the East China Sea. Hydrobiologia, 2009, 618: 125 – 137.

[67]董志国. 中国沿海三疣梭子蟹群体形态、生化与分子遗传多样性研究//上海海洋大学博士学位论文, 2012.

[68]Feng B, Li J, Niu D, et al. Sequence analysis of mitochondrial putative control region gene fragments of wild *Portunus trituberculatus* in four sea regions in China . Journal of Shanghai Fisheries University, 2008, 2: 001.

[69]吴惠仙, 徐雪娜, 薛俊增, 等. 中国沿海三疣梭子蟹的遗传结构和亲缘关系分析. 海洋学研究, 2009, 27(3): 48 – 53.

[70]戴爱云, 冯钟琪, 玉枝, 等. 三疣梭子蟹渔业生物学的初步调查. 动物学杂志, 1977, 2: 30 – 33.

[71]Cohen A N, Carlton J T. Transoceanic transport mechanisms: introduction of the Chinese mitten crab, *Eriocheir sinensis*, to California. Pacific Science, 1997, 51: 1 – 11.

[72]Herborg L M, Rushton S P, Clare A S, et al. Spread of the Chinese mitten crab (*Eriocheir sinensis* H. Milne Edwards) in Continental Europe: analysis of a historical data set. Migrations and Dispersal of Marine Organisms. Springer Netherlands, 2003: 21 – 28.

[73]Wang C, Li C, Li S. Mitochondrial DNA – inferred population structure and demographic history of the mitten crab (*Eriocheir sensu stricto*) found along the coast of mainland China. Molecular ecology, 2008, 17: 3 515 – 3 527.

[74]Xu J, Chan T Y, Tsang L M, et al. Phylogeography of the mitten crab *Eriocheir sensu stricto* in East Asia: Pleistocene isolation, population expansion and secondary contact. Molecular Phylogenetics and Evolution, 2009, 52: 45 – 56.

[75]葛家春, 许志强, 李晓晖, 等. 利用线粒体 COI 序列分析 4 水系中华绒螯蟹群体遗传学特征. 中国水产科学, 2011, 18: 16 – 22.

[76]Hänfling B, Carvalho G R, Brandl R. mt – DNA sequences and possible invasion pathways of the Chinese mitten crab. Marine Ecology Progress Series, 2002, 238: 307 – 310.

[77]Tepolt C K, Blum M J, Lee V A, et al. Genetic analysis of the Chinese mitten crab (*Eriocheir sinensis*) introduced to the North American Great Lakes and St. Lawrence seaway. Journal of Great Lakes Research, 2007, 33: 658 – 667.

[78]王成辉, 李思发, 刘至治, 等. 3 种中华绒螯蟹群体线粒体 COII 基因序列测定与进化分析. 水产学报, 2008, 32: 8 – 12.

[79]Wang C, Li S, Fu C, et al. Molecular genetic structure and evolution in native and colonized populations of the Chinese mitten crab, *Eriocheir sinensis*. Biological Invasions, 2009, 11: 389 – 399.

［80］Ma H, Ma C, Ma L. Population genetic diversity of mud crab (*Scylla paramamosain*) in Hainan Island of China based on mitochondrial DNA. Biochemical Systematics and Ecology, 2011, 39: 434 – 440.

［81］宋忠魁, 李梦芸, 聂振平, 等. 北部湾拟穴青蟹(*Scylla paramamosain*)群体遗传结构及其扩张分析. 海洋与湖沼, 2012, 43(4).

［82］He L, Zhang A, Weese D, et al. Late Pleistocene population expansion of *Scylla paramamosain* along the coast of China: A population dynamic response to the Last Interglacial sea level highstand. Journal of Experimental Marine Biology and Ecology, 2010, 385: 20 – 28.

［83］Barrowclough G F, Zink R M. Funds enough, and time: mtDNA, nuDNA and the discovery of divergence. Molecular Ecology, 2009, 18: 2 934 – 2 936.

［84］Edwards S V, Bensch S. Looking forwards or looking backwards in avian phylogeography? A comment on Zink and Barrowclough 2008. Molecular Ecology, 2009, 18: 2 930 – 2 933.

［85］王杰, 华太才让, 欧阳熙, 等. 藏山羊微卫星 DNA 多态性研究. 中国草食动物, 2006, z1: 122 – 126.

［86］李晓萍, 刘萍, 李健, 等. 应用 SSR 分析 5 个三疣梭子蟹野生群体的遗传多样性. 中国水产科学, 2011, 18: 1 327 – 1 334.

［87］Liu Y, Guo Y, Hao J, et al. Genetic diversity of swimming crab (*Portunus trituberculatus*) populations from Shandong peninsula as assessed by microsatellite markers. Biochemical Systematics and Ecology, 2012, 41: 91 – 97.

［88］董志国. 中国沿海三疣梭子蟹群体形态、生化与分子遗传多样性研究//上海海洋大学博士学位论文, 2012.

［89］Guo E, Cui Z, Wu D, et al. Genetic structure and diversity of *Portunus trituberculatus* in Chinese population revealed by microsatellite markers. Biochemical Systematic and Ecology, 2013, 50: 303 – 321.

［90］李晓晖, 许志强, 潘建林, 等. 中华绒螯蟹人工选育群体的遗传多样性. 中国水产科学, 2010, 17: 236 – 242.

［91］唐刘秀, 许志强, 葛家春, 等. 中华绒螯蟹 3 个育种基础群体遗传特征的微卫星分析. 南京师大学报（自然科学版）, 2013, 36: 84 – 90.

［92］许志强, 葛家春, 李跃华, 等. 四水系中华绒螯蟹天然群体遗传特征的微卫星标记分析[J]. 南京大学学报（自然科学版）, 2011, 47: 82 – 90.

［93］朱泽远. 中华绒螯蟹微卫星 DNA 特征及其遗传多样性研究//江南大学博士学位论文, 2008.

［94］Chang Y, Liang L, Ma H, et al. Microsatellite analysis of genetic diversity and population structure of Chinese mitten crab (*Eriocheir sinensis*). Journal of Genetics and Genomics, 2008, 35: 171 – 176.

［95］潘建林, 牟大凯, 郝莎, 等. 中华绒螯蟹 *Eriocheir sinensis* 两个地理种群的微卫星 DNA 多态性分析. 南京大学学报: 自然科学版, 2006, 42: 457 – 462.

［96］Herborg L, Weetman D, Van Oosterhout C, et al. Genetic population structure and contemporary dispersal patterns of a recent European invader, the Chinese mitten crab, *Eriocheir sinensis*. Molecular Ecology, 2007, 16: 231 – 242.

［97］成起萱, 周陆, 王成辉. 中华绒螯蟹国内外群体遗传变异与适应性进化分析. 上海海洋大学学报, 2013, 22: 161 – 167.

［98］崔海玉, 马洪雨, 马春艳, 等. 利用微卫星标记比较分析拟穴青蟹不同家系的遗传多样性. 海洋渔

业，2011，33：274－281.

[99]舒妙安，周宇芳，朱晓宇，等. 中国沿海拟穴青蟹群体遗传多样性的微卫星分析. 水产学报，2011，35：977－984.

[100]Imai H, Fujii Y, Karakawa J, et al. Analysis of the Population Structure of the Swimming Crab *Portunus trituberculatus* in the Coastal Waters of Okayama Prefecture, by RFLPs in the Whole Region of Mitochondrial DNA. Fisheries Science, 1999, 65：655－656.

[101]董志国. 中国沿海三疣梭子蟹群体形态、生化与分子遗传多样性研究//上海海洋大学博士学位论文，2012.

[102]李远宁，马朋，刘萍，等. 三疣梭子蟹（*Portunus trituberculatus*）4 个野生群体. 海洋与湖沼，2012，43(4).

[103]刘爽，薛淑霞，孙金生. 黄海和东海三疣梭子蟹（*Portunus triuberbuculatus*）的 AFLP 分析. 海洋与湖沼，2008，39：152－156.

[104]王晓梅，邢克智，戴伟，等. 不同水系中华绒螯蟹线粒体 CO I 基因片段的 RFLP 分析. 华北农学报，2007，22：78－82.

[105]高志千，周开亚. 中华绒螯蟹遗传变异的 RAPD 分析. 生物多样性，1998，6：186－190.

[106]周开亚，高志千. RAPD 标记鉴别中华绒螯种群的初步研究. 应用与环境生物学报，1999，5：176－180.

[107]李思发，邹曙明. 中国大陆沿海六水系绒螯蟹（中华绒螯蟹和日本绒螯蟹）群体亲缘关系：RAPD 指纹标记. 水产学报，1999，23：325－330.

[108]李思发，邹曙明. 欧、美中华绒螯蟹源于中国长江水系中华绒螯蟹的遗传证据. 水产学报，2002，26：493－496.

[109]马春艳，陈亚瞿，张凤英. 中国太湖和荷兰的中华绒螯蟹随机扩增多态性 DNA 分析. 海洋渔业，2005，27：276－280.

[110]张辛. AFLP 标记对日本鳗鲡与中华绒螯蟹种群遗传结构的分析//南京师范大学硕士学位论文. 2008.

[111]Czerniejewski P, Skuza L, Drotz M K, et al. Molecular connectedness between self and none self－sustainable populations of Chinese mitten crab (*Eriocheir sinensis*, H. Milne Edwards, 1853) with focus to the Swedish Lake Vänern and the Oder and Vistula River in Poland. Hereditas, 2012, 149：55－61.

[112]蔡小辉，彭银辉，宋忠魁，等. 拟穴青蟹群体遗传多样性的 ISSR 分析. 广西科学，2011，18：376－379.

[113]宋忠魁，孙奉玉，李梦芸，等. 北部湾 6 个拟穴青蟹群体遗传多样性的 ISSR 分析. 生态学杂志，2012，31：2 585－2 590.

[114]孙奉玉，宋忠魁，赵鹏，等. 广西沿海及其邻近海区拟穴青蟹群体遗传多样性的 RAPD 分析. 南方水产科学，2012，8：30－35.

[115]林琪. 中国青蟹属种类组成和拟穴青蟹群体遗传多样性的研究//厦门大学博士学位论文，2008.

[116]Ling Q, Li S, Li Z. Genetic structure of the Hatchery and wild *Scylla Paramamosain* populations using RAPD and AFLP. 2009 International Conference on Environmental Science and Information Application Technology, 2009, 3：43－46.

第3章 三疣梭子蟹功能基因的研究

3.1 功能基因研究背景

3.1.1 功能基因的研究方法

功能基因的研究策略主要包括基因的生物信息学分析、时空表达谱分析、功能预测以及功能的实验学验证等。主要的分子生物学方法有同源克隆、cDNA 文库构建和 EST 分析、cDNA 末端快速扩增、功能克隆、实时荧光定量 PCR 技术、Western Blotting、RNA 干扰、体外重组表达系统等。

(1)同源克隆

同源克隆是根据与待克隆基因同源的已知序列进行基因克隆的方法。目前很多物种基因序列已知，当要克隆类似基因时，可先从 GenBank 库中找到有关基因序列，设计出通用引物，以目的物种基因组 DNA 或者 cDNA 为模板，采取 PCR 或 RT－PCR 的方法扩增目的基因；扩增的片段经纯化后，连接到合适的载体上，进行序列分析、比较验证并确认目的基因的克隆。这是 PCR 技术诞生后出现的一种快速、简便克隆基因的方法。

(2)cDNA 文库构建和基因表达序列标签分析

与基因组文库不同，cDNA 文库是以特定的组织或细胞 mRNA 为模板，经反转录酶催化形成互补的 DNA，并与适当的载体连接后转化受体菌形成重组的 cDNA 克隆群。每个细菌含有一段 cDNA，并能繁殖扩增。cDNA 序列的特点是不含有内含子和调控区序列，它反映的是基因表达信息，因此 cDNA 文库在基因表达状态和表达基因功能预测方面具有独特的优势。

基因表达序列标签(Expressed sequence tag, EST)是指从 cDNA 文库中随机挑取单克隆，从 5′或 3′端进行测序后所获得的基因序列片段。EST 可以代表该生物组织在特定时候基因的表达情况，是基因的"窗口"，所以称为"表达序列标签"。与其他基因组序列相比，EST 序列具有简捷、易得的优势，其研究价值和应用价值得到广泛认可。随着文库技术的发展和测序技术的进步，EST 方法作为分子遗传学研究的有力工具已经成为基因组学、功能基因组学与后基因组学的桥梁，对于深入挖掘和阐明基因组中基因的功能发挥着重要作用。

(3)cDNA 末端快速扩增

cDNA 末端快速扩增(rapid amplification of cDNA ends, RACE)是从低丰度的转录本中

快速扩增 cDNA 的 5′和 3′末端的有效方法，基本原理是基于 PCR 技术由已知的部分 cDNA 序列来获得完整 cDNA 5′和 3′端的方法。许多实验小组对 RACE 技术进行了改良和完善，包括采用六核苷酸随机引物进行第一条 cDNA 链的合成和利用锁定引物(lock docking primer)合成第一链 cDNA；5′端加尾时，利用 poly(C)而不是 poly(A)；采用热启动 PCR (hot start PCR)技术和降落 PCR(touch down PCR)提高 PCR 反应的特异性等。随着 RACE 技术的日益完善，目前已有商业化的 RACE 技术产品推出，如 SMART RACE 技术。

(4)功能克隆

功能克隆(Functional Cloning)就是从蛋白质的功能着手进行基因克隆，是人类采用的第一个克隆基因的策略。其基本内容为：根据已知的生化缺陷或特征确认与该功能有关的蛋白质，分离纯化蛋白并测定出部分氨基酸序列，根据遗传密码推测其可能的编码序列，设计相应的核苷酸探针，杂交筛选 cDNA 文库或基因组文库，或者使用该蛋白质特异的抗体，筛选表达载体构建的 cDNA 文库，通过抗原抗体反应寻找特异的克隆，最后对选中的克隆测序，获得目的基因的序列。用这一策略克隆基因的关键在于必须首先分离出一个纯的蛋白，测定其中部分氨基酸序列或得到相应抗体；其次要构建 cDNA 文库或基因组文库，然后要对文库进行杂交筛选。

(5)实时荧光定量 PCR 技术

实时荧光定量 PCR 技术(Real - time PCR)于 1996 年由美国 Applied Biosystems 公司推出，它是指在 PCR 反应体系中加入荧光基团，在 PCR 指数扩增期间通过连续监测荧光信号强弱的变化即时测定特异性产物的量，最后通过标准曲线对未知模板进行定量分析的方法。定量 PCR 从基于凝胶的低通量分析发展到高通量的荧光分析技术，即实时定量 PCR。该技术不仅实现了 PCR 从定性到定量的飞跃，而且与常规 PCR 技术相比，具有特异性高、重复性好、自动化程度高及精确性高等优点。目前该技术已被广泛应用于基因的时空表达谱分析，即研究在个体发育的不同阶段或免疫的不同时期以及在个体的不同组织和细胞类型中基因的表达变化。

(6)蛋白质免疫印迹

蛋白质印迹法即 Western Blotting，是分子生物学、生物化学和免疫遗传学中常用的一种实验方法。蛋白质印迹的发明者一般认为是美国斯坦福大学的乔治·斯塔克(George Stark)，在尼尔·伯奈特(Neal Burnette) 1981 年所著的《分析生物化学》(Analytical Biochemistry)中首次被称为 Western Blotting。Western Blotting 整体与 Southern Blotting 或 Northern Blotting 杂交方法类似，但它采用的是聚丙烯酰胺凝胶电泳，被检测物是蛋白质，"探针"是抗体，"显色"用标记的二抗。经过 PAGE(聚丙烯酰胺凝胶电泳)分离的蛋白质样品，转移到固相载体(例如硝酸纤维素薄膜)上，固相载体以非共价键形式吸附蛋白质，且能保持电泳分离的多肽类型及其生物学活性不变。以固相载体上的蛋白质或多肽作为抗原，与对应的抗体起免疫反应，再与酶或同位素标记的第二抗体起反应，经过底物显色或放射自显影以检测电泳分离的特异性目的基因表达的蛋白成分。

（7）RNAi 技术

RNA 干扰（RNA interference，RNAi）是指在进化过程中高度保守的、由双链 RNA（double - stranded RNA，dsRNA）诱发的、同源 mRNA 高效特异性降解的现象。RNAi 是在研究秀丽隐杆线虫（*Caenorhabditis elegans*）反义 RNA（antisense RNA）的过程中发现的，由 dsRNA 介导的同源 RNA 降解的过程。1995 年，Guo 等发现注射正义 RNA（sense RNA）和反义 RNA 均能有效并特异性地抑制秀丽隐杆线虫 par - 1 基因的表达，该结果不能对反义 RNA 技术的理论做出合理解释。直到 1998 年，Fire 等证实 Guo 发现的正义 RNA 抑制同源基因表达的现象是由于体外转录制备的 RNA 中污染了微量 dsRNA 引起的，并将这一现象命名为 RNAi。此后陆续在真菌、果蝇、拟南芥、锥虫、水螅、涡虫、斑马鱼等多种真核生物中发现了 dsRNA 介导的 RNAi 现象，并逐渐证实植物中的转录后基因沉默（posttranscriptional gene silencing，PTGS）、共抑制（cosuppression）及 RNA 介导的病毒抗性、真菌的抑制（quelling）现象均属于 RNAi 在不同物种的表现形式。

（8）原核重组表达

随着分子生物学技术的发展，现多用 DNA 重组技术在体外构建噬菌体和质粒，亦即将编码所需产物的基因插入质粒或噬菌体等其他载体，再将该重组载体导入活细胞，以大量表达所需蛋白。原核表达系统根据重组表达蛋白的存在形式可以分为包涵体形式与可溶性形式两种。大肠杆菌是用得最多、研究最成熟的基因工程表达系统，当前已商业化的基因工程产品大多是通过大肠杆菌表达的，其主要优点是成本低、产量高、易于操作。但大肠杆菌是原核生物，不具有真核生物的基因表达调控机制和蛋白质的加工修饰能力，其产物往往形成没有活性的包涵体，需要经过变性、复性等处理，才能应用。

（9）真核重组表达

与原核表达体系相比，真核表达体系显示了极大的优越性。要在真核表达体系中表达外源基因，表达载体不同于原核表达体系。依据宿主细胞的不同真核表达系统可分为酵母、昆虫以及哺乳类动物细胞等表达体系。其中最常用的是哺乳动物细胞，它不仅可以表达克隆的 cDNA，而且还可以表达真核基因组 DNA，表达的蛋白质可以被适当地修饰（糖基化等）。自 20 世纪 50 年代以来，哺乳动物细胞在疫苗生产及其他生物制剂生产的应用上都获得了成功。目前已发展的哺乳动物表达系统有转染 DNA 的瞬间表达系统或稳定表达系统以及病毒载体表达系统。昆虫表达体系则具有易操作、安全等优点，也是一种较有发展前景的真核表达系统。近年来，以酵母作为工程菌表达外源蛋白日益引起重视，主要是因为酵母是单细胞真核生物，不但具有大肠杆菌易操作、繁殖快、易于工业化生产的特点，还具有真核生物表达系统基因表达调控和蛋白修饰功能，避免了产物活性低，包涵体变性、复性等问题。

3.1.2　蟹类功能基因研究概述

自 1991 年 Adaxns 等测定 609 条 EST 以来，大规模 EST 测序技术得到了广泛的应用。目前，大量累积的 EST 数据已经储存到 dbEST 和 Unigene 等公共数据库中，被广泛地用于新基因发现、基因图谱绘制、多态性分析、表达研究及基因预测等基因组学和分子遗传学的各个领域。如何利用这些海量生物信息预测、挖掘和鉴定新的重要功能基因并阐明其表达调控机制，已成为蟹类分子遗传学的一个重要发展方向。

构建蟹类 cDNA 文库后进行大规模 EST 测序和分析已经成为解决蟹类养殖产业和科学研究问题的必须步骤。蟹类中已成功构建中华绒螯蟹、三疣梭子蟹、拟穴青蟹和蓝蟹等多种蟹类不同组织的 cDNA 文库(表 3.1)。

表 3.1　NCBI 数据库中公布的蟹类 ESTs 数目

物种	器官/组织	EST 数目(条)
中华绒螯蟹 *Eriocheir sinensis*	肝胰腺、精巢	17 067
三疣梭子蟹 *Portunus trituberculatus*	血细胞、鳃、眼柄	14 372
蓝蟹 *Callinectes sapidus*	鳃，皮下组织	10 930
普通滨蟹 *Carcinus maenas*	多种组织	15 558
脆壳蟹 *Petrolisthes cinctipe*	心脏、鳃和整体	97 806
招潮蟹 *Celuca pugilator*	肢体	3 646
拟穴青蟹 *Scylla paramamosain*	混合组织	3 837
蜘蛛蟹 *Homarus americanus*	多种组织	4 604

3.1.2.1　生长发育相关基因

蟹类的生长速度、体型大小、肉质鲜度等经济性状是科研工作者关注的焦点问题，因此与之相关的生长、发育、代谢相关基因是功能基因研究的重点。在经济蟹类中已经展开了大量相关研究，近年来报道的与生长发育调控相关的基因主要有：细胞周期蛋白 B 基因、脂肪酸结合蛋白(fatty acid binding protein，FABP)基因和甲壳动物高血糖激素家族基因(crustaceanhyperglycemichormone，CHH)，包括高血糖激素、蜕皮抑制激素性腺抑制激素、大颚器抑制激素等(表 3.2)。

表 3.2　蟹类生长发育相关基因

类型	物种	采用的技术
细胞周期蛋白 B	中华绒螯蟹 *Eriocheir sinensis*	RT - PCR 和 RACE
	拟穴青蟹 *Scylla paramamosain*	RT - PCR 和 RACE
脂肪酸结合蛋白(FABP)	中华绒螯蟹 *Eriocheir sinensis*	EST 分析
	拟穴青蟹 *Scylla paramamosain*	RACE

（续表）

类型	物种	采用的技术
甲壳动物高血糖激素（CHH）	蓝蟹 *Callinectes sapidus*	RT – PCR 和 RACE
	红黄道蟹 *Cancer productus*	PCR
	侧向地蟹 *Gecarcinus lateralis*	RT – PCR 和 RACE
	远海梭子蟹 *Portunus pelagicus*	RT – PCR
	榄绿青蟹 *Scylla olivacea*	RT – PCR 和 RACE
	阿拉斯加蟹 *Chionoecetes bairdi*	RACE
蜕皮抑制激素（MIH）	中华绒螯蟹 *Eriocheir sinensis*	RT – PCR 和 RACE
	锈斑蟳 *Charybdis feriatus*	基因组 DNA 步移
	蓝蟹 *Callinectes sapidus*	cDNA 文库筛选
	侧向地蟹 *Gecarcinus lateralis*	RT – PCR 和 RACE
	首长黄道蟹 *Cancer magister*	cDNA 文库筛选
性腺抑制激素（GIH）	中华绒螯蟹 *Eriocheir sinensis*	同源克隆和 RACE
大颚器抑制激素（MOIH）	食用黄道蟹 *Cancer pagurus*	RT – PCR 和 RACE
受体鸟苷酸环化酶	蓝蟹 *Callinectes sapidus*	RT – PCR 和 RACE
一氧化氮合酶	普通滨蟹 *Carcinus maenas*	
	侧向地蟹 *Gecarcinus lateralis*	
α2 巨球蛋白	中华绒螯蟹 *Eriocheir sinensis*	RT – PCR 和 RACE
	锯缘青蟹 *Scylla serrata*	RT – PCR 和 RACE
凋亡基因	中华绒螯蟹 *Eriocheir sinensis*	EST 分析和 PCR

1）细胞周期蛋白 B

细胞周期蛋白 B 是一种调节因子，是细胞周期蛋白依赖性蛋白激酶（cyclin – dependent protein kinases，CDKs）活化所必须的，它能够与 CDKs 结合，通过磷酸化、去磷酸化调节，形成活性复合物 MPF，即细胞促分裂因子或 M 期促进因子。活化的 MPF 能够进入细胞核中，磷酸化其核内底物，促进细胞由 G2 期向 M 期转变。细胞周期蛋白 B 的合成起始于 G1 期，在 S 期稳定积累，在 G2/M 转变之前达到最大水平，而一旦进入分裂期，细胞周期蛋白 B 会被泛素迅速降解。

2）脂肪酸结合蛋白（FABP）

脂肪酸结合蛋白属于脂质结合蛋白超家族成员，是一组能够与脂肪酸非共价结合的低分子量可溶性蛋白，广泛存在于脊椎动物和无脊椎动物的细胞质中。它们在脂肪酸的摄取、转运及代谢调节中具有重要作用，是重要的脂质载体蛋白。FABP 分子量约为 14～16 kDa，包含 126～134 个氨基酸残基。到目前为止，已经发现了多种 FABP，根据它们最

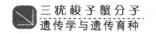

初被分离的组织部位可以分为心肌型(H - FABP)、小肠型(I - FABP)、肝脏型(L - FABP)、脂肪细胞型(A - FABP)、脑细胞型(B - FABP)、肾脏型(K - FABP)、骨骼肌型(S - FABP)、牛皮癣相关型(PA - FABP)以及表皮型(E - FABP)等9种类型。

3)甲壳动物高血糖激素家族

甲壳动物神经内分泌调控一直是研究热点,其中功能研究是核心问题。位于甲壳动物眼柄的 X - 器官窦腺复合体(X - organ - sinus gland, XO - SG)是神经内分泌的主要调控中心,合成与分泌 CHH 家族,包括高血糖激素(crustacean hyperglycemic hormone, CHH)、蜕皮抑制激素(molt - inhibiting hormone, MIH)、性腺抑制激素(gonad - inhibiting hormone, GIH)和大颚器抑制激素(mandibular organ - inhibiting hormone, MOIH)。由于 CHH/MIH/GIH/MOIH 一级结构序列的高度相似性,生化性质如等电点、疏水性、封闭的 C 或 N 末端(blocked terminal)、链内二硫键等也有很多相似之处,故将其称作高血糖激素家族,在甲壳动物的生理生活过程中(如生长、繁殖、蜕皮、性成熟以及对环境的适应代谢等)发挥重要的调节作用。比较不同激素的 cDNA 序列发现,只有在 CHH 的 cDNA 序列信号肽与成熟肽之间存在着一段 CHH 前体相关肽(CHH precursor - related peptide, CPRP),而 MIH/GIH/MOIH 的 cDNA 序列中信号肽则直接与成熟肽相连。因此,根据基因结构可以将 CHH 家族神经肽分为 CHH 与 MIH/GIH/MOIH 两个亚族,或者称 CHH I 族与 CHH II 族。

(1)甲壳动物高血糖素

CHH 是一个多功能内分泌激素,与甲壳动物的生理代谢过程及应激适应能力有关。甲壳动物高血糖激素能提高血淋巴中的葡萄糖浓度,调节糖代谢。在应激如缺氧或高低温环境下,CHH 会释放。此外,CHH 也能抑制 Y 器官生产蜕皮酮,抑制大颚腺分泌甲基法尼脂(methyl farnesoate, MF),促使中肠释放淀粉酶,肝胰脏分泌消化酶,也能促使暴露在低盐度的动物渗透压上升。目前发现 CHH 不仅仅存在于眼柄中,也存在于胸神经节、食道下神经节及前肠和后肠中。但 CHH 在前肠及后肠中的表达只限于蜕皮期及蜕皮的晚前期,而在其他时期不表达,推测肠道分泌的 CHH 可能对蜕皮期间水及离子的快速吸收以及躯体的快速膨胀起补充作用。

(2)蜕皮抑制激素

甲壳动物在生长过程中需要经历外骨骼的周期性蜕皮活动,这样身体的大小和重量才能不断增加。该蜕皮活动受到两种互为拮抗作用的激素调控,这两种作用分别是蜕皮激素(molt homrnoe, MH)的促进作用和蜕皮抑制激素(molt inhibiting hormone, MIH)的抑制作用。蜕皮激素由 Y 器官合成,蜕皮抑制激素则由 X 器官窦腺复合体分泌。尽管蜕皮抑制激素的调控机制尚不十分清楚,但是大多数学者认为其在蜕皮周期中主要通过环核苷依赖途径抑制了 Y 器官的激素合成活动,当蜕皮抑制激素的分泌水平降低到一定程度或分泌活动停止时,就会发生蜕皮现象。

MIH 与脊椎动物中的赖氨酸血管加压素的理化性质相似,眼柄神经节中的五羟色胺能神经元释放5 - 羟色胺,刺激 MIH 的释放。MIH 的靶器官是 Y 器官,在 MIH 与 Y 器官分泌的 MH 的拮抗作用下共同调节甲壳动物的蜕皮。蜕皮前期,MH 释放,触发蜕皮。除此阶段外，MIH 都是通过抑制 Y 器官合成及分泌蜕皮激素，起到抑制蜕皮的作用。MIH 通过和受体结合，激活了位于蟹类细胞膜上的腺苷酸环化酶而提高细胞内 cAMP 水平，进而激活蜕皮激素生成途径上的一种起重要负调控作用的激酶，抑制 Y 器官蜕皮酮的合成。

（3）性腺抑制激素（GIH）

性腺抑制激素最初是 Panacse 于 1943 年在甲壳类雌性动物中发现的，因其具有抑制卵黄发生的活性，故命名为卵黄发生抑制激素。后来在雄性动物体内也发现了该激素的存在，并且对雄性个体性腺发育也具有抑制作用，所以又称为性腺抑制激素。性腺抑制激素由 X 器官的神经分泌细胞分泌，经轴突神经束运送到窦腺，并在窦腺中暂时贮存，之后进入血液循环。GIH 一般有 71 ~ 78 个氨基酸残基构成，分子量在 2 ~ 3 kDa 之间。性腺抑制激素的靶器官是卵巢、促雄性腺、肝胰腺和大颚器，其作用主要是抑制雌体的卵黄发生及性腺刺激因子的生成、抑制促雄性腺的活性，而且对肝胰腺合成卵黄蛋白以及大颚器合成甲基法尼脂也有抑制作用。

（4）大颚器抑制激素（MOIH）

1993 年 Laufer 等发现大颚器官的分泌活动受到眼柄内某些因子的抑制，切除眼柄后可引起大颚器官的增生和血淋巴中甲基法尼脂含量的增加，眼柄提取物的体内和体外生物活性检测实验都证明它能够降低甲基法尼脂的分泌速度。MOIH 的靶器官是大颚器，抑制大颚器分泌甲基法尼脂。

3.1.2.2　抗逆相关基因

由于种质下降、累代养殖等原因，近年来养殖蟹类抵御不良环境的能力明显下降，导致频频发生大规模的病害事件，不仅造成了大量的经济损失，而且影响了人们对蟹类养殖业健康发展的信心。为了改良种质、培养具有抗逆性能的新品种，蟹类抗逆相关基因的筛选和分析成为蟹类功能基因研究中热点。其中，抗氧化酶基因、热休克蛋白基因和金属硫蛋白基因是迄今研究比较多的抗逆相关基因（表 3.3）。

表 3.3　蟹类抗逆相关基因

	类型	物种	采用的技术
抗氧化酶基因	硫氧还蛋白	三疣梭子蟹 *Portunus trituberculatus*	cDNA 文库筛选
		中华绒螯蟹 *Eriocheir sinensis*	RACE
	铁蛋白	中华绒螯蟹 *Eriocheir sinensis*	EST 和 RACE
		拟穴青蟹 *Scylla paramamosain*	cDNA 文库筛选
	过氧化氢酶（CAT）	拟穴青蟹 *Scylla paramamosain*	文库筛选
		三疣梭子蟹 *Portunus trituberculatus*	RT - PCR 和 RACE
	谷胱甘肽 - S - 转移酶（GST）	中华绒螯蟹 *Eriocheir sinensis*	RACE

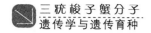

（续表）

类型		物种	采用的技术
抗氧化酶基因	Mn - 超氧化物歧化酶	三疣梭子蟹 *Portunus trituberculatus* 蓝蟹 *Callinectes sapidus*	RT - PCR 和 RACE 离子交换和反向高效液相色谱
	Cu/Zn - 超氧化物歧化酶	蓝蟹 *Callinectes sapidus* 拟穴青蟹 *Scylla paramamosain*	RACE 抑制性消减杂交cDNA文库筛选
	过氧化物还原酶(Prx)	三疣梭子蟹 *Portunus trituberculatus* 中华绒螯蟹 *Eriocheir sinensis*	RACE RACE
热休克蛋白	HSP60	三疣梭子蟹 *Portunus trituberculatus*	EST 分析和 PCR
	HSP70	三疣梭子蟹 *Portunus trituberculatus* 锯缘青蟹 *Scylla serrata* 拟穴青蟹 *Scylla paramamosain*	RACE RT - PCR 和 RACE RACE
	HSP90	中华绒螯蟹 *Eriocheir japonica sinensis* 三疣梭子蟹 *Portunus trituberculatus*	EST 和 RACE EST 分析和 PCR
金属硫蛋白	Ca - 金属硫蛋白	河南华溪蟹 *Sinopotamon henanense* 普通滨蟹 *Carcinus maenas*	RT - PCR RT - PCR
	Cu - 金属硫蛋白	中华绒螯蟹 *Eriocheir sinensis*	cDNA 文库筛选
	Cu - 和 Cd - 金属硫蛋白	蓝蟹 *Callinectes sapidus*	RACE

1）抗氧化酶基因

血细胞作为甲壳动物免疫防御最主要的反应器，在行使吞噬作用的过程中消耗氧气产生了活性氧（ROS），如超氧化物阴离子（O^{2-}）、过氧化氢（H_2O_2）和羟基自由基（OH^-）。这些 ROS 可以有效地杀死外来入侵者并在免疫信号转导中发挥重要作用。然而，ROS 在对病原微生物具有杀灭作用的同时，对宿主健康组织也会造成损伤。ROS 在细胞内的过量产生或积累会导致蛋白、核酸和脂类的过氧化，酶的钝化和信号通路的失常。细胞为了免受氧化胁迫的伤害，在进化过程中形成了氧化还原缓冲系统（谷胱甘肽 GSSG/GSH 和硫氧还蛋白/硫氧还蛋白还原酶系统）和抗氧化酶系统以维持细胞内环境的氧化还原状态。通常情况下，自由基与抗氧化防御系统之间呈动态平衡，当平衡失调时就可引起或加速疾病的发生发展过程。因此，在正常生理条件下，ROS 是连续产生的，并处于细胞中相关酶类和抗氧化剂的严格控制之下。生物体能产生酶和非酶抗氧化剂迅速淬灭 ROS，防止生物体自身因氧化胁迫而受到损伤。常见的抗氧化酶主要包括超氧化物歧化酶（superoxide dis-mutase，SOD）、过氧化物酶（catalase，CAT）、谷胱甘肽过氧化酶（glutathione peroxidase，

GPx)、谷胱甘肽－S－转移酶(Glutathione－S－transferase，GST)、谷胱甘肽还原酶(gluta-thione reductase，GR)；非酶抗氧化剂主要有抗坏血酸、类胡萝卜素、维生素 E、谷胱甘肽(glutathione)和硫氧还蛋白(thioredoxin，Trx)。

(1)细胞内的非酶抗氧化剂

硫氧还蛋白，又称白细胞介素－1 样细胞因子，是生物体内普遍存在的小分子还原蛋白，分子量为 12 kDa 左右，在维持细胞内蛋白质氧化还原状态中起重要作用。Trx 是硫氧还蛋白系统(包括 Trx、Trx 还原酶和 NADPH)的重要组成部分。Trx 是一种小分子多功能蛋白，在其保守的活性位点"Cys－Gly－Pro－Cys"中，含有一个具有氧化还原活性的二硫键/巯基。Trx 还原作用的机制是与底物结合后，在复合物的疏水环境中，Cys－32 的巯基作为亲核物质，与蛋白底物共价结合形成二硫化物($-Cys32－S－S－$ protein)，最后去质子的 Cys－35 作用于此二硫化物的二硫键，释放出被还原的蛋白底物，而 Trx 本身被氧化。被氧化的 Trx(Trx－S2)的二硫键在 Trx 还原酶和 NADPH 的作用下被还原成巯基。因此，在生理条件下，Trx 是依赖 Trx 还原酶和 NADPH 维持其还原状态，通过二硫键和巯基的互变实现氧化还原调节功能。Trx 最早是在大肠杆菌中发现的，在很多物种包括人、鸡、牛和老鼠等中都有研究。到目前为止，已经发现的 Trx 分为 3 类：Trx1 主要存在于细胞液中，在细胞核和血浆中也有发现；Trx2 的 N－端有线粒体转位信号，是一类线粒体特异性蛋白；第三种特异性的在精子中表达，定名为 SpTrx，此类 Trx 研究较少。在分子水平上关于 Trx 的研究大部分是围绕 Trx1 基因开展的。研究发现，Trx1 的表达在氧化条件下可被诱导，包括过氧化氢(H_2O_2)刺激和缺血性再灌注损伤都能诱导 Trx 的表达。Trx1 是一种重要的内生抗氧化剂，在维持细胞氧化还原状态中起着非常重要的作用。

铁蛋白是原核生物和真核生物用于储存铁离子的主要蛋白，主要功能是使铁离子的储存维持在溶解状态并且对细胞无害。所有的真核铁蛋白都含有 24 个亚基，排列形成一个中空的壳体。每个亚基约含 163 个氨基酸残基，每个分子最多可结合 4 500 个铁原子。结合铁的铁蛋白是"溶"于水的，血浆铁蛋白的浓度与体内储存的铁成正比。

(2)细胞内的酶抗氧化剂

超氧化物歧化酶(SOD)是一类可以清除好氧生物生命代谢过程中产生的超氧阴离子，维持机体细胞正常代谢活动的重要抗氧化酶。SOD 是抵抗超氧阴离子及其活性产物的第一道防线，它能催化超氧化物形成过氧化氢(H_2O_2)和水。根据活性中心所含金属离子的不同，目前发现的 SOD 主要分为 CuZnSOD、NiSOD、FeSOD 和 MnSOD 4 种。MnSOD 在原核生物和线粒体基质中发现；FeSOD 在原核生物和一些植物中存在；CuZnSOD 在真核细胞的细胞质、细胞核、过氧化物酶体、线粒体膜间腔和叶绿体中发现，在一些细菌中也有报道；NiSOD 目前只在链球菌 Streptomyces 中发现。

过氧化氢酶(Catalase，CAT)广泛存在于动植物体内，可催化过氧化氢降解成水和氧分子，从而防止机体氧化损伤。在生物体内，CAT 与超氧化物歧化酶和过氧化物酶(POD)一起组成了一个清除自由基的级联反应体系，称之为保护酶系统。按结构和功能的相似性，过氧化氢酶被分为三类：典型性过氧化氢酶(typical catalase)、非典型性过氧化氢酶

（atypical catalase）和过氧化氢酶 - 过氧化物酶（catalase - peroxidase，CAT - POD）。典型性过氧化氢酶存在于几乎所有的好氧生物体内，包括原核生物和真核生物。按照其催化中心结构的不同可以分为两类：第一类催化中心含铁卟啉结构，又称铁卟啉酶，典型性 CAT 和 CAT - POD 属于这一类；第二类是以锰离子代替铁的卟啉结构，又称为锰过氧化氢酶（MnCAT），非典型性过氧化氢酶属于此类。不同类型的 CAT 的功能和作用特点不同。CAT - POD 不但具有典型过氧化氢酶的催化功能，还有过氧化物酶的催化功能。而非典型性过氧化氢酶通过 MnCAT 与 H_2O_2 之间的氧化还原作用，使锰离子在不同氧化态之间相互转化从而催化歧化反应的进行。

过氧化物还原酶（peroxiredoxin，Prx）是生物体内一类能催化过氧化氢和有机过氧化物还原、但没有辅基的抗氧化蛋白，其催化活性依赖于半胱氨酸的存在。Prx 被定义为硫醇依赖性过氧化物酶，能还原过氧化氢（H_2O_2）、烷基过氧化氢物（ROOH）和过氧亚硝酸根（$ONOO^-$）。Prx 是一类不含硒的过氧化酶，主要分布在细胞质、线粒体、过氧化物酶体和原生质中，这些部位也都是活性氧簇（reactive oxygen species，ROS）形成的地方。因此，Prx 被认为在防止 ROS 引起的氧化损伤中起重要作用。大量研究表明，Prx 参与了很多生物学过程，包括氧化还原平衡调节、细胞增长、分化和凋亡等。真核生物的 2 - Cys Prxs 不仅是抗氧化剂，还参与了过氧化氢介导的信号传导。

2）热休克蛋白

热休克蛋白（heat shock protein，HSP），又称应激蛋白（stressprotein，SP），广泛存在于原核和真核细胞中，结构高度保守。当有机体暴露于高温的时候，就会由热激发合成此种蛋白以保护有机体自身。由于其独特的生物学功能，热休克蛋白的研究已成为当今世界生命科学研究的热点和富有希望的研究领域之一。

从 20 世纪 60 年代发现热休克反应以来，热休克反应和热休克蛋白的研究经过了漫长的探索过程，总起来主要分为以下几个阶段：

① 20 世纪 60—70 年代，发现热休克反应（heat shock respnose，HSR），这是研究细胞对应激反应的开始（1962 年，Riotssall 在对果蝇的研究中发现把 25℃ 培养的果蝇幼虫置于 32℃ 的热环境中，30 min 后其唾液腺巨大染色体上出现了"膨突"，提示这一区带基因转录增强，并将这一现象称为"热休克反应"）；

② 70 年代中期，分离热休克反应相关蛋白以及热休克蛋白的命名。1974 年，Tissieers 等从热应激的果蝇中利用 SDS - PAGE 分离到一种新蛋白质（分子量为 76 kDa 和 26 kDa），由于这一蛋白与 HSR 相关，故命名为"热休克蛋白"，同时发现这个过程中正常蛋白质的合成受到抑制；

③ 70 年代末到 80 年代初期，解析了一些热休克蛋白基因，研究了不同物种中热休克基因的同源性；

④ 80 年代起，发现热休克反应是所有有机体的普遍特征，从细菌到人类都观察到了热休克蛋白的存在，但其产生的机理和功能尚不清楚，直到 1986 年，Pelham 提出了 HSP 是一种"分子伴侣"的理论，其功能和调控的研究才上升到一个新的高度；

⑤ 90 年代起到现在，HSP 的研究主要集中在表达调控以及热休克因子（heat shock factor，HSF）的发现、进化过程中的保守性与肿瘤之间的关系、新的 HSPs 的发现以及它们的功能以及 HSPs 的辅助蛋白等。

HSP 种类繁多，现已发现 10 多种，目前尚无明确的分类标准。不同的学者有不同的划分方法，大多数分类方法是基于分子量的基础之上，现在应用较多的是日本学者森本划分方法，它将主要的 HSP 分为 5 个家族，HSP100 家族（分子量约为 100 ~ 110 kDa），HSP90 家族（分子量约为 83 ~ 90 kDa），HSP70 家族（分子量约为 66 ~ 78 kDa），HSP60 家族及小分子 sHSP 家族（分子量约为 15 ~ 30 kDa）。

小分子热休克蛋白 sHSP 分子量为 15 ~ 30 kDa，广泛分布于从细菌到人的基因组里。与其他大分子的热休克蛋白不同的是，小分子热休克蛋白似乎对于细胞的功能并不是必不可少的。但是，sHSP 具有多种功能，包括赋予细胞以耐热性以抵抗高温，作为分子伴侣以防止蛋白聚集，对抗正常的细胞死亡，从而调节细胞的生存和死亡的平衡。许多小分子热休克蛋白基因一般并不表达，显著表达小分子热休克蛋白一般是细胞受到外部刺激的时候，比如高温刺激。现已发现，除了热刺激之外，还有许多物理、化学刺激可以激活 sHSP 的表达，例如紫外线、射线、机械损伤、酸、氧化剂等。可见，sHSP 是抵御外界不良刺激的重要物质。当将生物的整体、组织、细胞等从其生活的温度范围内急剧地从低温移向高温时，可显著地降低一些蛋白质的合成。例如将果蝇的幼虫或培养细胞从 28℃ 移至 35℃ 时，则几乎大部分的蛋白质合成停止；相反地，从 35℃ 移至 28℃ 时与此相反，热休克蛋白的合成却反而被促进。这种促进作用主要是在信使 RNA 的转录合成阶段产生的。同样的现象也见于哺乳类动物、培养细胞、原生动物、植物组织和细菌等。另外观察到，热休克以外的其他处理也会发生类似的现象。这种现象的生理意义尚不清楚，但推测是与生物的温度适应现象有关系。

HSP60 家族绝大部分成员为组成型蛋白。HSP60 有明显的环形四级结构，与 HSP70 家族相比，HSP60 只能恢复部分折叠或凝聚多肽的天然构象，且作用于蛋白时间要迟于 HSP70。与 HSP70 类似，具有 ATPase 活性，对 ATP 具有高亲和性。相比其他一些 HSP，HSP60 具有变性蛋白优先结合能力，保护细胞免受逆境胁迫伤害。生活于 98℃ 高温的极端嗜热菌（*Pyrococcus furiosus*），其 HSP 主要是 HSP60、HSP20，说明 HSP60 在提高细胞热耐受力中有重要作用。正常情况下，HSP60 家族以稳定状态存在于细胞质和线粒体内，协助多肽或蛋白正常组装、折叠和转运，受到胁迫后，HSP60 在胞质 HSP70 作用下，迅速从胞质转移至线粒体中发生异位表达或是超表达，以恢复线粒体内变性蛋白。病原体入侵时，HSP60 家族也可作为一种自身抗原被免疫系统识别，从而产生免疫应答；HSP60 家族也可作为一种分子信号参与信号转导。

HSP70 是一类最保守和最重要的热休克蛋白家族，包括分子量为 68、72、73、75、78 kDa 等在内的 20 多种蛋白。HSP70 家族主要分为 4 类：结构型 HSC70、诱导型 HSP70、葡萄糖调节蛋白 78（Glucose regulated protein 78ku，GRP78）和葡萄糖调节蛋白 75（Glucose regulated protein 75 ku，GRP75）。GRP78、GRP75 分别位于内质网、线粒体上，作为分子

伴侣在体内持续表达，受到逆境胁迫时表达稍有增加。HSC70 和 HSP70 是两个较重要的 HSP70 家族成员。正常情况下它们在细胞质中表达；当细胞受到胁迫时，细胞质内的 HSP 转移到细胞核内，细胞核内 HSP 表达量迅速增加，而细胞质内减少；当外界胁迫消失后，细胞核内的 HSP 迅速消失，而细胞质内的 HSP 仍维持在低表达水平。HSC70 与细胞分化和发育相关，在生物体内通常都有表达，受到胁迫后表达量只有少量增加；HSP70 受到胁迫后表达量迅速增加，但是不一定在所有生物体中都能被诱导表达。

HSP90 是重要的组成型表达的热休克蛋白，分子量大小为 83 ~ 90 kDa。HSP90 家族占了生物体总细胞蛋白的 2%。HSP90 通常以二聚体的形式存在，需要结合 ATP 才能发挥功能。作为特异的分子伴侣，HSP90 与类固醇激素受体（包括肾上腺皮质激素受体，糖皮质激素受体，孕激素受体及视黄酸受体等）、信号传导途径中的酪氨酸蛋白激酶和丝氨酸/苏氨酸蛋白激酶等分子结合，调节它们的生物活性，防止蛋白质的热变性和聚集。

HSP100 家族是分子量最大的一组 HSP 家族，在植物中研究较多。HSP100 家族具有高度保守性，能溶解蛋白聚集颗粒，调节植物生长发育，是微生物和植物获得胁迫耐受性的因子。近年来关于植物方面的研究认为，HSP100 可能与 sHSP、HSP70 及 HSP90 一起形成一个分子伴侣网络，溶解高温蛋白造成的蛋白聚集体，从而保护植物细胞免受逆境胁迫的伤害。

3）金属硫蛋白

金属硫蛋白（Metallothionein，MT）是一类低分子量、富含半胱氨酸、有丰富的 Cys – X（1—3）– Cys（X 为除半胱氨酸以外的其他氨基酸）序列结构域、金属含量高、缺乏芳香族氨基酸、组氨酸含量极少的特异性蛋白质。1957 年 Margoshes 和 Vallee 首先在马肾皮质中发现 MT 蛋白，迄今为止已发现并确定氨基酸序列的 MT 蛋白超过 200 种，广泛存在于大多数生物体内。金属硫蛋白具有很强的金属结合能力和氧化还原能力，在生物体内主要参与微量元素储存、运输和代谢，重金属解毒，拮抗电离辐射，清除自由基以及机体生长、发育、生殖、衰老、肿瘤发生、免疫、应激反应等生理生化反应。其研究和开发利用涉及农业、医药、生物工程、环境保护等各个领域，具有重要的应用价值。

3.1.2.3　抗病相关基因

脊椎动物同时拥有获得性免疫（acquired immunity）和固有免疫（innate immunity）两种机制，但是无脊椎动物缺乏获得性免疫机制而只能依靠固有免疫抵御病害。脊椎动物的获得性免疫机制是基于抗原特异的 T 细胞和 B 细胞能识别抗原分子上的抗原表面，识别后能分化增殖，成熟为一个淋巴细胞克隆，释放大量特异性抗体或细胞因子，发挥免疫效应。这种免疫具有多样性、专一性和记忆性的特点。研究表明，无脊椎动物不具备 B 细胞和 T 细胞，不产生特异的抗体，没有主要组织相容性复合物（major histocompatibility complex，MHC）等，即缺乏获得性免疫系统；但在其体内可通过快速高效的固有免疫系统来识别、杀灭和清除病原体。值得一提的是，有些无脊椎动物固有免疫系统的组分是特有的，不存在于脊椎动物中，比如酚氧化酶系统。

一般而言，无脊椎动物固有免疫系统包括四个部分：① 屏障作用，主要是外壳和皮肤对外来病原异物的阻挡和屏障作用；② 滤过作用，主要是体内特定器官（如鳃丝、肝胰脏等）对外来病原或异物的过滤、贮存和杀灭作用；③ 细胞免疫，主要是指各类血细胞对病原或异物的吞噬、包掩、杀灭和排除作用；④ 体液免疫，主要是指体液中天然形成或诱导产生的多种免疫因子如各类抗菌因子、抗病毒因子、凝血因子、细胞激活因子、识别因子、凝集素、溶血素及溶菌酶等对病原和异物的识别、抑制或杀灭作用。实际上细胞免疫与体液免疫密切相关，相辅相成，如体液因子可在血细胞中合成并释放，细胞反应又受到体液因子的介导和影响。无论是细胞免疫或体液免疫，从发挥免疫作用的先后顺序来看，都涉及多个层次。首先是宿主识别外来异物，这称为非己识别（non – self recognition）；随后引发细胞免疫或激活丝氨酸蛋白酶和解除丝氨酸蛋白酶抑制剂的细胞外级联反应，将信号放大或解除错误警报，这称为信号的调整和放大（Signal modification and amplification）；然后是信号经信号转导途经（Signal transduction pathway）传递（如 Toll 通路，Imd 通路等），导致效应分子基因的转录表达；最后激活效应分子和活化细胞功能以杀死和清除病原体。而根据发挥的功能，细胞和体液免疫又可以划分为很多系统或过程，研究较为深入的有黑化过程，凝血过程，氧化还原过程，补体系统等。近十几年来，随着对免疫系统研究的深入，固有免疫的重要性越来越显现出来。现阶段研究表明蟹类免疫过程可分为非己识别、丝氨酸蛋白酶级联反应、病原清除三个阶段，相关基因分类比较明确（表 3.4）。

表 3.4 蟹类抗病相关基因

	类型	物种	采用的技术
非己识别相关基因	C 型凝集素	三疣梭子蟹 *Portunus trituberculatus*	RACE
		中华绒螯蟹 *Eriocheir sinensis*	
		拟穴青蟹 *Scylla paramamosain*	RT – PCR
	脂多糖葡聚糖结合蛋白（LGBP）	中华绒螯蟹 *Eriocheir sinensis*	cDNA 克隆随机测序
		三疣梭子蟹 *Portunus trituberculatus*	RACE
	Toll 样受体	拟穴青蟹 *Scylla paramamosain*	
	亮氨酸富含受体（LRR）	拟穴青蟹 *Scylla paramamosain*	RACE
丝氨酸蛋白酶级联反应相关基因	丝氨酸蛋白酶基因	锯缘青蟹 *Scylla serrata*	RT – PCR 和 RACE
		三疣梭子蟹 *Portunus trituberculatus*	
	丝氨酸蛋白酶同源物	三疣梭子蟹 *Portunus trituberculatus*	cDNA 文库筛选
		拟穴青蟹 *Scylla paramamosain*	
		中华绒螯蟹 *Eriocheir sinensis*	RT – PCR 和 RACE
	丝氨酸蛋白酶抑制剂	中华绒螯蟹 *Eriocheir sinensis*	EST 和 PCR
		三疣梭子蟹 *Portunus trituberculatus*	cDNA 文库筛选
		三疣梭子蟹 *Portunus trituberculatus*	RT – PCR 和 RACE
	酚氧化酶原	中华绒螯蟹 *Eriocheir sinensis*	EST 和 PCR
		锯缘青蟹 *Scylla serrata*	RT – PCR 和 RACE

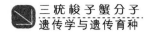

（续表）

类型		物种	采用的技术
病原清除相关基因	组织蛋白酶	中华绒螯蟹 *Eriocheir sinensis*	EST 和 PCR
	C 型溶菌酶	三疣梭子蟹 *Portunus trituberculatus*	
	抗脂多糖因子 ALF	拟穴青蟹 *Scylla paramamosain*	
		中华绒螯蟹 *Eriocheir sinensis*	EST 和 PCR
		三疣梭子蟹 *Portunus trituberculatus*	cDNA 文库筛选
		锯缘青蟹 *Scylla serrata*	RACE
	Crustin	拟穴青蟹 *Scylla paramamosain*	EST 和 RACE
		三疣梭子蟹 *Portunus trituberculatus*	RACE
			cDNA 文库筛选
		中华绒螯蟹 *Eriocheir sinensis*	EST 和 PCR

1）非己模式识别相关蛋白

无脊椎动物固有免疫系统防御外源物质，首先要“认出”病原。区别“自己”与“非己”是生物体实现有效防御的起始步骤，也是免疫的首要问题。研究表明，无脊椎动物编码模式识别蛋白（pattern recognition receptor，PRR），用于识别病原微生物表面的病原相关分子模式（pathogen associated molecular patterns，PAMPs），以达到识别“非己”，激活免疫响应的效果。

病原相关分子模式是指存在于低等微生物细胞壁上的一些保守成分，它们对维持微生物基本生命活动至关重要，并且很少发生变异。PAMPs 至少具有以下几个特点：① 为某一大类或某几大类病原体所共有，故其所代表的是一种分子模式（molecule pattern）而非某一特定结构，宿主可通过 PRR 对 PAMP 的识别作用达到区分异己的目的。② 是病原体的保守结构成分且是微生物生存所必需的，如发生突变，将导致病原体死亡或丧失致病性。③ 通常为许多微生物所共有，宿主通过编码有限的 PRR 识别很多种病原微生物。④ 对于宿主不仅仅是感染信号，而且提供了入侵病原体的性质与类型等相关信息，PAMPs 的这种特性使宿主免疫系统可以针对性地选择对特定病原最有效的效应机制。PAMPs 广泛存在于病原体细胞表面，主要包括脂多糖（lipopolysaccharide，LPS）、β－1，3－葡聚糖、细菌脂蛋白（bacterial lipoprotein，BLP）、类脂 A、肽聚糖（peptidoglycan，PGN）、脂磷壁酸（lipoteichoicacid，LTA）、脂阿拉伯甘露聚糖（lipoarabinomanan，LAM），以及 Man、ManNAc、GlcNAc、Fuc 等为末端糖基的糖结构以及 CpG，双链 RNA 等。

无脊椎动物编码的识别 PAMPs 的受体，被称为模式识别受体（Pattern recognition receptor，PRRs），也称为模式识别蛋白（pattern recognition proteins，PRPs），其对 PAMPs 的识别被称为模式识别作用（pattern recognition）。PRRs 一旦检测到 PAMPs 的存在，就会激活下游的各种信号通路和级联反应，以调动机体有效的防御。无脊椎动物的模式识别受体

(PRRs)在结构上主要分为七种类型：肽聚糖识别蛋白、硫酯蛋白、革兰氏阴性菌结合蛋白、清道夫受体、C-型凝集素、硫依赖型凝集素和 Toll 样受体。近年来对模式识别受体的研究不断深入，发现了一些新的受体或受体特性。比如烟草天蛾中一种含有 LDL（低密度脂蛋白结合蛋白）结构域的丝氨酸蛋白酶被鉴定为模式识别受体，它识别 PAMP 中的脂蛋白，具有激活酚氧化酶级联反应通路的作用。

脂多糖-β-1，3-葡聚糖结合蛋白（LGBP）是一种多功能血浆蛋白因子，既能识别革兰氏阴性菌细胞壁成分脂多糖（lipopolysaccharide，LPS），也能识别真菌细胞壁成分 β-1，3-葡聚糖（β-1，3-glucan，βG）。在微生物入侵机体时，LGBP 在血细胞中的表达量最高，能够促进血淋巴细胞的吞噬、黑化、包囊凝集等作用，同时激活蛋白酶级联反应，引起抗菌肽合成。

C 型凝集素（C-type lectins）是一类可以和糖类结合的蛋白质，因其活性依赖于 Ca^{2+} 而被称为 C-型凝集素。C 型凝集素种类繁多，构成了一个庞大的超家族。它们多为整合型跨膜蛋白，也有水溶性蛋白，但都是多结构域分子，且具有一个共同的结构特征：含有一个约 120 个氨基酸残基的钙依赖型糖类识别区域（carbohydrate recognition domain，CRD）。根据 CRD 的一级结构，哺乳类 C 型凝集素超家族分为蛋白多糖、Ⅱ型跨膜受体、胶原凝素（collectin）、选凝素（selectin）、Ⅱ型淋巴细胞受体及巨噬细胞甘露糖受体（macrophage mannose receptor，MMR）等 6 个家族。每一家族的成员具有类似的分子结构和生物学功能。其中胶原凝素、选凝素、Ⅱ型淋巴细胞受体及巨噬细胞甘露糖受体等 4 个家族分子在抗感染、抗肿瘤、抗原递呈、免疫调节、移植排斥及炎症反应中起重要作用。

Toll 样受体（toll like receptor，TLR）是最先鉴定且研究的最深入的 PRRs。所有的 TLRs 均为Ⅰ型跨膜蛋白，其胞外结构域是由 18～31 个氨基酸组成的富含亮氨酸的重复单位（leucine-rich repeats，LRR），细胞内区域约含 200 个氨基酸，与白细胞介素-21Ⅰ型受体（IL-21RI）和白细胞介素-18 受体（IL-18R）有高度同源性。TLR 能够识别细菌、真菌、寄生虫及病毒的多种 PAMPs，包括脂质细菌细胞壁组分如脂多糖、脂肽，病原微生物蛋白组分如鞭毛蛋白，核酸如单链或双链 RNA 以及非甲基化 CpG DNA 基序等。TLRs 信号通路在免疫调节中发挥重要作用，其主要通过募集四种含有 TIR 结构的接头蛋白：MyD88、TIPAP（MAL）、TRIF（TICAM1）及 TRAM（TICAM2），信号传导途径激活 NF-κB 和 AP-1 转录因子，从而引起炎症应激因子及趋化因子的产生，也激活干扰素调节因子（interferon regulatory factors，IRFs）而引起Ⅰ型干扰素的产生。

2）丝氨酸蛋白酶级联反应相关功能基因

酚氧化酶系统是无脊椎动物特别是节肢动物特有的一套免疫机制，或者说它是无脊椎动物固有免疫系统比脊椎动物固有免疫系统多出来的一部分，是无脊椎动物固有免疫系统极为重要的成分。该系统组分多，调控复杂。目前研究较多的是节肢动物的酚氧化酶系统。与节肢动物物种多样性和分布广泛性相适应，酚氧化酶系统参与多个免疫过程，比如表皮硬化、伤口愈合、卵的褐化、细胞吞噬、黑化包被等。近年来也有报道称酚氧化酶系统参与了昆虫的变态过程。酚氧化酶系统大致可分为识别病原微生物的模式识别受体、激活前酚氧化酶的丝氨酸蛋白酶级联通路、酚氧化酶、催化酚生成黑色素的非蛋白酶促反应通路(图3.1)以及转录水平、翻译水平、酶原释放和激活过程中的调控因子等几大部分。

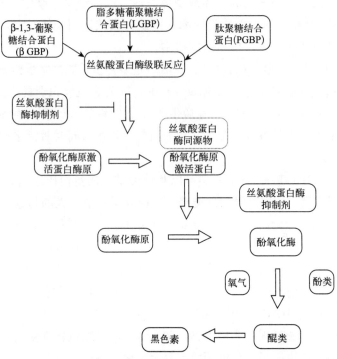

图3.1　丝氨酸蛋白酶级联反应和黑色素形成过程[1]

1917年Bloch发现人的酪氨酸酶可以催化L-3，4-二羟苯丙氨酸/L-多巴胺(L-3，4-dihydroxy phenyalamine)形成黑色素。此后，这成为检测酪氨酸酶活性的常用方法。50年代，首次在节肢动物果蝇中发现酪氨酸酶(实为酚氧化酶)活性及其激活作用。1966年，在甲壳动物黄道蟹中发现酚氧化酶蛋白，也是在这一年提出酚氧化酶系统这一概念。1969年，提出了酚氧化酶系统参与无脊椎动物免疫的观点。1971年，从家蚕 *Bombyx mori* 中纯化出第一个酚氧化酶原蛋白。1975年，从淡水螯虾中纯化得到第一个甲壳动物酚氧化酶蛋白。1997年，有报道称PO参与生殖过程。1983年，Schmidt等对酚氧化酶的底物进行了系统的研究。1990年，进一步提出酚氧化酶可能参与节肢动物的发育。1995年，第一次从淡水螯虾中克隆了节肢动物酚氧化酶原基因，由此进入了酚氧化酶系统研究的分子生物学时代。1998年，发现节肢动物血蓝蛋白在特定情况下会呈现酚氧化酶活性。2002年，证明酚氧化酶参与伤口愈合。相继多种参与酚氧化酶系统的因子被发现并获得相应的基因序列，如酚氧化酶激活酶(prophenoloxidase activating proteases，PAP)，*丝氨酸蛋白酶同源物*(serpine protease homologue，SPH)，*丝氨酸蛋白酶抑制剂* Pacifastin，Peroxinectin，模式识别丝氨酸蛋白酶(patternrecognition serine proteinase，PRSP)等。2004年，报道了酚氧化酶及其调控因子在各种条件下 mRNA 的表达规律。目前，国内外对酚氧化酶系统的研究开始转向各因子间相互作用以及酚氧化酶系统复杂的调控机制上。

　　酚氧化酶是节肢动物特有的酪氨酸酶，是节肢动物生存繁衍所必需的酶，截至目前在所有已经完成基因组测序的节肢动物中都发现了该酶的基因。现已在 30 多种节肢动物中克隆到酚氧化酶基因。多数酚氧化酶的最适 pH 值为 7.0~7.5，最适温度却从 30~55℃ 差异较大。有意思的是，同为节肢动物，昆虫一般含有多个酚氧化酶，有的甚至多达十个，而甲壳动物一般只含有一个。酚氧化酶前体——酚氧化酶原 proPO 是一个约 70 kDa 的蛋白分子。在 proPO 的激活过程中被切割掉的多肽分子量一般在 5~15 kDa 之间。酚氧化酶拥有两个保守的铜离子结合基序和一个硫脂基序。每个铜离子结合基序都含有 3 个保守的组氨酸。除了食蛛蜂（*Pimpla hypochondriaca*）酚氧化酶原外，目前所发现的酚氧化酶都没有信号肽。

　　酚氧化酶主要在昆虫的晶体细胞（crystal cell）、拟绛色细胞（oenocytoids）和甲壳动物的颗粒细胞（granular cell）等血细胞中表达。酚氧化酶原可以随血细胞浸润到节肢动物的各个组织。近来研究也表明酚氧化酶还可以通过一种尚不明确的机制，穿过表皮而进入不同组织。不管通过哪种机制，酚氧化酶活性存在于节肢动物的各个部位。在激活之前甲壳动物的酚氧化酶原会存储在颗粒细胞的细胞颗粒中，在需要的时候才释放到胞外，因而它们的活性主要在血细胞中。而昆虫血细胞不含颗粒，它们的 PO 活性主要存在于血浆而不是血细胞中。也有报道指出酚氧化酶可以分布在血细胞的表面。释放后的酶原经过蛋白酶催化水解形成有活性的酚氧化酶。

　　丝氨酸蛋白酶（Serine protease，SP）是一类广泛存在于生物界的大家族。在人中发现了175 个丝氨酸蛋白酶，在褐家鼠中有 221 个。近年来，对无脊椎动物丝氨酸蛋白酶的研究取得了长足的进展，已从按蚊中发现了 305 个，果蝇中发现了 206 个。丝氨酸蛋白酶拥有共同的保守催化结构域（Trypsin – like serine protease，TryP_ SPc），在该结构域的活性中心都有 3 个保守的氨基酸残基——组氨酸（His）、天冬氨酸（Asp）和丝氨酸（Ser），它们构成了催化三联体结构（catalytic triad），负责催化肽链的断裂。根据丝氨酸蛋白酶的序列特征、拓扑结构和功能相似性，可以把丝氨酸蛋白酶分为 72 个家族，包括胰凝乳蛋白酶家族（chymotrypsin）、枯草杆菌蛋白酶家族（subtilisin）、乳铁传递蛋白家族（lactoferrin）和黏液素家族（mucin）等。这种多样性赋予了丝氨酸蛋白酶在多个生命过程中的重要功能，比如消化、血液凝集、胚胎形成和免疫等。这些丝氨酸蛋白酶参与上述生理生化过程，大多是通过由多种丝氨酸蛋白酶组成的蛋白酶级联反应而实现的。酚氧化酶系统的丝氨酸蛋白酶级联通路由 4 种以上的丝氨酸蛋白酶组成，它们依次激活最终活化前酚氧化酶。

　　一些催化三联体的一个或多个保守残基发生突变的丝氨酸蛋白酶被证明与酚氧化酶的激活有关，被命名为丝氨酸蛋白酶同源物（serine protease homolog，SPH）。保守残基的突变，使得 SPH 失去了胰蛋白酶样的催化活性，不能行使催化功能，而是作为辅助因子协助丝氨酸蛋白酶水解前酚氧化酶。目前还没有证明蟹类的 SPH 参与酚氧化酶的激活。需要指出的是除了催化三联体中关键残基的突变外，SPH 大部分结构依然是保守的，比如都有三个底物特异性识别位点（Asn、Gly、Gly）和六个保守的半胱氨酸等。与丝氨酸蛋白酶一样，多数参与酚氧化酶系统的 SPH 也含有一个保守的 Clip 结构域。

丝氨酸蛋白酶及其同源物在无脊椎动物的一系列重要生理过程中发挥关键作用，如食物的消化、血液凝集、胚胎发育和免疫反应。许多丝氨酸蛋白酶参与了蛋白酶级联反应。为了限定蛋白酶活力水平和程度，必须有丝氨酸蛋白酶抑制剂来制衡和调节丝氨酸蛋白酶级联反应。如果蛋白酶与抑制剂之间的平衡被打破，生物体的正常生理活动就会受损害，甚至伤害生物本身以致死亡。为了更有效地降低这种不必要的蛋白酶水解反应造成的损伤，许多生物合成了多种多样的丝氨酸蛋白酶抑制剂来调控蛋白酶的活性。在过去的十几年里，已从无脊椎动物中鉴定出上百种丝氨酸蛋白酶抑制剂，足见丝氨酸蛋白酶抑制剂的重要性。根据序列特征、拓扑结构和功能相似性，丝氨酸蛋白酶抑制剂可分为 74 个家族，包括 Pacifastin、Serpin 和 Kazal 型等。

Pacifastin 是 1987 年首先在淡水螯虾中发现的一类新的蛋白酶抑制剂家族。分析表明 pacifastin 只存在于节肢动物中。淡水螯虾的 pacifastin 由两条肽链（重链和轻链）构成。其中轻链含有的一个典型的半胱氨酸排列模式对 pacifastin 三级结构的形成至关重要。需要指出的是，昆虫 pacifastin 相关肽只由一条肽链组成并且是以前体的形式存在，在翻译后再剪切生成小的成熟肽—抑制剂蛋白。尽管已经证明 pacifastin 是酚氧化酶激活的抑制剂，但具体机制尚不清楚。

Serpin 是一种重要的丝氨酸蛋白酶抑制剂家族。与只存在于节肢动物中的 pacifastin 不同，serpin 广泛分布于除真菌外的生物界中，从病毒到哺乳动物都发现了它的踪影。Serpin 一般由 350～450 个氨基酸构成，由 7～9 个 α 螺旋和 3 个 β 折叠片构成，折叠成一个保守的含有一个反应中心环（PLC）的空间结构。Serpin 可以调节多种生物过程，包括血液凝集、proPO 活化和抗菌肽的诱导合成等。

Kazal 型抑制剂最初是从牛胰腺分泌蛋白中发现的，即胰腺分泌的胰蛋白酶抑制剂（pancreatic secretory trypsin inhibitor，PSTI）。目前已经在脊椎动物、节肢动物、线虫和细菌中发现了 100 多种 kazal 型丝氨酸蛋白酶抑制剂。Kazal 型抑制剂是一类低分子量的含一个到多个重复 kazal 结构域的蛋白，每个结构域含有 50～60 个氨基酸残基，不同 kazal 型 SPIs 的结构域的组成和数目是可变的。这些结构域有相同的特征：保守的氨基酸序列、可形成 3 个二硫键的 6 个保守半胱氨酸（1－5，2－4，3－6）、典型的 VCG－x(4)－TY 序列标签和高同源性的三维结构（1～2 个短的 α－螺旋和三个绞合的反平行 β－片层）。Kazal－丝氨酸蛋白酶抑制剂在凝结过程和 proPO 激活系统中参与调控蛋白水解活性，可以利用不同的结构域抑制多个丝氨酸蛋白酶。

3）病原清除相关免疫因子

蟹类主要依靠细胞免疫和体液免疫清除病原体。细胞免疫主要指当病原体穿透体表物理屏障进入血淋巴后引发的一系列细胞防御反应，包括吞噬作用、结节形成、包囊作用和凝集反应等。体液免疫因子包括组成型表达或诱导产生的活性分子，主要是血淋巴中具有抗菌、抗病毒、溶菌、识别凝集活性的效应物，如各类抗菌因子、抗病毒因子、凝血因子、细胞激活因子、识别因子、凝集素、溶血素、溶菌酶及水解酶等各种具有免疫活性的物质。

（1）抗菌肽

抗菌肽（antimicrobial peptides，AMPs）是一类阳离子型小分子多肽，广泛分布于整个生物界，是先天免疫系统的重要组成部分。具有广谱抗菌活性，对革兰氏阳性菌和阴性菌有不同程度的抑菌或杀菌作用，对真菌、病毒、寄生虫和肿瘤也有一定的抑制作用。因其具有快速高效的抗菌作用，抗菌肽最初被称为"天然抗生素"。

（2）组织蛋白酶

组织蛋白酶（cathepsin）属于溶酶体蛋白水解酶类，自 19 世纪 20 年代首次提出组织蛋白酶的概念以来，40 年代发现了组织蛋白酶 C；在其后约 40 年的时间中有关该酶的研究进展缓慢，只有组织蛋白酶 B、H、L 陆续被鉴定并测序；直至 90 年代测定了组织蛋白酶 B 的晶体结构后，有关组织蛋白酶的研究进展迅速，越来越多的组织蛋白酶被发现；到目前为止从组织蛋白酶 A 到组织蛋白酶 Z 都已有报道。根据蛋白水解机制分类，组织蛋白酶成员大部分属于半胱氨酸蛋白酶，少数为天冬氨酸蛋白酶（组织蛋白酶 D、E）和丝氨酸蛋白酶（组织蛋白酶 A、G）；根据其底物特异性分类，组织蛋白酶又包括肽链内切酶—组织蛋白酶 B、F、H、K、L、S、V，肽链端水解酶—组织蛋白酶 B、C、H、X：氨基肽酶—组织蛋白酶 C、H，羧肽酶—组织蛋白酶 B、X。

3.2　cDNA 文库构建和 EST 序列分析

3.2.1　血细胞 cDNA 文库

我们[2]以健康三疣梭子蟹雄蟹成体为研究对象，提取血细胞总 RNA，根据 Creator Smart cDNA library construction kit（Clontech）试剂盒的使用说明构建 cDNA 文库：以纯化后的 mRNA 为模板，SMART IV Oligonucleotide 和 CDSIII/3′ PCR Primer 为引物，在反转录酶（M – MLV reverse transcriptase）作用下转录合成 cDNA 第一链。用 5′PCR 引物和 CDSIII/3′ PCR 引物经 long distance PCR（LD – PCR）合成 cDNA 第二链。双链 cDNA（ds cDNA）在 45℃条件下经蛋白酶 K（0.8mg/ml）消化 20min，然后用 SfiI 酶进行酶切，酶切产物经 1.0% 琼脂糖凝胶电泳，胶回收 1～3 kb 的片段。将回收的片段与载体（pDNR – LIB）连接后纯化，然后通过电转化导入大肠杆菌感受态细胞，37℃条件下 220 rpm/min 培养 1 h，加入终浓度为 20% 的甘油，即为全长 cDNA 原始文库，–80℃保存。随机从血细胞 cDNA 文库中选取单克隆，经 37℃培养过夜，采用碱裂解法提取质粒，使用通用引物 M13F 在 ABI3730xl 全自动 DNA 测序仪上从克隆序列的 5′端进行单向测序。文库测序之后，将所获得的序列去除大肠杆菌 DNA 序列、载体序列、接头序列和短于 100 bp 的序列，然后采用 Pharp 软件进行拼接，参数设定为 40 bp 的最小重叠和 99% 的一致性。拼接后获得由 Contigs 和 Singletons 组成的 Unigenes，将其进行 BlastX 和 BlastN 比对分析，获得注释信息。功能分类主要采用国际标准基因分类体系 Gene Ontology（GO）（http://www.geneontology.org/）。

从构建的三疣梭子蟹血细胞文库中随机挑选克隆进行测序，所获得的 EST 数据基本信息如表 3.5 所示。其中长度大于 100bp 的高质量的 ESTs 序列有 4 452 条(GenBank 注册号为 GT555584 – GT560035)，获得的血细胞 ESTs 的平均长度为 657 bp，长度分布如图 3.2 所示。4 452 条 ESTs 可拼接形成 1 066 条 Unigenes，其中包括 461 条 Contigs 和 605 条 Singletons。分析拼接后的序列发现，大部分 Contigs 是由 2～6 条 ESTs 拼接而成，只有 11 条 Contigs 是由多于 50 条的 ESTs 拼接而成(图 3.3)。

表 3.5　三疣梭子蟹血细胞 cDNA 文库 EST 数据的基本信息

类别	血细胞 cDNA 文库	类别	血细胞 cDNA 文库
所测的全部 cDNA 克隆数目	5 143	Unigene 数目	1 066
高质量 ESTs 数目	4 452	Contigs 数目	461
平均 EST 长度(bp)	657	Singletons 数目	605

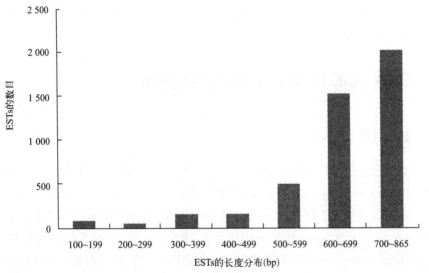

图 3.2　三疣梭子蟹血细胞 4 452 条 ESTs 的长度分布

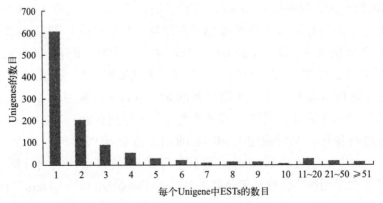

图 3.3　三疣梭子蟹血细胞 ESTs 与其所拼接形成的 Unigenes 之间的关系

通过 BLAST 比对发现，660 条 Unigenes（61.91%）与 GenBank 数据库中的基因有较高同源性（图3.4），这些比对上的 Unigenes（matched Unigenes）可以被分为三类：其中 206 条 Unigenes（占比对上的 Unigenes 的 31.21%）与公共数据库中功能已知的基因具有较高同源性，称为已知基因（known genes）；376 条 Unigenes（占比对上 Unigenes 的 56.97%）与公共数据中以"假设""像"或者"相似"命名的基因具有较高相似性，称为假设基因（putative genes）；78 条 Unigenes（占比对上 Unigenes 的 11.82%）与公共数据库中未知功能的基因有较高同源性，称为未知基因（unknown genes）。另外 406 条 Unigenes（占所有 Unigenes 的 38.09%）与公共数据库中的基因都没有同源性，称为未比对上的基因（unmatched genes）。这些新基因的发现为进一步研究三疣梭子蟹各种生命现象的分子机制提供了可能。

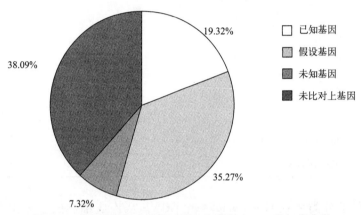

图 3.4　三疣梭子蟹血细胞 cDNA 文库 Unigenes 的初步分类

表 3.6 列出血细胞 cDNA 文库中前 20 个高丰度的 Unigenes，它们代表三疣梭子蟹血细胞中表达最丰富的基因。其中，只有 6 个 Contigs 与已知功能蛋白有较高相似性，其余 14 个均未比对上任何已知功能蛋白。在比对上的 ESTs 中，线粒体蛋白占总 ESTs（4 452 条）的 3.86%，环腺苷酸调节蛋白（cyclic AMP - regulated protein）2.14%，Crustin 类抗菌肽占 1.82%，丝氨酸蛋白酶占 0.63%。

表 3.6　三疣梭子蟹血细胞 cDNA 文库中前 20 个高丰度基因

Unigenes 名称	功能注释	EST 数目	百分比（EST 数目/总 EST 数目）
est_Contig937	hypothetical protein	545	12.24%
est_Contig936	—	146	3.28%
est_Contig935	mitochondrial DNA	138	3.10%
est_Contig933	—	99	2.22%
est_Contig932	crustin - like antimicrobial peptid	81	1.82%
est_Contig930	hypothetical protei	78	1.75%
est_Contig931	hypothetical protei	76	1.71%

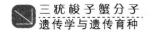
（续表）

Unigenes 名称	功能注释	EST 数目	百分比（EST 数目/总 EST 数目）
est_Contig928	hypothetical protei	75	1.68%
est_Contig929	hypothetical protei	75	1.68%
est_Contig927	—	57	1.28%
est_Contig936	cyclic AMP – regulated protein	51	1.15%
est_Contig926	cyclic AMP – regulated protein	44	0.99%
est_Contig924	hypothetical protei	42	0.94%
est_Contig921	—	38	0.85%
est_Contig923	—	38	0.85%
est_Contig934	—	38	0.85%
est_Contig938	—	36	0.81%
est_Contig920	—	35	0.79%
est_Contig922	mitochondrial DNA	34	0.76%
est_Contig925	serine protease	28	0.63%

根据国际标准分类体系 Gene Ontology（GO），从构成细胞的主要组分（Cell component）、参与细胞的分子功能（Molecular function）和生物学过程（Biological process）三个角度对血细胞 cDNA 文库中比对上的 Unigenes 进行分类（图 3.5）。根据构成的细胞成分可将血细胞 Unigenes 分为 8 类，其中细胞组分类（cellular component）所占比重最大，约占 40.8%，其次是大分子复合物（macromolecular complex）和细胞器（organelle）分别占 12.3% 和 11.8%。根据参与的分子功能，Unigenes 可以分成抗氧化（antioxidant）、结构分子（structural molecule）、转运（transporter）等 11 类。这 11 类中，结合类（binding）占 58.3%，是比例最高的，居第二位的是催化活性类（catalytic activity），约占 43.1%。根据参与的生物学过程，Unigenes 可以划分成 15 类，包括发育过程（developmental process）、凋亡（death）、生物学粘附（biological adhesion）等。其中比例最高的是细胞生理过程（cellular process）和代谢过程（metabolic process），分别占 46.0% 和 45.3%。

通过序列相似性比对和人工查找发现，在三疣梭子蟹血细胞 cDNA 文库中发现了 64 条与免疫相关的 Unigenes。这些基因可分为 6 类，分别是抗菌肽、氧化还原蛋白、黑化反应相关蛋白、分子伴侣蛋白、凝集因子和其他类别（表 3.7）。这 64 条 Unigenes 是由 333 条 ESTs 拼接而成，约占血细胞 ESTs 的 7.48%，其中 81 条 ESTs（1.82%）是 Crustins，43 条 ESTs（0.97%）是抗脂多糖因子，38 条 ESTs（0.85%）是丝氨酸蛋白酶。抗菌肽类包括 Crustins 和抗脂多糖因子，在所有免疫相关基因中所占比例最高（2.79%），其次是黑化反应相关基因和凝血因子，分别占全部 ESTs 的 1.46% 和 0.56%。

表 3.7　三疣梭子蟹血细胞 ESTs 中免疫相关功能基因的注释

基因类别	Unigenes	亚型	EST 数量	cDNA 文库	E 值	注释
抗菌肽						
抗脂多糖因子	est_Contig916	PtALF6	25	血细胞	1.00E − 15	抗脂多糖因子[Eriocheir sinensis]
	est_Contig895	PtALF7	15	血细胞	3.00E − 37	抗脂多糖因子前体[Scylla serrata]
	est_Contig682	PtALF3	3	血细胞	4.00E − 39	抗脂多糖因子[Portunus trituberculatus]
Crustin	est_Contig932	PtCrustin1	81	血细胞	3.00E − 40	Crustin 样抗菌肽[Portunus trituberculatus]
氧化还原蛋白						
谷胱甘肽过氧化物酶	est_Contig876		9	血细胞	1.00E − 112	谷胱甘肽过氧化物酶[Scylla serrata]
硫氧还蛋白	est_Contig839	PtTrx2	6	血细胞	3.00E − 28	硫氧还蛋白 2[synthetic construct]
铜/锌超氧化物歧化酶	est_Contig821		3	血细胞	8.00E − 14	铜/锌超氧化物歧化酶[Plutella xylostella]
硒蛋白	est_Contig878		4	血细胞	2.00E − 12	硒蛋白 W2[Artemia franciscana]
黑化反应相关蛋白						
丝氨酸蛋白酶	est_Contig497	PtcSP1	2	血细胞	5.00E − 15	丝氨酸蛋白酶[Rhodnius prolixus]
	est_Contig748	PtcSP2	3	血细胞	1.00E − 14	丝氨酸蛋白酶[Aedes aegypti]
	est_Contig925	PtcSP3	28	血细胞	3.00E − 09	丝氨酸蛋白酶[Aedes aegypti]
	est_Contig525	PtncSP	2	血细胞	4.00E − 62	前酚氧化酶激活酶 2[Penaeus monodon]
丝氨酸蛋白酶同源物	est_Contig755		3	血细胞	1.00E − 114	酚氧化酶激活酶原因子[Portunus trituberculatus]
Kazal 型蛋白酶抑制剂	est_Contig908	PtKPI1	1	血细胞	5.00E − 08	Kazal 型蛋白酶抑制剂[Procambarus clarkii]
	est_Contig909	PtKPI2	6	血细胞	1.00E − 07	Kazal 型蛋白酶抑制剂[Fenneropenaeus chinensis]
	est_Contig910	PtKPI3	9	血细胞	2.00E − 08	丝氨酸蛋白酶抑制剂[Procambarus clarkii]
Pacifastin	est_Contig637		10	血细胞	2.00E − 83	pacifastin[Eriocheir sinensis]
Serpin	est_482		1	血细胞	2.00E − 08	Serpin[Mus musculus]

（续表）

基因类别	Unigenes	亚型	EST 数量	cDNA 文库	E 值	注释
伴侣蛋白						
钙网织蛋白	est_Contig810		5	血细胞	1.00E-146	钙网织蛋白前体[*Fenneropenaeus chinensis*]
葡萄糖调节蛋白 78	est_Contig720		1	血细胞	0	葡萄糖调节蛋白 78[*Fenneropenaeus chinensis*]
Hsp60	est_Contig492		2	血细胞	1.00E-58	假定的 Hsp60 蛋白[*Pediculus humanus corporis*]
Hsp70	est_Contig705		3	血细胞	0	热休克蛋白 70[*Callinectes sapidus*]
Hsp90	est_Contig879		7	血细胞	0	90 kDa 热休克蛋白[*Eriocheir sinensis*]
凝结蛋白						
血凝素	est_350		1	血细胞	3.00E-37	血凝素[*Callinectes sapidus*]
转谷氨酰胺酶	est_Contig859		8	血细胞	2.00E-87	转谷氨酰胺酶[*Pacifastacus leniusculus*]
凝血因子	est_Contig925		12	血细胞	1.00E-31	凝血因子前体[*Ixodes scapularis*]
整联蛋白	est_Contig769		4	血细胞	2.00E-85	整联蛋白[*Pacifastacus leniusculus*]
其他免疫因子						
14-3-3 蛋白	est_Contig833		5	血细胞	1.00E-120	14-3-3 样蛋白[*Penaeus monodon*]
铁蛋白	est_Contig889		9	血细胞	8.00E-76	铁蛋白[*Litopenaeus vannamei*]
溶菌酶	est_451		1	血细胞	6.00E-43	溶菌酶[*Portunus trituberculatus*]
抑制素	est_245		1	血细胞	7.00E-77	抑制素[*Litopenaeus vannamei*]
钙蛋白酶	est_Contig740		3	血细胞	1.00E-119	钙蛋白酶 B[*Gecarcinus lateralis*]
亲环蛋白	est_Contig854		6	血细胞	1.00E-68	亲环蛋白 A[*Penaeus monodon*]
胸腺肽	est_Contig912		2	血细胞	2.00E-35	胸腺肽重复蛋白 1[*Eriocheir sinensis*]

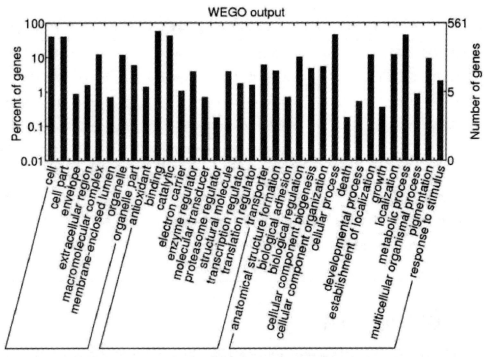

图 3.5　根据 Gene Ontology(GO)分类标准对三疣梭子蟹血细胞 Unigenes 进行功能分类

申望等[3]利用 SMART 技术也构建了三疣梭子蟹血细胞全长 cDNA 文库，该文库总容量为 5.7×10^7 pfu。随机挑取 288 个阳性克隆用 M13F 引物进行菌落 PCR 验证。随机选取 74 个克隆进行测序，获得 70 条高质量的全长 cDNA 序列，Stackpack 软件拼接得到 23 个 Unigenes，其中包括 6 个 Contigs 和 17 个 Singletons。通过 Blastx 比对，共有 18 个 Unigenes 与 NCBI 非冗余蛋白质数据库中的蛋白质序列存在显著相似性(表 3.8)。这些基因主要与多肽或蛋白合成相关，只有 4 个与免疫相关基因，分别是 hyastatin、C – reactive protein – 1、profilin 和 masquerade – like protein。

表 3.8　三疣梭子蟹 cDNA 文库部分全长 cDNA Blast 比对结果[3]

频率	同源功能蛋白	序列相似性最高物种	E 值	同源性
2	核糖体蛋白 S18	长牡蛎 *Crassostrea gigas*	1e – 61	111/131（84%）
7	抑制蛋白	致倦库蚊 *Culex quinquefasciatus*	1e – 20	54/126（42%）
37	Hyastatin 前体	互爱蟹 *Hyas araneus*	6e – 04	26/53（49%）
2	延伸因子 1 – α	日本囊对虾 *Marsupenaeus japonicus*	1e – 25	58/64（90%）
2	半胱氨酸蛋白酶抑制剂 A	褐家鼠 *Rattus norvegicus*	1e – 14	36/89（40%）
3	C – 反应蛋白 – 1	圆尾鲎 *Carcinoscorpius rotundicauda*	2e – 06	51/216（23%）
1	60S 核糖体蛋白 L13A	穴居狼蛛 *Lycosa singoriensis*	5e – 33	138/202（68%）
1	40S 核糖体蛋白 S27E	缅因龙虾 *Homarus americanus*	1e – 42	80/84（95%）

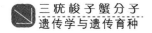

（续表）

频率	同源功能蛋白	序列相似性最高物种	E 值	同源性
1	核糖体蛋白 L35	印鼠客蚤 *Xenopsylla cheopis*	4e − 33	88/123（71%）
1	血管内皮生长因子	大乳头水螅 *Hydra magnipapillat*	5e − 12	40/133（30%）
1	核糖体蛋白 S13	爪蟾 *Xenopus tropicalis*	4e − 70	129/150（86%）
1	GH21223	果蝇 *Drosophila grimshawi*	2e − 15	38/66（57%）
1	60S 核糖体蛋白 L28	虎纹捕鸟蛛 *Ornithoctonus huwena*	9e − 27	56/110（50%）
1	60S 核糖体蛋白 L44	人头虱 *Pediculus humanus corporis*	1e − 39	84/103（81%）
1	masquerade – 样蛋白	软尾太平蝲 *Pacifastacus leniusculus*	1e − 53	102/173（58%）
1	60S 核糖体蛋白 L13A	穴居狼蛛 *Lycosa singoriensis*	4e − 77	138/202（68%）
1	果糖 – 1, 6 – 二磷酸醛缩酶	*Oncometopia nigricans*	2e − 166	296/365（81%）
1	几丁质酶	*Ajellomyces dermatitidis*	1e − 04	63/165（38%）

3.2.2　眼柄 cDNA 文库

我们[2]以健康三疣梭子蟹雄蟹成体为研究对象，剥离三疣梭子蟹眼柄并加液氮进行研磨，提取眼柄总 RNA，根据 Creator Smart cDNA library construction kit（Clontech）试剂盒的使用说明构建 cDNA 文库。三疣梭子蟹眼柄 cDNA 文库，库容为 5.6×10^5 克隆。从眼柄文库中随机挑选克隆进行测序，所得到 EST 数据基本信息如表 3.9 所示。从随机挑选的 5 361 个克隆中共获得 4 606 条大于 100 bp 的高质量 ESTs 序列（GT560036 ~ GT564641），这些 ESTs 的平均长度为 630 bp，长度分布如图 3.6。眼柄 4 606 条 ESTs 可拼接成形成 510 条 Unigenes，其中包括 301 条 Contigs（占所有 Unigenes 的 59.02%）和 209 条 Singletons（40.98%）。分析拼接后的序列发现，大部分 Contigs 是由 2 ~ 6 条 ESTs 拼接而成，只有 15 条 Contigs 是由多于 50 条的 ESTs 拼接而成的（图 3.7）。

表 3.9　三疣梭子蟹眼柄 cDNA 文库 EST 数据的基本信息

类别	眼柄 cDNA 文库
所测量的全部 cDNA 克隆数目	5 361
高质量 ESTs 数目	4 606
平均 EST 长度（bp）	630
Unigene 数目	510
Contigs 数目	301
Singletons 数目	209

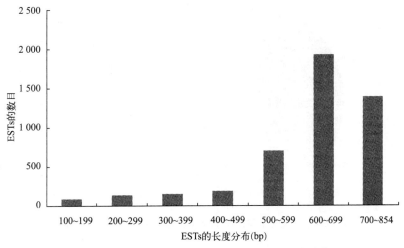

图 3.6　三疣梭子蟹眼柄 4 606 条 ESTs 的长度分布

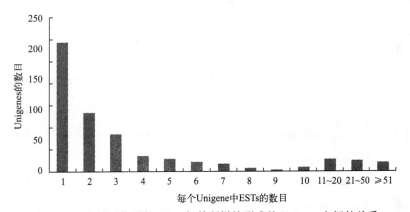

图 3.7　三疣梭子蟹眼柄 ESTs 与其所拼接形成的 Unigene 之间的关系

通过 BLAST 比对发现，365 条 Unigenes（71.57%）与 GenBank 数据库中的基因有较高同源性（图 3.8），其中已知基因 181 条，占比对上 Unigenes 的 49.59%；假设基因共有 125 条，占比对上 Unigenes 的 34.25%；未知基因 59 条 Unigenes，占比对上 Unigenes 的 16.16%。除此以外，145 条 Unigenes（占所有 Unigenes 的 28.43%）与公共数据库中的基因都没有同源性，是未比对上的基因。

表 3.10 列出眼柄 cDNA 文库中前 20 个高丰度的 Unigenes，它们代表三疣梭子蟹眼柄中表达最丰富的基因。其中，只有 5 个 Contigs 是假设功能蛋白或未知功能蛋白，其余 15 个是已知功能蛋白。眼柄中绝大多数已知功能蛋白是视蛋白（opsin）和线粒体蛋白，分别占总 ESTs（4 606 条）的 15.20% 和 7.25%，其次是肌动蛋白（actins）占 4.39%，表皮前蛋白（cuticle proprotein）占 3.89%，抗脂多糖因子占 2.50%，精氨酸激酶（arginine kinase）占 2.19%。

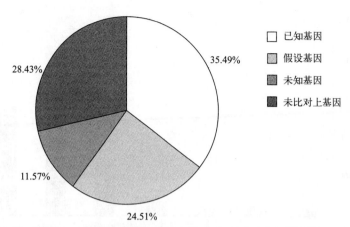

图 3.8 三疣梭子蟹眼柄 cDNA 文库 Unigenes 的初步分类

表 3.10 三疣梭子蟹眼柄 cDNA 文库中前 20 个高丰度基因

Unigenes 名称	功能注释	EST 数目	百分比(EST 数目/总 EST 数目)
est2_Contig374	mitochondrial DNA	334	7.25%
est2_Contig375	opsin	302	6.56%
est2_Contig373	—	299	6.49%
est2_Contig376	actin	202	4.39%
est2_Contig372	Compound eye opsin	200	4.34%
est2_Contig371	hypothetical protein	170	3.69%
est2_Contig376	hypothetical protein	165	3.58%
est2_Contig369	Arginine kinase	101	2.19%
est2_Contig372	opsin	101	2.19%
est2_Contig370	cuticle proprotein	93	2.02%
est2_Contig371	hypothetical protein	87	1.89%
est2_Contig377	cuticle proprotei	86	1.87%
est2_Contig368	anti – lipopolysaccharide factor	63	1.37%
est2_Contig365	opsin	53	1.15%
est2_Contig367	anti – lipopolysaccharide factor	52	1.13%
est2_Contig364	cytochrome c oxidase subunit I	44	0.96%
est2_Contig375	opsin	44	0.96%
est2_Contig363	cytochrome b	38	0.83%
est2_Contig361	—	35	0.76%
est2_Contig366	sarcoplasmic calcium – binding protein	34	0.74%

根据国际标准分类体系 Gene Ontology（GO），从构成细胞的主要成分、参与细胞的分子功能和生物学过程三个角度对眼柄 cDNA 文库中比对上的 Unigene 进行分类（图 3.9）。根据构成的细胞成分，眼柄 Unigenes 可分为 9 类。其中，细胞组分类所占比重最大，约占 38.4%；其次是细胞器和大分子复合物，分别占 13.1% 和 11.9%。根据参与的分子功能，Unigenes 可以分成抗氧化、结构分子、转运等 11 类。这 11 类中，结合类占 49.7%，是比例最高的，居第二位的是催化活性类约占 34.5%。根据参与的生物学过程，Unigenes 可以划分成 12 类，包括发育过程、凋亡、生物学粘附等。其中比例最高的是细胞生理过程和代谢过程，分别占 40.8% 和 35.1%。

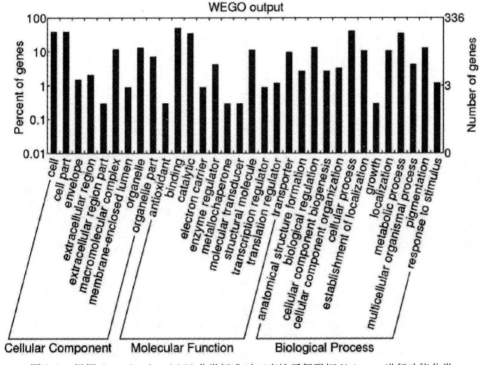

图 3.9　根据 Gene Ontology(GO)分类标准对三疣梭子蟹眼柄 Unigenes 进行功能分类

通过序列相似性比对和人工查找发现，从三疣梭子蟹眼柄 cDNA 文库中发现了 35 条免疫相关基因。这些基因可分为 4 类，分别是抗菌肽、氧化还原蛋白、黑化反应相关蛋白和其他类别（表 3.11）。这 35 条 Unigenes 是由 269 条 ESTs 拼接而成，约占眼柄 ESTs 的 5.84%。其中，148 条 ESTs（全部 ESTs 的 3.21%）是抗脂多糖因子，25 条 ESTs（0.54%）是铁蛋白（Ferritin），21 条 ESTs（0.46%）是 Crustins。抗菌肽类包括 Crustins 和抗脂多糖因子，是所有免疫相关基因中所占比例最高的(3.67%)，其次是黑化反应相关基因，占全部 ESTs 的 0.56%。

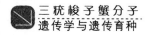

表 3.11 三疣梭子蟹眼柄 ESTs 中免疫相关功能基因的注释

基因类别	Unigenes	亚型	EST 数量	cDNA 文库	E 值	注释
抗菌肽						
抗脂多糖因子	est2_Contig367	PtALF1	26	眼柄	3.00E-48	抗脂多糖因子[*Portunus trituberculatus*]
	est2_Contig355	PtALF2	2	眼柄	1.00E-39	抗脂多糖因子[*Portunus trituberculatus*]
	est2_Contig368	PtALF3	63	眼柄	1.00E-36	抗脂多糖因子[*Portunus trituberculatus*]
	est2_Contig114	PtALF4	2	眼柄	3.00E-12	抗脂多糖因子[*Litopenaeus stylirostris*]
	est2_Contig207	PtALF5	3	眼柄	6.00E-09	抗脂多糖因子 2[*Marsupenaeus japonicus*]
	est2_Contig369	PtALF6	52	眼柄	2.00E-16	抗脂多糖因子[*Eriocheir sinensis*]
Crustin	est_Contig183	PtCrustin1	3	眼柄	3.00E-56	crustin-样抗菌肽[*Portunus trituberculatus*]
	est_Contig304	PtCrustin2	7	眼柄	2.00E-09	crustin-样抗菌肽[*Panulirus argus*]
	est_Contig346	PtCrustin3	11	眼柄	6.00E-40	carcinin[*Portunus pelagicus*]
氧化还原蛋白						
硫氧还蛋白	est2_Contig311	PtTrx1	7	眼柄	1.00E-43	Trx1, 硫氧还蛋白[*Eriocheir sinensis*]
黑化反应相关蛋白						
丝氨酸蛋白酶	est2_Contig315	PtcSP4	1	眼柄	1.00E-16	酚氧化酶原激活酶 2[*Penaeus monodon*]
	est2_Contig316	PtcSP5	7	眼柄	3.00E-18	Clip 结构域丝氨酸蛋白酶 1[*Penaeus monodon*]
Kazal-型丝氨酸蛋白酶抑制剂	est2_Contig278	PtKPI4	5	眼柄	2.00E-07	Kazal-型蛋白酶抑制剂 EPI9[*Phytophthora infestans*]
Serpin	est2_Contig338		11	眼柄	1.00E-11	Serpin[*Mus musculus*]
Antistasin	est2_Contig189		2	眼柄	3.00E-09	antistasin-样蛋白[*Haliotis discus discus*]
其他免疫因子						
14-3-3 蛋白	est2_Contig144		2	眼柄	1.00E-96	14-3-3-样蛋白[*Penaeus monodon*]
铁蛋白	est2_Contig352		25	眼柄	7.00E-75	铁蛋白[*Litopenaeus vannamei*]
抑制素	est2_Contig250		3	眼柄	1.00E-30	抑制素[*Litopenaeus vannamei*]

　　我们在三疣梭子蟹血细胞和眼柄 cDNA 文库中发现了许多共有的免疫相关基因（表 3.12）。许多免疫基因在血细胞 ESTs 中所占的比重高于其在眼柄 ESTs 中的比重，如 Crustin（1.82%/0.46%）、丝氨酸蛋白酶（0.85%/0.17%）、Kazal 型蛋白酶抑制剂（0.36%/0.11%）、14 - 3 - 3（0.11%/0.04%）。而抗脂多糖因子（3.21%/0.97%）、硫氧还蛋白（0.15%/0.13%）、Serpin 蛋白酶抑制剂（0.24%/0.02%）、铁蛋白（0.54%/0.20%）和 Prohibtin（0.07%/0.02%）在眼柄 ESTs 中所占比重高于血细胞 ESTs 中的比重。

表 3.12　三疣梭子蟹血细胞和眼柄 cDNA 文库中共有免疫相关基因的数量和百分比

基因类别	血细胞 ESTs		眼柄 ESTs	
	数量	百分比	数量	百分比
ALF	43	0.97%	148	3.21%
Crustin	81	1.82%	21	0.46%
硫氧还蛋白	6	0.13%	7	0.15%
丝氨酸蛋白酶	38	0.85%	8	0.17%
Kazal 型丝氨酸蛋白酶抑制剂	16	0.36%	5	0.11%
Serpin	1	0.02%	11	0.24%
14 - 3 - 3	5	0.11%	2	0.04%
铁蛋白	9	0.20%	25	0.54%
抑制素	1	0.02%	3	0.07%

　　除上述基因，在三疣梭子蟹血细胞和眼柄中还发现了多种其他免疫相关基因，如分子伴侣、凝集因子和一些其他免疫分子。这些免疫基因的获得为进一步克隆和研究三疣梭子蟹功能基因奠定基础，将有助于我们深入理解蟹类先天免疫防御机制。

　　综上所述，从没有经过扩增的非均一化原代 cDNA 文库（non - normalized primary library）中获得的 ESTs 能够反映出三疣梭子蟹相应 mRNA 转录组的特性。从三疣梭子蟹血细胞 cDNA 文库所获得的 1 066 条 Unigenes 中，56.75% 仅由一条 EST 拼接成；同时，只有 11 条 Unigenes 是由超过 50 条的 ESTs 拼接而成。从眼柄 cDNA 文库所获得的 510 条 Unigenes 中，40.98% 仅由一条 EST 拼接成；同时，只有 15 条 Unigenes 是由超过 50 条的 ESTs 拼接而成。这两点反映出建库所用三疣梭子蟹血细胞和眼柄转录组的基因多样性。另一方面，用于构建 cDNA 文库的血细胞和眼柄转录组也具有一定的复杂性。34.84%（1 551 条 ESTs）的血细胞 ESTs 和 30.55%（1 407 条 ESTs）的眼柄 ESTs 是未知基因或者说是公共数据库中尚未报道的新基因，这可能是由两方面原因造成的。首先，数据库中甲壳动物特别是蟹类基因和基因组序列信息相对较少；其次，这部分未识别的基因可能是蟹类特异表达的基因。因此，这些潜在的未知功能基因可能在蟹类进化过程具有重要功能。

获得并分析 EST 是收集基因组信息和确定功能基因的有效方法。三疣梭子蟹血细胞和眼柄 EST 数据中未知基因的发现为进一步研究三疣梭子蟹各种独特生命现象的分子机制提供了可能。与公共数据库中已知基因具有同源性的三疣梭子蟹基因的功能注释，使研究人员可以对三疣梭子蟹免疫、生长、发育、代谢等各种生命过程的分子机制进行深入研究。血细胞和眼柄 ESTs 的比较分析有助于确定组织特异性基因，了解不同组织的基因表达模式。

从三疣梭子蟹非均一化的 cDNA 文库中获得的大量 ESTs 能够反映出相应组织的基因表达特性。在三疣梭子蟹血细胞文库中，最主要的功能分类是免疫功能基因，而眼柄 cDNA 文库显示出不同的表达模式，其主要的功能分类是参与视觉和内分泌系统的基因。在三疣梭子蟹血细胞和眼柄文库中共发现 6 类免疫相关基因，分别是抗菌肽、氧化还原蛋白、黑化反应相关蛋白、分子伴侣、凝集因子及其他类别。血细胞文库中大量免疫相关基因的发现再次提示血细胞是甲壳动物的重要免疫组织。眼柄文库中免疫相关基因的种类和数量提示眼柄可能在甲壳动物免疫系统中发挥重要作用。

在三疣梭子蟹血细胞和眼柄文库中，5 种免疫相关基因存在多种相应的蛋白亚型，包括抗脂多糖因子 7 种亚型 PtALF1 ~ PtALF7、Crustin 3 种亚型 PtCrustin1 ~ PtCrustin3、硫氧还蛋白 2 种亚型 PtTrx1 ~ PtTrx12、带 clip 结构域的丝氨酸蛋白酶 5 种亚型 PtcSP1 ~ PtcSP5 和 kazal 型蛋白酶抑制剂（PtKPI1 ~ PtKPI4）。值得注意的是这两个文库中包含同一免疫基因的不同亚型。这些组织特异性蛋白亚型可能是由不同的祖先进化而来，在蟹的免疫系统中发挥不同作用。

3.2.3 鳃 cDNA 文库

三疣梭子蟹作为一种海洋蟹类，水体的盐度对其分布和洄游路线有重要影响。因此，为了了解三疣梭子蟹渗透压调节的分子机制、查找参与盐度适应的基因，Xu 等[4]利用 SMART 技术构建了盐度刺激下三疣梭子蟹鳃 cDNA 文库。将成熟雄性三疣梭子蟹分为两组，分别于 18℃ 在盐度为 10 和 35 的条件下驯化。分别在刺激后的第 3、第 4 和第 5 天从两组中各取两只蟹，对 12 只蟹进行鳃总 RNA 提取。根据 SMART cDNA Library Construction Kit 说明方法构建三疣梭子蟹鳃 cDNA 文库。从文库中挑取阳性克隆，用 M13 通用引物在 ABI 3730 自动测序仪上进行 5′端测序。

从该文库中随机测序获得 4 433 条高质量 ESTs 序列（GenBank 注册号 GW397727 - GW402159），序列平均长度 748 bp。用 CAP3 软件对 EST 序列进行拼接，共获得 2 426 条 Unigenes，其中包括 238 条 contigs 和 2 188 条 singletons。BLAST 比对发现，858 条 Unigenes（35.4%）与数据库中的基因有较高的同源性（E 值 < 10^{-4}）。64.6%（1 568/2 426）的 Unigenes 是未比对上的基因。注释显示，1.7% 的基因属于蛋白酶类，5.2% 的基因属于核糖体蛋白类，6.9% 的线粒体转录本（图 3.10）。GO 分析表明，858 条 Unigenes 被分为细胞成分、分子功能和生物学过程三个不同的类别。生物学过程中最大的亚类是细胞生理过程，占该类 Unigenes 的 26%；第二大亚类是新陈代谢，占 21%。最主要的

分子功能类别有离子结合和蛋白结合，分别占该类 Unigenes 的 17% 和 15%。细胞成分序列中，46% 的位于细胞质中，33% 的属于膜结合细胞器。这些高水平表达的基因表明，鳃细胞在进行快速生长和新陈代谢，符合三疣梭子蟹的生理状态。

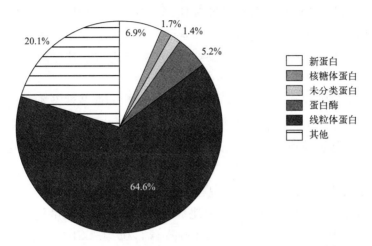

图 3.10　三疣梭子蟹鳃 cDNA 文库 Unigenes 的初步分类[4]

　　根据基因功能注释信息和已发表文章，从三疣梭子蟹鳃 cDNA 文库中发现了 292 条与盐度适应相关的基因，包括 629 条 ESTs 序列，占所有 Unigenes 的 12.0%（292/2 426），所有 ESTs 序列的 14.2%（629/4 433）。这些基因可进一步分为 7 个功能类群：活性氧清除剂（5.4%）、转运蛋白（15.8%）、应激蛋白（11.0%）、信号转导（13.7%）、蛋白合成（22.4%）、转录（13.7%）以及新陈代谢和能量（17.5%）。

　　在盐度胁迫下，造成机体损伤的一个重要原因可能是氧自由基（reactive oxygen species，ROS）的产生。活性氧清除作为非生物反应的一个重要组成部分，在各种广盐性蟹类物种中得到证明，其中包括谷胱甘肽过氧化物酶（GPx）、超氧化物歧化酶（SOD）、过氧化氢酶（CAT）和谷胱甘肽还原酶（GR）。在三疣梭子蟹鳃 cDNA 文库中发现了 20 条 ESTs 序列与 ROS 清除相关，如 Thioredoxin - 2（Contig30），SOD（Contig230、PT0022B06、PT0037H12 和 PT0004F09），CAT（PT0026G08）和 GPx（PT0027A07）。这些 ROS 清除酶转录本表明三疣梭子蟹具有有效的在盐度环境下解毒的途径。

　　在广盐物种中，对不同环境盐度的适应引起离子转运机制的改变或激活。在广盐蟹类中大量的研究表明，对盐度的适应性反应主要依赖于鳃中渗透机制相关离子—转运体基因表达的调节。例如钠/钾 ATP 酶 α 亚基、钠/钾/2Cl 共转运体和 V 型 ATP 酶等基因 mRNA 表达显著增加。在该文库中发现了各种离子转运体，包括钠/钾 ATP 酶（7 ESTs）、V 型质子 ATP 酶（4 ESTs）、碳酸氢钠协同转运蛋白 3（PT0035B12，PT0039E09）、质膜钙转运 ATP 酶 3（PT0027F02）和钙离子通道 exc - 4（PT0038E08）。众所周知，ATP 酶属于多基因家族，因此今后的研究只需集中于分析哪些亚家族是盐度调节的以及盐度调节是否在转录水平上。

当暴露于胁迫环境时，某些蛋白的表达增加暗示胁迫调节器的存在以调节这种环境。在这些调节器中，热休克蛋白(HSP)在抵抗胁迫的分子防御机制中发挥关键性作用。在甲壳动物中，渗透胁迫和环境胁迫能够显著增加 HSPs 的表达。在三疣梭子蟹鳃 cDNA 文库中，发现的热休克蛋白基因包括 Hsp60、Hsp70 和 Hsp90。除此之外，在该文库中，抗脂多糖因子(ALF)表达水平也非常高，作为一种抗菌肽，ALF 在多种生物的先天免疫系统中发挥重要作用。因此，ALFs 的高水平表达暗示其可能参与三疣梭子蟹盐度调节过程。

渗透胁迫通常伴随着细胞体积的改变，而细胞体积的调节涉及细胞内信号转导的多样性。在鳃 cDNA 文库中，共获得至少 107 条与盐度适应元件或转录调节相关的 ESTs 序列，这就表明在盐度胁迫下，三疣梭子蟹具有有效的信号级联反应。这些基因中的某些可能是潜在的盐度适应信号传感器。此外，115 个 ESTs 序列属于蛋白合成和定位基因，其中泛素是表达丰度最高的基因(包含 75 个 ESTs 序列)。

盐度驯化和细胞应激反应一般是需要能量的过程。因此，能量代谢的活化是盐度适应的必要条件。在鳃 ESTs 序列中，51 条 Unigenes (205 条 ESTs)与能量代谢过程相关，包括一些典型的能量代谢相关基因如谷氨酰胺合成酶(6 个 ESTs)、谷氨酸脱氢酶(7 个 ESTs)、果糖二磷酸醛缩酶(7 个 ESTs)和烯醇化酶(2 ESTs)，这表明在盐度适应过程中也需要消耗较高的能量。

目前，公共数据库中尚没有任何一种甲壳动物的全基因组信息。从文库中获得的 4 522 条血细胞 ESTs、4 606 条眼柄 ESTs 序列和 4 433 条鳃 ESTs 序列，将对未来三疣梭子蟹基因组或转录组的测序工作提供有益的参考。总之，13 561 条高质量 ESTs 的获得，不仅丰富了三疣梭子蟹的基因组信息，使得人们或将有条件揭示三疣梭子蟹生命现象的分子机制，也为未来基因组测序和鉴定重要基因提供便利。

3.3 抗菌肽

3.3.1 抗脂多糖因子(ALF)

抗脂多糖因子(anti‑lipopolysaccharide factor，ALF)是近年来才有较多研究的一种抗菌肽，它具有抗菌和脂多糖(lipopolysaccharide，LPS)结合活性，可以调节细胞的脱颗粒作用，并引起细胞内的一系列级联反应，在固有免疫系统中发挥极其重要的作用。ALF 最早是在北美鲎血细胞中发现，该蛋白可以阻断内毒素介导的鲎血液凝集反应的激活，而被命名为抗脂多糖因子。随后的实验验证了鲎 ALF 可以调节脂多糖介导的凝血反应，并确认其分子大小为 15 kDa 左右。晶体结构分析表明：ALF 的 LPS 结合域呈现环状结构。ALF 有很强的中和内毒素和抗菌作用，可以中和不同的革兰氏阴性菌。

我们在三疣梭子蟹眼柄和血细胞 cDNA 文库中共发现 191 条 EST 序列与 ALF 高度同源，它们分属于 7 种不同的 ALF 亚型(PtALF1 ~ PtALF7，表 3.13)[2,5-9]，其中，

PtALF1、PtALF2、PtALF4 和 PtALF5 仅在眼柄文库中发现，PtALF7 仅在血细胞文库中发现，PtALF3 和 PtALF6 在两个库中均有发现。这是目前为止，在甲壳动物中发现的种类最多的抗脂多糖因子亚型。在眼柄文库中，PtALF3 包括 63 条 ESTs，占全部眼柄 ESTs（4 606 条）的 1.36%，是眼柄中所占比例最高的 ALF 亚型，其次是 PtALF6（52 条 ESTs，1.13%）和 PtALF1（26 条 ESTs，0.56%）。在血细胞文库中，PtALF6 包括 25 条 ESTs，占全部血细胞 ESTs（4 452 条）的 0.56%，是血细胞中含量较为丰富的亚型，而 PtALF7 和 PtALF3 分别包含 15 条 ESTs（0.34%）和 3 条 ESTs（0.07%），含量较少。

表 3.13　三疣梭子蟹血细胞和眼柄中 ALF EST 序列信息

Unigenes	Isoform	No	文库	E 值	注释
est2_Contig367	PtALF1	26	眼柄	3.00E – 48	抗脂多糖因子[三疣梭子蟹]
est2_Contig355	PtALF2	2	眼柄	1.00E – 39	抗脂多糖因子[三疣梭子蟹]
est2_Contig368	PtALF3	63	眼柄	1.00E – 36	抗脂多糖因子[三疣梭子蟹]
est_Contig682	PtALF3	3	血细胞	4.00E – 39	抗脂多糖因子[三疣梭子蟹]
est2_Contig114	PtALF4	2	眼柄	3.00E – 12	抗脂多糖因子[南美蓝对虾]
est2_Contig207	PtALF5	3	眼柄	6.00E – 09	抗脂多糖因子2[日本囊对虾]
est2_Contig369	PtALF6	52	眼柄	2.00E – 16	抗脂多糖因子[中华绒螯蟹]
est_Contig916	PtALF6	25	血细胞	1.00E – 15	抗脂多糖因子[中华绒螯蟹]
est_Contig895	PtALF7	15	血细胞	3.00E – 37	抗脂多糖因子前体[锯缘青蟹]

测序获得 PtALF1 ~ PtALF7 全长 cDNA 序列，包括 5′非编码区（5′UTR）、3′非编码区（3′UTR）和完整的开放读码框（ORFs）（表 3.14）。PtALF1 cDNA 全长 1 138 bp（GenBank 注册号为 HM627757），包括 112 bp 的 5′非编码区、747 bp 的 3′非编码区和 279 bp 的开放读码框，编码 92 个氨基酸；PtALF2 cDNA 全长 1 052 bp（GenBank 注册号为 HM627758），包括 152 bp 的 5′非编码区、573 bp 的 3′非编码区和 327 bp 的开放读码框，编码 108 个氨基酸；PtALF3 cDNA 全长 1 057 bp（GenBank 注册号为 GQ165621），包括 108 bp 的 5′非编码区、577 bp 的 3′非编码区和 372 bp 的开放读码框，编码 123 个氨基酸。PtALF1 ~ PtALF3 均包含多聚腺苷酸加尾信号 AATAAA 和 polyA 尾巴。PtALF1 和 PtALF3 的 N 端有一段长度为 26 个氨基酸残基的信号肽序列，PtALF2 的 N 端有一段长度为 11 个氨基酸残基的信号肽，这三种亚型信号肽剪切位点相同，都是在 N 端的 Ala（A）和 Gln（Q）之间。PtALF1 ~ PtALF3 均包含两个保守的半胱氨酸残基。PtALF1 蛋白成熟肽段包含 66 个氨基酸残基，预测的分子量为 7.96 kDa，等电点为 9.46。PtALF2 和 PtALF3 蛋白成熟肽段的氨基酸序列相同，均包含 97 个氨基酸残基，预测的分子量为 11.35 kDa，等电点为 10.17。PtALF4 cDNA 全长为 1 353 bp（GenBank 注册号为 JF756050），包括 80 bp 的 5′非编码区、895 bp 的 3′非编码区和 378 bp 的开放读码框，编码 125 个氨基酸。PtALF4 蛋白的 N 端有一段长度为 25 个氨基酸的信号肽序列，

蛋白内部包含两个保守的半胱氨酸残基。PtALF4 蛋白成熟肽段包含 100 个氨基酸，预测的分子量为 11.20 kDa，等电点为 9.07。PtALF5 cDNA 全长为 1 045 bp（GenBank 注册号为 JF756051），包括 84 bp 的 5′非编码区、598 bp 的 3′非编码区和 363 bp 的开放读码框，编码 120 个氨基酸。PtALF5 蛋白的 N 端有一段长度为 20 个氨基酸的信号肽序列，蛋白内部包含两个保守的半胱氨酸残基。PtALF5 蛋白成熟肽段包含 100 个氨基酸，预测的分子量为 11.57 kDa，等电点为 8.74。PtALF6 cDNA 全长为 669 bp（GenBank 注册号为 JF756052），包括 69 bp 的 5′非编码区、252 bp 的 3′非编码区和 348 bp 的开放读码框，编码 115 个氨基酸。PtALF6 蛋白的 N 端有一段长度为 21 个氨基酸的信号肽序列，蛋白内部包含两个保守的半胱氨酸残基。PtALF6 蛋白成熟肽段包含 94 个氨基酸，预测的分子量为 10.70 kDa，等电点为 5.84。PtALF7 cDNA 序列全长为 1 078 bp（GenBank 注册号为 JF756053），包括 76 bp 的 5′非编码区、618 bp 的 3′非编码区和 372 bp 开放读码框，编码 123 个氨基酸。PtALF7 蛋白的 N 端有一段长度为 26 个氨基酸的信号肽序列，蛋白内部包含两个保守的半胱氨酸残基。PtALF6 蛋白成熟肽段包含 97 个氨基酸，预测的分子量为 11.15 kDa，等电点为 10.24。

表 3.14　PtALF1 ~ PtALF7 全长 cDNA 序列信息

亚型	全长 cDNA（bp）	Genbank 注册号	开放读码框（bp）	编码氨基酸（aa）
PtALF1	1 138	HM627757	279	92
PtALF2	1 052	HM627758	327	108
PtALF3	1 057	GQ165621	372	123
PtALF4	1 353	JF756050	378	125
PtALF5	1 045	JF756051	363	120
PtALF6	669	JF756052	348	115
PtALF7	1 078	JF756053	372	123

核苷酸序列比对发现 PtALF1、PtALF2 和 PtAlF3 序列相似性极高（图 3.11）。与 PtALF2 和 PtALF3 相比，在 PtALF1 cDNA 序列的 369 ~ 449 位置上存在 81bp 的额外序列，该序列中的终止密码子 TGA 导致了 PtALF1 氨基酸序列的提前终止，因此 PtALF1 开放读码框只编码 92 个氨基酸残基。PtALF2 和 PtALF3 相似性最高，除了 11 个碱基的替换和 1 个碱基的插入/缺失外，其余序列完全相同；PtALF2 第 150 位置后碱基的缺失导致了其开放读码框的缩短（只编码 108 个氨基酸残基）。在氨基酸序列上，PtALF1 ~ PtALF3 在 N 端和 C 端都存在一定的多态性，而在 16 ~ 85 位具有 100% 氨基酸序列同源性。

不同亚型的 PtALF 序列相似性不同，介于 15.8% 和 87.8% 之间，其中 PtALF2 和 PtALF3 之间相似性最高（87.8%），PtALF1 和 PtALF4 相似性最低（仅为 15.8%）（表

A

```
PtALF1  GGGGATTCAG TGGGTGATGA GCTACGAGAA GTAATAACAA CAGCATCAAA AGCAACGCCA ACGAGTTTTC ATCAAGTGTT    80
PtALF2  AGGG----AG TGGGTGATGA GCTACGAGAA GTAATAACAA CAGCATCAAA AGCAACGCCA ACGAGTTTTC ATCAAGTGTT    76
PtALF3  GGGG----AG TGGGTGAGGA GCTACCAGAA ATAATAACAA CAGCATCAAA AGCAACGCCC ACCAGTTTTC ATCAAGTGTT    76
             *    ****      *        *          *                                *

PtALF1  GCCCTTGCTT CCCTCCACGA GCTTCCCTCA AG[ATG]CGGAA AGGAGTGGTG GCCGGCCTGT GCCTGGCACT GGTGGTGATG   160
PtALF2  GCCCTTGCTT CCCTCCACGA GCTTCCCTCA AGCTTCCCTCA AGGAGTGGTG GCCGGCCTGT GCCTGGCACT GGTG-TG[ATG]  155
PtALF3  GCCCTTGCTT CCCTCCACGA GCTTCCCTCA AG[ATG]CGGAA AGGAGTGGTG GCCGGCCTGT GCCTGGCACT GGTGGTGATG   156
                                                                                            *

PtALF1  TGCCTGTACC TGCCCCAGCC TTGCGAGGCT CAGTATGAGG CTCTGGTAAC TTCCATTCTT GGAAAACTCA CTGGACTGTG   240
PtALF2  TGCCTGTACC TGCCCCAGCC TTGCGAGGCT CAGTATGAGG CTCTGGTAAC TTCCATTCTT GGAAAACTCA CTGGACTGTG   235
PtALF3  TGCCTGTACC TGCCCCAGCC TTGCGAGGCT CAGTATGAGG CTCTGGTAAC TTCCATTCTT GGAAAACTCA CTGGACTGTG   236

PtALF1  GCACAACGAC TCGGTGGACT TCATGGGCCA CATTTGCTAC TTCCGCCGCC GCCCTAAGAT CAGAAGATTT AAGCTGTACC   320
PtALF2  GCACAACGAC TCGGTGGACT TCATGGGCCA CATTTGCTAC TTCCGCCGCC GCCCTAAGAT CAGAAGATTT AAGCTGTACC   315
PtALF3  GCACAACGAC TCGGTGGACT TCATGGGCCA CATTTGCTAC TTCCGCCGCC GCCCTAAGAT CAGAAGATTT AAGCTGTACC   316

PtALF1  ACGAGGGCAA GTTTTGGTGT CCTGGTTGGG CGCCTTTCGA GGGCAGGTGT AAGTATTGTG TCGTCTTC[TG A]ATTATTATT   400
PtALF2  ACGAGGGCAA GTTTTGGTGT CCTGGTTGGG CGCCTTTCGA GGGCAGGT-- ---------- ---------- ----------   363
PtALF3  ACGAGGGCAA GTTTTGGTGT CCTGGTTGGG CGCCTTTCGA GGGCAGGT-- ---------- ---------- ----------   364
                                                              **  ********** ********** **********

PtALF1  TTTTTTTTCA TACCTGAATA TTGATACTAA TCTCCGTTTG GTTTCGCAGC GAGGACAAAG AGCAGGTCGG GGTCATCCAG   480
PtALF2  ---------- ---------- ---------- ---------- ---------C GAGGACAAAG AGCAGGTCGG GGTCATCCAG   394
PtALF3  ---------- ---------- ---------- ---------- ---------C GAGGACAAAG AGCAGGTCGG GGTCATCCAG   395
        ********** ********** ********** ********** *********

PtALF1  GGAGGCCACC AAGGACTTCG TGCGCAAAGC TTTACAGAAC GGACTCGTCA CACAGCAGGA TGCTTCTCTG TGGCTGAATA   560
PtALF2  GGAGGCCACC AAGGACTTCG TGCGCAAAGC TTTACAGAAC GGACTCGTCA CACAGCAGGA TGCTTCTCTG TGGCTGAATA   474
PtALF3  GGAGGCCACC AAGGACTTCG TGCGCAAAGC TTTACAGAAC GGACTCGTCA CACAGCAGGA TGCTTCTCTG TGGCTGAATA   475

PtALF1  ACTAAAGCAG AGGAAGTGAG TGCTGTGTAC GACGAGGAGG AGAAAGAGGA TAACATGAAA GTAACTGTCT GACTTGTAAT   640
PtALF2  AC[TAA]AGCAG AGGAAGTGAG TGCTGTGTAC GACGAGGAGG AGAAAGAGGA TAACATGAAA GTAACTGTCT GACTTGTAAT   554
PtALF3  AC[TAA]AGCAG AGGAAGTGAG TGCTGTGTAC GACGAGGAGG AGAAAGAGGA TAACATGAAA GTAACTGTCT GACTTGTAAT   555

PtALF1  CATATATTTT TTTTTTCTC AAGGGACTTG CTGGTAAATG CAAGGTTAAT GAAACTATGG AGGTAGTGAA CGTGATGGAA   720
PtALF2  CATATATTTT TTTTTT-CTC AAGGGACTTG CTGGTAAATG CAAGGTTAAT GAAACTATGG AGGTAGTGAA CGTGATGGAA   633
PtALF3  CATATATTTT TTTTTT-CTC AAGGGACTTG CTGGTAAATG CAAGGTTAAT GAAACTATGG AGGTAGTGAA CGTGATGGAA   634
                       *

PtALF1  AGTCAAGTAT GTGGAGAAGT ACCACATATA TTTTTTTTTA TAGATTTTTC TAATGTACTT GCGTCTTTGC CTTTTTCTCT   800
PtALF2  AGTCAAGTAT GTGAAGAAGT ACCACATATA TTTTTTTTTA TAGATTTTTC TAATGTACTT GCGTCTTTGC CTTTTTCTCT   713
PtALF3  AGTCAAGTAT GTGAAGAAGT ACCACATATA TTTTTTTTTA TAGATTTTTC TAATGTACTT GCGTCTTTGC CTTTTTCTCT   714
                       *

PtALF1  CAGTTTCCAC CATCAGTGCC TTTGACACTT ATGCTAAAAA -CGAAATGA  AATGAAAGAA AAATAGATAT ATAATTCAA   879
PtALF2  CAGTTTCCAC CATCAGTGCC TTTGACACTT ATGCTAAAAA ACGAAATGA  AATGAAAGAA GAATAGATAT ATAATTCAA   793
PtALF3  CAGTTTCCAC CATCAGTGCC TTTGACACTT ATGCTAAAAA ACGAAATGA  AATGAAAGAA AAATAGATAT ATAATTCAA   794
                                                       *                 *

PtALF1  ACACAAAATA TATAGAAGAC GAAAAACAA GAAATCCATC ATATCTTAAC TATTATAACG GTAGTAAGCC TATTTTCTTT   959
PtALF2  ACACAAAATA TATAGAAGAC GAAAAACAA GAAATCCATC ATATCTTAAC TATTATAACG GTAGTAAGCC TATTTTCTTT   873
PtALF3  ACACAAAATA TATAGAAGAC GAAAAACAAA GAAATCCATC ATATCTTAAC TATTATAACG GTAGTAAGCC TATTTTCTTT   874

PtALF1  TTTTATGGAT GAGGTAAGAA AAAGTAATGA AACATATCTT AATTGCACTT GAGCTGTTGG ATCGTAATAG CCGTAAGACT   1039
PtALF2  TTTTATGGAT GAGGTAAGAA AAAGTAATGA AACATATCTT AATTGCACTT GAGCTGTTGG ATCGTAATAG CCGTAAGACT   953
PtALF3  TTTTATGGAT GAGGTAAGAA AAAGTAATGA AACATATCTT AATTGCACTT GAGCTGTTGG ATCGTAATAG CCGTAAGACT   954

PtALF1  TGAAAAGAC ATTCAGTTAC TTGTTGTATC TCTAAACTCT CTATAAGTGT TAATAAAGAT ATATGCTGTT GAAAAAAAAA   1119
PtALF2  TGAAAAGAC ATTCAGTTAC TTGTTGTATC TCTAAACTCT CTATAAGTGT TAATAAAGAT ATATGCTGCA AAAAAAAAAA   1033
PtALF3  TGAAAAGAC ATTCAGTTAC TTGTTGTATC TCTAAACTCT CTATAAGTGT TAATAAAGAT ATATGCTGTT AAATAAAAAA   1034
                                                                              **  *  *

PtALF1  AAAAAAAAAA AAAAAAAAA- ---                                                               1138
PtALF2  AAAAAAAAAA AAAAAAAAA- ---                                                               1052
PtALF3  AAAAAAAAAA AAAAAAAAAA AAA                                                               1057
```

B

```
                    ┌─── Signal peptide ───┐
PtALF1  MRKGVVAGLC LALVVMCLYL PQPCEAQYEA LVTSILGKLT GLWHNDSVDF MGHICYFRRR PKIRR   65
PtALF2  ---------- -----MCLYL PQPCEAQYEA LVTSILGKLT GLWHNDSVDF MGHICYFRRR PKIRR   50
PtALF3  MRKGVVAGLC LALVVMCLYL PQPCEAQYEA LVTSILGKLT GLWHNDSVDF MGHICYFRRR PKIRR   65

                                    ▼
PtALF1  FKLYHEGKFW CPGWAPFEGR ---------- ---CKYCVVF ---------- --------            92
PtALF2  FKLYHEGKFW CPGWAPFEGR SRTKSRSGSS REATKDFVRK ALQNGLVTQQ DASLWLNN            108
PtALF3  FKLYHEGKFW CPGWAPFEGR SRTKSRSGSS REATKDFVRK ALQNGLVTQQ DASLWLNN            123
```

图 3.11　PtALF1～PtALF3（A）cDNA 的核酸序列（B）推导的氨基酸序列比较图

起始密码子和终止密码子分别用方框标示，加尾信号用下划线标出，碱基替换和插入/缺失用星号（*）标出，预测的信号肽用方括号括出，保守的半胱氨酸残基用"▼"标出。

3.15）。在氨基酸序列的 N 端都含有一条信号肽序列，但是长短不一，预测的信号序列
的剪切位点在 PtALF1、PtALF2、PtALF3 和 PtALF7 中相同，都是在 N 端的 Ala（A）和
Gln（Q）之间，其他 ALF 亚型的信号肽剪切位点不同，PtALF4 的剪切位点在 Gly（G）和
Phe（F）之间；PtALF5 的剪切位点在 Gly（G）和 Gly（G）之间；PtALF6 的剪切位点在
Ala（A）和 Ala（A）之间。所有 PtALF 都含有两个保守的半胱氨酸残基，可以形成分子
内二硫键，带正电荷的氨基酸残基主要聚集在两个保守的半胱氨酸残基之间，而且其 N
末端区域高度疏水。此外，还发现了保守的结构单元 W（T）CPGWT（A）。这些结构特征
表明，PtALF1～PtALF7 与鲎的 ALF 结构的高度相似性，属于 ALF 家族成员。

表 3.15　基于氨基酸序列的 PtALF1～PtALF7 相似性比较

	PtALF2	PtALF3	PtALF1	PtALF7	PtALF6	PtALF4	PtALF5
PtALF2	—	—	—	—	—	—	—
PtALF3	0.878	—	—	—	—	—	—
PtALF1	0.585	0.707	—	—	—	—	—
PtALF7	0.593	0.691	0.487	—	—	—	—
PtALF6	0.313	0.333	0.196	0.268	—	—	—
PtALF4	0.248	0.261	0.158	0.261	0.304	—	—
PtALF5	0.277	0.294	0.173	0.294	0.208	0.387	—

　　基于 33 条不同甲壳动物的氨基酸序列，采用贝叶斯分析方法构建 ALF 系统发育
树（图 3.12）。拓扑结构显示 PtALF 亚型可分为两支：Clade Ⅰ 包括 PtALF1、PtALF2、
PtAlF3、PtALF7 以及两个亲缘物种锯缘青蟹和拟穴青蟹 ALF。其中 PtALF1、PtALF2 和
PtAlF3 关系较近，聚类为一支；PtALF7 首先与锯缘青蟹和拟穴青蟹 ALF 聚在一起，再
与 PtALF1～PtALF3 形成姐妹群。Clade Ⅱ 包括 PtALF4、PtALF5、PtAlF6 和中华绒螯蟹
ALF 以及对虾（*Litopenaeus stylirostris*）ALF，其中 PtALF4 和 PtALF5 与对虾类 ALF 先聚类
为一支，PtALF6 和中华绒螯蟹 ALF 先聚类为一支，然后两支再聚在一起。Clade Ⅱ 与
Clade Ⅰ 彼此之间关系较远，可能是由同一祖先向着不同的方向平行进化的。
　　基于 2jobA 模式，采用 Swiss-model 软件对三疣梭子蟹 PtALFs 成熟肽段进行空间结
构的预测（图 3.13）。结果显示它们与其他物种的 ALFs 在空间结构上有很大的相似性。
其中，PtALF1 由 4 个 β 折叠片和 1 个 α 螺旋组成，α 螺旋位于 N 端，后面紧连着 4 个 β
折叠片；PtALF2（或者 PtALF3）、PtALF5、PtALF6 和 PtALF7 的空间结构相同，由 4 个 β
折叠片和 3 个 α 螺旋组成，另外的两个 α 螺旋位于氨基酸序列的 C 端；PtALF4 是由 5
个 β 折叠片和 3 个 α 螺旋组成，其中靠近 C 端的 β 折叠片可能是由于某些氨基酸的改
变，造成了一个 β 折叠片断裂成为两个 β 折叠片。由于 PtALF1 氨基酸序列的提前终止，
使得 PtALF1 氨基酸序列的 C 端缺少两个 α 螺旋结构。PtALF1～PtALF7 的 β 折叠中包含

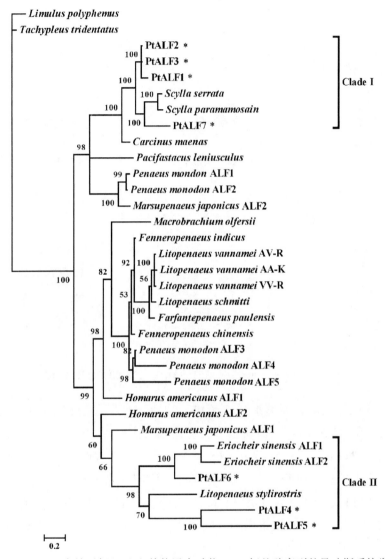

图 3.12　基于三疣梭子蟹(＊)和其他甲壳动物 ALF 氨基酸序列的贝叶斯系统发育树

所用物种和 GenBank 注册号如下：锯缘青蟹 S. serrata（ACH87655），拟穴青蟹 S. paramamosain（ABP96981），普通滨蟹 C. maenas（DV943854），通讯螯虾 P. leniusculus（ABQ12866），斑节对虾 P. mondon ALF1、ALF2、ALF3、ALF4、ALF5（ABP73290、ABP73291、ABP73292、BI784451、CF415871），日本囊对虾 M. japonicus ALF1、ALF2（BAE92940、BAH22585），毛溪虾 M. olfersii（ABY20736），印度对虾 F. indicus（ADE27980），凡纳滨对虾 L. vannamei AV－R、AA－K、VV－R（ABB22832、ABB22835、ABB22831），南方滨对虾 L. schmitti（ABJ90465），圣保罗对虾 F. paulensis（ABQ96193），中国对虾 F. chinensis（AAX63831），美洲螯龙虾 H. americanus ALF1、ALF2（ACC94268、ACC94269），中华绒螯蟹 E. sinensis ALF1、ALF2（ABG82027、ACY25186），细角滨对虾 L. stylirostris（AAY33769）。外群是美国鲎 L. polyphemus（P07086）和中华鲎 T. tridentatus（AAK00651）。

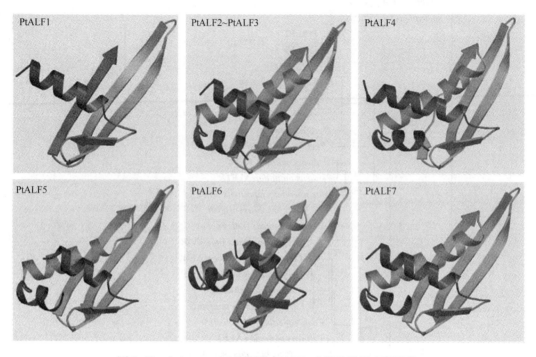

图 3.13　Swiss – model 预测的 PtALFs 成熟肽段的空间结构

两个保守的半胱氨酸残基，能够形成二硫键，构成一个发夹结构。PtALF1 ~ PtALF7 的 LPS 结合位点是高度保守的，它们属于 β 折叠结构，主要由六个正电荷氨基酸残基和几个疏水残基组成。PtALF1 ~ PtALF7 中 LPS 结合位点的存在表明 PtALF1 ~ PtALF7 可能结合 LPS，在三疣梭子蟹受到 LPS 或者革兰氏阴性菌感染时发挥保护作用。与鲨 ALF 的晶体结构类似，PtALF2、PtALF3、PtALF5 和 PtALF7 预测的空间结构一共有 4 个 β 折叠片和 3 个 α 螺旋组成，而 PtALF1 蛋白的空间结构仅包含 1 个 α 螺旋，PtALF4 蛋白的空间结构含有 5 个 β 折叠片。这些空间结构的差异暗示 PtALF 不同亚型在三疣梭子蟹中可能发挥不同的生物学作用。

　　序列比对和聚类分析均表明 PtALF1、PtALF2 和 PtALF3 可能是由同一个基因位点编码，经 mRNA 前体可变剪接产生，而 PtALF4 ~ PtALF7 由不同的基因位点编码而来。PtALF1 ~ PtALF3 基因组序列长度为 981bp（GenBank 注册号为 HM536671），由 3 个外显子和 2 个内含子构成，3 个外显子长度分别为 47 bp、134 bp 和 594 bp，2 个内含子长度分别为 125 bp 和 81 bp。PtALF1 ~ PtALF3 的 LPS 结合位点位于第二个外显子。2 个内含子全部位于开放读码框内，内含子两侧具有 5′GT 和 3′AG 的二核苷酸结构，即属于 GT – AG – 内含子。5′GT 和 3′AG 结构是真核生物 RNA 正确剪接所必需的识别位点。PtALF1 ~ PtALF3 是由同一个 mRNA 前体经可变剪接产生，两个内含子被全部剪切产生了 PtALF2 和 PtALF3 成熟 mRNA 序列，而 81 bp 的第二个内含子被选择性保留则产生了

PtALF1 成熟 mRNA 序列，而在翻译过程中，内含子 2 中的 TGA 终止密码子又造成了 PtALF1 氨基酸序列的提前终止（图 3. 14）。

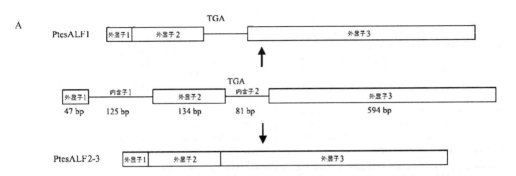

图 3. 14　PtALF1 ~ PtALF3（A）基因组 DNA 序列（B）前体 mRNA 剪接示意图

基因序列中的外显子用大写字母表示，内含子用小写字母表示，PtALF1 中选择性保留的第 2 个内含子用斜体小写字母表示。RNA 正确剪接所必需的识别位点（GT/AG）用单下划线表示。cDNA 上对应的终止密码子用方框表示，LPS 结合位点对应的核苷酸序列用双下划线表示。

　　PtALF4 基因组序列长度为 2 379 bp（GenBank 注册号为 JF756054），包括 3 个外显子和 2 个内含子（图 3.15）。3 个外显子长度分别为 49 bp、137 bp 和 774 bp，2 个内含子长度分别为 704 bp 和 522 bp。PtALF4 的 LPS 结合位点位于第二个外显子。2 个内含子全部位于开放读码框内，内含子两侧具有 5′ GT 和 3′ AG 的二核苷酸结构，即属于 GT‐AG‐内含子。在第一个内含子的 5′端区域发现一段两碱基 AT 重复 20 次的微卫星序列，在其 3′端区域发现 16bp TAAACTTAACCTAACC 重复 3 次的串联重复序列。在第二个内含子的中间区域和 3′端区域分别发现两段微卫星序列：两碱基 GT 重复 44 次和 TC 重复 43 次。

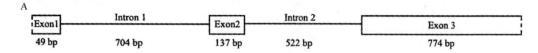

A

Exon1   Intron 1   Exon2   Intron 2   Exon 3

49 bp   704 bp   137 bp   522 bp   774 bp

B

```
AAGGGGGGTGGCTAGACATTGTAAAAGCCATCGTAGAACCTGCAGCGAGgtgagtctagcaagtcatacaagcgtaatat   80
atatatatatatatatatatatatatatatatatatatatattacagtataatacaatgtaatactaaagacaaaaacacaaataa  160
gtgggcgtggctaccacaacattcctagctgctattcaccgacatgtttttctccatcacggggttacgtgtacgtggat  240
gatcatactttacttcgttatctattcttcttcattatcaacatgtgcagatatttccgtgttcaaatatttctactttg  320
attgttcagtttctttcccttcacacactcattcactcattaagagcaagcaagacttcgcttaacaaactttccttccc  400
tttccaacttctaaaattcgtaagcattttctcttcgctgcacgagtcccttctgtctctgtcactcttctcaacaacaa  480
taagacatgagggaagggtgcaggatgccgtcacaccttcacgcagcaacccctgcattaaacaacctcacccatgactg  560
tatttacacttattacagaacccctaatgactatttcacgtaacctaaccctaataataatgtaactcaacctacacta  640
atctaacacaaccaaatactaaggtaacctaacctatactgtaaacttaaacctaatctaacttaacctaacctaaacta  720
acccacctaaacaacatctaacctccaccacagAGAAACCATCAAGACACAAGAAATCACGCTGCTGGATCACTACTGCA  800
CGTTGTCGAGGAGTCCCTACATTAAGAGCCTTGAGCTGCACTACAGAGCGGAAGTGACCTGCCTGGCTGGACCATCATT  880
AAGGGAAGAGgtaagtctgtgtgtgtaattcagcaccgtcgtctgatggtcacctagccagtcttccgcattacggagcg  960
agctcagagctcacagaccgatcttcagataggactgcgaccacagcacacattccacacaccgggaaagcgaggccaca 1040
accccctcgagttacatccgtacctatctactgctaggtgaatagggggccacacattaagagtgctaaccactacactacg 1120
cggtgtgtgtgtgtgtgtgtgtgtgtgtgtgtgtgtgtgtgtgtgtgtgtgtgtgtgtgtgtgtgtgtgtgtgtgtgtgtgt 1200
gtgtgtgtgtgttcttatcttgaaactgtgaaacttgtctggctgtttcttttagatcaattttttttattaacttatttgtc 1280
tcgttgatgaaactatattcaatgcgatcttcccccccacatctctctctctctctctctctctctctctctctctctctct 1360
ctctctcactctctctctctctctctctctctctctctctctctctctctctctctctaacagGCTCTAATCACAGAAACCCAACCAACTC 1440
CGAGAAAGACGCTCTGAAGGACTTTATGACGCAGGCGGTGGCGGCAGTGCTCACTAAGGAAGAAGCGGCACCCTGGC 1520
TCAACCACCGCTAAGCCACACCCAGCACACCCTTCACTCCCCTTCTACACTTCTTCCTTGGACTGTATTTCTAAGCGTTT 1600
CGGCGACTAATCTCGACTGCATTTGACAGGTTGTAGTAAAAGTTATTGTCATTTTCAAAAGTGCTTTCATGTTTCTAGTA 1680
TCAGTTTAATATTGACTCTACGTCTTTAATAGTCTCTGGTTGAATTAATTATTGTTTTGCTTTCAGTGTGTTGTCATGGT 1760
GATAGTTTAACGAATATTCCGCTACTAAAGCTTGTCTTCTCAAACACTTCTGTGCTTCACCGCCACTATTTCTTAGGCTC 1840
CTATCTAAATGTACACAGGTTTCTAAGGTATTTTGATGGTTCTAGAGGCAGAGTGACAAGAATTTTATCATTTATACTGAA 1920
GAAACACTCTTGAAAACCCCGCTAATCATCTCCATGGCTCTTGAAAGTAGTCATGGCGAGAGAGCAAAGAGCTTCTGAAT 2080
ACGGACCTAAGACACCATCAAGGTCAAGGATGTCTTCATGACTCTAGTAACTGTAAAGAATTGTGCATCATCAATGGGAG 2160
GGAAAGAATCACTCATGAGAATCTCACTATCATCTCTGTGGCATTATGGGAAAACATTTACGAATACAAGTCCCTTTTTT 2240
TGCCAACAAATTAGTGCTATTACTACTACTACTACTACTACTACTACTACTACTACTGTCAATGTCACCACCAT 2320
CACTTTCCTAATCTGCAATGCGACCTTTAACTATTGCCTGACTGTGAATGTGATACTAT 2379
```

图 3.15   PtALF4（A）基因组结构（B）DNA 序列

基因序列中的外显子用大写字母表示，内含子用小写字母表示，内含子中的重复序列用阴影标出。RNA 正确剪接所必需的识别位点（GT/AG）用单下划线标示。cDNA 上对应的终止密码子用方框表示，LPS 结合位点对应的核苷酸序列用双下划线表示。

PtALF5 基因组序列长度为 1 743 bp（GenBank 注册号为 JF756055），包括 2 个外显子和 1 个内含子（图 3.16）。2 个外显子长度分别为 70 bp 和 649 bp，内含子长度为 1 024 bp。PtALF5 的 LPS 结合位点位于第一个外显子内。内含子位于开放读码框内，内含子两侧具有 5′GT 和 3′AG 的二核苷酸结构，即属于 GT-AG-内含子。在内含子的 5′端区域发现一段两碱基 GT 重复 17 次的微卫星序列，在其 3′端区域发现长度为 376 bp 由 3 个重复单元组成的串联重复区域，分别是两碱基 CT 重复 39 次、TCTTCCT 重复 10 次、CTTCCCT 重复 31 次。

PtALF6 基因组序列长度为 821 bp（GenBank 注册号为 JF756056），包括 3 个外显子和 2 个内含子（图 3.17）。3 个外显子长度分别为 153 bp、137 bp 和 298 bp，2 个内含子长度分别为 114 bp 和 119 bp。PtALF6 的 LPS 结合位点位于第二个外显子。内含子位于开放读码框内，内含子两侧具有 5′GT 和 3′AG 的二核苷酸结构，即属于 GT-AG-内含子。

A

B
```
ATCAGCAGGTGGGAACTCAAGTGGCAAGCGACTGTTACCTGCCCCGGATGGACGCCTGTGAAAGGAAAAGgtaacacgag    80
tctcttttgtccatttgttgtgtctgttgtgtgttgtgttgtgatatgacgctgattttttattgtgtgtgtgtgtgtgt   160
gtgtgtgtgtgcgtgtgtaattcactgtttgatctgctgcagtctctgacgagacagccagacgttacctacggagcgagc   240
tcagagctcattatttcctatcttcggataggcctgagacaggggcacacaccacacacggggtacaacaaggtcacaactc   320
ccggccggggaatcgaactccggtcctctggcttgtgaagccagcgctctaaccactgagctaccggccgtgtgtgtgt   400
gtgtatgtgtgtgtgtgtaagagagccactattctatatattatctatttttctttctttataacacttccttttgatttc   480
ttttcttctatatagtttttattcgcatttttttaagtatctaatcctctttatcatcttcaataggatctgatgcttct   560
ctttatggtagccaatagtctttggtggggcgtgtctaaccattactgaccactctctctctctctctctctctctctct   640
ctctctctctctctctctctctctctctctctctctctctcttcttccttcttcctctttctttcttcc   720
ttcttcctctttccttcttttcttcttcctcctttctcttttactcttcactcttcactcttc   800
attctctcccttttccctcttctctcctctttctcttccttctttcttctctcttctcttcactcttccttcttctc   880
tctttcttcttccttctttccctcctctcctccctctctttttcctccctcttctctcttcactcttcactcctcctt   960
ccttcttccctcttccctcttcttcctccccttttccctccctccatggaatagTGCGGAGTCGACCCTTTGTCA   1040
GCTGAGCGAGAGGCCACCAGAGACTTTGTGCAGAGAACGTACGACGGAGACTGGTCACAAGGGACGAGGCGAGTGGGTG   1120
GCTGTGAGCTGCACGCCACCACCACCACCGCTACACTACAGCATCACCACCACCACACCACCACTACACTAAGGCTC   1200
GTTTTTTTTTAAGCACTCCTGCACTTCACCTTCACTATTTCAAGAGGCTTTTATTTAAGTTTACATGAGTTTTTTAAGGT   1280
TCTCTATGCTCTTAGAAAATAGTCGTGGTGAGAGGGCAAAGATTTCTAAGGTGTTCTTATGGTTCTAGAGACAGATTGAC   1360
ACGATTTCTACACTATTAACCTCTAGAAACACTTGAAAAACCACTAGTCATCTCTTTAATAATAGTCCTGATGAGAGAGCA   1440
AAGTGTTTCTGAATACGGGCCACAAACGCCACAACACCACAACACCACACGACAAAATAATATAAGTAGTAT   1520
TGACTGTTGTGTGTTTATTCTCTTCCCGACAAAGTGTAATGTCGAGGAAGTTATCAAAAAGACAG   1600
```

图 3.16　PtALF5(A)基因组结构(B)DNA 序列

基因序列中的外显子用大写字母表示，内含子用小写字母表示，内含子中的重复序列用阴影标出，两个重复单元间重叠的碱基用波浪线标出。RNA 正确剪接所必需的识别位点(GT/AG)用单下划线标示。cDNA 上对应的终止密码子用方框表示，LPS 结合位点对应的核苷酸序列用双下划线表示。

A

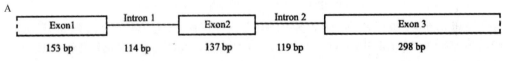

B
```
CGAACAACAGTGCGAGTAAGCTCTACACCCAGCACATCCTGAGCCAGCCATCAGAATGGCACGCGTGTCGCTTCTTCTCA    80
TCGTGCTATCCATTGCTCTTGTTGCCCCCAGTCAAGGCTTCCTGAAAGACCTACCCTTCGGTGAAGCGAAAAGgtaagcg    160
cactgtcaaatgaaattctatgaaaacagtgccaaagaaggtagcacaacagtagcccaggtttatctttaccattaact   240
aaggttttatgtgatcctttttgccagAGCTTTGCTTGAGGATGGGACAACAGAGATCCTTGACCATGTTTGCAACTTCC   320
GAGTGATGCCCCGTTTAAGAAGTTGGGAGCTGTACTTCAGGGGAGATGTGTGGTGCCCCGGCTGGACAGTCATCAAGGGA   400
GAATgtgagtacttgttctactaaggcaaaaatataatcattaagatttgatttgatatatgagtaatctgcgactg    480
agagtcaagacctctctagaatacactgttcttctttctctgcagCCCTGACTCGCACGCAGGACTAGGGTGGTGAACAAGGC   560
CGTCGCAGACTTCGCCCAGAAAGCTCTCGCTCAGGGCCTCATCACGCAGGAGGACGCCCAACCCTTGCTAGAGTAGCTTG   640
GACCTACAGGCGTGTGTGCCAAAGAGGTGCAAAGACGGAATGATCTCTTCACTATTCATACTCCCGTGAACTCGTATATC   720
ACGCCGTCACCCAATCTCGCTCTGCCAACACTATTTTCCTTATTATTCTGTTATTATTCTTCTCCACAAATCACGGTCTG   800
TAAAACTCACCATTCTGTAAC   821
```

图 3.17　PtALF6(A)基因组结构(B)DNA 序列

基因序列中的外显子用大写字母表示，内含子用小写字母表示。RNA 正确剪接所必需的识别位点(GT/AG)用单下划线标示。cDNA 上对应的起始密码子和终止密码子用方框表示，LPS 结合位点对应的核苷酸序列用双下划线表示。

PtALF7 基因组序列长度为 1 481 bp(GenBank 注册号为 JF756057），包括 3 个外显子和 2 个内含子(图 3.18)。3 个外显子长度分别为 153 bp、137 bp 和 298 bp，2 个内含子长度分别为 114 bp 和 119 bp。PtALF7 的 LPS 结合位点位于第二个外显子。内含子位于开放读码框内，内含子两侧具有 5′GT 和 3′AG 的二核苷酸结构，即属于 GT – AG – 内含子。在第二个内含子的 5′端区域发现长度为 70 bp 由两个重复单元组成的微卫星序列，分别是两碱基 AC 重复 27 次和 GC 重复 8 次。

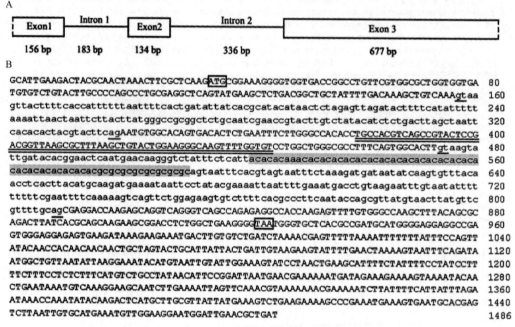

图 3.18　PtALF7(A)基因组结构(B)DNA 序列

基因序列中的外显子用大写字母表示，内含子用小写字母表示，内含子中的重复序列用阴影标出。RNA 正确剪接所必需的识别位点(GT/AG)用单下划线标示。cDNA 上对应的起始密码子和终止密码子用方框表示，LPS 结合位点对应的核苷酸序列用双下划线表示。

ALF 家族基因组序列研究较少，除了斑节对虾、拟穴青蟹和中华绒螯蟹 ALF 基因组序列已经公布外，其他甲壳动物 ALF 的基因组序列鲜有报道。由于设计的正向扩增引物位于 cDNA 稍靠后位置，所测得的 PtALF5 基因组序列仅由 2 个外显子和 1 个内含子组成。其他 PtALF 亚型基因组结构与已报道的斑节对虾 ALFPm1 ~ ALFPm5[10]、拟穴青蟹 ALFSp1 ~ ALFSp2[11,12]和中华绒螯蟹 EsALF – 1[13]相同，均由 3 个外显子和两个内含子组成。而斑节对虾的 ALFPm3 ~ ALFPm5 基因组序列是由 4 个外显子和 3 个内含子组成。这表明 ALF 家族成员的基因结构差别较大，并不保守。除 PtALF5 外，其他 PtALF 亚型、ALFPm1 ~ ALFPm2、ALFSp1 ~ ALFSp2 和 EsALF – 1 的 LPS 结合位点均位于第二个外显子，提示 LPS 结合位点在各物种基因上的位置相对保守。

PtALF1 ~ PtALF3 是由同一个 mRNA 前体经可变剪接产生，PtALF2 ~ PtALF3 的内含子被全部剪切，而 PtALF1 的第二个内含子被选择性保留。这种可变剪接与斑节对虾 ALFPm3

和 ALFPm4 的剪接方式极为类似[10]。ALFPm4 保留的内含子中也有终止密码子，造成其编码序列提前终止，未包含 LPS 结合位点，被认为是前体 mRNA 剪接过程中的异常产物。mRNA 的异常剪接在多种动物如人、小鼠和果蝇中均有发现，可能是由剪接位点或临近序列发生突变造成的，也有可能是由环境因子诱导产生。由于 PtALF1 编码序列中包含 LPS 结合位点，而且 PtALF1 在眼柄 cDNA 文库中含量较高，我们推测 PtALF1 是前体 mRNA 剪接的正常产物，有关 PtALF1 的具体剪接过程及是否具有活性还需要进一步验证。PtALF4 ~ PtALF7 基因组序列不同，分别由不同的 mRNA 前体剪接形成。大多数已报道的 ALF 亚型是由染色体上 2 个基因组位点编码，而本研究发现的三疣梭子蟹 PtALF1 ~ PtALF7 是由 5 个基因组位点编码。有关 ALF 在染色体基因组上的编排形式还需要进一步研究。

PtALF4、PtALF5 和 PtALF7 基因序列较长，主要是由于在其内含子区域发现串联重复，这在 ALFPm1 ~ ALFPm2 和 ALFSp1 内含子中也有报道[10,11]。多数 ALF 的重复序列出现在第二个内含子中，而 PtALF4 的 2 个内含子中均包含串联重复。PtALF5 重复序列长度为 376 bp，包含 3 种重复单元，是目前为止在 ALF 基因组序列中发现的长度最长、重复单元最多的重复序列。重复序列是很多基因内含子的重要结构特征，其功能尚不清楚，目前普遍认为充当基因重组热点、可能参与 mRNA 的拼接活动。三疣梭子蟹 PtALF 内含子中串联重复的发现将有助于了解 ALF 基因的序列特征，对开发抗病抗逆分子标记有重要的指导意义。

采用 Real - time PCR 技术对 PtALF 不同亚型 mRNA 的组织表达特异性(图 3.19)和溶藻弧菌刺激后的时序表达变化(图 3.20)进行研究。结果发现，PtALF1、PtALF1 ~ PtALF3、PtALF5 和 PtALF7 主要在血细胞中表达，其次是鳃中；而 PtALF4 在眼柄中表达量最高，其次是鳃和血细胞；PtALF6 在鳃中表达量最高，其次是眼柄和肝胰腺。总体来说，三疣梭子蟹的 7 种 PtALF 亚型主要在一些免疫器官如血细胞、鳃和肝胰腺中表达，并且具有不同的组织表达模式，说明 PtALFs 可能参与三疣梭子蟹多重免疫防御作用。此外，PtALFs 在神经内分泌器官眼柄中的高表达说明眼柄也可能在免疫防御机制中发挥重要作用。经溶藻弧菌刺激后发现，PtALF1 ~ PtALF3 在受刺激后的前 3 h 表达量上升，刺激 6 h 后明显下降，随后表达量回升，到 12 h 达到最大值，之后表达量逐渐下降，到 32 h 回复到最初状态；PtALF1、PtALF5 和 PtALF7 变化趋势类似，表达量在刺激的前 6 h 呈下降趋势，随后表达量开始上升，到 24 h 达到最大值，之后逐渐下降；PtALF4 和 PtALF6 变化趋势类似，表达量呈现三次峰值，分别在 3 h、12 h 和 32 h。该实验进一步证明 PtALFs 参与三疣梭子蟹对病原菌的免疫防御作用，是清除入侵病原菌的快速应答因子和持续效应因子，不同亚型对病原菌的作用时间不同，能够为三疣梭子蟹提供多重保护。

PtALF1 ~ PtALF7 基因在健康三疣梭子蟹各个检测组织中均有表达，提示抗脂多糖因子在三疣梭子蟹中是一种广泛表达的蛋白。PtALF1 ~ PtALF7 具有不同的组织表达模式，表明它们可能在三疣梭子蟹中提供多种保护作用来抵御不同的病原菌。PtALF1 和 PtALF1 ~ PtALF3 组织表达谱比较，提示 PtALF2 ~ PtALF3 在肝胰腺和眼柄中的表达量很可能高于

PtALF1。甲壳动物血细胞被认为是非常重要的免疫防御组织，它不仅可以直接杀伤外原入侵物，而且也可以合成各种生物活性分子。PtALF1、PtALF1～PtALF3、PtALF5 和 PtALF7 在血细胞中的高水平表达，提示它们可能具有重要的免疫防御作用。PtALF4 在眼柄中表达量最高，这是首次在眼柄中发现高表达的抗脂多糖因子。甲壳动物眼柄是重要的神经内分泌器官，多数有关眼柄的研究集中在其内分泌调控方面，其免疫功能少为人知。PtALF4 的发现，提示眼柄可能在甲壳动物免疫系统中发挥重要作用。鳃包含黏膜层，能够过滤含有病原菌的水，是甲壳动物重要的防御屏障。鳃 PtALF6 的高表达暗示了 PtALF6 区别于其他 PtALF 亚型，在阻止微生物入侵方面发挥重要作用。以上结果提示抗脂多糖因子及其亚型是参与三疣梭子蟹多重免疫防御作用的分子。

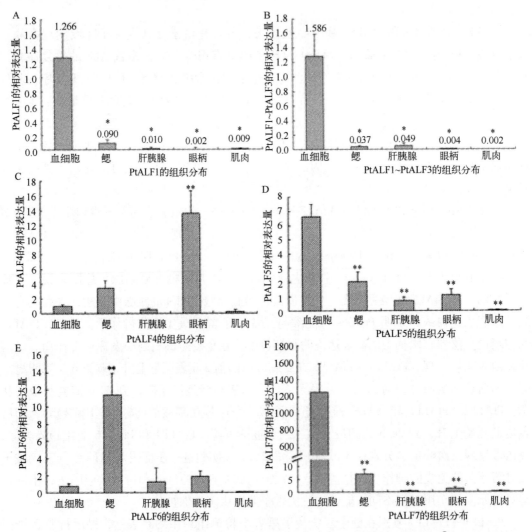

图 3.19　PtALF1～PtALF7 mRNA 在健康三疣梭子蟹不同组织中的表达[①]

① ＊表示基因在该组织与血细胞中的表达量之间存在显著差异($P < 0.05$)，＊＊表示极显著性差异($P < 0.01$)。

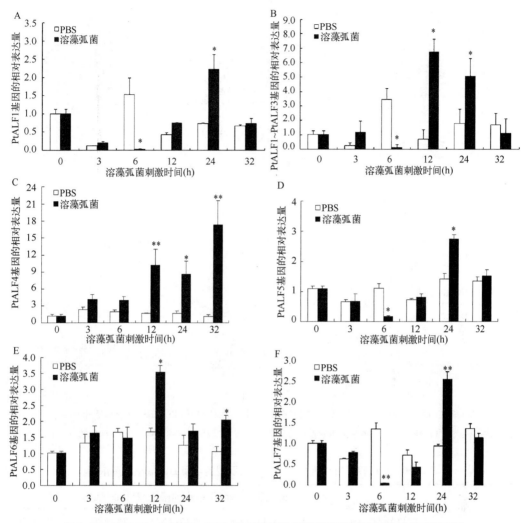

图 3.20　PtALF1～PtALF7 mRNA 在三疣梭子蟹受到溶藻弧菌刺激后的时序表达

采用带有 *Bam*HI 和 *Xho*I 酶切位点的引物扩增三疣梭子蟹抗脂多糖因子 PtALF1 和 PtALF3～PtALF7 的成熟肽编码区。产物经双酶切后插入经同样内切酶完全酶切的 pET32a（＋）载体中。构建成功的载体转入 *E. coli* BL21（DE3）-plysS 表达菌株，采用 IPTG 诱导表达，获得纯化复性蛋白（图 3.21）。以革兰氏阴性菌（溶藻弧菌和铜绿假单胞菌）、革兰氏阳性菌（金黄色葡萄球菌和藤黄微球菌）、真菌（毕赤酵母）为实验菌株，对三疣梭子蟹不同亚型抗脂多糖因子进行抑菌活性研究。结果发现，原核重组表达的抗脂多糖因子不同亚型对革兰氏阴性菌、革兰氏阳性菌和真菌具有不同的抑菌效果（表 3.16）。PtALF3 具有广谱抗菌活性，对革兰氏阴性菌、阳性菌和真菌均有明显抑菌活性，其中对革兰氏阴性菌活性最高，最小抑菌浓度为 0.3～0.6 μmol/L；PtALF1 和 PtALF4 对革兰氏阴性菌和真菌有显著抑菌活性，而对革兰氏阳性菌没有抑制活性；PtALF6 和 PtALF7 对革兰氏阴性菌和阳性菌有明显抑菌活性，对真菌没有抑制活性；PtALF5 仅对革兰氏阴性菌有显著抑菌活性。

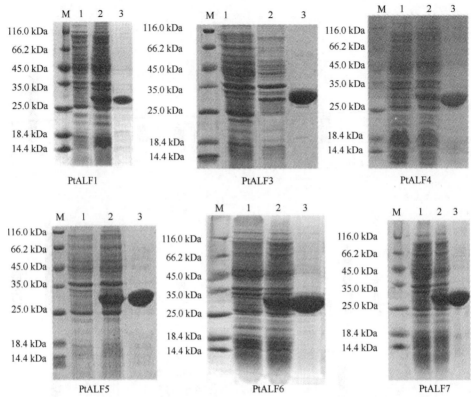

图 3.21　诱导和纯化的三疣梭子蟹抗脂多糖因子 PtALF1 和 PtALF3 ~ PtALF7 重组蛋白

注：M：蛋白 marker；1：未诱导菌体中表达的蛋白；2：IPTG 诱导后表达的蛋白；3：纯化的重组蛋白。

表 3.16　三疣梭子蟹抗脂多糖因子不同亚型重组蛋白的最小抑菌浓度

	三疣梭子蟹抗脂多糖因子最小抑菌浓度（μmol/L）					
	PtALF1	PtALF3	PtALF4	PtALF5	PtALF6	PtALF7
革兰氏阴性菌						
溶藻弧菌	0.5 ~ 1.0	0.3 ~ 0.6	1.7 ~ 3.3	3.9 ~ 7.8	1.2 ~ 2.3	0.5 ~ 1.0
铜绿假单胞菌	1.0 ~ 2.0	0.3 ~ 0.6	26.6 ~ 53.1	15.5 ~ 31.1	9.3 ~ 18.6	1.0 ~ 2.0
革兰氏阳性菌						
藤黄微球菌	>64.3	9.3 ~ 18.6	>106.3	>124.3	9.3 ~ 18.6	32.6 ~ 65.2
金黄色葡萄球菌	>64.3	37.0 ~ 74.1	>106.3	>124.3	9.3 ~ 18.6	8.2 ~ 16.3
真菌						
毕赤酵母	8.0 ~ 16.1	4.6 ~ 9.3	53.1 ~ 106.3	>124.3	>74.6	>130.4

由此可见，PtALFs 的抗菌活性有很大不同，即使抗菌谱相同，抗菌强度也差别很大。同样，不同 ALFs 亚型功能的多样性在中华绒螯蟹重组蛋白 EsALF-1、EsALF-2 和 EsALF-3[13-15]，拟穴青蟹合成蛋白 ALFSp1 和 ALFSp2[11,12] 也存在。许多 ALFs 具有广谱抗菌活性，对革兰氏阳性菌、革兰氏阴性菌和真菌都有很好的抗菌活性。在 PtALF7 的 LPS 结

合结构域有 7 个正电荷氨基酸，PtALF1 和 PtALF3 各有 9 个，PtALF4、PtALF5 和 PtALF6 仅含有 4 个，因此我们推断，正电荷氨基酸(如精氨酸和赖氨酸)的不同导致重组蛋白 ALF 抗菌活性的不同，正电荷氨基酸含量越多，抗菌活性越强。作为首次报道三疣梭子蟹 ALFs 的抗菌活性，我们的结果表明，PtALFs 将在蟹类疾病方面提供有前途的治疗方法和药物。

抗脂多糖因子作为一种重要的抗菌肽，在三疣梭子蟹先天免疫防御系统中发挥重要作用，对其结构和功能的研究将为蟹病防治提供新思路、新方法。

3.3.2 Crustin

Crustin 是一种分子量在 7~14 kDa、富含半胱氨酸的多结构域抗菌肽，广泛分布于十足目动物中。目前还没有一个可以普遍接受的描述 Crustin 的定义，一般认为它们是分子量为 7~14 kDa 的富含阳离子半胱氨酸的抗菌多肽，C 端含有一个 WAP (whey acidic protein)结构域。WAP 结构域含有 4 对保守的半胱氨酸，形成一个称为 4DSC (four‑disulphide core)的紧密包裹结构。所有已知的 Crustins 在 N 端都有一个信号序列，C 端一个 WAP 结构域。N 端信号序列一般包括 16~24 个氨基酸，不同物种之间信号序列相对比较保守。信号序列末端的剪切位点一般位于丙氨酸和甘氨酸之间，也有一些出现在甘氨酸和谷氨酰胺、丙氨酸和苏氨酸之间。

不同 Crustins 的信号序列和 WAP 域之间的区域是不同的，但是一般符合某种结构模式，根据这些结构模式可以将 Crustins 分为三种主要类型：Ⅰ型 Crustins 中，信号序列和 WAP 域之间是一个半胱氨酸富含域，一般半胱氨酸数目不大于 6，无法构成一个完整的 4DSC 结构；Ⅱ型 Crustins 不仅含有一个半胱氨酸富含域，在邻近信号区还有一段较长的、约 40~80 个氨基酸残基的甘氨酸‑富含域，不同物种间甘氨酸的数目变化多样，一般为 20~50；Ⅲ型 Crustins 在信号序列和 WAP 域之间含有一个短的 PRP 富含区，但是不具有 Ⅱ型的甘氨酸‑富含区和 Ⅰ、Ⅱ型共有的半胱氨酸富含区，这类多肽常被称为 single‑whey domain(SWD)蛋白。

通过 RT‑PCR 和 RACE 技术，Yue 等[16]从三疣梭子蟹血细胞中克隆得到一条 Crustin cDNA 序列(GenBank 注册号为 FJ612106)，命名为 PtCrustin。该序列 cDNA 全长为 584 bp，包含一个 333 bp 的开放读码框，编码 110 个氨基酸，在氨基酸序列的 N 端有一条由 21 个氨基酸残基组成的信号肽序列；C 端有一个非常保守的 WAP 结构域，该结构由 8 个半胱氨酸残基形成一个紧密包裹的结构；中间结构域为半胱氨酸富含区，含有 4 个保守的半胱氨酸。BLAST 和 ClustalW 比对分析显示，三疣梭子蟹 PtCrustin 与其他已报道的 crustin 氨基酸序列有很高的相似性，其中与拟穴青蟹 (ABY20727)、普通滨蟹(CAD20734)和蜘蛛蟹(ACJ06763)的相似度分别为 69%、64% 和 57%。Crustins 都含有一个保守的 WAP 结构域，该结构域中的 8 个半胱氨酸残基负责 4‑DSC 结构的形成。

运用 Real‑time PCR 技术分析了三疣梭子蟹 PtCrustin mRNA 在不同组织的表达情况和溶藻弧菌刺激后的时序表达变化(图 3.22)。分析结果显示，PtCrustin mRNA 主要在血细胞中表达，其次是胃，而在肝胰腺、肌肉、鳃和心脏中表达量很低，PtCrustin 属于一种典型的抗菌肽。溶藻弧菌刺激后，三疣梭子蟹血细胞中 PtCrustin mRNA 的表达呈现一个清晰的随时间变化的反应模式，分别在 3 h 和 24 h 呈现两个峰值。刺激后 3 h，PtCrustin mRNA 表达上调并出现一个小的峰值；随着时间的推移，刺激后 6 h 表达恢复到未刺激水平；24 h 又出现显著上调并达到最大值。

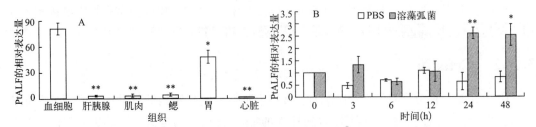

图 3.22　三疣梭子蟹 *PtCrustin* mRNA 表达在不同组织的分布和溶藻弧菌刺激后的时序表达变化[16]

我们在三疣梭子蟹血细胞和眼柄 cDNA 文库中发现了 3 种 crustin 亚型（PtCrustin1 ~ PtCrustin3；表 3.17）[17]，其中 PtCrustin1 在血细胞和眼柄文库中均有发现，且在血细胞文库中的丰度非常高，占全部血细胞 ESTs 序列（4 452 条）的 1.82%，该序列与 Yue 等报道的三疣梭子蟹 PtCrustin 属于同一条序列；PtCrustin2 和 PtCrustin3 仅在眼柄文库中发现，在眼柄 ESTs 中的含量分别 0.24% 和 0.15%。

表 3.17　三疣梭子蟹血细胞和眼柄中 crustin EST 序列信息

Unigenes	亚型	数目	文库	E 值	注释
est_Contig932	PtCrustin1	81	血细胞	3.00E – 40	crustin 样抗菌肽[三疣梭子蟹]
est_Contig183	PtCrustin1	3	眼柄	3.00E – 56	crustin 样抗菌肽[三疣梭子蟹]
est_Contig304	PtCrustin2	7	眼柄	2.00E – 09	crustin 样抗菌肽[眼斑龙虾]
est_Contig346	PtCrustin3	11	眼柄	6.00E – 40	carcinin[远海梭子蟹]

测序获得 PtCrustin2 cDNA 序列全长为 1 105 bp（GenBank 注册号为 JQ728435），包括 85 bp 的 5′非编码区、723 bp 的 3′非编码区和 297 bp 的开放读码框，编码 98 个氨基酸；PtCrustin3 cDNA 序列全长为 629 bp（GenBank 注册号为 JQ728424），包括 57 bp 的 5′非编码区、224 bp 的 3′非编码区和 348 bp 的开放读码框，编码 115 个氨基酸。氨基酸序列比对显示 PtCrustin1 ~ PtCrustin3 相似性较低，相似度仅为 22.8% ~ 30.7%。但是，它们 N 端都含有一个信号序列，C 端一个 WAP 结构域，中间为一个半胱氨酸富含域。信号肽序列由 20 或 21 个氨基酸残基构成，剪切信号位于 Ala（A）和 Ser/Gly（S/G）之间；半胱氨酸富含域含有 4 个保守的半胱氨酸残基，呈 $C - (X_3) - C - (X_{8-12}) - C - C$ 模式；WAP 结构域包含 8 个保守的半胱氨酸残基（C1 – C8），呈 $C1 - (X_{5-6}) - C2 - (X_{10-14}) - C3 - (X_5) - C4 - (X_5) - C5 - C6 - (X_3) - C7 - (X_5) - C8$ 的结构模式，8 个半胱氨酸能够形成四个二硫键核心（4 – DSC）。

与已经报道的三疣梭子蟹血细胞中的 Crustin 不同，我们的两种 Crustins（PtCrustin2 和 PtCrustin3）均是从眼柄 cDNA 文库中发现的。尽管三种 Crustin 亚型氨基酸序列相似性较低，但是，三种亚型的 WAP 结构域含有序列一致的 8 个半胱氨酸残基模式。此外，在信号肽序列和 WAP 结构域之间还发现了 4 个额外的半胱氨酸残基，此结果表明所有的三疣梭子蟹 crustins 都属于 I 型 crustin。与所有已知的 crustins 一样，PtCrustin2 和 PtCrustin3 有一个典型的 N 端信号序列，该序列分别含有 21 和 20 个氨基酸。与绝大多数的 crustins 相同，PtCrustin3 的序号序列的剪切位点位于丙氨酸和甘氨酸之间；而 PtCrustin2 的剪切位点位于丙氨酸和丝氨酸之间，这种剪切方式在拟穴青蟹[18]和三疣梭子蟹[16]Crustin 中也曾报道。

基于 20 条氨基酸序列利用贝叶斯分析方法构建甲壳动物 Crustin 系统发育树（图 3.23）。拓扑结构显示，I 型 crustin（Type I）和 II 型 crustin（Type II）被明显分开，其中 Type I 主要包括蟹、龙虾和鳌虾类 crustin，Type II 主要是虾类 crustin。PtCrustin1 首先与拟穴青蟹聚类在一起，然后与普通滨蟹和蜘蛛蟹聚为一支；PtCrustin2 与眼斑龙虾聚为一支，PtCrustin3 与远海梭子蟹聚为一支，然后两支再聚类在一起。PtCrustin1 和 PtCrustin2 都属于 I 型 crustin，但在进化上又有一定的距离。

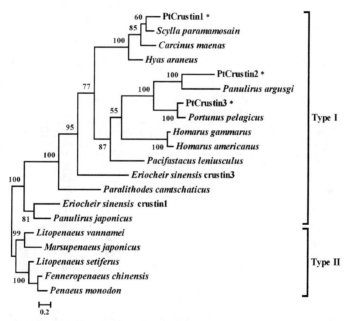

图 3.23　基于三疣梭子蟹（∗）和其他甲壳动物 Crustin 氨基酸序列的贝叶斯系统发育树
所用物种和 GenBank 注册号如下：拟穴青蟹 S. paramamosain（ABY20727），普通滨蟹 C. maenas（CAD20734），蜘蛛蟹 H. araneus（ACJ06763），斑眼龙虾 P. argus（AAQ15293），远海梭子蟹 P. pelagicus（ABM65762），美洲鳌龙虾 H. americanus（ABM92333），欧洲鳌龙虾 H. gammarus carcin（CAH10349），通讯鳌虾 P. leniusculus（ABP88043），中华绒鳌蟹 E. sinensis crustin3（ACS32493），拉斯加帝王蟹 P. camtschaticus（ACJ06765），中华绒鳌蟹 E. sinensis crustin1（ACR77767），日本龙虾 P. japonicas（ACU25382），凡纳滨对虾 L. vannamei（AAS57715），日本囊对虾 M. japonicus（BAD15063），白滨对虾 L. setiferus（AAL36896），中国对虾 F. chinensis（AAX63903），斑节对虾 P. monodon（ABW82154）。

通过 PCR 技术获得了 PtCrustin2 和 PtCrustin3 的部分基因组 DNA 序列（GenBank 注册号分别为 JQ728423 和 JQ728425）。结构分析表明，在 1 612 bp 的 PtCrustin2 DNA 片段中有三个外显子和两个内含子，1 726 bp 的 PtCrustin3 DNA 片段中有四个外显子和三个内含子。

所有的内含子两端都具有典型的 RNA 正确剪接的识别位点，即 5′GT 和 3′AG 二核苷酸序列。在 PtCrustin2 DNA 片段中发现有多个串联重复序列，如：内含子 1 中的二核苷酸 GA 重复；内含子 2 中的三核苷酸 AGG 重复；外显子 3 中的三核苷酸 CCA 重复。而在 PtCrustin3 DNA 片段的内含子 1 中发现了 4 个二核苷酸串联重复序列，分别为（AG）n、（AG）n、（GT）n、（AG）n。此外，通过基因组 DNA 序列比较发现，PtCrustin2 和 PtCrustin3 的多样性不是由于同一基因选择性剪接造成的，而是由于不同的基因编码造成的。

采用 Real‐time PCR 技术分析三疣梭子蟹 PtCrustin mRNA 的组织特异性表达（图 3.24）和不同微生物刺激后的时序表达变化（图 3.25）。结果发现，与大多数甲壳动物 crustin

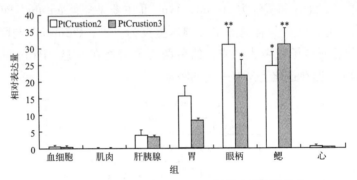

图 3.24　PtCrustin2 和 PtCrustin3 转录本的组织分布

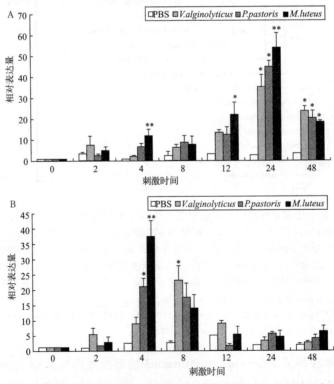

图 3.25　经溶藻弧菌、藤黄微球菌和毕赤酵母刺激后，三疣梭子蟹血细
胞中 PtCrustin2（A）和 PtCrustin3（B）的时序表达情况

转录本不同，PtCrustin2 和 PtCrustin3 mRNA 转录本主要在眼柄和鳃中检测到，其次是胃和肝胰腺，而在血细胞中的含量很低。尽管在大多数物种中，血细胞是 crustins 表达的主要来源。这可能是由于微生物刺激后血液循环中血细胞数目下降以及血细胞在鳃中积累形成血细胞囊与病原颗粒相互作用共同造成的。此外，鳃是 crustin 表达的一个主要来源，也因为其与外部环境的直接接触而成为重要的保护屏障。类似的结果在其他物种中也有报道，如中国对虾 CruFc 在鳃中和血细胞中有相同的表达量[19]。甲壳动物眼柄是重要的神经内分泌器官，PtCrustins 在眼柄中的高表达提示眼柄可能在甲壳动物免疫系统中发挥重要作用。此外，发现一些 crustins 在其他组织中高表达，如 crustinPm5 在上肢和眼柄[20]、PJC2 在神经[21]、PET-15 在再生嗅球[22]。组织表达的不同暗示了 crustins 在生物体内可能行使不同的功能。

在三疣梭子蟹受到溶藻弧菌、藤黄微球菌和毕赤酵母刺激后，PtCrustin2 和 PtCrustin3 基因的表达量随时间变化明显。PtCrustin2 在受到刺激后表达量缓慢上升，并在 24 h 达到最大值；PtCrustin3 在受到刺激后表达量迅速上升，在 4 h 或 8 h 达到了最大值，PtCrustin3 比 PtCrustin2 反应更迅速、敏感。这些结果提示 PtCrustin2 和 PtCrustin3 参与三疣梭子蟹对病原菌的免疫防御作用，不同亚型对病原菌的作用时间不同，能够为三疣梭子蟹提供多重保护作用。Crustin 的表达对细菌刺激的反应是非常神奇的。与中华绒螯蟹 crustins[23,24] 表达模式恰好相反，PtCrustn2 和 PtCrustin3 转录本在受到藤黄微球菌刺激后显著增加。而受到溶藻弧菌刺激后，PtCrustin、PtCrustin2 和 PtCrustin3 的表达模式也不一致。这些结果说明，不同的 crustin 亚型在免疫防御系统中可能行使不同的生物功能。

采用带有 BamHI 和 XhoI 酶切位点的引物扩增三疣梭子蟹 PtCrustin2 和 PtCrustin3 的成熟肽编码区。产物经双酶切后插入经同样内切酶完全酶切的 pET32a(+) 载体中。构建成功的载体转入 E. coli BL21(DE3)-plysS 表达菌株，采用 IPTG 诱导表达，获得纯化复性蛋白(图 3.26)。原核重组表达的三疣梭子蟹 PtCrustin2 和 PtCrustin3 对革兰氏阳性菌藤黄微球菌、金黄色葡萄球菌和革兰氏阴性菌铜绿假单胞菌都有抑菌活性(表 3.18)。革兰氏阴性菌铜绿假单胞菌是最敏感的细菌，最小抑菌浓度分别为 1.5 μmol/L 和 6.19 ~ 12.39 μmol/L。PtCrustin2 对真菌毕赤酵母有一定的抑菌效果，最小抑菌浓度为 24.03 ~ 48.06 μmol/L，而 PtCrustin3 对其没有抑菌活性；PtCrustin3 对革兰氏阴性菌溶藻弧菌具有显著抑菌活性，最小抑菌浓度为 12.39 ~ 24.78 μmol/L，而 PtCrustin2 对溶藻弧菌没有抑菌效果。杀菌实验显示重组蛋白 PtCrustin2 和 PtCrustin3 都能够在孵育的 6 h 内迅速杀死藤黄微球菌、金黄色葡萄球菌和铜绿假单胞菌，因此 PtCrustin2 和 PtCrustin3 具有杀菌作用。

目前发现，大多数的 crustins 显示一个较窄的抗菌谱，即对革兰氏阳性菌有抑制作用而对革兰氏阴性菌无抑制活性。然而，一些 II 型和 III 型 crustins 具有抗革兰氏阳性菌和阴性菌活性。在我们的研究中发现，纯化的重组蛋白 I 型 PtCrustins 具有广谱抗菌活性，对革兰氏阳性菌、阴性菌和酵母菌都有不同程度抑制作用。微生物刺激后，PtCrustins 表达水平的上调也暗示了它们的抗菌作用。但是，crustins 对微生物的作用机制仍然是个未知数，还需要进一步的探讨。

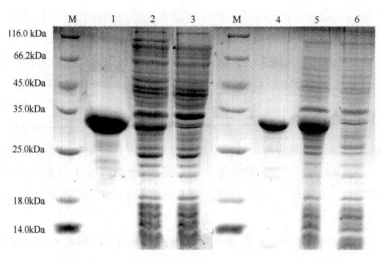

图 3.26　诱导和纯化的三疣梭子蟹 PtCrustin2 和 PtCrustin3 重组蛋白

M：标准蛋白分子量(kDa)；1：纯化的重组蛋白 PtCrustin2；2：IPTG 诱导后菌
体表达的蛋白 PtCrustin2；3：未诱导菌中表达的蛋白 PtCrustin2；4：纯化的
重组蛋白 PtCrustin3；5：IPTG 诱导后菌体表达的蛋白 PtCrustin3；6：未诱导菌
体中表达的蛋白 PtCrustin3。

表 3.18　重组蛋白 PtCrustin2 和 PtCrustin3 的抗菌活性和最小抑菌浓度

	最小抑菌浓度（μmol/L）	
	rPtCrustin2	rPtCrustin3
革兰氏阴性菌		
溶藻弧菌	>50	12.39～24.78
铜绿假单胞菌	1.50	6.19～12.39
革兰氏阳性菌		
藤黄微球菌	12.01～24.03	24.78～49.56
金黄色葡萄球菌	12.01～24.03	24.78～49.56
酵母菌		
毕赤酵母	24.03～48.06	>50

除了上述报道的 3 种 crustin 亚型之外，郑兆祥等[25]通过构建三疣梭子蟹Ⅰ型 Crustin
真核表达载体 pVT102 U/α – rCrustinⅠ，转化酿酒酵母 S18 菌株，获得了分泌型表达重组抗
菌肽 rCrustinⅠ 的基因工程酵母菌。通过硫酸铵沉淀、离子交换层析、C18 反向柱层析从基
因工程菌发酵液中分离纯化出重组抗菌肽 rCrustinⅠ 纯品。

以藤黄微球菌为指示菌，对重组抗菌肽 rCrustinⅠ 的耐热性和耐酸性进行研究。结果发
现，rCrustinⅠ 在 50℃、60℃和 70℃均能保持良好的抑菌活性，而 80～100℃，随温度的升
高，其抗菌活性逐渐降低，但依然会保持有一定的活性，说明 rCrustinⅠ 对热有一定耐受

性。当样品 pH 值为 5 和 6 时，其抑菌活性依然保持良好，而 pH = 3 时，抑菌活性很弱，提示 rCrustinI 不适宜在酸性条件下应用。

采用牛津杯法对重组抗菌肽 rCrustinI 的抗菌活性进行分析。结果发现，rCrustinI 具有广谱抗菌活性，对革兰氏阳性菌中的藤黄微球菌（*Micrococcus luteus*）、枯草芽孢杆菌（*Bacillus subtilis*）、金黄色葡萄球菌（*Staphyloccocus aureus*）均有抑菌活性，最小抑菌浓度分别为 0. 74 μmol/L、0. 36 μmol/L 和 0. 74 μmol/L，其中对枯草芽孢杆菌抑菌活性最强；同时对革兰氏阴性菌中的副溶血弧菌（*Vibrio Parahaemolyticus*）、哈维式弧菌（*Vibrio harveyi*）、鳗弧菌（*Vibrio anguillarum*）也有一定的抑菌活性（表 3. 19）。

表 3. 19　重组抗菌肽 rCrustinI 的抑菌谱以及最低抑菌浓度（MIC）[25]

菌种名称	V（培养基）/μL	V（菌液）/μL	最小抑菌浓度（μmol/L）
藤黄微球菌（*Micrococcus luteus*）	150	20	0. 74
枯草芽孢杆菌（*Bacillus subtilis*）	150	20	0. 36
金黄色葡萄球菌（*Staphyloccocus aureus*）	150	20	0. 74
哈维氏弧菌（*Vibrio harveyi*）	150	20	2. 96
副溶血弧菌（*Vibrio Parahaemolyticus*）	150	20	1. 48
鳗弧菌（*Vibrio anguillarum*）	150	20	2. 96
溶藻弧菌（*Vibrio alginolyticus*）	150	20	—
费氏弧菌（*Vibrio fischeri*）	150	20	—
创伤弧菌（*Vibrio vulnificus*）	150	20	—
大肠杆菌（*E. coli*）	150	20	—

以 N – 苯甲酰 – L – 精氨酸乙脂（BAEE）为底物，在胰蛋白酶催化水解下，BAEE 随着脂键的水解会生成 N – 苯甲酰 – L – 精氨酸（BA），而 BA 的紫外光吸收比 BAEE 的强，水解产物 BA 越多，反应体系的在波长 253 nm 下紫外光吸收也越大。通过测量 253 nm 处吸光度值（A253 nm），根据平均数值绘制曲线图。结果发现，实验组的吸光度值低于阳性对照组，说明 rCrustinI 具有胰蛋白酶抑制剂活性，抑制了实验组胰蛋白酶水解反应。以上结果表明三疣梭子蟹Ⅰ型 Crustin 可能是一种多功能蛋白。同时推测 rCrustinI 胰蛋白酶抑制剂活性可能来自于分子中的 WAP 结构域，在哺乳动物中，WAP 结构域蛋白是一个蛋白酶抑制剂家族，能够抑制蛋白水解酶活性。

通过对三疣梭子蟹血细胞 cDNA 文库的筛选测序，发现 2 种 Crustin 初始转录物的选择性剪接体（CruⅠ 和 CruⅢ），分别编码Ⅰ型和Ⅲ型 Crustin。推导的氨基酸序列比对显示，与 CruⅠ 相比，CruⅢ 缺失了信号肽区和 Cys 富含区，仅保留 Pro – Arg 区和 WAP 结构域，是典型的Ⅲ型 Crustin 结构。首次证明在 Crustin 家族中也存在通过选择性剪接机制表达不同 Crustin 异构体现象。

通过 PCR 克隆得到三疣梭子蟹 Crustin 基因组 DNA，与 cDNA 序列比对显示，Crustin

基因中 2 个外显子被 1 个内含子隔开，在外显子 2 中有 1 个选择性外显子（Cys 富含区）（图 3.27）。Crustin 初始转录物通过切除内含子将外显子 1 和外显子 2 连接形成 I 型 Crustin mRNA；切除内含子和选择性外显子则形成 III 型 Crustin mRNA，且选择性外显子的剪切边界为稀有的 TG/GG 型剪接边界。在哺乳类动物内含子边界统计中，22 489 个内含子中仅有 2 个内含子为此种类型边界，TG/GG 型内含子边界在甲壳类未见报道，此次研究中为其首次报道。

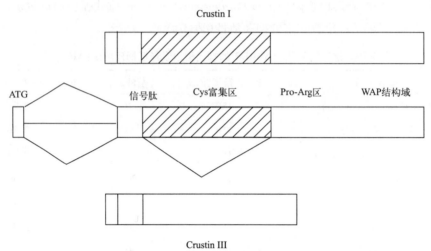

图 3.27　Crustin 的选择性剪接[25]

设计合适的引物，采用半定量 RT – PCR 技术研究 Crustin 2 个选择性剪接体在不同组织及副溶血弧菌刺激后的基因表达变化（图 3.28）。结果显示：Crustin I 和 Crustin III 在血液、肝胰脏、胃和肌肉中均表达，其中 Crustin I 在血液中表达量最大，与其他组织差异显著；而 Crustin III 在各组织中的表达量相差不大，只有胃与血液中的表达量存在显著性差异。副溶血弧菌感染后 Crustin I 和 Crustin III 表达量均发生显著增加，Crustin I 在刺激后的 24 h 出现一个峰值；Crustin I 在刺激后的 6 h 和 12 h 呈现两个峰值。结果表明，Crustin I 和 Crustin III 均参与副溶血弧菌的免疫防御反应，是免疫相关基因。

申望等[26]运用 RACE 技术也从三疣梭子蟹中克隆得到一种 I 型 Crustin cDNA 序列。该 cDNA 序列全长 565 bp，包括 75 bp 的 5′非编码区、160 bp 的 3′非编码区和 330 bp 的开放读码框，编码 110 个氨基酸。氨基酸序列的 N 端有一条由 21 个氨基酸残基组成的信号肽序列，剪切位点位于缬氨酸 A^{21} 和丝氨酸 S^{22} 之间，蛋白分子量为 10.67 kDa，等电点为 8.73。BLAST 比对发现，三疣梭子蟹 Crustin 氨基酸序列与报道的拟穴青蟹（ABY20727）和普通滨蟹（CAH25401）的 crustin 序列同源性分别为 69% 和 63%，并且信号肽的剪切位点一致。三疣梭子蟹 Crustin 成熟肽与其他物种 I 型 Crustin 氨基酸序列结构一致，N 端含有 Cys – 富含结构域，该结构域含有 3 个半胱氨酸，C 端含有 8 个保守 Cys 构成的完整 4DSC 结构域，因此，这种三疣梭子蟹 Crustin 属于 I 型 Crustin。

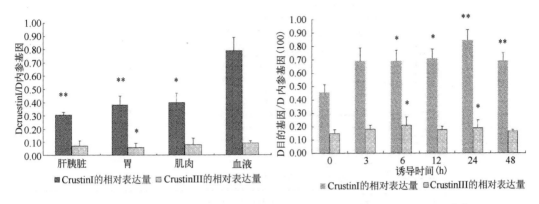

图 3.28　Crustin Ⅰ 和 Crustin Ⅲ 在不同组织中的表达和不同诱导时间的表达[25]

3.4　酚氧化酶系统

3.4.1　丝氨酸蛋白酶及其同源物

我们在三疣梭子蟹中共发现了 5 种带 Clip 结构域的丝氨酸蛋白酶及同源物（PtcSP1～PtcSP3，PtcSP 和 PtSPH）和 2 种不含 Clip 结构域的丝氨酸蛋白酶及同源物（PtSP 和 PtSPH1）[27-29]，这是迄今为止，在虾蟹中发现的最多的丝氨酸蛋白酶亚型。基于 44 条甲壳动物 SP 或 SPH 的氨基酸序列，采用 MEGA 4.0 构建了 NJ 系统进化树（图 3.29）[30]。结果显示，该进化树分为两大分支。其中 Clade Ⅰ 为 SP 分支，包括节肢动物 SPs 和 4 条 SPHs，包括；Clade Ⅱ 为 SPH 分支，主要包括 SPHs 和 1 条 SP。PtSP 和 PtcSPs 属于 SP 分支，但彼此间进化关系较远，其中 PtcSP1 与凡纳滨对虾和中国对虾 SPs 关系较近；PtcSP2 和 PtcSP3 关系较近聚类在一起；PtcSP 和 PtSP 进化关系较近聚类在一起。PtSPH 和 PtSPH1 属于 SPH 分支，且 PtSPH1 在进化上明显早于 PtSPH。这说明三疣梭子蟹 SPs 和 SPHs 在基因进化上可能具有不同的来源。

3.4.1.1　PtcSP1～PtcSP3

Clip 结构域通过三对严格保守的二硫键连接在一起的，其具体的生物学功能还没有确定，但是 clip 结构域参与控制不可逆的级联反应。虽然在珍珠贝（Pinctada fucata）丝氨酸[31]中也发现了 clip 结构域，但是 clip 结构域仍然被认为是节肢动物门的特征结构域。

我们采用 EST 分析和 RACE 技术从三疣梭子蟹眼柄和血细胞 cDNA 文库中发现 3 条带有 Clip 结构域的丝氨酸蛋白酶基因（PtcSP1、PtcSP2 和 PtcSP3）。PtcSP1、PtcSP2 和 PtcSP3 序列 cDNA 全长分别为 1 513 bp，1 363 bp 和 1 461 bp，GenBank 注册号分别为 JF412648、

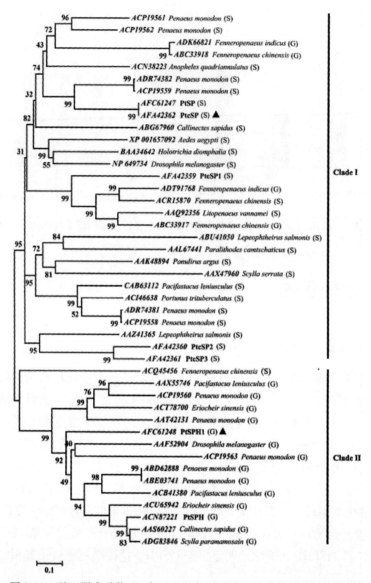

图 3.29　基于甲壳动物 SP 或 SPH 的氨基酸序列构建的 NJ 系统进化树

括号中的 S(Ser)或 G(Gly)表示催化三联体的第三个催化残基。含有 G 的序列属于丝氨酸蛋白酶同源物；含有 S 的序列属于丝氨酸蛋白酶。所用物种及 GenBank 注册号为：三疣梭子蟹 *P. trituberculatus*（AC146638），东北大黑鳃金龟 *H. diomphalia*（BAA34642），果蝇 *D. melanogaster*（NP_649734），埃及伊蚊 *A. aegypti*（XP_001657092），冈比亚按蚊 *A. quadriannulatus*（ACN38223），通讯螯虾 *P. leniusculus*（CAB63112、ACB41380、AAX55746），斑节对虾 *P. monodon*（ADR74381、ACP19558、ADR74382、ACP19561、ACP19562、AAT42131、ABD62888、ACP19560、ACP19559、ABE03741、ACP19563），印度对虾 *F. indicus*（ADT91768、ADK66821），蓝蟹 *C. sapidus*（ABG67960、AAS60227），中国对虾 *F. chinensis*（ABC33918、ACR15870、ABC33917、ACQ45456），凡纳滨对虾 *L. vannamei*（AAQ92356），中华绒螯蟹 *E. sinensis*（ACT78700、ACU65942），鲑疮痂鱼虱 *L. salmonis*（AAZ41365、ABU41050），拟穴青蟹 *S. paramamosain*（ADG83846），斑眼龙虾 *P. argus*（AAK48894），拉斯加帝王蟹 *P. camtschaticus*（AAL67441），锯缘青蟹 *S. serrata*（AAX47960）。

JF412649 和 JF412650。PtcSP1 包含 187 bp 的 5′非编码区、177 bp 的 3′非编码区和 1 146 bp 的开放读码框，编码 382 个氨基酸；PtcSP2 包含 29 bp 的 5′非编码区、131 bp 的 3′非编码区和 1 203 bp 的开放读码框，编码 400 个氨基酸；PtcSP3 包含 24 bp 的 5′非编码区、189 bp 的 3′非编码区和 1 248 bp 的开放读码框，编码 415 个氨基酸。在 PtcSP1 和 PtcSP2 的氨基酸序列中发现了两个 N - 糖基化位点，而 PtcSP3 中只含有一个 N - 糖基化位点。在三疣梭子蟹 cSPs 氨基酸序列中，PtcSP2 与 PtcSP3 之间相似性最高，达到 58%，与系统进化分析的聚类关系相一致，即 PtcSP2 和 PtcSP3 两者聚类在一起，而 PtcSP1 与虾类 cSPs 聚类在一起。

采用 ClustalW 软件对三疣梭子蟹 PtcSPs 和其他节肢动物带 Clip 结构域的 SPs 进行氨基酸序列比对。结果发现，所有的 cSPs 的 Clip 结构域和 Tryp_ SPc 结构域都非常保守。在 Clip 结构域中，节肢动物的 SPs 都含有 6 个保守的 Cys 残基，形成 3 个分子内二硫键(C^1 - C^5，C^2 - C^4 和 C^3 - C^6)。在 Tryp_ SPc 结构域中，SPs 都含有保守的催化三联体残基(His，Asp 和 Ser)。

采用 Real - time PCR 技术分析 PtcSPs mRNA 表达的组织分布和微生物刺激后的时序表达变化(图 3.30)。结果发现，PtcSP1 在鳃中表达量最高，其次是眼柄和心脏，在肌肉中的表达量非常低；PtcSP2 同样在鳃中表达量最高，其次是眼柄和胃，在肌肉和肝胰腺中表达量非常低；PtcSP3 在血细胞中的表达量最高，在其他组织中的表达量都非常低。这表明 Clip - SPs 基因除了在血细胞中高表达外，在其他组织也会大量表达，如，EscSP 在中华绒螯蟹的肌肉中表达量最高[32]。cSPs 和 cSPHs 的组织分布情况为推测其在免疫反应中的重要作用提供了有用线索。

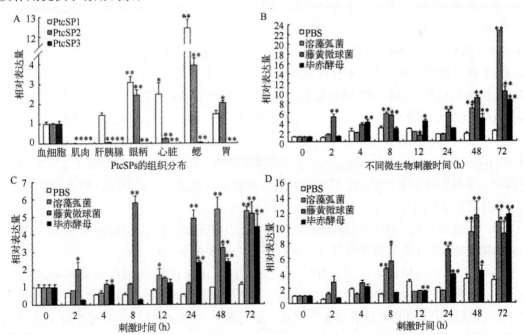

图 3.30 PtcSP1 ～ PtcSP3 mRNA 在健康三疣梭子蟹不同组织中的表达(A)以及受微生物刺激后三疣梭子蟹血细胞中 PtcSP1(B)、PtcSP2(C)和 PtcSP3(D)mRNA 的时序表达变化

受溶藻弧菌、藤黄微球菌、毕赤酵母菌刺激后，PtcSPs 表现出不同的时序表达模式。PtcSP1 在溶藻弧菌刺激后的 72 h 内出现两个峰值，分别为 8 h 和 72 h；在藤黄微球菌刺激后，PtcSP1 在 2 h、8 h 和 72 h 出现三个峰值；在毕赤酵母刺激后，PtcSP1 在 4 h、12 h 和 72 h 出现三个峰值；PtcSP1 均在刺激后的 72 h 表达量达到最大值。在溶藻弧菌刺激后，PtcSP2 表达量在 24 h 和 48 h 呈现两个峰值；在藤黄微球菌刺激后，PtcSP2 在 2 h、8 h、24 h 和 72 h 呈现 3 个峰值，且在 72 h，表达量达到最大值；在毕赤酵母刺激后，PtcSP2 表达量在前 12 h 稍有下降，分别在 2 h 和 8 h 出现两个低值，随后表达上调，并在 72 h 出现最大值。PtcSP3 在溶藻弧菌刺激后的 8 h 和 72 h 出现两个峰值，且在 72 h 达到最大值；在藤黄微球菌刺激后，PtcSP3 表达量在 8 h 和 48 h 出现两个峰值，且 48 h 表达量达到最大值；在毕赤酵母菌刺激后，PtcSP3 在 4 h 和 72 h 出现两个峰值，且在 72 h 表达量达到最大值。

通常情况下，SPs 作为酶原进行合成，随后在特定的肽键处裂解转变为活性蛋白酶。感染后 PtcSPs 转录本数量的增加可能是由于丝氨酸蛋白酶级联反应的激活。因此，微生物刺激后三种 PtcSPs 基因表达量的增加可能预示它们在应对病原体的免疫反应中的潜在功能。PtcSPs 对革兰氏阴性菌溶藻弧菌和酵母毕赤酵母显示出相似的表达模式，而对革兰氏阳性菌藤黄微球菌不同。因此推断，在甲壳动物先天免疫中，不同的 cSPs 可能具有不同的功能。在进一步的实验中，我们将研究 cSPs 重组蛋白的特性及其对不同微生物的抗菌活性。

3.4.1.2　PtSPH

基于眼柄 cDNA 文库的一个 EST 序列，结合 3′RACE，获得三疣梭子蟹 PtSPHcDNA 全长（GenBank 注册号为 FJ769222）。该序列全长为 1 287 bp，包括 56 bp 的 5′非编码区、121 bp 的 3′非编码区和 1 110 bp 的开放读码框，编码 370 个氨基酸，N 端含有一个由 16 个氨基酸残基构成的信号肽序列。PtSPH 成熟肽分子量为 38.7 kDa，等电点为 5.08，由 N 端 Clip 结构域和 C 端 Tryp_ SPc 结构域构成，其中 Clip 结构域含有 6 个保守的半胱氨酸残基；Tryp_ SPc 结构域含有一个由 3 个催化残基 His^{54}、Asp^{204} 和 Gly^{306} 构成的催化位点，这些说明 PtSPH 是一种带有 Clip 结构域的丝氨酸蛋白酶同源物。我们首次报道了甲壳动物 PPAF（prophenoloxidase – activating factor）的基因组结构，在 1 471 bp 的 PtSPH 基因组 DNA 片段中，发现了两个内含子，它们包含典型的内含子－外显子连接结构，即 GT 和 AG 二核苷酸序列（图 3.31）。

BLAST 比对发现，PtSPH 与其他丝氨酸蛋白酶及其同源物相似性很高（图 3.32）。N 端 Clip 结构域的 6 个半胱氨酸高度保守，并且可以形成 3 个分子内二硫键（C^1 – C^5、C^2 – C^4 和 C^3 – C^6）。C 端结构域不仅含有 HDG 催化三联体，还含有 10 个额外的保守半胱氨酸，形成 5 个二硫键。PtSPH 可能就是依靠这些二硫键维持分子的三维空间结构。三疣梭子蟹 PtSPH 与已经报道的 PPAF 具有显著同源性，如与蓝蟹（AAS60227）的同源性为 86%，与中华绒螯蟹（ACU65942）的同源性为 70%，与斑节对虾（ABE03741）的同源性为 56%，与果蝇（AAF52904）的同源性为 42%。

```
ATGCGACACC TGGCAGTCCT TGCCGCCCTC CTGGCCGTGG CCGCCGCTGG ACCAAGGGAG CGCCGCCAGG CCAATGGTGA  80
CTACCAAGTC TGCCGCGCCG GTGCCGGCCT GTGCGTGCCT TACTACCTGT GTAGCGATGA CACGGTGATC ACTGACGGCA  160
CTGGCATCAT CGACATCAGG TGAGTTACTT TATTATATCC AGTGAAAATT TTTGTTTAAA CCTCCGCGAT AATCGTAATG  240
TGTTTTCCTC CTTCAGTCTT TACTAAGCAT GTTTATAAGT TACAATGTCA AACTGATCAT GCTCATCCAGA GATCGCATAT  320
CCTCGCCCGT CCATATCCCA AATCCCTTCA TTCCAG AACT GGATCCGAGT GTGCCAACTT CCTGGACGTC TGCTGCACCA  400
ACCCAACAGG CCCCGTCACG CCCACGCCGA TCCGCCCTT CGTCTCCACT TGCGGCACAA GGAACTACAA TGGCATCGAT  480
GTCAGGATCC AAGGATTCGA GTGCGTAAG AGGCGGTTTG GGTTTCACTA GTGTTGTATG ATGTGATTCA TGACACTTTA  560
ATCAGTACTA CACTTTACCC AGTCTGGCGC ACGAGTGTCA AGTCTCTGAC AGTCTCCCCT TCCTCACAGG GCAACGAGAC  640
CCAGGTGGCG GAATTCCCAT GGATGACCGC CGTGCTGAAG AAGGAGGTCG TGTCGGAGCGA GGAGATCAAC CTGTACTTGT  720
GCGGCGGGTC GCTCATCCAT CCCGTCATCG TCCTGACGGC CGCTCACTGC GTCCACAACG AGGAGCGCCGG TGACCTTCGC  800
GTCCGTCTGG GCGAGTGGGA CACTCAGAAC GAGTACGAGC CATACAAACA CCAGGACCGC GATATTGCCA GCGTTGTCAT  880
CCACCCTGGC TTCAACCCCG GCAACCTGCA CAACGACTAC GCCCTGCTGT ACCTCCAGAC TCCCGCTGAG CTCAGCAGGA  960
ACGTGGACGT CATCTGTCTG GACAATGACC TCACCATCCT CAACCCCCAA CAGCGACTGCC TTGTCACTGG CTGGGGCAAG  1040
GACAGGTTCG GCAAGAAGGA AGTCTTCCAA GTCCTGAAGA AGAGATCGA ACTCCCTTAC GTTCTTCCTG GCCAGTGTA TG  1120
GGATGCGCTG CGCACCACCA GGCTCCTCAA GTTATTTATT CTGGACCGCT CCTTCCTCTG TGCTGGCGGA GAGGCTGGTA  1200
AGGACTCCTG CAGCGGCGAC GGAGGTTCTC CTCTGGTGTG CCTGGACAGG ACCAAGACCC AGTACGTGCA GGTTGGCATT  1280
GTGGCGTGGG GCATTGGCTG CGGCACCTCC AACATCCCCG GCGTGTACGC TAACGTGTTA TACGGGTACA ACTGGATCGT  1360
CAATGAGGCT GACAAGCTGC TTGCCGGCCC CGTGGTGGAC TACTGGAATT ACCAGTGATC TGGGCAGGCG TCTCCACGGC  1440
CACACGCTTG TTCCTTCTCA AATCAAATGT A                                                       1471
```

图 3.31　PtSPH 基因组结构

内含子用下划线标示，内含子剪接信号 GT/AG 二核苷酸用方框表示。

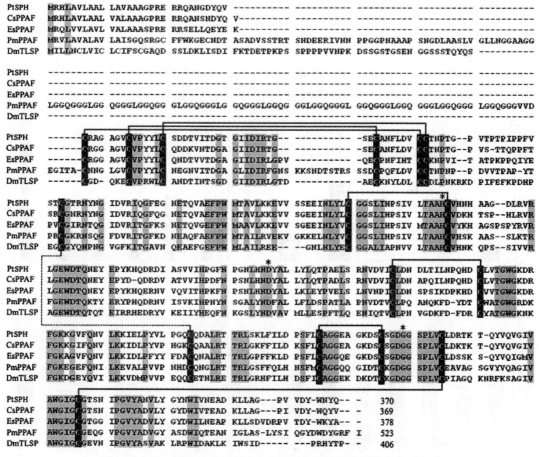

图 3.32　Clip 结构域丝氨酸蛋白酶同源物氨基酸序列的多序列比对

PtSPH：三疣梭子蟹 SPH；CsPPAE：蓝蟹 PPAF；EsPPAF：中华绒螯蟹 PPAF；PmPPAF：斑节对虾 PPAF；DmTLSP：果蝇胰蛋白酶样丝氨酸蛋白酶。相同的氨基酸用灰色阴影标示。保守的半胱氨酸用黑色标示。预测的二硫键用折线标示。丝氨酸蛋白酶催化三联体用星号标示。

　　与其他已知蟹类 PPAFs 一样，三疣梭子蟹 SPH 氨基酸序列包含一个 C 端 clip 结构域和一个 N 端 SP 结构域。Clip 结构域通过三个严格保守的二硫键连接。PtSPH 的 SP 结构域缺少一个催化残基，活性位点的 Ser 被 Gly 代替，因此 PtSPH 属于非催化组。这种 Gly 对 Ser 的替换在一些甲壳动物 PPAFs 和果蝇胰蛋白酶样 SP 中均有发现。在果蝇基因组编码的所有丝氨酸蛋白酶样结构域中，28% 被认为是非催化蛋白酶同源物[33]。因此，推断这种酶同源物也许能够与特异性底物结合，与活性酶竞争底物或展现新的功能。此外，PtSPH 基因组序列是首次报道的甲壳动物 PPAF 基因组结构，其在 clip 结构域和 SP 结构域各含有一个内含子。考虑到内含子是新的外显子插入、删除或复制的热点，我们认为 PtSPH 的 clip 结构域和 SP 结构域可能是新的外显子复制的潜在区域，最终导致蛋白结构的显著变化。

　　采用 Real - time PCR 技术分析了三疣梭子蟹 PtSPH 基因表达的组织分布情况和溶藻弧菌刺激后的时序表达变化以及 PO 活性和血细胞数目变化（图 3.33）。结果发现，PtSPH 在眼柄中表达量最高，其次是肌肉和血细胞，在鳃和肝胰腺中表达量很低，其中眼柄和肌肉中的表达量分别血细胞的 4.45 倍和 1.54 倍。受到溶藻弧菌刺激后，PtSPH 在三疣梭子蟹血细胞中的表达呈明显的时间依赖性模式，表现出两个峰值，分别在 3 h 和 32 h，且在 32 h 表达量达到最大值。三疣梭子蟹受到溶藻弧菌刺激后，酚氧化酶（PO）活性在 9 h 出现明显下降，随后在 24 h 和 48 h 出现两个峰值，72 h 回复到初始状态。总血细胞数在刺激的

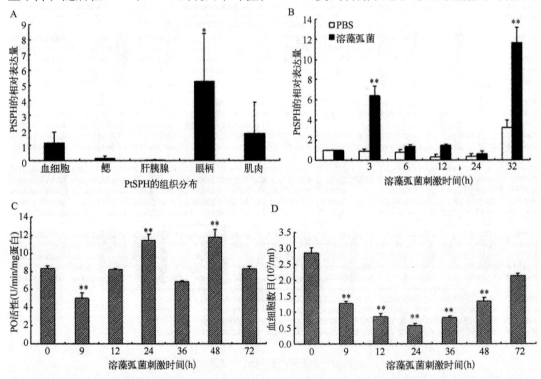

图 3.33　PtcSPH 在三疣梭子蟹不同组织中的分布（A）和三疣梭子蟹在受到溶藻弧菌刺激后 PtSPH 的时
　　　　序表达变化（B）、PO 活性变化（C）和总血细胞数变化（D）

前 24 h 呈缓慢下降趋势，24 h 后呈缓慢上升趋势。PtSPH 的时序表达变化与 PO 活性、总血细胞数的变化趋势不一致，这表明 PtSPH 的调控机制非常复杂，可能参与多种免疫反应。

　　总之，proPO 系统参与免疫反应的过程是一个复杂的、消耗能量的过程，可能在宿主与病原体相互作用的不同阶段逐步发挥功能。而研究中 PtSPH mRNA 表达水平的波动变化暗示出 proPO 以一种复杂的机制参与抵抗微生物入侵的免疫反应。而 PtSPH 的表达水平与 PO 活性变化并不一致，这说明 proPO 系统的激活受到多种因子的调节。同样，PO 活性变化与总血细胞数目变化也不相同，可能是由于 PO 活性来自其他来源，如血蓝蛋白。血细胞在无脊椎动物免疫系统中发挥至关重要的作用，参与体液免疫和细胞免疫的调解。由于损伤作用，蟹中血细胞数目会增加。然而，我们发现在微生物刺激的初始阶段，血细胞数目下降了。这种血细胞数目的下降可能是由于血淋巴中细菌总数的增加，随后需要更多的血细胞来清除细菌。

3.4.1.3　PtcSP 和 PtSP

　　根据系统进化关系，我们发现 PtcSP 和 PtSP 进化关系非常近，而且两者可能具有共同的进化来源，为了进一步研究 PtSP 和 PtcSP 的关系，我们采用 EST 和 RACE 技术从三疣梭子蟹血细胞和眼柄 cDNA 文库克隆得到了第四条带 Clip 的丝氨酸蛋白酶序列（PtcSP）（GenBank 注册号为 JF412651）和一条不带 Clip 的丝氨酸蛋白酶序列 PtSP（GenBank 注册号为 JF412653）。序列分析显示，PtcSP 的 cDNA 序列全长为 1 530 bp，包括 24 bp 的 5′非编码区、189 bp 的 3′非编码区和 1 137 bp 的开放读码框，编码 379 个氨基酸，N 端含有一条由 19 个氨基酸残基组成的信号肽序列；PtSP 的 cDNA 序列全长为 1 266 bp，包括 70 bp 的 5′非编码区、335 bp 的 3′非编码区和 861 bp 的开放读码框，编码 286 个氨基酸，N 端含有一条由 22 个氨基酸残基组成的信号肽序列。两者氨基酸序列比对发现，PtSP 比 PtcSP 仅缺少了一个 Clip 结构域，除此之外其他序列几乎完全相同。在 PtSP 和 PtcSP 氨基酸序列的 SP 结构域含有典型的催化三联体（H、D 和 S），这三个催化残基存在于三个保守基序中（TAAHC、DIAL 和 GDSGG）。

　　通过 PCR 和基因克隆技术，我们获得了 PtcSP 和 PtSP 基因组 DNA 片段，通过序列比对，发现 PtcSP 与 PtSP 仅存在几个核苷酸的不同，由此推断 PtcSP 和 PtSP 可能是由相同的基因位点编码，并通过选择性剪接产生不同的成熟 mRNA，从而编码出不同的蛋白质（图 3.34）。2 356 bp 的 PtcSP 或 PtSP 基因组 DNA 片段含有 8 个外显子和 7 个外显子，通过对所有内含子的剪切编码产生 PtcSP；而在 PtSP 的编码过程中，除了接切掉所有内含子外，还剪切掉部分的外显子序列，包括 27 bp 的外显子 1，全部的外显子 2 和 118 bp 的外显子 3，且外显子 1 中选择性外显子的剪切边界为稀有的 GG/AG 型剪接边界，其他的剪切位点均为典型的 GT/AG 型。这种选择性剪切造成 PtSP 氨基酸序列缺少 Clip 结构域。PtcSP 和 PtSP 氨基酸序列也几乎完全相同，都含有信号序列和保守的催化三联体组氨酸（H）、天冬氨酸（A）和丝氨酸（S），但是 PtSP 缺少 clip 结构域。

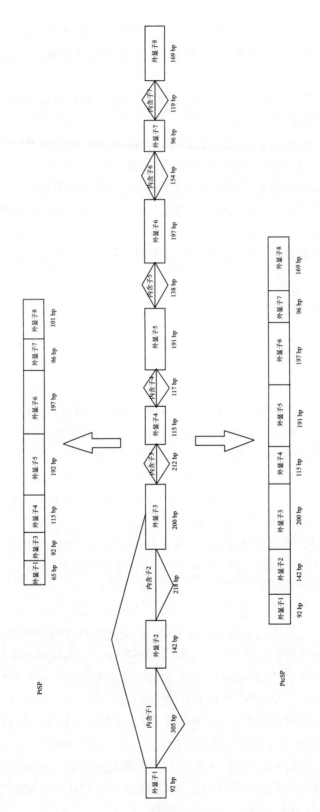

图3.34 PtcSP和PtSP mRNA前体的选择性剪接

采用 Real - time PCR 技术分析 PtcSP 和 PtSP mRNA 表达的组织分布规律和微生物刺激后的时序表达变化(图 3.35)。结果发现，PtSP 主要在血细胞中表达，其次是眼柄和鳃，肌肉、肝胰腺和胃中表达量很低；PtcSP 主要在血细胞和胃中表达，其他组织中表达量都很低。尽管 PtSP 和 PtcSP 是由同一个基因编码，但是它们在不同组织中的分布情况并不完全相同。同一基因，在不同组织中选择性表达，发挥相同或不同的作用，可见选择性剪接是机体聪明应对外界环境、合理利用自身资源的表现。在溶藻弧菌刺激后，PtSP 的表达量在 8 h 和 72 h 呈现两个峰值；藤黄微球菌刺激后，PtSP 表达量在 2 h、8 h、24 h 和 72 h 出现四个峰值，最大表达量出现在 8 h；毕赤酵母菌刺激后，PtSP 表达量同样也在 2 h、8 h、24 h 和 72 h 出现四个峰值，但最大表达量出现在 72 h。PtcSP 基因在溶藻弧菌刺激后的 8 h 和 72 h 达到峰值，且在 72 h 的表达量非常高；在藤黄微球菌刺激后，PtcSP 在 2 h、8 h 和 24 h 出现三个峰值，随后表达量开始下降，在 72 h 恢复到刺激前的水平；在毕赤酵母刺激后，PtcSP 表达量仅在 12 h 略微增加，并在 24 h 达到最大值，在 72 h 表达量也略有增加。由此可见，PtSP 和 PtcSP 的表达模式相似，对革兰氏阳性菌、革兰氏阴性菌和毕赤酵母的刺激都不敏感。PtcSP 与其他三种 PtcSPs（PtcSP1 ~ PtcSP3）表达模式差别很大，进一步证明不同的 cSPs 在甲壳动物先天免疫系统中发挥不同的作用。

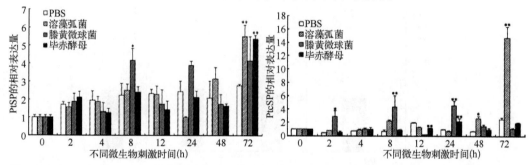

图 3.35 PtSP 和 PtcSP 在三疣梭子蟹受到溶藻弧菌、藤黄微球菌、毕赤酵母菌刺激后的时序表达变化

采用带有 BamH I 和 Xho I 酶切位点的引物扩增三疣梭子蟹 PtcSP 的成熟肽编码区（PtcSP）、Tryp_ SPc 结构域（PtcSP - C）和 Clip 结构域（PtcSP - N）。产物经双酶切后插入经同样内切酶完全酶切的 pET30a(+)或 pET32a(+)载体中。构建成功的载体转入 E. coli BL21(DE3) - plysS 表达菌株，采用 IPTG 诱导表达，获得纯化复性蛋白（图 3.36）。

以牛 α - 胰凝乳蛋白酶、牛胰蛋白酶为阳性对照酶类，两种蛋白酶的特异性底物 N - 苯甲酰 - 苯丙氨酰 - 缬氨酰 - 精氨酰 - 对 - 硝基苯胺和 N - 琥珀酰 - 丙氨酰 - 丙氨酰 - 脯氨酰 - 苯丙氨酰 - 对 - 硝基苯胺为底物，Tris - HCl 为阴性对照，分别测定重组蛋白 PtcSP、PtcSP - N 和 PtcSP - C 的蛋白酶水解活性。结果发现，重组的成熟肽 PtcSP 和 C 端丝氨酸蛋白酶样结构域 PtcSP - C 具有胰蛋白酶样水解活性，而没有 α - 胰凝乳蛋白酶样水解活性（图 3.37）。这说明 PtcSP 蛋白是一种胰蛋白酶样丝氨酸蛋白酶。进一步的研究发现，N 端 clip 结构域（PtcSP - N）没有蛋白酶水解活性，而 C 端 Tryp_ SPc（PtcSP - C）具有胰蛋白酶样水解活性。这证明 clip - SPs 的 C 端 Tryp_ SPc 结构域行使蛋白酶水解活性，而

clip 结构域对其活性没有影响。

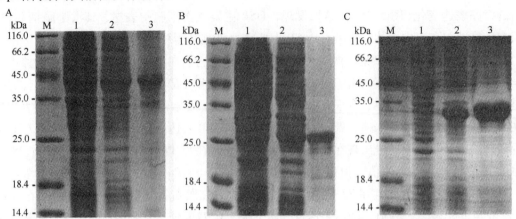

图 3.36　重组蛋白 PtcSP、PtcSP－N 和 PtcSP－C 的 SDS－PAGE 分析

1：未经 IPTG 诱导的对照组；2：IPTG 诱导后重组蛋白的表达；3：纯化的重组蛋白；M：标准蛋白 marker。

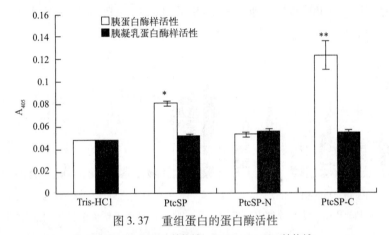

图 3.37　重组蛋白的蛋白酶活性

PtcSP－N：Tryp_ SPc 结构域；PtcSP－C：Clip 结构域。

以革兰氏阴性菌溶藻弧菌和铜绿假单胞菌，革兰氏阳性菌藤黄微球菌和金黄色葡萄球菌，真菌毕赤酵母为实验菌株，采用液体生长抑制实验检测重组蛋白 PtcSP、PtcSP－N 和 PtcSP－C 的抗菌活性，结果见表 3.20。重组蛋白 PtcSP 对革兰氏阴性菌有抑制作用，对革兰氏阳性菌和真菌没有作用；重组蛋白 PtcSP－N 除了对革兰氏阴性菌有抑制作用外，对革兰氏阳性菌中的藤黄微球菌也有很高的抑制作用，而对真菌没有作用；重组蛋白 PtcSP－C 没有任何抑菌活性。这说明丝氨酸蛋白酶的 clip 结构域具有抑菌作用。同样，在一些虾类中发现重组的 clip 结构域对革兰氏阳性菌和阴性菌具有直接的抗菌活性。然而，完整蛋白却没有抗菌活性或者具有较窄的抗菌谱。这说明 clip 结构域具有直接的抗菌活性，而完整蛋白抗菌活性的发挥需要剪切作用。

以革兰氏阴性菌溶藻弧菌和真菌毕赤酵母为实验菌株，检测重组蛋白 PtcSP、PtcSP－N 和 PtcSP－C 与细菌和真菌的结合活性，结果发现，三种重组蛋白与两种菌都没有结合活性。可见 cSPs 不具有细菌结合活性，而目前报道的具有结合活性的都是 SPH。因此，我们推断 SPH 与细菌的结合活性与 clip 结构域无关，而是依靠其 C 端的 SP 样结构域。

表3.20　重组蛋白的抗菌活性

微生物	最小抑菌浓度 MIC（μmol/L）		
	PtcSP	PtcSP – N	PtcSP – C
革兰氏阴性菌			
溶藻弧菌	10.55 ~ 21.09	1.35 ~ 2.70	—
铜绿假单胞菌	10.55 ~ 21.09	10.82 ~ 21.63	—
革兰氏阳性菌			
藤黄微球菌	—	1.35	—
金黄色葡萄球菌	—	—	—
真菌			
毕赤酵母	—	—	—

3.4.1.4　PtSPH1

我们采用 EST 分析和步移测序从三疣梭子蟹血细胞 cDNA 文库中克隆得到了一条不带 Clip 的丝氨酸蛋白酶同源物 PtSPH 序列，命名为 PtSPH1（GenBank 注册号为 JF412653）。该序列 cDNA 全长为 1 507 bp，包括一个 1 236 bp 的开放读码框，编码 411 个氨基酸，N 端含有一个由 17 个氨基酸残基组成的信号肽序列，成熟肽分子量为44.44 kDa，等电点为 5.07。在 C 端 Tryp_ SPc 结构域中，催化三联体中的 Ser 被 Gly 代替，因此，PtSPH1 是一种丝氨酸蛋白酶同源物。尽管 PtSPH1 与 PtSPs 之间有很低的相似性(23% ~ 35%)，丝氨酸蛋白酶催化三联体结构域(Tryp_ SPc 结构域)还是相当保守的。一般情况下，SPs 和 SPHs 最显著的不同在于 C 端催化位点的氨基酸残基由 Ser 变为 Gly，即催化三联体由 HDS 变为 HDG，从而使 SPHs 丧失蛋白酶水解活性。这种 Ser→Gly 的替换在许多甲壳动物中广泛存在，如斑节对虾[34]、中国对虾[35]和中华绒螯蟹[36]。

我们已经报道了一种三疣梭子蟹 clip 结构域 SPH（PtSPH）的基因组结构，该基因包含两个内含子[27]。基于 PtSPH1 的 cDNA 序列设计基因特异性引物 PCR 扩增基因组 DNA 序列，我们又获得了不带 clip 结构域的 PtSPH1 基因组 DNA 片段（GenBank 注册号为 JQ040512），该片段长 2 303 bp，由 5 个外显子和 4 个内含子构成，内含子两端的剪接位点均符合 GT – AG 规则。考虑到 PtSPH、PtSP 和 PtSPH1 外显子/内含子结构的不同，我们假设可能发生了几个内含子的丢失和获得，最后导致蛋白质结构的显著变化。所有这些内含子的剪接位点都符合典型的 GT/AG 剪接识别规则。

利用 Real – time PCR 技术分析三疣梭子蟹 PtSPH1 mRNA 表达的组织分布规律和不同菌刺激后的时序表达变化(图3.38)。结果发现，PtSPH1 主要在胃中表达，其次是血细胞和眼柄，而在肌肉和心脏中表达量很低。这与已经报道的通讯螯虾的 mas – like[37]和中国对虾的 SPH2[38] 不同。尽管单结构域 SPs 或 SPHs 一般参与消化过程，但是，这些结果表明它们在甲壳动物中是组织和物种特异性。PtSPH1 的表达量在溶藻弧菌刺激后的 8 h 和72 h 呈现两个峰值，且在 72 h 表达量非常高；藤黄微球菌刺激后，PtSPH1 表达量在 8 h、24 h 和 72 h 出现三个峰值；在毕赤酵母刺激后，PtSPH1 表达量同样表现出三个峰值，分别在 4 h、12 h 和 48 h，而在刺激后的 8 h，PtSPH1 表达量稍有下降。由此可见，革兰氏阴性菌或阳性菌感染可以有效地诱导 PtSPH1 的表达，随后免疫系统识别各种细菌而引发一系列免疫反应。PtSPH1 对微生物刺激是相当敏感的，因此，可能在三疣梭子蟹免疫应答中起重要作用。总之，PtSPH1 可能作为一种应急防御分子在蟹类免疫防御组织的前线发挥关键作用。

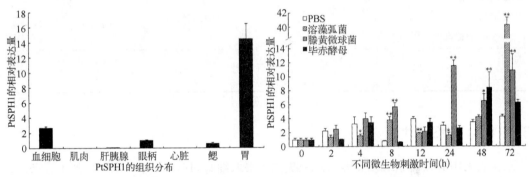

图 3.38　PtSPH1 在三疣梭子蟹不同组织中的分布和受到溶藻弧菌、
藤黄微球菌、毕赤酵母菌刺激后的时序表达变化

采用带有 BamHI 和 XhoI 酶切位点的引物扩增三疣梭子蟹 PtSPH1 丝氨酸蛋白酶样区域（PtSPH1）。产物经双酶切后插入经同样内切酶完全酶切的 pET30a（＋）载体中。构建成功的载体转入 E. coli BL21（DE3）－plysS 表达菌株，采用 IPTG 诱导表达，获得纯化复性蛋白（图 3.39）。

一般来说，由于催化三联体中重要氨基酸残基的替换，丝氨酸蛋白酶同源物而失去蛋白酶水解活性。以牛 α－胰凝乳蛋白酶、牛胰蛋白酶为阳性对照酶类，两种蛋白酶的特异性底物 N－苯甲酰－苯丙氨酰－缬氨酰－精氨酰－对－硝基苯胺和 N－琥珀酰－丙氨酰－丙氨酰－脯氨酰－苯丙氨酰－对－硝基苯胺为底物，Tris－HCl 为阴性对照，测定重组蛋白 PtSPH1 的蛋白酶水解活性。结果发现，重组蛋白 PtSPH1 没有任何蛋白酶水解活性。这说明催化三联体中 Gly 对 Ser 的取代造成蛋白酶水解活性的丧失。

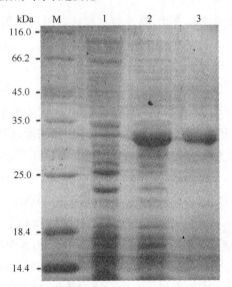

图 3.39　重组蛋白 PtSPH1 的 SDS－PAGE 分析

1：未经 IPTG 诱导的对照组；2：IPTG 诱导后重组蛋白的表达；3：纯化的重组蛋白；M：标准蛋白marker。

以革兰氏阴性菌溶藻弧菌和铜绿假单胞菌，革兰氏阳性菌藤黄微球菌和金黄色葡萄球菌，真菌毕赤酵母为实验菌株，检测重组蛋白 PtSPH1 的抗菌活性。结果发现，重组蛋白 PtSPH1 没有任何抑菌活性。进一步证明，clip 结构域具有抗菌活性。

以革兰氏阴性菌溶藻弧菌和真菌毕赤酵母为实验菌株，检测重组蛋白 PtSPH1 与细菌和真菌的结合活性。结果发现，PtSPH1 对两种菌都具有结合活性，且对真菌的结合活性更高（图 3.40）。同样，在其他虾蟹中也发现 SPHs 对弧菌有较强的结合活性，此外虾类 mas – like 蛋白可以作为模式识别分子与多种革兰氏阴性菌和酵母结合。因此，我们推断丝氨酸蛋白酶同源物可能作为一种模式识别蛋白参与无脊椎动物的免疫防御。

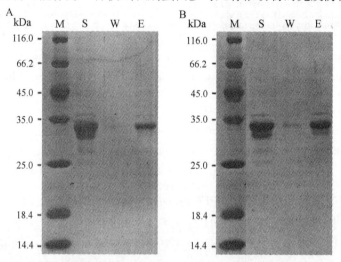

图 3.40　重组蛋白 PtSPH1 对革兰氏阴性菌溶藻弧菌（A）和真菌毕赤酵母（B）的结合活性图
M：标准蛋白 marker；S：上清液；W：冲洗液；E：洗脱液。

3.4.2　丝氨酸蛋白酶抑制剂

3.4.2.1　Pacifastin

我们[39]采用 EST 和 RACE 技术，对三疣梭子蟹 pacifastin 轻链（PtPLC）进行克隆，全长 1 655 bp（GenBank 注册号为 JF412655），包含 33 bp 的 3′非编码区、524 bp 的 5′非编码区和 1 098 bp 的开放读码框，编码 365 个氨基酸残基，N 端含有一条由 17 个氨基酸残基组成的信号肽序列，蛋白分子量为 40.51 kDa，等电点为 5.04。PtPLC 具有 8 个典型的 PLD（pacifastin light chain domain）结构域，每个 PLD 结构域都具有 6 个半胱氨酸残基（Cys – Xaa$_{9-12}$ – Cys – Asn – Xaa – Cys – Xaa – Cys – Xaa$_{2-3}$ – Gly – Xaa$_{3-4}$ – Cys – Thr – Xaa$_3$ – Cys）。BLAST 比对分析发现，PtPLC 与其他已经报道的甲壳动物 PLCs 具有一定同源性，如与中华绒螯蟹（ACF35640）同源性为 32.7% 、与通讯螯虾（AAC64661）同源性 32.7% 。三疣梭子蟹 8 个 PLD 结构域和其他物种 PLD 结构域氨基酸都相当保守，其活性位点位于 PLDs C 端的最后两个氨基酸残基之间。所有 PLD 都有高度保守的半胱氨酸序（图 3.41）。

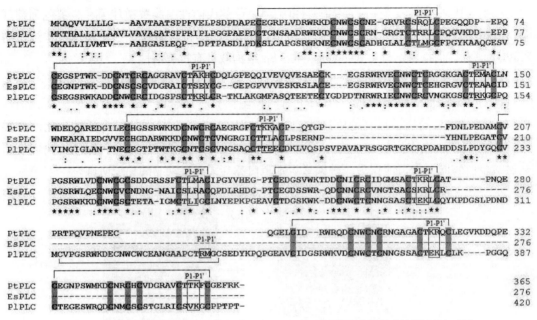

图 3.41 PtPLC 与甲壳动物已发现的 pacifastin 型丝氨酸蛋白酶抑制剂基因比对图

保守的半胱氨酸用灰色标示，P1 - P1' 残基用方框标示，PLD 用直线标示。

基于 3 种甲壳动物和 7 种昆虫的 17 条 pacifastin 型丝氨酸蛋白酶抑制剂氨基酸序列，采用 MEGA 4.0 构建了 NJ 系统发育树（图 3.42）。该进化树可以分为两支，分别为甲壳动物 PLC 和昆虫 PLC。在甲壳动物分支中，三疣梭子蟹 PtPLC 首先与中华绒螯蟹 EsPLC 聚类在一起，随后与通讯螯虾聚在一起。在昆虫分支中，根据不同的科共分为 4 个亚支，鞘翅类的赤拟谷盗（*Tribolium castaneum*）为一支，直翅类的沙漠飞蝗（*Schistocerca gregaria*）和亚洲飞蝗（*Locusta migratoria migratorioides*）聚为一支，膜翅类的丽蝇蛹金小蜂（*Nasonia vitripennis*）的两个 pacifastin 型抑制剂聚为一支，双翅目的致倦库蚊（*Culex quinquefasciatus*）、埃及伊蚊（*Aedes aegypti*）和冈比亚按蚊（*Anopheles gambiae*）的五条 pacifastin 聚为一支。

以亚洲飞蝗 PLD 结构域作为模板，采用 SWISS - MODEL 预测软件对 PtPLC 的 8 个 PLD 结构域的空间结构进行预测（图 3.43）。每个 PLD 结构域由 3 个 β 折叠构成，并通过 3 个二硫键（Cys^6 - Cys^{21}，Cys^{16} - Cys^{33} 和 Cys^{19} - Cys^{28}）固定。通过活性位点氨基酸的分析，得到五个可能与功能相关的 PLD 结构域，PLD - 1、PLD - 4、PLD - 5、PLD - 6 和 PLD - 7。当 PLD 结构域的 P1 活性位点为赖氨酸（Lys）或精氨酸（Arg）残基时，该 PLD 结构域可能是胰蛋白酶抑制型，而 P1 位点为苯丙氨酸（Phe）、亮氨酸（Leu）或甲硫氨酸（Met）残基时，该 PLD 结构域可能是胰凝乳蛋白酶抑制型的。因此，三疣梭子蟹 PtPLC 的 8 个 PLD 结构域中的 4 个 PLD 结构域的活性位点是胰蛋白酶抑制型的，包括 Arg - Gln（PtPLC - 1），Lys - Lys（PtPLC - 4）和 Arg - Lys（PtPLC - 6，PtPLC - 7），第 5 个 PLD 结构域活性位点是胰凝乳抑制型的（Leu - Met，PtPLC - 5）。

在所有丝氨酸蛋白酶抑制剂家族中，除了来自中华绒螯蟹[40]和通讯螯虾[41]的 pacifastins 外，很少有关于 pacifastins 相关抑制蛋白分离和功能的报道。到目前为止，还没有

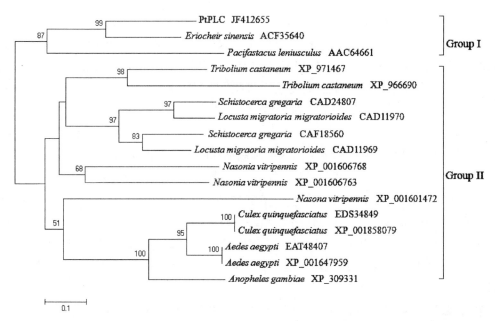

图 3.42　基于不同物种 pacifastin 型丝氨酸蛋白酶抑制剂的 NJ 系统进化树

所用物种及 GenBank 注册号：三疣梭子蟹 *P. trituberculatus*（PtPLC），中华绒螯蟹 *E. sinensis*（pacifastin light chain，ACF35640），通讯螯虾 *P. leniusculus*（pacifastin light chain，AAC64661），致倦库蚊 *C. quinquefasciatus*（XP_ 001858079，ED34849），沙漠飞蝗 *S. gregaria*（CAF18560，CAD24807），亚洲飞蝗 *L. migratoria migratorioides*（CAD11969，CAD11970），埃及伊蚊 *A. aegypti*（XP_ 001647959，EAT48407），蝇蛹金小蜂 *N. vitripennis*（XP_ 001606763，XP_ 001606768，XP_ 001601472），赤拟谷盗 *T. castaneum*（XP_ 966690，XP_ 971467）和冈比亚按蚊 *A. gambiae*（XP_ 309331）。

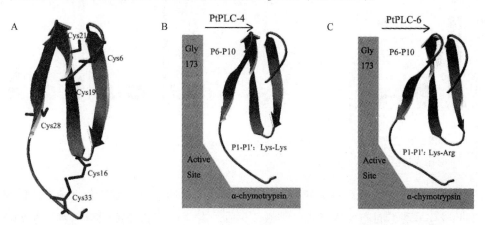

图 3.43　预测的三疣梭子蟹 PtPLC 基因 PLD 结构域的一般结构（A）及 PtPLC 基因的第四个 PLD 结构域（B）和第六个 PLD 结构域（C）与 α-胰凝乳蛋白酶的作用模式图

从甲壳动物中鉴定出其他的 pacifastins。PtPLC 之所以属于 pacifastin 家族成员，是因为：① 8 个保守的 PLDs；② 同其他 pacifastin 相关 SPIs；③ 系统发育分析，与甲壳动物 pacifastin 相关前体聚类在一起。Pacifastin 型丝氨酸蛋白酶抑制剂由几个典型的 PLDs 结构域构成。在不同物种的 pacifastin 中，PLD 结构域的数目是不同的，中华绒螯蟹 PLC 含有 6 个

PLD 结构域[40]，通讯螯虾 pacifastin 轻链含有 9 个 PLD 结构域[41]，埃及伊蚊 PLC 含有 6 个 PLD 结构域，沙漠蝗 PLCs 含有 3 或 4 个 PLD 结构域[42-45]，蝇蛹金小蜂 PLCs 含有 4 或 5 个 PLD 结构域，而 PtPLC 含有 8 个 PLD 结构域。对 PLD 结构域进行三维结构分析，结果显示每个 PLD 结构域有 6 个半胱氨酸可以形成 3 个二硫键（Cys1 - Cys4，Cys2 - Cys6，Cys3 - Cys5），赋予 pacifastin 家族成员典型的稳定构象。

Pacifastin 相关 SPIs 的特点是活性位点 P1 - P1' 的可变性，该位点决定了酶的特异性。P1 - P1' 的两个氨基酸残基在胰凝乳蛋白酶抑制剂和胰蛋白酶抑制剂中出现。通常情况下，胰凝乳蛋白酶 P1 残基是芳香族氨基酸，如苯丙氨酸、亮氨酸或甲硫氨酸，而胰蛋白酶抑制剂需要碱性氨基酸（赖氨酸或精氨酸）。在三疣梭子蟹 PtPLC 的 8 个 PLD 结构域中，4 个可能是胰蛋白酶抑制剂，P1 - P1' 分别为 Arg - Gln（PtPLC - 1），Lys - Lys（PtPLC - 4）和 Arg - Lys（PtPLC - 6，PtPLC - 7），1 个是胰凝乳蛋白酶抑制剂，P1 - P1' 是 Leu - Met（PtPLC - 5）。PtPLC 的 PLD 结构域中也存在不符合一般规则的 P1 - P1' 活性位点，同样，在通讯螯虾 PIPLC 中也存在这种情况[46]。

采用 Real - time PCR 分析三疣梭子蟹不同组织中 PtPLCmRNA 表达水平和受不同微生物刺激后的时序表达变化（图 3.44）。结果发现三疣梭子蟹 PtPLC 在血细胞中的表达量最高，其次是鳃和肝胰腺，在肌肉中只检测到极微量的转录水平。这种组织表达模式与中华绒螯蟹 EsPLC[40] 的不完全一致。然而，在两个物种中，pacifastins 在肝胰腺、鳃和血细胞这些免疫相关组织中都有较高表达。这意味着 PtPLC 可能参与三疣梭子蟹的免疫防御反应。

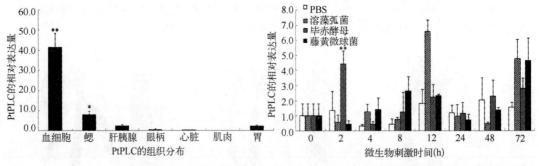

图 3.44　PtPLC 在三疣梭子蟹不同组织中的分布和受到溶藻弧菌、藤黄微球菌、毕赤酵母菌刺激后的时序表达情况

三疣梭子蟹受革兰氏阳性菌藤黄微球菌、革兰氏阴性菌溶藻弧菌和真菌毕赤酵母菌刺激后，PtPLC 呈现不同的表达模式。刺激 2 h 后，溶藻弧菌和藤黄微球菌刺激组 PtPLC 转录水平相对于 PBS 对照组有所下降，而毕赤酵母菌刺激组 PtPLC 转录水平骤升并达到一个峰值。随着刺激时间的延长，PtPLC 的转录水平呈现一种明显的依赖时间的高低变化。在 72 h 的刺激时间内，藤黄微球菌刺激组共出现两个峰值，第一个峰值出现在刺激后 8 h，然后转录水平逐渐下降，在 24 h 时表达量达到低谷，72 h 再次达到峰值。藤黄微球菌刺激后，最高转录水平在 72 h，最低水平在 2 h。溶藻弧菌和毕赤酵母菌刺激后的 72 h 内，共出现 3 个峰值，第一个峰值分别出现在 4 h 和 2 h，然后分别在 8 h 和 48 h 达到低谷，接

着，在 12 h 和 72 h 时分别又达到一个峰值。毕赤酵母菌刺激后，最高水平出现在 2 h，最低水平出现在 4 h。溶藻弧菌刺激后的 72 h 内，转录水平相对于 0 h 没有显著差异。这种表达模式的不同表明，PtPLC 在清除不同微生物时可能具有不同的调控模式。然而，与中华绒螯蟹 EsPLC[40] 相似，它们都遵循一个循序渐进的防御机制，这些数据表明 PtPLC 可能参与三疣梭子蟹病原微生物的清除过程。

我们根据对三疣梭子蟹 pacifastin 型丝氨酸蛋白酶抑制剂 PtPLC 的 8 个 PLD 结构域 P1 位点的分析，预测 8 个 PLD 结构域中，PtPLC – 1、PtPLC – 4、PtPLC – 6、PtPLC – 7 为胰蛋白酶抑制型，而 PtPLC – 5 为胰凝乳蛋白酶抑制型。为了对 PtPLC 的功能进行进一步分析，设计基因特异性引物分别扩增 PtPLC 基因全长和 5 个包含如下几个结构域的基因片段：PtPLC – D1、PtPLC – D4、PtPLC – D5、PtPLC – D6、PtPLC – D7（图 3.45），连接到 pEASY – E1 载体，构建成功的重组载体转化大肠杆菌 BL21（DE3）感受态细胞中，采用 IPTG 诱导表达，获得 6 种不同分子量大小的纯化复性蛋白（图 3.46）。

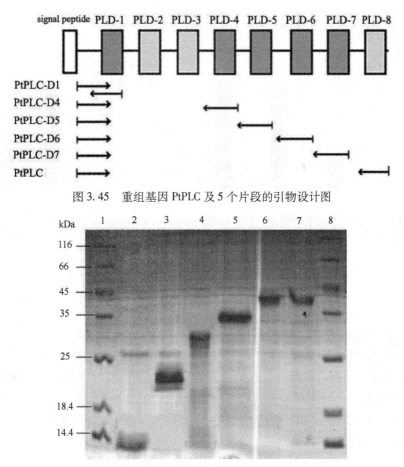

图 3.45　重组基因 PtPLC 及 5 个片段的引物设计图

图 3.46　纯化的三疣梭子蟹 PtPLC 五个重组片段的 SDS – PAGE 电泳图

1：为蛋白分子量 marker；2：为重组结构域蛋白 PtPLC – D1；3：为重组结构域蛋白 PtPLC – D4；4：为重组结构域蛋白 PtPLC – D5；5：为重组结构域蛋白 PtPLC – D6；6：为重组结构域蛋白 PtPLC – D7；7：为重组蛋白 PtPLC；8：为蛋白分子量 marker。

对重组蛋白 PtPLC、PtPLC – D1、PtPLC – D4、PtPLC – D5、PtPLC – D6、PtPLC – D7 进行牛胰蛋白酶及牛 α – 胰凝乳蛋白酶抑制实验。结果发现，重组蛋白 PtPLC 对两种蛋白酶均有抑制活性，且不同浓度的重组蛋白 PtPLC（1 μmol/L，2 μmol/L，3 μmol/L）对两种酶（浓度 0.1 mg/mL）的抑制活性不同（图 3.47）。PtPLC 浓度为 1 μmol/L、2 μmol/L、3 μmol/L 时，对牛胰蛋白酶的抑制活性分别为 88.73%、90.73% 和 97.18%，而对牛 α – 胰凝乳蛋白酶的抑制活性分别为 0、31.1% 和 99.69%，即，随着浓度的升高，PtPLC 对牛胰蛋白酶和牛胰凝乳蛋白酶抑制活性都相应升高；并且在低浓度时，对胰蛋白酶抑制活性较高，而对胰凝乳蛋白酶抑制活性较低；但随着浓度的升高，对胰蛋白酶抑制活性平缓升高，而对胰凝乳蛋白酶的抑制活性迅速升高。PtPLC – D4 对两种蛋白酶均没有抑制活性，PtPLC – D1，PtPLC – D5，PtPLC – D6，PtPLC – D7 四种蛋白对胰蛋白酶都有抑制活性，分别为 64.41%、13.79%、87.36% 和 73.44%；而对胰凝乳蛋白酶的抑制活性分别为 0、0、93.73%、73.43%。该结果证明 PLD1 具有胰蛋白酶活性，与预测的结果相同；PLD5 具有胰蛋白酶活性，与预测的结果不同；PLD6 具有胰凝乳蛋白酶，与预测结果也不同；PLD7 至少有一种酶抑制活性。

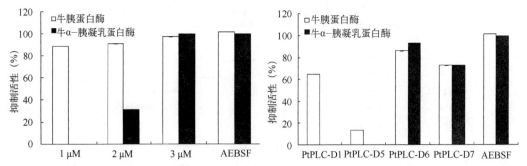

图 3.47　PtPLC、PtPLC – D1、PtPLC – D5、PtPLC – D6 和 PtPLC – D7 对牛胰蛋白酶和牛 α – 胰凝乳蛋白酶的抑制作用

化学抑制剂 AEBSF[4 –（2 –氨乙基）苯磺酰氟盐酸盐]为对照组，它对两种蛋白酶的抑制活性很高，均在 100% 左右。

总之，Pacifastin 型丝氨酸蛋白酶抑制剂在节肢动物免疫过程中扮演的角色仍然存在争议。一些报道显示 pacifastin 基因在酚氧化酶原激活系统中发挥抑制剂的功能。也有报道表明，一些大分子如胰蛋白酶或胰凝乳蛋白酶直接参与酚氧化酶的调节，而这些中间分子又受 pacifastin 型丝氨酸蛋白酶抑制剂的调节。基于活性位点 P1 – P1′ 的分析，PtPLC 有可能是胰蛋白酶抑制型，也可能是胰凝乳蛋白酶抑制型。由此我们推测，PtPLC 可能在酚氧化酶原激活系统中发挥作用。我们的研究对进一步分析 pacifastin 型丝氨酸蛋白酶抑制剂在酚氧化酶原激活中的调节作用做了一定的铺垫。

3.4.2.2　Serpin

我们采用 EST 和 RACE 技术，从三疣梭子蟹血细胞中克隆得到一条 serpin（PtSerpin）基因[47]。PtSerpin cDNA 全长 1 593 bp（GenBank 注册号为 JF412657），包括 261 bp 的 5′非

翻译区，105 bp 的 3′非翻译区和 1 227 bp 的开放读码框，编码 408 个氨基酸，分子量为 45.05 kDa，等电点为 7.23，N 端有一个 15 个氨基酸残基的信号肽序列。SMART 软件分析发现，在 PtSerpin 的第 46 至第 403 位氨基酸是一个典型的 serpin 结构域。BLAST 比对分析显示，PtSerpin 与拟穴青蟹 SpSerpin（ACY66635）相似性达 70.8%，与斑节对虾 PmSerpinB3（ADC42877）相似性为 40.3%，与淡水枝角水蚤 DpSerpin（EFX66670）相似性为 30.9%，与埃及伊蚊 AaSerpin（XP_001648088）的相似性为 24.1%。

尽管 serpin 型丝氨酸蛋白酶抑制剂的反应中心环（reative centre loops，RCLs）在不同物种中有一定的可变性，但是 RCLs 中的铰链区（the hinge region，P16 – P12）和五肽结构（the pentapeptide region，P13′ – P17′）在不同物种中具有较高相似性。而且，RCLs 中的反应中心位点（the reactive center site，P1 – P1′）在五个 serpin 基因 SpSerpin、PmSerpinB3、DpSerpin 和 AaSerpin 中是高度保守的（图 3.48）。

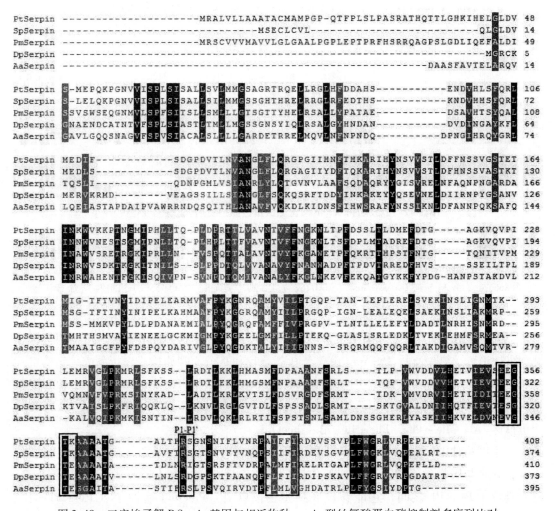

图 3.48　三疣梭子蟹 PtSerpin 基因与相近物种 serpin 型丝氨酸蛋白酶抑制剂多序列比对

相同的氨基酸用黑色背景和白色字体标出，相似的标为灰色背景和白色字体（相似率都设为 60%）。右边的数字代表相应的氨基酸位置。黑框分别标出活性位点氨基酸 P1 – P1′及两个保守序列的位置。

基于 13 条节肢动物 serpin 型丝氨酸蛋白酶抑制剂的氨基酸序列，采用 MEGA 4.0 构建了 NJ 系统进化树（图 3.49）。该进化树由两个主要分支构成，PtSerpin 位于分支 1 中，首先与拟穴青蟹 SpSerpin 聚类在一起，然后与斑节对虾的一个 serpin 和淡水枝角水蚤 serpin 聚在一起。在分支 2 中，斑节对虾的三个 serpin 基因和其他来自十足目的 serpin 型丝氨酸蛋白酶抑制剂基因聚类成一支。由此可见，serpin 型丝氨酸蛋白酶抑制剂并不一定根据物种分类的不同而分成不同的分支，来自同一物种（比如斑节对虾）的 serpin 基因并不能聚到同一支。这表明，serpin 型丝氨酸蛋白酶抑制剂可能有不同的进化机制。

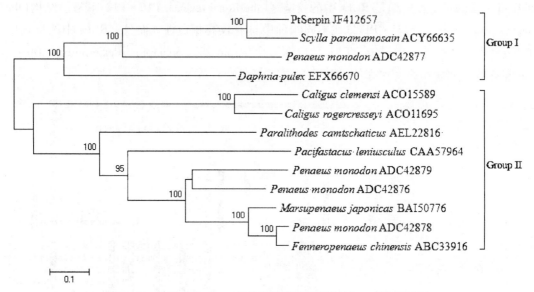

图 3.49　节肢动物 serpin 型丝氨酸蛋白酶抑制剂 NJ 系统进化树

所用物种及 GenBank 注册号为：三疣梭子蟹 *P. trituberculatus*（JF412657），日本囊对虾 *M. japonicus*（BAI50776），通讯螯虾 *P. leniusculus*（CAA57964），斑节对虾 *P. monodon*（ADC42878，ADC42876，ADC42879，ADC42877），中国对虾 *F. chinensis*（ABC33916），拟穴青蟹 *S. paramamosain*（ACY66635），淡水枝角水蚤 *D. pulex*（EFX66670），智利鱼虱 *C. rogercresseyi*（ACO11695），海虱 *C. clemensi*（ACO15589）和阿拉斯加帝王蟹 *P. camtschaticus*（AEL22816）。

以人的 PAI-2 为模板，采用 SWISS-MODEL 预测软件对 PtSerpin 的空间结构进行预测（图 3.50）。结果发现，PtSerpin 由 3 个 β 折叠片和 9 个 α 螺旋构成，折叠成一定的空间结构，靠近 C 末端有一个反应中心环（reactive center loop，RCL）。RCL 包括一个保守的铰链区（Glu - Glu - Gly - Thr - Lys，β - sheet）、一个反应中心位点 P1 - P1′（Arg - Ser）和一个五肽区（Ala - Ile - Phe - Phe - Ile，β - sheet）。

在不同物种中，反应中心环（RCL）具有较高的保守性。反应中心环位于 serpin 蛋白的表面，它是与底物丝氨酸蛋白酶相互作用的位点。反应中心环包含一个容易断开的键，这个键位于 P1 - P1′之间，它能够被底物蛋白酶断开。PtSerpin 活性位点 P1 - P1′的氨基酸残基为 Arg - Ser，这与拟穴青蟹 SpSerpin、烟草天蛾 Ms_ serpin - 6[48] 和斑节对虾 PmSerpin6[49] 活性位点氨基酸残基一样。PtSerpin 的 P1 位点氨基酸为 Arg，这表明 PtSerpin

与 PmSerpin7、FcSerpin[50]、PmSerpin6、PmSerpinB3、DpSerpin 和 SpSerpin 具有一样的反应活性，都能抑制牛纤维蛋白酶、牛胰蛋白酶、PAP、鲎 C 因子及 G 因子、凝血酶和人组织型纤溶酶原激活剂的活性。

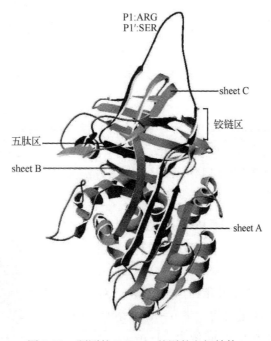

图 3.50　预测的 PtSerpin 基因的空间结构

采用 Real-time PCR 分析三疣梭子蟹 PtSerpin mRNA 的组织分布情况和受微生物刺激后的时序表达变化(图 3.51)。结果发现 PtSerpin 在血细胞中的表达量最高，其次是鳃和心脏，该结果与在斑节对虾[49]和中国对虾[50]中观察到的结果相似。血细胞在甲壳动物先天免疫系统中发挥极其重要的作用，而鳃是抵御入侵者的第一道防线，与外界环境直接接触。因此，PtSerpin 在血细胞和鳃中的高表达表明，PtSerpin 可能参与三疣梭子蟹免疫防御反应。

在受到细菌和真菌刺激后的 72 h 内，PtSerpin mRNA 表达谱呈现不同模式。溶藻弧菌刺激后，PtSerpin 基因表达量在 4 h、12 h 和 72 h 出现三个峰值，但与 PBS 注射组相比无显著性差异。藤黄微球菌刺激后，前 4 h PtSerpin 表达量变化不明显，随后在 8 h 和 72 h 出现两个峰值。毕赤酵母刺激后，PtSerpin 表达量变化剧烈、迅速，分别在 2 h 和 12 h 出现两个峰值，且 PtSerpin 表达量在 2 h 达到显著性升高。这些结果表明 PtSerpin 可能参与三疣梭子蟹抑菌过程。在 72 h 的实验时间内，PtSerpin 基因对细菌和真菌刺激显示出不同的表达模式。与细菌刺激相比，真菌刺激后 PtSerpin 基因的表达变化更早更剧烈。免疫相关基因对细菌和真菌刺激后的这种不同反应模式在中华绒螯蟹 EsRelish 基因的抗菌实验中也有报道[51]。在被革兰氏阴性菌溶藻弧菌和革兰氏阳性菌藤黄微球菌刺激后的前 4 h 内，PtSerpin 的表达模式稍有不同。但是，从刺激后 8 h 开始，表达模式基本相同并且都出现两个峰值。相似的结果在中国对虾中也有报道[50]。此外，果蝇 serpin 型丝氨酸蛋白酶抑制剂基因 Spn27A 通过革兰氏阳性菌和真菌刺激来参与 Toll 信号的空间定位[52]。不同微生物刺激后 PtSerpin 基因表达模式的多样性表明，serpin 可能具有不同的对抗病原体操作机制。

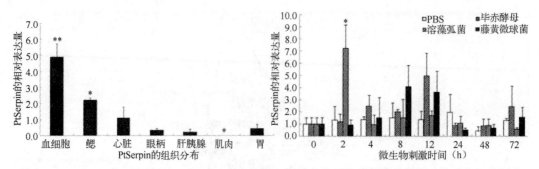

图 3.51　PtSerpin 在三疣梭子蟹不同组织中的分布和受到溶藻弧菌、藤黄微球菌、毕赤酵母菌刺激后的时序表达情况

设计基因特异性引物扩增 PtSerpin 成熟肽序列，连接到 pEASY - E1 载体，构建成功的重组载体转化大肠杆菌 BL21（DE3）感受态细胞中，采用 IPTG 诱导表达，获得纯化复性蛋白（图 3.52）。对重组的 PtSerpin 进行牛胰蛋白酶及牛 α - 胰凝乳蛋白酶抑制实验，结果发现不同浓度（1 μmol/L, 2 μmol/L, 3 μmol/L, 4 μmol/L）的重组蛋白 PtSerpin 对两种蛋白酶都没有抑制活性（图 3.53）。PtSerpin serpin 结构域的 P1 位点为 Arg，因此预测其可能是一种胰蛋白酶抑制型的抑制剂，但对重组的 PtSerpin 进行活性测定的预实验结果表明，PtSerpin 对牛胰蛋白酶和牛 α - 胰凝乳蛋白酶抑制活性都没有抑制活性，并且当 PtSerpin 浓度升高至 4 μmol/L 时，依然没有抑制活性，原因可能是复性过程中蛋白失活所致。

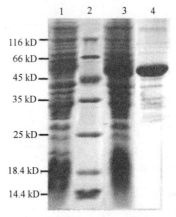

图 3.52　诱导和纯化的三疣梭子蟹 PtSerpin 重组蛋白的 SDS - PAGE 电泳图

1：分子量 marker；2：空载体未诱导菌株；
3：PtSepin 诱导菌株；4：重组蛋白纯化后 PtSerpin。

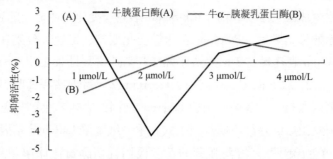

图 3.53　不同浓度（1 μmol/L, 2 μmol/L, 3 μmol/L, 4 μmol/L）PtSerpin 对牛胰蛋白酶及牛 α - 胰凝乳蛋白酶抑制活性

3.4.2.3　Kazal 型丝氨酸蛋白酶抑制剂

Kazal 型丝氨酸蛋白酶抑制剂是一类低分子量的含一个到多个重复 kazal 结构域的蛋白，kazal 丝氨酸蛋白酶抑制剂在凝结过程和 proPO 激活系统中参与调控蛋白水解活力。据统计，目前已经发现超过 1 000 个 Kazal 型丝氨酸蛋白酶抑制剂。kazal 型抑制剂由几个典型的 kazal 结构域组成。每一个 kazal 结构域由 50 ~ 60 个氨基酸组成，但在不同 kazal 抑制剂中，kazal 结构域的数量和氨基酸组成上是不同的。对 Kazal 型丝氨酸蛋白酶抑制剂的研究结果表明，在具有多个 kazal 结构域的 kazal 抑制剂中，总有一个或几个 kazal 结构域是没有活性的。其分子机制可能是抑制剂分子在作用过程中，能够形成一种具有疏水中心和暴露环的构象。

我们[53]采用 EST 序列和步移测序分析方法，从三疣梭子蟹血细胞 cDNA 文库中克隆得到一条仅含一个 kazal 结构域的 kazal 型丝氨酸蛋白酶抑制剂 cDNA 序列全长，并命名为 PtKPI。该序列全长为 683 bp（GenBank 注册号为 JF412654），包含一个 36 bp 的 5′非翻译区、203 bp 的 3′非翻译区和 444 bp 的开放读码框，编码 147 个氨基酸残基，分子量为 15.85 kDa，等电点为 8.99，N 端含有一个由 16 个氨基酸残基组成的信号肽序列。SMART 软件分析发现，三疣梭子蟹 PtKPI 氨基酸序列的第 99 ~ 144 位是一个典型的 kazal 结构域。

BLAST 序列比对发现，PtKPI 的氨基酸序列与其他物种 kazal 型丝氨酸蛋白酶抑制剂具有很高的同源性。与罗氏沼虾 MrKPI（ACR43430）相似性达 62%；与淡水螯虾 PlKPI（CAA56043）相似性为 57%；与水蚤 DpKPI（EFX89193）相似性为 53%；与美国螯虾 PcKPI（AAQ22771）相似性为 55%；与中国明对虾 FcKPI（ACB47427）相似性 52%；与日本沼虾 MnKPI（AEC22817）相似性为 52%。目前还未在蟹中发现全长的 kazal 型丝氨酸蛋白酶抑制剂。在甲壳动物中，不同物种 kazal 型丝氨酸蛋白酶抑制剂的 kazal 结构域具有较高相似性。PtKPI kazal 结构域的结构为 C – X$_3$ – C – X$_7$ – C – X$_6$ – Y – X$_3$ – C – X$_7$ – C – X$_{12}$ – C，六个半胱氨酸残基能够形成三个二硫键。

以海葵（Anemonia sulcata）（GenBank 注册号为 1Y1C_A）的 kazal 结构域为模板，采用 SWISS – MODEL 空间结构预测软件对三疣梭子蟹 PtKPI kazal 结构域进行空间结构预测（图 3.54）。结果发现，PtKPI 由 1 个 α 螺旋和 3 个 β 折叠构成，且 N 端有一个信号肽序列，四个二级结构域是靠 3 个二硫键而形成稳定的三维结构。Kazal 结构域的 P1 残基对 kazal 型抑制剂的抑制特异性具有重要作用。P1 位点氨基酸是 Arg 或者 Lys 时，kazal 对胰蛋白酶和胰蛋白酶样蛋白具有抑制作用；P1 位点是 Pro、Tyr、Phe、Leu 和 Met 时，kazal 对胰凝乳蛋白酶和胰凝乳蛋白酶样蛋白具有抑制作用；P1 位点是 Ser 时，kazal 能够抑制弹性蛋白酶。在甲壳动物中，来自凡纳滨对虾的具有 4 个 kazal 结构域的 Kazal 型丝氨酸蛋白酶抑制剂能够抑制枯草杆菌蛋白酶和胰蛋白酶样蛋白[54]。来自斑节对虾的 SPIPm4 强烈抑制枯草杆菌蛋白酶，而对胰蛋白酶抑制作用微弱，SPIPm5 能够强烈抑制枯草杆菌蛋白酶和弹性蛋白酶[55,56]。PtKPI 的 P1 位点氨基酸残基为 Leu，由此推测 PtKPI 可能会抑制胰凝乳蛋白酶或者胰凝乳蛋白酶样蛋白。

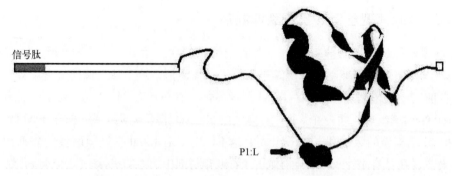

信号肽

P1:L

图 3.54　预测的 PtKPI 基因 kazal 结构域的空间结构

采用 Real – time PCR 分析三疣梭子蟹 PtKPI mRNA 表达的组织分布规律和溶藻弧菌刺激后的时序变化（图 3.55）。结果发现，PtKPI 在眼柄中的表达量最高，其次是血细胞和鳃。这种表达模式与克氏原螯虾 KSPI[57]、中国对虾[58]和克氏原螯虾 hcPcSPI2[59]的组织表达模式一致，即 kazal 型抑制剂在血细胞和鳃中表达量较高，而在肝胰腺和肌肉中表达量较低。这种组织表达模式与 Li 等[60]和 Donpudsa 等[61]的报道不一致，即 kazal 在血细胞中表达量很高但在鳃中没有表达。PtKPI 在主要免疫器官中具有较高的表达量表明，PtKPI 可能参与三疣梭子蟹的免疫反应。

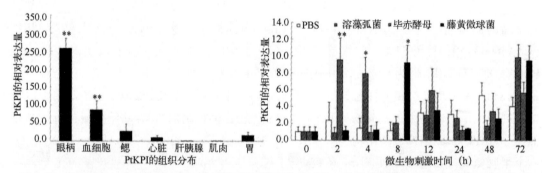

图 3.55　PtKPI 在三疣梭子蟹不同组织中的分布受到溶藻弧菌、藤黄微球菌、毕赤酵母菌刺激后的时序表达情况

在受到细菌和真菌刺激后，PtKPI mRNA 表达变化呈现不同的模式。藤黄微球菌刺激后的 72 h 内，PtKPI 在 8 h 和 72 h 出现两个峰值；溶藻弧菌刺激后，PtKPI 在 4 h、12 h 和 72 h 出现了三个峰值；毕赤酵母菌刺激后，PtKPI 在 2 h、12 h 和 72 h 出现三个峰。跟细菌刺激相比，真菌刺激后 PtKPI 的 mRNA 表达变化更迅速。这种不同的表达方式表明，PtKPI 对于不同微生物的刺激可能具有不同的防御机制。这些结果表明 PtKPI 可能参与微生物的清除。在被细菌和真菌刺激后，PtKPI mRNA 表达谱呈现不同的模式。藤黄微球菌刺激后的 72 h 内，PtKPI 出现了两个峰，而溶藻弧菌和毕赤酵母菌刺激后出现了三个峰。跟细菌刺激相比，真菌刺激后 PtKPI 的 mRNA 转录水平表现的更早更激烈。这种不同的表达方式表明，PtKPI 对于不同微生物的刺激可能具有不同的防御机制。但是相同处在于，每次峰值之后总会下降到一个相对较低的水平，与克氏原螯虾 hcPcSPI1[60]、 hcPcSPI2[59] 和中国对虾 FcKPI[62] 相似。PtKPI 在免疫过程中可能参与抵御细菌和真菌的入侵，并在不同防御时期有所消耗。所有这些结果表明 PtKPI 可能参与微生物的清除。

3.5　抗氧化蛋白及其他功能基因的研究

3.5.1　硫氧还蛋白

硫氧还蛋白(Thioredoxin, Trx)是普遍存在于生物体内的具有二硫键的小分子还原蛋白，是硫氧还蛋白系统的重要组成部分，对维持细胞内氧化还原状态起重要作用。硫氧还蛋白一般可分为三种不同类型：① 典型的 12 kDa 胞质硫氧还蛋白(Trx-1)，不仅有 2 个催化位点半胱氨酸残基 - Trp - Cys^{32} - Gly - Pro - Cys^{35} - Lys，还有 3 个额外的半胱氨酸残基(Cys^{62}、Cys^{69} 和 Cys^{73})；② 线粒体中存在的硫氧还蛋白(Trx-2)，该蛋白 N 端有一个特殊的线粒体定位信号；③ 精子中存在的硫氧还蛋白(SpTrx)。所有的硫氧还蛋白都含有一个保守的活性位点 - Cys - Gly - Pro - Cys - ，该结构是维持蛋白功能必不可少的。

我们[63] 在三疣梭子蟹眼柄和血细胞文库中发现了 2 种硫氧还蛋白(PtTrx1 和 PtTrx2)，GenBank 注册号分别为 JQ004256 和 JQ004258。PtTrx1 cDNA 全长为 739 bp，包含 159 bp 的 5′非编码区，262 bp 的 3′非编码区和 318 bp 的开放读码框，编码 105 个氨基酸，分子量为 12.03 kDa，等电点为 4.96；PtTrx2 cDNA 全长为 1 300 bp，包含 84 bp 的 5′非编码区、820 bp 的 3′非编码区和 396 bp 的开放读码框，编码 131 个氨基酸，分子量为 14.42 kDa，等电点为 7.73。通过 PROSITE 软件，分别在 PtTrx1 氨基酸序列的 24~42 位和 PtTrx2 的 46~64 位发现 Trx 家族序列元件。在 PtTrx1 和 PtTrx2 的氨基酸序列中发现了保守的 CGPC 氧化还原活性位点。PtTrx1 氨基酸序列中没有信号肽序列，但是含有促进二聚体形成的保守半胱氨酸残基 C^{73} 和调控 pH 依赖性聚合作用的保守天冬氨酸残基 D^{60}；PtTrx2 序列中含有长度为 23 个氨基酸残基的线粒体定位信号，除了氧化还原活性位点处的两个半胱氨酸残基，在 PtTrx2 中不存在其他的半胱氨酸残基。因此，PtTrx1 属于典型的胞质型硫氧还蛋白，而 PtTrx2 是一种线粒体型。值得注意的是，PtTrx2 编码的蛋白具有一个双结构域的结构，即 N 端 23 个氨基酸的信号区和 C 端硫氧还蛋白同源区。其中，N 端区含有线粒体转位肽的特性和蛋白酶剪切位点，从而产生一个 11.74 kDa 的成熟蛋白。在氨基酸组成上，与胞质型蛋白相比，PtTrx2 含有较高含量的精氨酸、丝氨酸和亮氨酸残基。

基于 20 条甲壳动物 Trx 氨基酸序列采用贝叶斯分析方法构建 Trx 的系统发育树(图 3.56)。Trx-1、Trx-2、Trx-3 被明显分为三组，其中 Trx-2 和 Trx-3 比 Trx-1 进化较晚。PtTrx1 位于 Trx-1 中，与中华绒螯蟹关系最近。PtTrx2 位于 Trx-2 中，与皱纹盘鲍 *Haliotis discus discus* 和戈壁狼蛛 *Lycosa singoriensis* 关系最近。系统发育分析再次表明 PtTrx1 和 PtTrx2 分别属于 Trx-1 和 Trx-2。已报道的甲壳动物 Trx 均属于 Trx-1，PtTrx2 是在甲壳动物中首次发现的 Trx-2 成员。

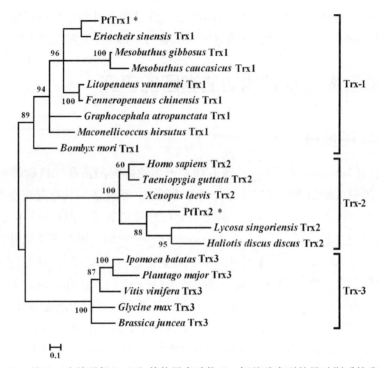

图 3.56 基于三疣梭子蟹（＊）和其他甲壳动物 Trx 氨基酸序列的贝叶斯系统发育树

所用物种和 GenBank 注册号如下：中华绒螯蟹 *E. sinensis* Trx1（ACQ59118），希腊金蝎 *M. gibbosus* Trx1（CAE54157），高加索正钳蝎 *M. caucasicus* Trx1（CAE54119），凡纳滨对虾 *L. vannamei* Trx1（ACA60746），中国对虾 *F. chinensis* Trx1（ACX30746），蓝绿叶蝉 *G. atropunctata* Trx1（ABD98743），桑粉介壳虫 *M. hirsutus* Trx1（ABM55528），家蚕 *B. mori* Trx1（NP_ 001091804），人 *H. sapiens* Trx2（AAF86467），斑胸草雀 *T. guttata* Trx2（ACH44723），非洲爪蟾 *X. laevis* Trx2（NP_ 001080066），穴居狼蛛 *L. singoriensis* Trx2（ABX75495），盘鲍 *H. discus discus* Trx2（ABO26636），甘薯 *I. batatas* Trx3（AAQ23133），车前草 *P. major* Trx3（CAH59452），葡萄 *V. vinifera* Trx3（CAN70031），大豆 *G. max* Trx3（ABV71992）和芥菜 *B. juncea* Trx3（ABX10749）。

基于与其他硫氧还蛋白较高的相似性，采用 SWISS－MODEL 空间结构预测软件对三疣梭子蟹 PtTrxs 进行空间结构预测（图 3.57）。两种硫氧还蛋白具有高度相似的三维结构，该结构由 4 个 β 折叠和 4 个 α 螺旋组成，在 β2 的末端都有一个保守的 CGPC 活性位点（$C^{32}GPC^{35}$ 和 $C^{54}GPC^{57}$）。由于氨基酸残基 $M^{37}\rightarrow$I 的点突变，导致 PtTrx1 的 α2 螺旋被分割成两段。除此之外，PtTrx2 是由核基因编码并通过 N 端线粒体定位序列定位到线粒体中，因此在 PtTrx2 的 N 端多了一个 β 折叠（β1）；PtTrx1 中还有调控 pH 依赖性聚合作用的保守天冬氨酸残基 D^{60} 和促进二聚体形成的保守半胱氨酸残基 C^{73}。在人类中，Trx 二聚体是通过每个单体 Cys^{73} 之间的二硫键连接的。在 Cys^{73} 和二聚体界面的氨基酸残基的存在下，PtTrx1 可以二聚体化；而 PtTrx2 缺少相应的结构性半胱氨酸，因此推断，PtTrx1 的失活机制在线粒体型 PtTrx2 中不存在。然而，PtTrx2 也存在相似的二聚体，决定其结构的对应氨基酸残基是丙氨酸（Ala）。

采用 PCR 技术获得了 PtTrx1 和 PtTrx2 基因组 DNA 序列（GenBank 注册号分别为

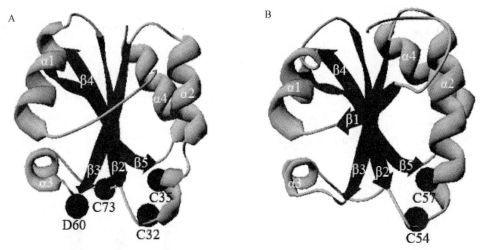

图 3.57　PtTrx1（A）and PtTrx2（B）三维空间结构预测

JQ004257 和 JQ004259），长度分别为 3 484 和 4 552 bp。通过序列比对发现，PtTrx1 和 PtTrx2 是由不同的基因位点编码，它们均含有 3 个外显子和 2 个内含子，外显子和内含子的长度如图 3.58 所示。所有的内含子序列两端都含有典型的 5′GT 和 3′AG 二核苷酸剪接信号。这是第一次在甲壳动物中分析报道硫氧还蛋白基因组结构。Matsui 等[64] 已经报道，鼠 Trx1 编码基因延伸超过 12 kb，由 5 个外显子和 4 个内含子构成。Tonissen 等[65] 也报道了人的 Trx1 基因延伸超过 13 kb，含有 5 个外显子，编码一个 12 kDa 蛋白。人 Trx2 基因长约 13 kb，含有 3 个外显子[66]。此外，PtTrx1 内含子 1 中含有微卫星（GT）$_8$ 和（GT）$_9$，内含子 2 中含有（GA）$_{17}$；PtTrx2 中含有一个多聚（A）$_{29}$ 结构、（TG）$_5$ 和（AC）$_{19}$ 串联重复。根据 Toth 等[67] 的分析方法，PtTrx1 和 PtTrx2 基因组中，微卫星的基因组频率分别为 2.78% 和 1.05%。

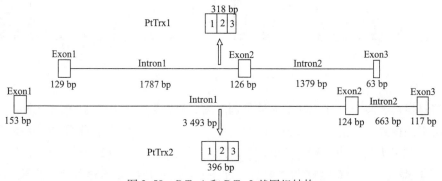

图 3.58　PtTrx1 和 PtTrx2 基因组结构

采用 Real - time PCR 技术分析三疣梭子蟹 PtTrx1 和 PtTrx2 mRNA 表达的组织分布情况（图 3.59）和微生物刺激后的时序表达变化（图 3.60）。结果显示，PtTrx1 mRNA 主要在鳃中表达，其他组织表达量较低，PtTrx2 主要在眼柄和鳃中表达。Aispuro - Hernandez 等[68] 曾报道，在鳃中高表达一些抗氧化蛋白，如胞质型 Mn 超氧化物歧化酶。PtTrx1 转录本在所有检测组织中均有发现，预示着其可能参与三疣梭子蟹多种细胞功能。由于鳃是病原体进入机体的通道，PtTrx1 在鳃中的表达量最高，这表明 PtTrx1 可能参与机体应对微生物刺激的应激反应。在中华绒螯蟹[69]和凡纳滨对虾[68]中出现过类似的结果。在哺乳动物中，Trx2 一般在代谢活跃的组织中表达。Lee 等[70]报道，Trx2 可能在有氧呼吸过程防御线粒体中 ROS 的产生，保护线粒体免受氧化损伤。而 PtTrx2 特异性的在鳃和眼柄中高表达，这一结果一方面说明，三疣梭子蟹的两种硫氧还蛋白在鳃中相互合作，共同抵御病原体的入侵；另一方面说明，神经细胞更容易受到毒性作用。

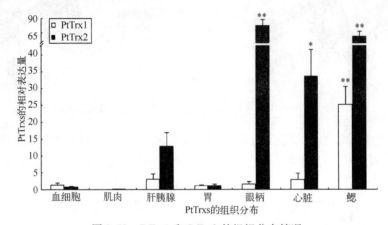

图 3.59　PtTrx1 和 PtTrx2 的组织分布情况

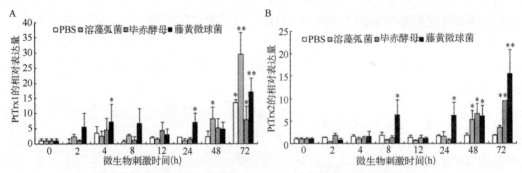

图 3.60　PtTrx1（A）和 PtTrx2（B）的时序表达情况

经溶藻弧菌、藤黄微球菌和毕赤酵母刺激后，PtTrx1 和 PtTrx2 在血液中的时序表达水平显示出不同模式。经溶藻弧菌刺激后的初始阶段，PtTrx1 表达稍有增加，48 h 后显著增加，72 h 达到最大值；毕赤酵母注射后，PtTrx1 转录本在 4 h、12 h 和 72 h 出现三个峰值，而 72 h 达到最大值；藤黄微球菌注射后，PtTrx1 从 2 h 开始被诱导表达一直到实验结束，并在 4 h、24 h 和 72 h 出现峰值，72 h 达到最大值。与此同时，PtTrx2 表达在三种菌刺激的前 24 h 并没有变化，在 48 h 和 72 h 显示出明显的增加。在溶藻弧菌刺激的前 2 h，PtTrx2 mRNA 稍有降低，而 4 h 到 24 h 又恢复到正常水平，随后急剧增加并在 48 h 达到峰值；毕赤酵母注射后，PtTrx2 从 2 h 开始诱导，72 h 达到峰值；藤黄微球菌刺激后，PtTrx2 转录本在 8 h 和 72 h 出现两个峰值，并在 72 h 达到最大值。据报道，Trx 是一种应激诱导蛋白，其表达受到各种应激作用，包括物理化学试剂和细菌、病毒等微生物的刺激。Wang 等[71]报道，凡纳滨对虾肝胰腺中 Trx 基因的表达受到酸性和碱性 pH 应激的诱导，而酸碱 pH 可以诱导 ROS 的产生。PtTrx1 转录本受到溶藻弧菌、藤黄微球菌和毕赤酵母的不同调节，但是，其表达量都上调了。这种结果类似于中华绒螯蟹[69]和条石鲷[72]中报道的 Trx 表达模式。PtTrx1 表达量的上调可能与机体为免受生物入侵引起氧化损伤有关。PtTrx2 对溶藻弧菌和毕赤酵母的反应不显著，而在藤黄微球菌刺激后表达上调，说明 PtTrx2 对革兰氏阳性菌更敏感。这些结果共同说明，PtTrx1 和 PtTrx2 可能参与三疣梭子蟹对抗病原刺激的应答反应。由于 PtTrx2 缺少相应的结构性半胱氨酸，因此它可能比 PtTrx1 更能够抵抗氧化应激。这也暗示，两种 PtTrxs 可能采用不同的机制保护机体免受微生物感染。有趣的是，在刺激 48 h 后，PtTrxs 表达量都显著地上调了，可能是为保护细胞免受凋亡和细胞毒性而发挥作用。因此在海洋物种中，PtTrxs 可以作为一种潜在的生物标记基因对环境胁迫进行评估。

3.5.2 热休克蛋白

3.5.2.1 HSP90

Zhang 等[73]基于 RT - PCR 和 RACE 技术从三疣梭子蟹中克隆得到两条 HSP90 基因，并命名为 ptHSP90 - 1 和 ptHSP90 - 2（GenBank 注册号分别为 FJ392027 和 FJ392028）。ptHSP90 - 1 cDNA 全长为 2 546 bp，包括 84 bp 的 5′非编码区、296 bp 的 3′非编码区和 2 166 bp 的开放读码框，编码 721 个氨基酸，分子量为 83.35 kDa，等电点为 4.82；ptHSP90 - 2 cDNA 全长为 2 775 bp，包括 137 bp 的 5′非编码区、484 bp 的 3′非编码区和 2 154 bp 的开放读码框，编码 717 个氨基酸，分子量为 82.30 kDa，等电点为 4.78。三疣梭子蟹两个 HSP90 氨基酸序列的相似性为 87%，与其他物种 HSP90 的相似度在 77.5% ~ 92.1%，其中与水产甲壳动物的相似性较高。此外，与脊椎动物胞质型 HSP90s，三疣梭子蟹的两种 ptHSPs 都与 α 型具有更高的相似性。

运用半定量 RT - PCR 技术分析正常情况下三疣梭子蟹 ptHSP90 - 1 和 ptHSP90 - 2 mRNA 表达的组织分布情况和不同应激条件下的组织分布情况（图 3.61）。结果显示，ptHSP90 - 1 mRNA 在卵巢中的表达量最高，其次是肌肉；ptHSP90 - 2 mRNA 在肌肉中表达量最高，其次是卵巢。这说明 ptHSP90 - 1 和 ptHSP90 - 2 mRNA 的表达具有组织特异性。10℃冷激条件下，ptHSP90 - 1 mRNA 在肝胰腺和鳃中表达上调，在肌肉和卵巢中没有变化；ptHSP90 - 2 mRNA 在肝胰腺和鳃中表达也上调，在肌肉和卵巢中的表达下调。在 30℃热激条件下，ptHSP90 - 1 mRNA 在肝胰腺和肌肉中的表达上调，在卵巢中的表达下调；ptHSP90 - 2 mRNA 的表达与冷激条件下变化趋势一致。暴露于 Cu^{2+} 条件下，ptHSP90 - 1 mRNA 在鳃中的表达显著上调，在肌肉中的表达下调了；ptHSP90 - 2 mRNA 在肝胰腺和鳃中的表达上调。在高、低盐度胁迫下，ptHSP90 - 1 mRNA 在肝胰腺和肌肉中的表达都显著下调；ptHSP90 - 2 mRNA 在肝胰腺中的表达都上调，在肌肉和卵巢中的表达下

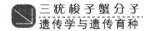

都下调。

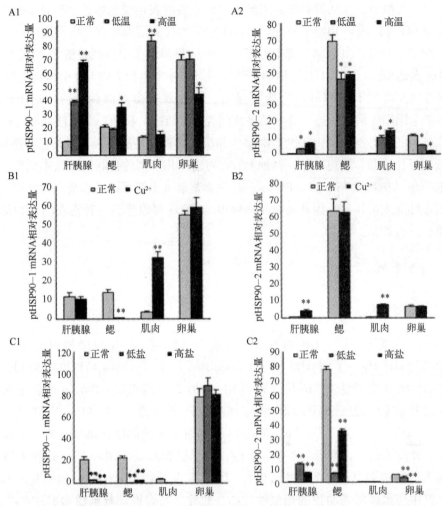

图 3.61　不同应激条件下三疣梭子蟹 ptHSP90 – 1 和 ptHSP90 – 2 mRNA 在各组织中的表达[73]

A1—A2：冷激和热激处理；B1—B2：Cu^{2+} 处理；C1—C2：高盐和低盐处理。

3.5.2.2　HSP70

我们[74]通过 RACE 技术获得三疣梭子蟹诱导型热休克蛋白（PtHsp70）全长 cDNA（GenBank 注册号为 FJ527835）。PtHsp70 cDNA 全长 2 195 bp，包含 96 bp 的 5′非编码区、146 bp 的 3′非编码区和 1 950 bp 的开放读码框，编码 650 个氨基酸蛋白分子量为 71. 15 kDa，等电点为 5. 38。氨基酸序列表明，PtHsp70 含有一个 ATP – 鸟苷三磷酸结合位点基序 AEAYLGAA（残基 131 ~ 138）、三个甘氨酸 – 丙氨酸 – 脯氨酸（GAP）重复（残基 616 ~ 618、631 ~ 633、635 ~ 637）和胞质型 HSP70 特异性基序 EEVD（残基 647 ~ 650）。PtHsp70 基因组 DNA 片段长 1 939 bp，与相应的 cDNA 序列相同，证明 PtHsp70 开放读码框中没有内含子存在。

　　BLAST 氨基酸序列比对显示，三疣梭子蟹 PtHsp70 与其他物种的相似性很高，其中与蓝蟹的相似性为 99%，与果蝇的相似性为 74%，与斑马鱼（*Danio rerio*）（AAF70445）的相似性为 81%，与家鼠（*Mus musculus*）（AAC84169）和人（*Homo sapiens*）（AAA52697）的相似性分别为 82% 和 84%。短尾派 Hsp70 氨基酸多序列比对显示，它们都含有三个高度保守的标志序列 DLGTTYSCV、IFDLGGGTFDVSIL、IVLVGGSTRIPKIQKL 和核定位信号 KRALR-RLRTACERAKRTL。

　　Hsp70 家族的保守性在 N 末端最高，越接近 C 末端，保守性越低。这种可变性的羧基末端可能与 Hsp70 的功能特异性有关。尽管 Hsp70 的 C 端缺少保守性，但是末端氨基酸残基形成了 Hsp70 细胞间定位的指示标记。在三疣梭子蟹中发现了 EEVD 基序，该基序暗示 PtHsp70 是一种胞质型 Hsp70。EEVD 可能在多肽结合活性中发挥重要作用。此外，PtHsp70 的 C 端含有三个 GAP 重复和一个 GGMP 基序，这些结构在 Hsp70 家族的结构和功能上起重要作用。

　　基于 30 个物种的胞质型 Hsp70 氨基酸序列，采用最大似然法（ML）和贝叶斯方法构建系统发育树（图 3.62）。结果显示，腹胚亚目有两个诱导型 Hsp70 类群，其中 Clade Ⅱ 包括臂虾科（Bresiliidae）的大西洋无眼裂缝虾（*Rimicaris exoculata*），深海蟹科（Bythograeidae）的热液蟹（*Cyanagraea praedator*），蝲蛄科（Cambaridae）的克氏原螯虾（*Procambarus clarkia*）和长臂虾科（Palaemonidae）的罗氏沼虾（*Macrobrachium rosenbergii*），与 Clade I 中其他十足目 Hsc70/Hsp70s 不同。在 Hsc70/Hsp70s 类群中，三疣梭子蟹与蓝蟹和红星梭子蟹进化关系较近。此外，该系统进化树表明短尾类可诱导型 Hsp70 比对虾类 Hsp70 在进化上更复杂。Ravaux 等[75]认为第一类 Hsp70（Clade Ⅰ）与 70 kDa 的 HSP 是同源的。奇怪的是，在第二类 Hsp70（Clade Ⅱ）中没有发现 GAP 重复和 GGMP 基序。在罗氏沼虾和大西洋无眼裂缝虾中发现了两个拷贝的诱导型 Hsp70，暗示在甲壳动物的祖先中可能存在 HSP70 的复制，尽管如此，从有限的数据中还是很难讨论 Hsp70 的分子进化与其功能之间的关系。在 Hsp/Hsc 类群中，腹胚亚目和枝鳃亚目被分为两个独立的 Clades，并且所有短尾派聚类在一起，这进一步证实 Hsp70 是一种有用的系统发育分析工具。

　　运用 Real-time PCR 技术分析健康三疣梭子蟹 PtHsp70 mRNA 表达在不同组织的分布和溶藻弧菌刺激后的时序表达变化（图 3.63）。结果显示，PtHsp70 mRNA 在鳃中表达量最高，其次是血液和肝胰腺，在肌肉中表达量很低。在三疣梭子蟹受到溶藻弧菌刺激后，PtHsp70 mRNA 的表达量呈现先升高后降低的变化趋势，即刺激后表达量先缓慢上升，在 12 h 达到最大峰值，随后表达量缓慢下降，这表明 PtHsp70 可能参与三疣梭子蟹免疫防御机制。

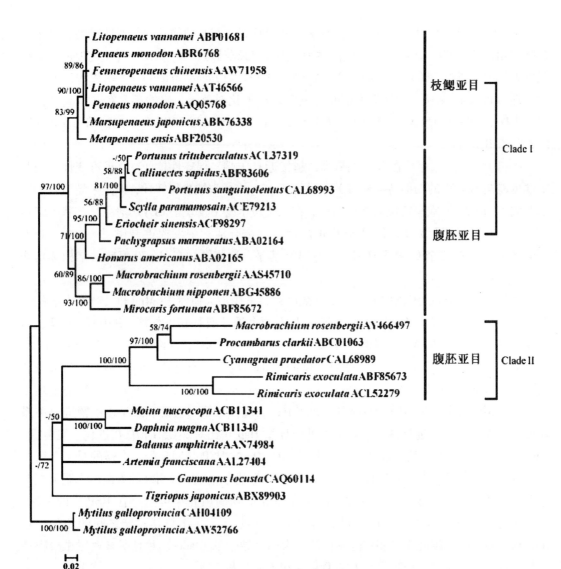

图 3.62　Hsp70 氨基酸序列系统发育树

所用物种及 GenBank 注册号为：多刺裸腹溞 *M. macrocopa*（ACB11341），大型溞 *D. magna*（ACB11340），剑水溞
T. japon icus（ABX89903），鉤蝦 *G. locusta*（CAQ60114），丰年虾 *A. franciscana*（AAL27404），纹藤壶 *B. amphitrite*
（AAN74984），热液虾 *M. fortunata*（ABF85672），大西洋无眼裂缝虾 *R. exoculata*（ABF85673、ACL52279），美洲
螯龙虾 *H. americanus*（ABA02165），罗氏沼虾 *M. rosenbergii*［AAS45710、AY466497（nt）］，日本沼虾 *M. nipponen*
（ABG45886），克氏原螯虾 *P. clarkii*（ABC01063），三疣梭子蟹 *P. trituberculatus*（ACL37319），红星梭子蟹
P. sanguinolentus（CAL68993），拟穴青蟹 *S. paramamosain*（ACE79213），蓝蟹 *C. sapidus*（ABF83606），热液蟹
C. praedator（CAL68989），中华绒螯蟹 *E. sinensis*（ACF98297），云斑厚纹蟹 *P. marmoratus*（ABA02164），中国对
虾 *F. chinensis*（AAW71958），日本囊对虾 *M. japonicus*（ABK76338），刀额新对虾 *M. ensis*（ABF20530），斑节对虾
P. monodon（AAQ05768、ABR67686），凡纳滨对虾 *L. vannamei*（AAT46566、ABP01681），紫贻贝 *M. galloprovincialis*
（AAW52766、CAH04109）。

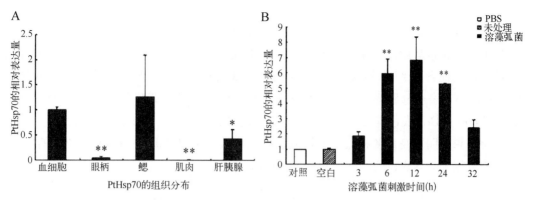

图 3.63　PtHsp70 在三疣梭子蟹不同组织中的分布和受到溶藻弧菌刺激后的时序表达谱

与血细胞、肌肉、肝胰腺和眼柄相比，鳃是最直接与环境接触的器官，因此，PtHsp70 在鳃中的高表达暗示其是一种很好的生物标记。血细胞和肝胰腺是甲壳动物的免疫应答中心，PtHsp70 在血细胞和肝胰腺中的表达量相对较高，这说明 PtHsp70 可能参与免疫反应。尽管不同组织中的表达量不同，但是，在无应激条件下，PtHsp70 在个检测组织中是广泛表达的。这种可诱导的 Hsp70 基因的组成型表达已经多种海洋生物中报道。一般来说，组成型表达的基因（Hsc70）中存在内含子，而诱导型（Hsp70）中不存在。在三疣梭子蟹中，诱导型 Hsp70（PtHsp70）是作为一个无间断的转录本进行转录的。由于不需要RNA 的剪接过程，作为无内含子的 Hsp70，PtHsp70 可以更迅速地应对应激条件。

三疣梭子蟹受到溶藻弧菌刺激后，PtHsp70 转录本在血细胞中的表达显示出一个清晰的时间依赖性反应。从 3 h 到 32 h，PtHsp70 基因出现短暂的诱导表达，并在 12 h 达到最大水平，这与其他海洋软体动物以前的研究相一致，如紫贻贝 HSP70 表达量在溶藻弧菌刺激后 12 h 显著增加，在 48 h 达到最大值[76]；海湾扇贝 HSP70 在鳗弧菌刺激后 8 h 表达量达到最大值[77]。在甲壳动物中，Hsp70 曾作为分子伴侣在纹藤壶[78]、罗氏沼虾[79]、中国对虾[80]和日本虎斑猛水蚤[81]中报道。

3.5.2.3　HSP60

Xu 等[82]通过 EST 序列分析和 PCR 技术从三疣梭子蟹鳃 cDNA 文库中克隆得到PtHSP60 cDNA 序列（GenBank 注册号为 JN628037）。PtHSP60 cDNA 序列的开放读码框为1 734 bp，编码 577 个氨基酸，蛋白分子量 61.25 kDa，等电点为 5.28。在 PtHSP60 的 N端含有一个由 27 个氨基酸残基组成的线粒体前导序列，该序列在不同物种中的保守性较低，含有大量的非极性氨基酸（56%），18% 的碱性氨基酸，不含有酸性氨基酸。氨基酸序列分析发现，PtSPH60 含有一个保守的 ATP - 结合//Mg^{2+} - 结合位点。多序列比对显示，PtHSP60 氨基酸序列与凡纳滨对虾（ACN30235）的相似性最高，达到 88%，与果蝇 HSP60（NP_511115）、光滑双脐螺（*Biomphalaria glabrata*）HSP60（ACL00842）、埃及伊蚊 HSP60（XP_001661764）和普通海胆（*Paracentrotus lividus*）HSP60（CAB56199）的相似性分别为78%、77%、76% 和 75%。此外，PtHSP60 与其他无脊椎动物和脊椎动物 HSP60 也有显著的相似性。

分析三疣梭子蟹 PtHSP60 mRNA 在不同盐度胁迫 12 h 下的组织分布情况(图 3.64)。结果发现,在正常盐度(25)下,三疣梭子蟹 PtHSP60 mRNA 除了在触角腺中的表达量稍微高一些,在其他各组织中的表达量基本相同;低盐度(10)胁迫下,附肢肌肉和鳃中 PtHSP60 mRNA 表达量显著增加,而触角腺和肠中的表达量显著降低;高盐度(40)胁迫下,PtHSP60 mRNA 表达量皮下组织和鳃中显著增加,说明这些组织是盐度敏感组织。同时,实验结果说明,高盐度和低盐度均能诱导三疣梭子蟹 PtHSP60 mRNA 在鳃中的表达,且诱导程度很高。这也说明鳃在应对盐度胁迫时起重要作用。

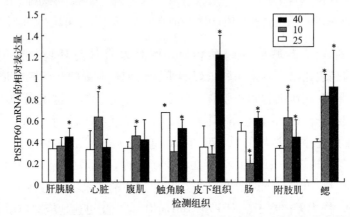

图 3.64 三疣梭子蟹 PtSHP60 mRNA 在不同盐度下胁迫下的组织分布情况[82]

采用半定量 RT – PCR 技术分析三疣梭子蟹鳃中 PtHSP60 mRNA 和 PtHSP60 蛋白在不同盐度胁迫下的时序表达变化(图 3.65)。结果发现,低盐度(10)胁迫下,PtHSP60 mRNA 表达量呈现先升高,后下降,再升高的变化趋势,即在 12 h 和 120 h 出现两个峰值,且在 120 h 表达量达到最高值,而 PtHSP60 蛋白在 48 h 和 72 h 表达量显著升高,且在 48 h 达到最大值;高盐度(40)胁迫下,PtHSP60 mRNA 表达量呈现先升高,后下降,再升高,最后下降的变化趋势,即在 12 h 和 48 h 出现两个峰值,且在 12 h 表达量达到最大值,而 PtHSP60 蛋白在 48 h 和 72 h 表达量显著升高,且在 48 h 达到最大值。实验结果说明,

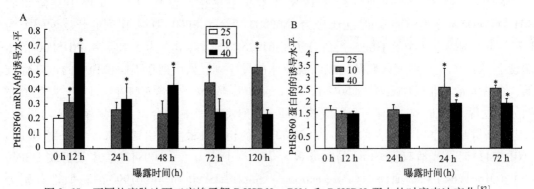

图 3.65 不同盐度胁迫下三疣梭子蟹 PtHSP60 mRNA 和 PtHSP60 蛋白的时序表达变化[82]

高盐度胁迫下 PtHSP60 mRNA 表达变化更敏感、迅速，而低盐度胁迫下 PtHSP60 mRNA 表达更平稳缓慢。PtHSP60 蛋白在盐度胁迫下的变化趋势与 mRNA 的变化趋势并不一致，而是在胁迫后 48 h 表现出上调，且低盐诱导的 HSP60 蛋白表达量要高于高盐诱导。

3.5.3　精氨酸激酶

精氨酸激酶是一种重要的磷酸转移酶，在无脊椎动物能量代谢过程中起重要作用。我们[83]从三疣梭子蟹眼柄 cDNA 文库中鉴定出一种精氨酸激酶（PtAK，GenBank 注册号为 HQ185192），其 cDNA 全长为 1 479 bp，含 62 bp 的 5′非编码区、343 bp 的 3′非编码区和 1 074 bp 的开放读码框，编码 357 个氨基酸，蛋白分子量为 40.30 kDa，等电点为 6.18。PtAK 氨基酸序列中含有 7 个精氨酸结合残基（S^{63}，G^{64}，V^{65}，Y^{68}，E^{225}，C^{271}，E^{314}）和 5 个 ADP 结合残基（124，126，229，280，309）。PtAK 是一种非分泌性蛋白，不含有信号肽序列。同时，我们克隆得到 1 434 bp 的 PtAK 基因组 DNA 片段（GenBank 注册号为 HQ214136），与已经报道的其他蟹类的 AKs 一样，该基因组片段包含两个外显子和一个内含子，内含子两端含有典型的 GT 和 AG 二核苷酸剪接信号。

氨基酸序列比对显示，PtAK 与其他虾蟹类的 AKs 具有非常高的相似性，其中与蓝蟹相似性为 98.3%，与中华绒螯蟹相似性为 95.5%，与克氏原螯虾相似性为 93.5%，与日本囊对虾相似性为 88.7%，与鲨相似性为 76.1%。多序列比对显示，这些精氨酸激酶都含有 7 个保守的精氨酸结合位点（63Ser，64Gly，65Val，68Tyr，225Glu，271Cys，314Glu）。此外，与 ADP 相互作用的 5 个精氨酸残基（124，16，229，280，309）在这些物种中也是非常保守的。所有这些 AKs 都属于保守的磷酸激酶家族。

基于 18 种十足目动物精氨酸激酶的氨基酸序列构建 NJ 系统发育树（图 3.66），结果显示，该系统进化树主要可分为两支：蟹类 AKs（Clade Ⅰ）和虾类 AKs（Clade Ⅱ）。三疣梭子蟹属于 Clade Ⅰ，与蓝蟹（*Callinectes sapidus*）关系最近，首先聚类在一起，然后与其他蟹类聚为一支，而虾类聚为一支。然而，欧洲龙虾（*Homarus gammarus*）和克氏原螯虾（*Procambarus clarkii*）与蟹类关系较近。多齿新米虾（*Neocaridina denticulate*）AK2 与其他十足目 AKs 进化关系较远。

PtAK 属于典型的精氨酸激酶，有一条相对分子量约 40 kDa 的多肽链构成。推测的 PtAK 蛋白序列包括 ADP 结合位点、精氨酸结合位点和底物环。系统发育分析表明，PtAK 包含在典型的蟹类精氨酸激酶类群，与蓝蟹关系最近。AK 序列在进化过程中高度保守，能够用于蟹类科、属间系统进化关系分析。同其他蟹类中报道的一样，PtAK 基因由两个外显子和一个内含子构成。它含有典型的内含子 – 外显子连接结构，即供体和受体（GT 和 AG）二核苷酸序列。基因初始转录物中内含子的精确剪切产生了成熟 mRNA。

运用 Real – time PCR 技术分析三疣梭子蟹精氨酸激酶 PtAK mRNA 表达在不同组织中的分布规律和溶藻弧菌刺激后的时序表达变化（图 3.67）。结果分析显示，PtAK 在所有检测组织中都有表达，在肌肉中表达量最高，其次是血细胞和鳃中，而在眼柄中表达量最低。在三疣梭子蟹受到溶藻弧菌刺激后，PtAK 在血细胞中的表达量与对照组相比出现两个峰值，3 h 为对照组的 5.01 倍，24 h 为对照组的 3.60 倍。结果提示 AK 可能在蟹类的免疫反应中起重要作用。

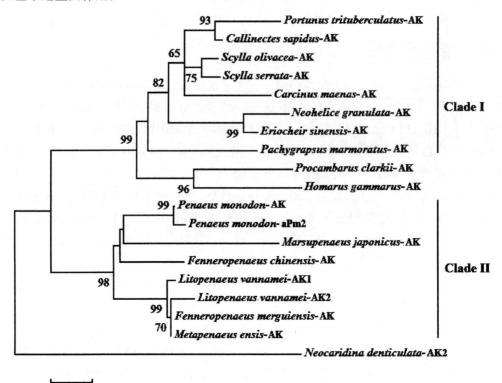

图 3.66　基于精氨酸激酶的氨基酸序列构建 NJ 系统发育树

所用物种名及 GenBank 注册号为：蟹类：三疣梭子蟹 P. trituberculatus（HQ185192），蓝蟹 C. sapidus（Q9NH49），锯缘青蟹 S. serrata（ACV96855），榄绿青蟹 S. olivacea（ACP43443），普通滨蟹 C. maenas（Q9U9J4），张口蟹 N. granulate（AAF43438），中华绒螯蟹 E. sinensis（Q9NH48），云斑厚纹蟹 P. marmoratus（Q9GYX1）；虾类：斑节对虾 P. monodon（ACT34086、AAO1571），日本囊对虾 M. japonicas（P51545），中国对虾 F. chinensis（AAV83993），凡纳滨对虾 L. vannamei AK1、AK2（ABI98020、ABY57915），刀额新对虾 M. ensis（ACA51932），墨吉明对虾 F. merguiensis（ACP43442），欧洲龙虾 H. gammarus（P14208）和克氏原螯虾 P. clarkii（2020435A），多齿新米虾 N. denticulate（BAH56609）。

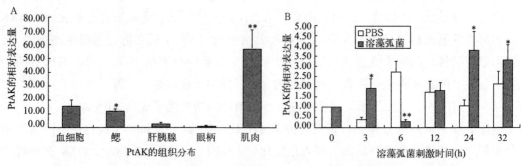

图 3.67　PtAK 在三疣梭子蟹不同组织中的分布和受到溶藻弧菌刺激后的时序表达

在凡纳滨对虾中，AK 转录本在 10 个组织中均能检测到，并且在肌肉中表达量最高，肝胰腺中表达量最低[84]。PtAK 在 5 个检测组织中也均有表达，最高表达量出现在肌肉组织。同样，在其他虾蟹中，AK 转录本或 AK 活性最高出现在肌肉中。因此，在 AK 的研究中经常把肌肉作为实验材料。同时，也说明肌肉是 AK 发挥功能的主要场所。

作为一种酶类，精氨酸激酶在无脊椎动物细胞能量代谢中发挥重要作用。在以前的研究中发现，WSSV（white spot syndrome virus）感染后 AK 的表达水平发生显著变化。在无脊椎动物中，AK 表达水平的变化可能与一些外界因素有关。在蟹和虾暴露于各种刺激条件后，AK 浓度和活性显示出显著变化。在溶藻弧菌刺激后，PtAK 转录本的表达在不同阶段显示出一个明显的波动。这种现象在其他甲壳动物，如凡纳滨对虾[84]和斑节对虾[85]中也曾报道。因此我们推断，PtAK 的表达可能与蟹类的免疫有关。虾蟹免疫反应可能是一个耗能机制，AK 系统可能在宿主—病原体相互作用的不同阶段逐步发挥作用。这也暗示，PtAK 可能参与一种短暂的系统性免疫反应，以应对由于异物的入侵和感染造成的刺激。

参考文献

[1] Cerenius L, Soderhall K. The Prophenoloxidase – activating system in mvertebrates. Immunol Rev, 2004, 198(1)：116 – 126

[2] Liu Y, Cui Z X, Song C W, et al. Multiple isoforms of immune – related genes from hemocytes and eyestalk cDNA libraries of swimming crab *Portunus trituberculatus*. Fish & Shellfish Immunnol, 2011, 31（1）：29 – 42.

[3] 申望，叶茂，石戈，等. 三疣梭子蟹血细胞全长 cDNA 文库构建及 EST 初步分析. 海洋渔业，2010，32(1)：24 – 29.

[4] Xu Q H, Liu Y, Liu R L. Expressed sequence tags from cDNA library prepared from gills of the swimming crab, *Portunus trituberculatus*. J Exp Mar Biol Ecol, 2010, 394(1 – 2)：105 – 115.

[5] Liu Y, Cui Z X, Luan W S, et al. Three isoforms of anti – lipopolysaccharide factor identified from eyestalk cDNA library of swimming crab *Portunus trituberculatus*. Fish & Shellfish Immunnol, 2011, 30（2）：583 – 591.

[6] Liu Y, Cui Z X, Li X H, et al. A new anti – lipopolysaccharide factor isoform（PtALF4）from the swimming crab *Portunus trituberculatus* exhibited structural and functional diversity of ALFs. Fish & Shellfish Immunnol, 2012, 32(5)：724 – 731.

[7] Liu Y, Cui Z X, Li X H, et al. Molecular cloning, expression pattern and antimicrobial activity of a new isoform of anti – lipopolysaccharide factor from the swimming crab *Portunus trituberculatus*. Fish & Shellfish Immunnol, 2012, 33(1)：85 – 91.

[8] Liu Y, Cui Z X, Li X H, et al. A newly identified anti – lipopolysaccharide factor from the swimming crab *Portunus trituberculatus* with broad spectrum antimicrobial activity. Fish & Shellfish Immunnol, 2013, 34（2）：463 – 470.

[9] Liu Y, Cui Z X, Li X H, et al. Molecular cloning, genomic structure and antimicrobial activity of PtALF7, a unique isoform of anti – lipopolysaccharide factor from the swimming crab *Portunus trituberculatus*. Fish & Shellfish Immunnol, 2013, 34(2)：652 – 659.

［10］Tharntada S, Somboonwiwat K, Rimphanitchayakit V, et al. Anti – lipopolysaccharide factors from the black tiger shrimp, *Penaeus monodon* are encoded by two genomic loci. Fish & Shellfish Immunol, 2008, 24(1): 46 – 54.

［11］Imjongjirak C, Amparyup P, Tassanakajon A, et al. Antilipopolysaccharide factor (ALF) of mud crab *Scylla paramamosain*: Molecular cloning, genomic organization and the antimicrobial activity of its synthetic LPS binding domain. Mol Immunol, 2007, 44(12): 3 195 – 3 203.

［12］Imjongjirak C, Amparyup P, Tassanakajon A. Molecular cloning, genomic organization and antibacterial activity of a second isoform of antilipopolysaccharide factor (ALF) from the mud crab, *Scylla paramamosain*. Fish & Shellfish Immunnol, 2011, 30(1): 58 – 66.

［13］Li C H, Zhao J M, Song L S, et al. Molecular cloning, genomic organization and functional analysis of an anti – lipopolysaccharide factor from Chinese mitten crab *Eriocheir sinensis*. Dev Comp Immunol, 2008, 32 (7): 784 – 794.

［14］Zhang Y, Wang L, Wang L, et al. The second antilipopolysaccharide factor (EsALF – 2) with antimicrobial activity from *Eriocheir sinensis*. Dev Comp Immunol, 2010, 34(9): 945 – 952.

［15］Wang L, Zhang Y, Wang L, et al. A new anti – lipopolysaccharide factor (EsALF – 3) from *Eriocheir sinensis* with antimicrobial activity. Afr J Bio – technol, 2011, 10(77): 17 678 – 17 689.

［16］Yue F, Pan L, Miao J, et al. Molecular cloning, characterization and mRNA expression of two antibacterial peptides: Crustin and anti – lipopolysaccharide factor in swimming crab *Portunus trituberculatus*. Comp Biochem Phys B, 2010, 156(2): 77 – 85.

［17］Cui Z X, Song C W, Liu Y, et al. Crustins from eyestalk cDNA library of swimming crab *Portunus trituberculatus*: Molecular characterization, genomic organization and expression analysis. Fish & Shellfish Immunnol, 2012, 33(4): 937 – 945.

［18］Imjongjirak C, Amparyup P, Tassanakajon A, et al. Molecular cloning and characterization of crustin from mud crab *Scylla paramamosain*. Molecular Biology Reports, 2009, 36(5): 841 – 850.

［19］Zhang J, Li F, Wang Z, et al. Cloning and recombinant expression of a crustin – like gene from Chinese shrimp, *Fenneropenaeus chinensis*. J Bio – technol, 2007, 127(4): 605 – 614.

［20］Vatanavicharn T, Supungul P, Puanglarp N, et al. Genomic structure, expression pattern and functional characterization of crustinPm5, a unique isoform of crustin from *Penaeus monodon*. Comp Biochem Physiol B Biochem Mol Biol, 2009, 153(3): 244 – 252.

［21］Pisuttharachai D, Fagutao F F, Yasuike M, et al. Characterization of crustin antimicrobial proteins from Japanese spiny lobster *Panulirus japonicus*. Dev Comp Immunol, 2009, 33(10): 1 049 – 1 054.

［22］Stoss T D, Nickell M D, Hardin D, et al. Inducible transcript expressed by reactive epithelial cells at sites of olfactory sensory neuron proliferation. J Neurobiol, 2004, 58(3): 355 – 368.

［23］Mu C, Zheng P, Zhao J, et al. Molecular characterization and expression of a crustin – like gene from Chinese mitten crab, *Eriocheir sinensis*. Dev Comp Immunol, 2010, 34(7): 734 – 740.

［24］Mu C, Zheng P, Zhao J, et al. A novel type III crustin (CrusEs2) identified from Chinese mitten crab *Eriocheir sinensis*. Fish & Shellfish Immunnol, 2011, 31(1): 142 – 147.

［25］郑兆祥. 三疣梭子蟹抗菌肽 Crustin 的研究//浙江海洋学院硕士学位论文, 2012.

［26］申望, 叶茂, 石戈, 等. 三疣梭子蟹(*Portunus trituberculatus*) I 型 Crustin 抗菌肽的基因克隆与真核

重组表达. 海洋与湖沼, 2010, 41(3): 371 - 377.

[27] Cui Z X, Liu Y, Wu D H, et al. Molecular cloning and characterization of a serine proteinase homolog prophenoloxidase – activating factor in the swimming crab *Portunus trituberculatus*. Fish & Shellfish Immunnol, 2010, 29(4): 679 - 686.

[28] Li Q Q, Cui Z X, Liu Y, et al. Three clip domain serine proteases (cSPs) and one clip domain serine protease homologue (cSPH) identified from haemocytes and eyestalk cDNA libraries of swimming crab *Portunus trituberculatus*. Fish & Shellfish Immunnol, 2012, 32(4): 565 - 571.

[29] Li Q Q, Cui Z X, Liu Y, et al. Identification and characterization of two novel types of non – clip domain serine proteases (PtSP and PtSPH1) from cDNA haemocytes library of swimming crab *Portunus trituberculatus*. Fish & Shellfish Immunnol, 2012, 32(5): 683 - 692.

[30] Song C W, Cui Z X, Liu Y, et al. Characterization and functional analysis of serine proteinase and serine proteinase homologue from the swimming crab *Portunus trituberculatus*. Fish & Shellfish Immunnol, 2013, 35(2): 231 - 239.

[31] Zhang D, Jiang S, Ma J, et al. Molecular cloning, characterization and expression analysis of a clip – domain serine protease from pearl oyster *Pinctada fucata*. Fish & Shellfish Immunol, 2009, 26(4): 662 - 668.

[32] Gai Y, Qiu L, Wang L, et al. A clip domain serine protease (cSP) from the Chinese mitten crab *Eriocheir sinensis*: cDNA characterization and mRNA expression. Fish & Shellfish Immunol, 2009, 27(6): 670 - 677.

[33] Shah P K, Tripathi L P, Jensen L J, et al. Enhanced function annotations for *Drosophila* serine proteases: a case study for systematic annotation of multi – member gene families. Gene, 2008, 407(1 - 2): 199 - 215.

[34] Lin C Y, Hu K Y, Ho S H, et al. Cloning and characterization of a shrimp clip domain serine protease homolog (c – SPH) as a cell adhesion molecule. Dev Comp Immunol, 2006, 30(12): 1 132 - 1 144.

[35] Ren Q, Xu Z L, Wang X W, et al. Clip domain serine protease and its homolog respond to Vibrio challenge in Chinese white shrimp, *Fenneropenaeus chinensis*. Fish Shellfish Immun, 2009, 26(5): 787 - 798.

[36] Qin C J, Chen L Q, Qin J G, et al. Characterization of a serine proteinase homologous (SPH) in Chinese mitten crab *Eriocheir sinensis*. Dev Comp Immunol, 2010, 34(1): 14 - 18.

[37] Huang T S, Wang H, Lee S Y, et al. A cell adhesion protein from the crayfish *Pacifastacus leniusculus*, a serine proteinase homologue similar to *Drosophila masquerade*. J Biol Chem, 2000, 275(14): 9 996 - 10 001.

[38] Ren Q, Zhao X F, Wang J X. Identification of three different types of serine proteases (one SP and two SPHs) in Chinese white shrimp. Fish & Shellfish Immunol, 2011, 30(2): 456 - 466.

[39] Wang S Y, Cui Z X, Liu Y, et al. The first homolog of pacifastin – related precursor in the swimming crab (*Portunus trituberculatus*): Characterization and potential role in immune response to bacteria and fungi. Fish & Shellfish Immunnol, 2012, 32(2): 331 - 338.

[40] Gai YC, Wang L L, Song L S, et al. cDNA cloning, characterization and mRNA expression of a pacifastin light chain gene from the Chinese mitten crab *Eriocheir sinensis*. Fish & Shellfish Immunnol, 2008, 25(5): 657 - 663.

［41］Liang Z, Sottrup – Jensen L, Aspán A, et al. Pacifastin, a novel 155 – kDa heterodimeric proteinase inhibitor containing a unique transferrin chain. Proc Natl Acad Sci U S A, 1997, 94(13): 6 682 – 6 687.

［42］Simonet G, Claeys I, Van Soest S, et al. Molecular identification of SGPP – 5, a novel pacifastin – like peptide precursor in the desert locust. Peptides, 2004, 25(5): 941 – 950.

［43］Simonet G, Claeys I, Breugelmans B, et al. Transcript profiling of pacifastin – like peptide precursors in crowdand isolated – reared desert locusts. Biochem Biophys Res Commun, 2004, 317(2): 565 – 569.

［44］Simonet G, Breugelmans B, Proost P, et al. Characterization of two novel pacifastin – like peptide precursor isoforms in the desert locust (Schistocerca gregaria): cDNA cloning, functional analysis and real – time RT – PCR gene expression studies. Biochem J, 2005, 388: 281 – 289.

［45］Hamdaoui A, Wataleb S, Devreese B, et al. Purification and characterization of a group of five novel peptide serine protease inhibitors from ovaries of the desert locust, Schistocerca gregaria. FEBS Lett, 1998, 422(1): 74 – 78.

［46］Kellenberger C, Roussel A. Structure – activity relationship within the serine protease inhibitors of the pacifastin family. Protein Pept Lett, 2005, 12(5): 409 – 414.

［47］Wang S Y, Cui Z X, Liu Y, et al. Identification and characterization of a serine protease inhibitor (PtSerpin) in the swimming crab Portunus trituberculatus. Fish & Shellfish Immunnol, 2012, 32 (4): 544 – 550.

［48］Zou Z, Jiang H. Manduca sexta serpin – 6 regulates immune serine proteinases PAP – 3 and HP8. CDNA cloning, pnotein expnession, inhibition kinetics, and function elucidation. J Biol Chern, 2005, 280 (14): 14 341 – 14 348.

［49］Homvises T, Tassanakajon A, Somboonwiwat K. Penaeus monodon SERPIN, PmSERPIN6, is implicated in the shrimp innate immunity. Fish & Shellfish Immunol, 2010, 29(5): 890 – 898.

［50］Liu Y, Li F, Wang B, et al. A serpin from Chinese shrimp Fenneropenaeus chinensis is responsive to bacteria and WSSV challenge. Fish & Shellfish Immunol, 2009, 26(3): 345 – 351.

［51］Li F, Wang L, Zhang H, et al. Molecular cloning and expression of a Relish gene in Chinese mitten crab Eriocheir sinensis. Int J Immunogenet, 2010, 37(6): 499 – 508.

［52］Nappi A J, Frey F, Carton Y. Drosophila serpin 27A is a likely target for immune suppression of the blood cell – mediated melanotic encapsulation response. J Insect Physiol, 2005, 51(2): 197 – 205.

［53］Wang S Y, Cui Z X, Liu Y, et al. The first kazal – type serine proteinase inhibitor in the swimming crab Portunus trituberculatus involved in immune response to bacteria and fungi. Aquaculture, 2012, 356: 55 – 60.

［54］Vega F J, Albores F V. A four – Kazal domain protein in Litopenaeus vannamei hemocytes. Dev Comp Immunol, 2005, 29(5): 385 – 391.

［55］Somprasong N, Rimphanitchayakit V, Tassanakajon A. A five – domain Kazal – type serine proteinase inhibitor from black tiger shrimp Penaeus monodon and its inhibitory activities. Dev Comp Immunol, 2006, 30(11): 998 – 1008.

［56］Visetnan S, Donpudsa S, Supungul P, et al. Kazal – type serine proteinase inhibitors from the black tiger shrimp Penaeus monodon and the inhibitory activities of SPIPm4 and 5. Fish & Shellfish Immunol, 2009, 27(2): 266 – 274.

［57］ Zeng Y, Wang W C. Molecular cloning and tissue – specific expression of a five – kazal domain serine pro-teinase inhibitor from crayfish *Procambarus clarkii* hemocytes. Aquaculture, 2011, 321(1 – 2): 8 – 12.

［58］ Kong H J, Cho H K, Park E M, et al. Molecular cloning of Kazal – type proteinase inhibitor of the shrimp *Fenneropenaeus chinensis*. Fish & Shellfish Immunol, 2009, 26(1): 109 – 114.

［59］ Li X C, Zhang R R, Sun R R, et al. Three kazal – type serine proteinase inhibitors form the red swamp crayfish *procambarus clarkit* and the characterization, function analysis of hcpc SPⅡ. Fish & Shellfish Im-munol, 2010, 28(5 – 6): 942 – 951.

［60］ Li X C, Wang X W, Wang Z H, et al. A three – domain Kazal – type serine proteinase inhibitor exhibiting domain inhibitory and bacteriostatic activities from freshwater crayfish *Procambarus clarkii*. Dev Comp Immu-nol, 2009, 33(12): 1 229 – 1 238.

［61］ Donpudsa S, Ponprateep S, Prapavorarat A, et al. A Kazal – type serine proteinase inhibitor SPIPm2 from the black tiger shrimp *Penaeus monodon* is involved in antiviral responses. Dev Comp Immunol, 2010, 34(10): 1 101 – 1 108.

［62］ Wang Z H, Zhao X F, Wang J X. Characterization, kinetics, and possible function of Kazal – type pro-teinase inhibitors of Chinese white shrimp, *Fenneropenaeus chinensis*. Fish & Shellfish Immunol, 2009, 26(6): 885 – 897.

［63］ Song C W, Cui Z X, Liu Y, et al. First report of two thioredoxin homologues in crustaceans: Molecular characterization, genomic organization and expression pattern in swimming crab *Portunus trituberculatus*. Fish & Shellfish Immunnol, 2012, 32(5): 855 – 861.

［64］ Matsui M, Taniguchi Y, Hirota K, et al. Structure of the mouse thioredoxin – encoding gene and its pro-cessed pseudogene. Gene, 1995, 152(2): 165 – 171.

［65］ Tonissen K F, Wells J R E. Isolation and characterization of human thioredoxinencoding genes. Gene, 1991, 102(2): 221 – 228.

［66］ Spyrou G, Miranda – Vizuete A, Damdimopoulos A E. The mitochondrial thioredoxin system. Antioxid Redox Signal, 2000, 2(4): 801 – 810.

［67］ Toth G, Gáspári Z, Jurka J. Microsatellites in different eukaryotic genomes: survey and analysis. Genome Res 2000, 10(7): 967 – 981.

［68］ Aispuro – Hernandez E, Garcia – Orozco KD, Muhlia – Almazan A, et al. Shrimp thioredoxin is a potent antioxidant protein. Comp Biochem Physiol C Toxicol Pharmacol, 2008, 148(1): 94 – 99.

［69］ Zhao J M, Mu C K, Wang L L, et al. A thioredoxin with antioxidant activity identified from *Eriocheir sinensis*. Fish & Shellfish Immunnol, 2009, 26(5): 716 – 723.

［70］ Lee J, De Zoysa M, Pushpamali W A, et al. Mitochondrial thioredoxin – 2 from disk abalone (*Haliotis dis-cus discus*): molecular characterization, tissue expression and DNA protection activity of its recombinant protein. Comp Biochem Physiol B, 2008, 149(4): 630 – 639.

［71］ Wang W N, Zhou J, Wang P, et al. Oxidative stress, DNA damage and antioxidant enzyme gene expres-sion in the Pacific white shrimp, *Litopenaeus vannamei* when exposed to acute pH stress. Comp Biochem Physiol C Toxicol Pharmacol, 2009, 150(4): 428 – 435.

［72］ Kim D H, Kim J W, Jeong J M, et al. Molecular cloning and expression analysis of a thioredoxin from rock bream, *Oplegnathus fasciatus*, and biological activity of the recombinant protein. Fish & Shellfish Immunol,

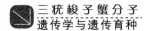
2011, 31(1): 22 – 28.

[73] Zhang X Y, Zhang M Z, Zheng C J, et al. Identification of two hsp90 genes from the marine crab, *Portunus trituberculatus* and their specific expression profiles under different environmental conditions. Comp Biochem Phys C, 2009, 150(4): 465 – 473.

[74] Cui Z X, Liu Y, Luan W S, et al. Molecular cloning and characterization of a heat shock protein 70 gene in swimming crab (*Portunus trituberculatus*). Fish & Shellfish Immunnol, 2010, 28(1): 56 – 64.

[75] Ravaux J, Toullec J Y, Leger N, et al. First hsp70 from two hydrothermal vent shrimps, *Mirocaris fortunata* and *Rimicaris exoculata*: characterization and sequence analysis. Gene, 2007, 386 (1 – 2): 162 – 172.

[76] Cellura C, Toubiana M, Parrinello N, et al. HSP70 gene expression in *Mytilus galloprovincialis* hemocytes is triggered by moderate heat shock and *Vibrio anguillarum*, but not by *V. splendidus* or *Micrococcus lysodeikticus*. Dev Comp Immunol, 2006, 30(11): 984 – 997.

[77] Song L, Wu L, Ni D, et al. The cDNA cloning and mRNA expression of heat shock protein 70 gene in the haemocytes of bay scallop (*Argopecten irradians*, Lamarck 1819) responding to bacteria challenge and naphthalin stress. Fish & Shellfish Immunol, 2006, 21(4): 335 – 445.

[78] Cheng S H, So C H, Chan P K, et al. Cloning of the HSP70 gene in barnacle, larvae and its expression under hypoxic conditions. Mar Pollut Bull, 2003, 46(5): 665 – 671.

[79] Liu J, Yang W J, Zhu X J, et al. Molecular cloning and expression of two HSP70 genes in the prawn, *Macrobrachium rosenbergii*. Cell Stress Chaper, 2004, 9(3): 313 – 323.

[80] Luan W, Li F, Zhang J, et al. Identification of a novel inducible cytosolic Hsp70 gene in Chinese shrimp *Fenneropenaeus chinensis* and comparison of its expression with the cognate Hsc70 under different stresses. Cell Stress Chaperones, 2010, 15 (1): 83 – 93.

[81] Rhee J S, Raisuddin S, Lee K W, et al. Heat shock protein (Hsp) gene responses of the intertidal copepod *Tigriopus japonicus* to environmental toxicants. Comp Biochem Physiol C Toxicol Pharmacol, 2009, 149 (1): 104 – 112.

[82] Xu Q H, Qin Y. Molecular cloning of heat shock protein 60 (PtHSP60) from *Portunus trituberculatus* and its expression response to salinity stress. Cell Stress & Chaperones, 2012, 17(5): 589 – 601.

[83] Song C W, Cui Z X, Liu Y, et al. Cloning and expression of arginine kinase from a swimming crab, *Portunus trituberculatus*. Molecular Biology Reports, 2012, 39(4): 4 879 – 4 888.

[84] Yao C L, Ji P F, Kong P. Arginine kinase from *Litopenaeus vannamei*: cloning, expression and catalytic properties. Fish & Shellfish Immunol, 2009, 26(3): 553 – 558.

[85] Somboonwiwat K, Chaikeeratisak V, Wang H C. Proteomic analysis of differentially expressed proteins in *Penaeus monodon* hemocytes after *Vibrio harveyi* infection. Proteome Sci, 2010, 8: 39.

第4章 三疣梭子蟹分子标记及标记辅助选育

4.1 技术平台概述

4.1.1 分子标记辅助选择育种

4.1.1.1 技术背景

长久以来，生物育种，尤其动物育种方法基本是以数量遗传学原理为理论依据，自从Lush 和 Hazel 提出了定量描述群体数量性状遗传规律的三大参数后，估计遗传参数成为数量遗传学的核心内容。借助遗传参数可从表型值估计育种值，定量做出育种决策。数量遗传学家在混合线性模型的基础上相继提出了极大似然法、约束极大似然法、最小均数二次无偏估计法和最小方差二次无偏估计法等，使动物数量性状方差组分估计的准确性提高。育种值估计的发展大体经历了三个阶段：① 个体选择或选择指数法阶段；② 群体比较法阶段；③ 混合线性模型法阶段，主要是最佳线性无偏预测法（best linearunbiased prediction，BLUP）。虽然上述方法使数量性状遗传方差组分及育种值估计的准确性大幅度提高，但随着数量性状主效基因的逐个发现和微效多基因假说的逐步修正，如果仍把微效多基因作为一个整体加以研究，而忽略单一基因的遗传行为，势必会使方差组分及育种值估计准确性的提高受到影响，也影响育种工作的进展。在这种情况下，以某些遗传标记与QTL存在连锁关系为理论依据，Soller 和 Backman 提出了"标记辅助选择（marker asisted selection，MAS）"的方法。

4.1.1.2 概念及其原理

MAS 是随着分子生物学、数量遗传学和计算机技术等的飞速发展而快速开展起来的一种新技术，是一种利用重要经济性状相关的分子标记进行选择育种的方法，可以从分子水平上快速准确地分析个体的遗传组成，实现对基因型的直接选择，从而进行分子育种。也就是说，它将分子标记应用于生物的育种改良过程中，借助分子标记达到对目标性状基因型进行选择的目的，通过对不同标记的选择间接实现对控制某性状的数量位点的选择，从而达到对该性状进行选择和改良的目的，或是通过分子标记预测出个体可能具有的基因型值或表型育种值，可大大增强选种和育种的目的性和预测性，提高选育的效率和质量。

选择育种的过程是对一个群体反复进行有目的、有计划地选择性淘汰，从中选出具有所需要的目的性状、表现显著又能稳定遗传的优良新品种。生物体重要的经济性状涉及生长速度、抗病力、肉质、体重、体长等，传统育种是通过这些表型直接进行选择，由于表型是数量性状，可能是很多基因共同作用的结果，传统遗传育种方法不能确定这些重要性状具体是由哪些基因如何控制的，这就导致表型与基因型不能完全对应，因此导致这种方法的效率较低。分子标记实现了从基因方面直接进行选择的可能，标记辅助育种就是这样借助分子标记对目标性状进行选择，从根本上杜绝了隐性基因对表型的影响，利用分子标记直接将表型与标记紧密连锁起来，对目标性状实现选择。MAS 的优点主要有以下几个方面：① 能克服表型与基因型鉴定的困难，即可以消除环境对表型的影响或基因显性互补和加性效应对表型的影响，进而增加了选择的准确性；② 可以从初始就进行选择，不同的雌雄个体也都可以进行选择；③ 可以提高育种效率，缩短育种的时间；④ 对于理想性状的检测也是十分方便有效的。DNA 分子标记技术无疑成为生物遗传育种的有力工具。伴随分子生物学理论和技术的不断渗入和发展，采用 DNA 分子标记技术开展动物遗传育种是突破传统育种、有效开发和保护资源的重要途径，它将成为遗传学家和育种学家讨论的热点问题和研究主流。

这种分子标记辅助选择方法的基本原理是：利用与目的基因片段紧密连锁或有共分离关系的分子标记对要选择的个体进行目标区域以及全基因组的淘选，减少连锁累赘，获得想要的预期个体，从而达到提高育种效率的目的。分子标记辅助选择的成功与否取决于分子标记和目的基因的位置关系，即遗传距离。若分子标记位于目标基因内部与目标基因共分离，则对于分子标记辅助选择是最理想的，也称为基因辅助选择，但这种分子标记比较少见。若分子标记与目标基因在群体中连锁不平衡，这也标志着目标基因与标记位点间存在紧密的连锁关系，通过这类分子标记进行的选择称为连锁不平衡选择。另外，当分子标记与目标基因在群体中连锁平衡时，应用分子标记辅助选择较为困难，一般需要使用位于目标基因两端的 2 个或多个分子标记共同进行选择。总体来说，标记基因与目标基因座位之间的遗传距离越小，分子标记辅助选择的准确率就越高。将其用于动物的分子育种是依据分子遗传学和分子数量遗传学理论，结合 DNA 重组技术，从分子水平上改良动物品种的新型学科。广义的分子育种包括以分子标记为主的基因组育种技术和基因转移育种技术。两者具有对方不具备的特点，分子标记辅助选择技术不能创造变异，也不能在不同种间进行优良基因的传递，但转基因技术却能达到这个目标。两者的结合使得分子育种技术较传统的育种方法更能按照人的主观意愿快速获得含有目的基因的并表达出目的性状的个体。传统的育种方法是在进行杂交育种或其他新技术育种过程中，对目标性状进行选择育种。传统的育种只有在若干年表型选择、多点试验育种过程中才能得到无偏估计的遗传变异效应。当孟德尔和摩尔根建立基因学说之后，将表型选择变为基因型选择已经有了可能。以前育种学家不能通过经典生物学知识和技术预测产量、质量、抗性等这些性状的效应表现在何种水平上，而正是在这样一些领域中，现代分子生物学技术可以发挥其独特作用。

4.1.1.3　使用前提[1]

（1）建立尽量饱和的分子标记图谱

分子标记连锁图谱也称为"框架图谱"，因为真正的基因将定位于这个图谱上，并且比较不同种及材料的染色体组成时也可以此为基础。进行基因定位时，首先需要构建将分子标记以线性形式排列起来的标记连锁图谱。显然只有建立了带有一定数量且均匀间隔的分子标记的全基因组或局部遗传图谱，才能精确定位目标基因或目标数量性状位点，进而找出与目标基因相连锁的分子标记。

（2）选择合适的分子标记类型

分子标记类型较多，并有各自不同的特点。在实际育种实践中，特别是育种早期，需要检测的群体规模往往很大，这就需要尽量选择多态性好、技术简单、重复性好以及检测方法简便、快捷、准确、经济、高效的分子标记类型。SSR 标记相较于 RFLP 和 RAPD 标记，在育种实践中具有较高的应用价值。

（3）进行基因标记

基因标记（gene tagging），即建立目标基因（简单性状和 QTL）与分子标记之间的连锁关系。分子标记辅助选择主要是根据与目标基因紧密连锁的分子标记选择目标基因的个体，因此 MAS 的可靠程度取决于目标性状基因座位与标记座位之间的重组率，也就是说 MAS 的成功很大程度上取决于分子标记和目标基因的位置关系，即遗传距离。目标基因与分子标记之间的遗传距离越小，选择的准确性就越高。如果在目标基因的两侧均能找到与之连锁的标记，会大大提高选择的可靠性。根据数量遗传学原理，在 15～20 cM 距离内很难发生染色体双交换，因此，如果能够将目标基因定位于 15～20 cM 的分子标记间，这两个标记可以用于育种实践。很显然，供体与受体材料在标记位点上的等位基因应是有差异的，而两个分子标记之间有目标基因，如果与目标基因附近的片段发生了单交换，此染色体将只带有两个分子标记中的一个。假定两个分子标记相距不到 15 cM，双交换可以忽略。如果目标基因的定位还不太精确，可利用三个以上的分子标记保证目标基因位于标记位点之间。或者可进一步对目标基因进行精密定位（通过扩大作图群体、选用其他群体，采用更多的探针、内切酶及引物等），使目标基因两侧都有标记，并且距离在 15 cM 之内。

（4）可自动化检测

分子标记辅助选择也要求对育种群体进行大规模检测。检测方法要简单、快速、成本低、准确性好，尤其检测过程（包括 DNA 的提取、分子标记检测、数据分析等）需自动化。在常用的分子标记中，以限制性内切酶酶切而获得的标记，如 RFLP 等，具有检测步骤多、周期长、成本高、自动化程度不易提高等特点；而以聚合酶链式反应（PCR）为基础获得的标记，如 RAPD、SSR 等，尤其是 SSR 标记有更多的优势。AFLP 结合了两类分子标记的特点，可检测到更高的多态性，在分子标记辅助选择中也有很大的发展潜力。一些由 RFLP、RAPD、AFLP 等标记发展起来的特异 PCR 标记（如 STS、SCAR、CAPS）也可用于辅助选择。

4.1.1.4 影响因素

大量计算机模拟连锁非平衡状态下标记辅助选择相对效率的结果表明，影响 MAS 效率的因素非常复杂，主要包括分子标记和与其连锁的 QTL 间的距离、分子标记的数目和效应、世代数、群体性质及大小、性状的遗传力等。选择强度、标记与 QTL 在染色体上的位置等因素也影响选择效率。

(1)分子标记与目标基因或 QTL 的遗传距离

分子标记与目标基因或 QTL 的遗传距离小，可以提高对 QTL 等位基因效应进行估计的准确度。因此这一距离越小，分子标记辅助选择的效率越高。在每个 QTL 只有一个连锁的分子标记时尤其如此。如果有两个分子标记时，此效应减弱。一条染色体上有多个标记时，存在一个最佳的标记密度，超过此密度 MAS 的相对效率降低。也有研究表明，连锁程度高会降低选择效率，不过影响并不大。

(2)选用的分子标记数目

事实上，QTL 作图所检测到的 QTL 数目要少于实际的 QTL 数目，如果 QTL 数目较多，就不能不考虑 QTL 之间存在连锁。一般认为在选择指数中，引入的分子标记数有一个最佳值。研究发现用 6 个标记时的选择效率高于 3 个标记时的效率，而用 12 个标记时选择效率反而下降。

(3)群体大小

有人研究 MAS 选择效率时，曾经假定群体无限大、标记无限多，在此基础上得出 MAS 选择效率比常规选择高的结论。在群体很小时 MAS 没有多大用处。一些根据计算机模拟得出的结论是：群体大小是影响 MAS 的关键因素。MAS 的相对效率随群体增大而提高，但在群体小于 200 时仍然有效。

(4)性状的遗传力

研究表明，性状遗传力也是影响 MAS 选择的关键因素。一般针对遗传力高的性状 MAS 效率低。在群体大小有限的情况下，针对遗传力较低的性状 MAS 相对效率较高，但存在一个最适遗传力，在此限之外，MAS 效率会降低。在遗传力为 0.1~0.2 时，虽然 MAS 的效率很高，但出现负面试验效应的频率也较大。因此，利用 MAS 技术所选的性状遗传力在 0.3~0.4 之间最好。但如果群体很大（如大于 500），最适遗传力几乎为零，选择性状即不受限制了。

4.1.1.5　MAS 的优越性

DNA 分子标记的开发和应用，为建立标记辅助选择的育种体系打开了一扇新的大门，分子标记辅助选择育种必将对物种的改良做出革命性的贡献。与传统常规育种相比，分子标记辅助选择育种具有许多优越性。

分子标记辅助选择可加速育种进程、缩短选育周期。分子标记辅助选择不受季节、环境条件限制，不存在基因表达与否的问题，可在生物生长发育的任何阶段进行。分子标记辅助选择直接反映了目标物种的基因型，无论是显性还是隐性基因都无需进行测交以确认目标基因的存在，因此极大加快了育种进程。

分子标记辅助选择减少连锁累赘，提高育种效率。利用回交育种导入有利基因的同时，一些与之连锁的不利基因也被导入回交亲本，即连锁累赘现象。连锁累赘现象导致改良后的新品种与最初的育种目标不一致。传统回交育种通过增加回交代数消除连锁累赘，但在实际运用中极难实现。研究表明即使回交 20 代后，还能发现与目标基因连锁的较大的供体染色体片段。分子标记辅助选择的运用可以很好地解决这个问题。借鉴高密度的分子图谱，利用与目标基因紧密连锁的分子标记对目标基因进行跟踪，利用其他标记对各选择生物个体进行全基因组分析，可以选择带有目标性状而且遗传背景良好的理想个体，从而在较早的回交世代中显著减少连锁累赘。用两个位于目标基因两侧 1 cM 的分子标记进行辅助选择，只要两个世代就可获得含有目标基因长度不大于 2 cM 的个体，而如果采用传统育种需要很多代之后才能得到这样的结果。另外，计算机模拟结果显示，用分子标记对每 30 个含有目标基因的个体组成的回交群体进行背景选择，选择背景回复率高的个体用作下代回交，只需回交 3 代就可完全恢复轮回亲本基因组。

尽管分子标记辅助选择育种有很大的优越性，但我们应清楚地认识到，分子标记技术只是起辅助作用，辅助选择离不开常规育种。在动物遗传育种研究中，随着很多 QTL 的精确定位，遗传改良还是以传统的选择为主要手段，研究工作要大力开展遗传连锁图谱构建、增加分子标记密度等，从而完成动物的遗传改良，进而应用到育种中。

目前，MAS 主要还是在植物和畜禽的应用较多，而在重要水生养殖物种中的研究报道仍然相对较少。随着分子标记技术的不断发展和与标记辅助选择有关的实验费用的降低，分子标记辅助选择将成为海洋动物育种的有效手段。

总之，随着分子生物学和基因组学研究工作的积累，国内外很多从事水产动物遗传育种的研究工作者已经利用分子标记或基因作为工具进行亲本的选择，开展了分子育种研究，而不再仅仅是利用分子标记描述育成品种的分子特征或在育成品种中找到提高新品种研究水平证据等利用分子标记的初级阶段。以生物技术为核心的分子育种已展现出广阔的应用前景，在与常规育种的结合下使得水生动物育种技术日趋完善，随着基因工程的深入开展势必会使育种的研究和应用出现一个崭新的局面。

4.1.2　微卫星标记的开发方法

微卫星标记技术的一般过程包括：获得微卫星序列—设计引物—PCR 扩增—对扩增产物进行分析。微卫星序列的筛选和获得是微卫星标记研究应用中的第一步，也是最为关键的一步。目前已经报道并广为应用的微卫星筛选方法主要有以下五种。

4.1.2.1　寻找已经发表的微卫星序列或引物

在人类医学和重要的陆生家养动物（如：猪、牛、鸡等）物种以及重要的农业作物（如：小麦、水稻、葡萄等）中，由于全世界科学家的不断努力，已经开发出了数以千计的微卫星标记，且已经公开发表。在这些物种中应用已经发表的微卫星标记进行非商业性科学研究是非常方便和廉价的，目前国内这些领域微卫星标记的获取多来于此。但是，在海洋生物中由于分子生物学的发展远远不及陆生家养生物那样深入，从这种途径获得大量的微卫星 DNA 序列就比较困难，并不现实。

4.1.2.2　构建基因组文库

这种方法首先需要构建基因组文库，从文库中筛选含有串联重复单位的克隆并对其进

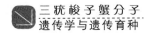

行测序，主要步骤如下。

（1）构建小片段基因组文库

构建小片段基因组文库筛选微卫星 DNA 的方法是最早建立的微卫星筛选的经典方法。这种方法首先提取大片段基因组，用限制性内切酶消化质粒和基因组。由于 DNA 测序的范围通常在 600 bp 以内，同时还要在片段两端留出一定的长度供设计引物，所以克隆的片段一般应该在 300~600 bp 之间。消化基因组 DNA 的内切酶多数是四碱基酶，识别位点在基因组中的分布概率 4^4，即每 256 bp 一个位点，常用的有 $Sau3A$ I、Rsa I 和 Hae III 等。消化载体的内切酶可以和消化基因组 DNA 的内切酶一致，也可以是与其有互补识别位点的内切酶，如：$Sau3A$ I 与 $BamH$ I 等。使用琼脂糖凝胶电泳分离基因组 DNA 的酶切产物，回收 300~600 bp 的片段，纯化，连接载体并转化大肠杆菌，构建小型基因组 DNA 文库；然后用 PCR 筛选或菌落原位杂交得到阳性克隆。

（2）筛选阳性克隆并测序

微卫星序列在整个基因组中的分布是随机的，不同类型的微卫星序列在不同物种中出现的概率是不同的。但是，无论如何，这种概率都是非常小的，如斑节对虾（GT）n、（CT）n 在基因组中的分布概率分别为 1/93 kb 和 1/164 kb，因此需要进行事先筛选才能进行测序。常用的筛选方法有分子杂交和 PCR 扩增两种。分子杂交方法是用同位素标记的寡聚核苷酸探针筛选文库中的阳性克隆，尽管此方法的筛选效率非常高，但是常常涉及放射性同位素操作，危害研究者的身体健康，因此，大多研究者使用 PCR 扩增进行微卫星序列的筛选。PCR 方法主要是使用含有特定重复序列的寡聚核苷酸序列和质粒上的特异性序列（如：质粒上的启动子序列等）作为引物，对文库进行特异性 PCR 扩增，从而筛选可以产生扩增产物的质粒，即为含有微卫星序列的阳性克隆。

为了提高筛选效率，降低测序工作成本，通常采用一些统计学的方法应用到筛选工作中，如对筛选到的阳性克隆进行 PCR 产物分析，将那些微卫星序列在插入片段附近、无法测出微卫星序列两侧的旁侧序列的克隆排除，就可以减少测序数量。此种方法原理操作相对简单，容易掌握，但是必须对每个克隆进行操作，工作量大，需花费大量的人力和物力，而且效率较低。研究者利用此类方法从中国对虾中成功筛选出许多多态性微卫星标记。

4.1.2.3　构建微卫星富集文库

在应用传统微卫星 DNA 筛选方法的同时，人们也在不断探索能够简化技术环节，提高效率、降低开发成本的筛选方法，如：滤膜富集法，磁珠富集法，富集 AFLP 片段（fast isolation by AFLP of sequences containing repeats，FIASCO）、RAPD 片段、ISSR 片段或基因组酶切片段。其中以富集 AFLP 片段（FIASCO）和基因组酶切片段最为常用，筛选的效率也较高。这两种方法应用灵活，大大提高了阳性克隆率，省去了大量人力物力的投入。但此种方法流程一般较长，中间涉及 Southern 杂交等一些精细实验。

4.1.2.4　筛查已经公布的序列

通过 Internet 检索 GenBank（美国基因蛋白数据库）、EMBL（欧洲分子生物学实验数据库)和 DDBJ(日本国家遗传研究所基因数据库)等国际核酸序列数据库上提供的大量已发表的 DNA/RNA 序列以及 EST 序列,利用 SSRHunter、Clustal W、Cervus 2.0 等软件对其分析即可筛选到大量多态性微卫星 DNA 序列。随着人类基因组计划的完成,大规模基因组测序越来越方便和快捷,每天都有大量的 DNA 序列通过 Internet 发送到以上数据库中共享。通过 Internet 进行数据库检索,在某些物种中可以轻而易举地获取大量的微卫星序列。公用数据库中数据的二次利用是一种快速有效且廉价的获得新的微卫星标记的方法。

4.1.2.5　利用相近物种之间的通用引物得到目的物种的微卫星标记

随着基因组计划研究的不断深入,人们发现生物体的基因组之间存在着一定程度的相似性,尤其是亲缘关系较近的物种。对于微卫星标记,很多研究已经证明引物能够跨属或者跨科通用。例如利用对已发表的斑节对虾的 30 对微卫星引物在中国对虾、凡纳滨对虾、日本对虾中的通用性进行研究,结果表明其中三对引物在三个物种间可同时扩增出产物。

4.1.3　SNP 检测方法

从技术方面来看,任何能检测点突变的方法都可以用于 SNP 的鉴定,故 SNP 的检测分析技术很多,不同的 SNP 检测方法差别也非常大,但截至目前还没有一种万能的方法。在具体实验研究中需要依照研究目的、实验室设备与技术条件选择合适的方法。每种 SNP 的检测方法都由两部分组成,即区分 SNP 特异位点的原理和数据的检测分析手段。根据检测原理,可将 SNP 检测方法主要分为下述四类[2,3]。

4.1.3.1　直接测序法

在所有 SNP 检测方法中,通过 PCR 扩增后对预检测片段进行直接测序是最为准确方便的方法,被公认为 SNP 检测的"金标准",检测效率可接近100%。主要流程和原理是:提取基因组 DNA 并进行基因引物的设计合成,预实验摸索 PCR 扩增条件之后,通过 PCR 扩增不同个体的同一基因或DNA 片段,将产物回收、纯化后直接用于测序、SNP 分型确定及结果分析。通常情况下,纯合型SNP 位点的测序峰图呈现单一的峰型,杂合型SNP 位点的测序峰图则呈现嵌套双峰,所以很容易对其进行区分(图4.1)。

通过 DNA 测序可直接获取目的片段的碱基序列,经序列间比对可以直观有效地找到许多 SNP候选标记位点。利用此法还可以很直观的得到SNP 分型的一些重要信息,如 SNP 位点上突变碱

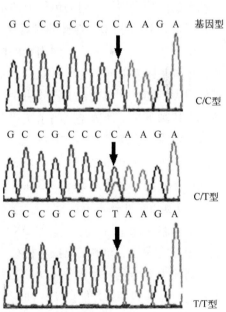

图 4.1　SNP 分型示例

黑色箭头处标示一个 SNP 位点,纯合基因型 C/C、T/T 的峰图均为单一峰,而杂合基因型 C/T的峰图呈现双峰。

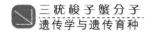

基的类型及其在目的片段中的准确位置等。然而，此法存在的主要技术问题是不能将杂合子个体从测序误差中筛选出来，需要进行重复和验证实验。此外，DNA 测序是目前最容易实施但费用也较为昂贵的 SNP 检测方法。随着 DNA 测序的自动化发展及测序成本的降低，直接测序法将会更多地用于未知 SNP 位点的发掘筛选和已知 SNP 的检测分型之中。

4.1.3.2 以杂交为基础的方法

（1）等位基因特异核苷酸片段分析

等位基因特异核苷酸片段（allele - specific oligonucleotide，ASO）是一种以分子杂交为基础测定已知突变的 SNP 分析技术，它是最早检测已知 SNP 的一种方法，几乎所有已知 SNP 都可以用此法进行检测。该方法应用 ASO 仅与完全互补的序列结合、1 个碱基错配就足以阻止 ASO 探针与目的基因片段杂交的原理，设计一段 15 ~ 20 bp 的寡核苷酸片段（其中包含发生突变的位点），以此为探针与固定在膜上的经 PCR 扩增的 DNA 样品杂交，由于寡核苷酸片段中碱基的改变可造成 Tm 值的变化，通过控制杂交条件并与野生型探针对照，即可检测出是否含有与该 ASO 探针相对应的点突变。这是基于杂交原理的最简单的检测方法，具有以下优点：仅需对每个 SNP 做一次反应，可以实现自动分型；只需在一个管中即可进行反应，能量标签引物可重复使用，所用的仪器也不昂贵。

（2）TaqMan 探针技术

TaqMan 系统是基于 PCR 的同源杂交方法，以荧光共振能量传递为基础，可用于对等位基因的区分辨别。针对染色体上的不同 SNP 位点分别设计 PCR 引物和 TaqMan 探针，进行实时荧光 PCR 扩增。探针的 5′端和 3′端分别标记一个荧光报告基团和一个荧光淬灭基团。PCR 扩增时，在加入一对引物的同时会加入一个特异性的荧光探针，当探针完整的时候，报告基团发射的荧光信号被淬灭基团吸收；而当溶液中存在 PCR 产物时，该探针与模板退火，即产生了适合于核酸酶 5′—3′外切活性的底物，将探针 5′端连接的荧光分子从探针上切割下来，使荧光监测系统接收到荧光信号。即每扩增一条 DNA 链，就有一个荧光分子形成，实现了荧光信号的累积与 PCR 产物形成完全同步。该法通常用于少量 SNP 位点的分析，在 PCR 扩增的同时既可得到检测结果，又可将 PCR 污染的风险降至最低。但其设计使用也会受到 Taq 酶活性、荧光共振能量传递效率和 PCR 扩增效率等的影响。

（3）基因芯片技术

基因芯片（gene chip），又称 DNA 芯片（DNA chip）或微阵列（micro array），是将 DNA 杂交探针技术与半导体工业技术相结合的结晶，可在固相介质上进行分子原位杂交并以荧光检测 SNP 位点的一种高通量分析方法。基本原理是，采用杂交测序的方法，只有与已知序列完全互补的探针才能杂交，而与已知序列含有错配碱基的探针则不能完成杂交。将大量的探针片段固定在固相支持物（如玻璃、硅片、尼龙膜等）上制成芯片阵列。待测的样品与固定的探针进行有效杂交后洗去没有杂交的样品，即可检测杂交样品。由于目标基因和探针杂交的程度与荧光强度以及种类有关，通过激光扫描之后可以根据荧光强弱或者荧光的种类检测出被检序列的碱基类型。利用基因芯片技术筛查 SNP 是随着近几年芯片技术的快速发展、应用、普及而建立的一种高度并行性、高通量、微型化和自动化的检测手段，应用该方法可以寻找新的 SNP 位点，实现 SNP 位点在基因组中的精确定位，但该技术目前还不太成熟。

4.1.3.3　以酶或 PCR 为基础的方法

聚合酶链式反应—限制性片段长度多态性（PCR – RFLP）是检测 SNP 的较为常用的一种方法，目前已广泛应用于 SNP 筛查之中。基本原理是：基因突变会产生或消除某些限制性内切酶的酶切位点，检测 SNP 位点时利用了限制性酶切位点的特异性，用两种及以上的限制性内切酶作用于同一 DNA 片段，如果序列中有 SNP，酶切片段的长短、数量等就会随之发生改变，根据凝胶电泳的结果就可以判断出是否有 SNP 位点及相应位点上碱基突变的类型。该技术也是 SNP 筛选中最经典的方法之一，但应用的前提是 SNP 位点必须含有限制性内切酶的识别位点，难以对酶切位点以外的 SNP 进行有效的检测，在一定程度上限制了其应用。

4.1.3.4　以构象为基础的方法

（1）单链构象多态性分析

单链构象多态性（single – strand conformation polymorphism，SSCP）分析是利用 DNA 或 RNA 单链构象具有多态性的特点，结合 PCR 技术进行基因检测的一种技术，用以分析生物的遗传学特征和基因突变。该技术的检测原理是：单链 DNA 片段呈现一种复杂的空间折叠构象，这种三维立体结构主要是由内部碱基配对等分子内相互作用力维持的，它影响了 DNA 在非变性凝胶电泳时的迁移率。当分子内碱基发生改变时，会或多或少地影响空间构象，使构象发生改变。相同长度但不同核苷酸序列的单链 DNA 分子因为空间构象的不同而在聚丙烯酰胺凝胶中受到大小不同的阻力，在凝胶电泳中具有不同的迁移率而被分离。因此，通过非变性聚丙烯酰胺凝胶电泳（polyacrylamide gel electrophoresis，PAGE），可以非常敏锐地将构象上有差异的分子分离开来。在稳定的理想条件下，凝胶电泳分离的结果是在某一位置范围内杂合子包含分隔很近的两条带，正常的 DNA 片段居于其中一条带，纯合突变的 SNP 的 DNA 片段居于另一条带。目前还没有理论可以预测单链 DNA 的精确折叠结构，也不能准确地估计在凝胶电泳中其结构如何影响迁移率。因此，每次电泳都需在同一板电泳胶中以含纯合突变的 SNP、杂合子、正常的 DNA 片段为参照片段，即作为电泳迁移率的阳性对照，待测的单链 DNA 与阳性对照相比较才能完成对 SNP 的检测。该方法操作简单、经济、适用面广，但在实际应用时也要注意以下问题：① PCR – SSCP 只能作为一种突变检测方法，要最后确定突变的位置和类型，还需进一步测序；② 由于 SSCP 依据点突变引起单链 DNA 分子立体构象的改变实现电泳分离，就可能会出现当某些位置的点突变对单链 DNA 分子立体构象的改变不起作用或作用很小时，再加上其他条件的影响，使得聚丙烯酰胺凝胶电泳无法分辨造成漏检的现象。

（2）温度梯度凝胶电泳

温度梯度凝胶电泳（temperature gradient gel electrophoresis，TGGE）是电泳技术的一种，是有效分离 DNA、RNA 的一种手段，利用不同分子在温度改变下构象的差别进行分离。TGGE 基本思路是用"热"作为一种能量的来源，使氢键具热力学不稳定性，带点突变的和正常的 DNA 片段由于 Tm 值不同而表现出不同的解链行为。DNA 片段在聚丙烯酰胺凝胶电泳中通过设置温度梯度进行分离，当片段的温度到达它的最低熔解区域就开始解链，表现出分支的 Y 型结构，因此降低了在 TGGE 凝胶介质中的迁移速率，而它又比单链迁移速率快。因为一个碱基的改变就可引起在不同温度下 DNA 双链的解链行为不同，即一个碱基的突变可以使 DNA 片段的电泳迁移速率不同，从而达到在温度梯度电泳中分离的效果。理想的温度梯度可以通过垂直 TGGE（温度梯度的方向与电泳方向垂直）的方法来优化。如果序列是已知的，任何 DNA 双链片段的变性行为（如双链的熔解区域位置、Tm 值及垂直 TGGE 的结果等）都可用 Poland 计算软件进行预测。Poland 预测特定 DNA 片段的解链行为的能力可构造带优化熔解行为的 DNA 片段，使该 DNA 片段内 SNP 的检出率达到 100%。TGGE 的使用提供了一个快速、灵敏、高度可垂直的筛选突变的方法，也是一个常用的检测 SNP 的强有力工具。具有相似长度的 DNA 用普通的凝胶电泳无法进行分离，但利用 TGGE 可以分离到长度只有 200～700 bp 的 DNA 片段，如果发现 SNP 在高 Tm 值的区段，需在 PCR 引物的 5′端加上一段约 40～50 bp 的 GC 夹子。除了样品及电泳缓冲液等准备工作需要消耗 1 个小时之外，TGGE 的电泳时间仅需 15 分钟，而且一次可以准备多个样品，一次电泳最多可跑 18 个样品。但如果 SNP 在 GC 富集区（如 CpG 岛），则难以检测到该 SNP 位点。

（3）变性梯度凝胶电泳

变性梯度凝胶电泳（denaturing gradient gel exectrophoresis，DGGE）最初是 Lerman 等于 20 世纪 80 年代初期发明的，起初主要用来检测 DNA 片段中的点突变。DGGE 利用 dsDNA 分子在具有浓度梯度的变性凝胶中电泳时，会在一定的变性剂浓度下发生部分解链，导致电泳迁移率的下降。具有 SNP 等位基因型的两个 DNA 分子间即使只有一个核苷酸不同，也会在不同的时间发生部分解链现象，从而被分离成两条带。DGGE 与 TGGE 类似，只不过 DGGE 依靠变性剂浓度梯度使 Tm 值不同的分子分离，而 TGGE 依靠温度梯度分离 Tm 值不同的分子。因此 DGGE 也可用各种软件预测序列信息，SNP 在高 Tm 值的区段时 PCR 引物也需要加上 GC 夹子。DGGE 检测的片段可长达 1 kb，若 SNP 发生在最先解链的 DNA 区域，其检出率也可达 100%，尤其 100～500 bp 的片段，所以已被广泛应用于 SNP 的检测。但是 DGGE 存在电泳时间和变性条件的优化费时费力、变性剂浓度和变性热力学关系不一致、不可控制变性梯度、梯度坡度小、需用较长的凝胶和较长的电泳时间等缺点。

（4）变性高效液相色谱检测

变性高效液相色谱（denaturing high performance liquid chromatography，DHPLC）检测是一项在单链构象多态性和变性梯度凝胶电泳基础上发展起来的新的杂合双链突变检测技术，可自动检测单碱基替代及小片段核苷酸的插入或缺失。该方法检测的基本原理是：目标核酸片段进行 PCR 扩增，当温度升高时 DNA 片段开始变性，部分加热变性的 DNA 可被低浓度乙腈洗脱下来。含有突变碱基的 DNA 序列由于错配碱基与正常碱基不能配对而产生异源双链。包含错配碱基的杂合异源双链区与完全配对的同源配对区的解链特征不同，在相同的部分变性条件下，异源双链因为具有错配而更易发生变性，和固定相的亲和力弱，被色谱柱保留的时间更短，更易从分离柱上洗脱下来，在色谱图中表现为双峰或多峰的洗脱曲线，从而达到分离目的。SNP 的有无最终表现为色谱峰的峰形或数目差异，依据此现象很容易从色谱图中判断突变碱基。DHPLC 技术具有检测效率高、灵敏度好、便于自动化等优点，对未知 SNP 的检测准确率可超过 95% 以上。它与 SSCP 和 DGGE 相比，更适合于大样本的筛选，重复性好。但该技术对所用试剂和环境的要求较高，易造成误差，不能检测出纯合突变类型，不能准确指明 SNP 在片段中的位置。

（5）高分辨率溶解曲线

高分辨率溶解（high resolution melt，HRM）是近年来兴起的一种检测基因突变、进行基因分型和 SNP 检测的新工具，可以迅速的检测出核酸片段中单碱基的突变。HRM 技术主要是基于核酸物理性质的不同，不同 DNA 序列的片段长度、GC 含量和分布及碱基互补性等各有差异，双链分子（dsDNA）加热变性时的溶解曲线会有不同的形状和位置，应用高分辨率的溶解曲线对样品进行分析，其分辨精度同样可以完成对单个核苷酸差异的识别。HRM 技术走向实践应用主要依靠的是两种技术的改进，一个是双链 DNA 嵌入型饱和荧光染料 LC Green 的开发，另一个是拥有精确控温装置和高密度数据采集本领的仪器 Lightscanner 的产生以及专业化分析软件的开发。由于 HRM 完全基于核酸分子物理性质进行分析，所以这种检测方法不需要序列特异性探针，也不受突变碱基位点和类型的限制。

4.2　微卫星标记的筛选及辅助选育

4.2.1　三疣梭子蟹微卫星标记的筛选及应用

4.2.1.1　富集文库法、GenBank 数据库筛查法和近缘物种引物筛选法

我们[4]利用富集文库法、GenBank 数据库筛查法和近缘物种远海梭子蟹引物筛选法三种技术手段筛选了三疣梭子蟹的微卫星 DNA，为其种群遗传多样性检测及遗传图谱的构建提供了有益的分子标记。

（1）磁珠富集法

磁珠富集法分离微卫星标记是一种简单高效的方法，已经应用于一些水产动物的微卫星分离。磁珠富集法的基本原理是：磁珠上包被的链霉素亲和素（streptavidin）可与生物素标记探针［如生物素标记的（CA）₁₀］上的生物素共价结合，含有微卫星的基因组片段通过碱基互补与生物素标记探针特异性杂交，通过磁力将探针连同与之互补的含有微卫星的基

因组片段一起直接被磁铁吸附回收。用这种方法"捕获"目的片段，能显著提高微卫星富集的效率，减少片段回收的损失。

实验中，构建富集文库后，挑选阳性克隆并用于测序，筛选所有可能的微卫星序列后设计并合成引物。将106对微卫星多态性引物进行筛选，通过不断优化PCR反应条件，最终49个微卫星位点扩增出较为清晰、能够准确判读的条带（部分位点扩增图谱如图4.2）。琼脂糖凝胶电泳检测后，将具有特异扩增条带的PCR产物在8%的非变性聚丙烯酰胺凝胶上电泳和溴化乙锭（ethidium bromide，EB）染色。利用24个营口野生三疣梭子蟹个体对49对能扩增出清楚条带的微卫星引物进行多态性检测，其中19个位点具有多态性，显示了较高的多态位点比例（部分具多态性的位点扩增图谱如图4.3）。

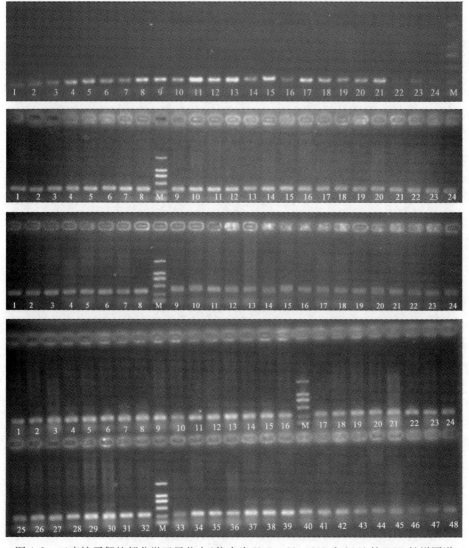

图4.2　三疣梭子蟹的部分微卫星位点（依次为H17、C9、C13和h20）的PCR扩增图谱

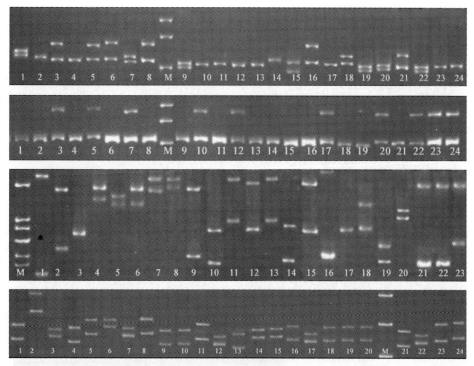

图 4.3　部分位点的在营口 24 个三疣梭子蟹群体的扩增图谱（依次为 h20、C9、D5、C32）

　　读取多态位点在所有个体中的基因型，用软件 Cervus 2.0 进行微卫星等位基因的分析，根据每个微卫星位点上各种基因型的频率计算其观测杂合度（observed heterozygosity，Ho）、期望杂合度（expected heterozygosity，He）以及多态信息含量（polymorphism information content，PIC），每个微卫星位点的基本特征及主要遗传学参数见表 4.1。在富集文库获得的 19 个位点上，同一个三疣梭子蟹群体的 24 个样本中共获得 204 个等位基因，平均每个位点 10.7 个等位基因。各个位点的等位基因数从 4 到 21 个不等，等位基因的大小分布为 76～475 bp，基本符合引物设计的产物长度。这些微卫星位点的观测杂合度和期望杂合度的范围分别为 0.167～1.000 和 0.365～0.941，表明它们都具有较高的杂合度。19 个微卫星位点的 PIC 值从 0.338～0.916，显示这些微卫星位点均具有较高的信息含量。其中高达 14 个位点偏离了哈代－温伯格平衡（$P \leqslant 0.05$），一个三碱基重复的微卫星 D5－$(TAC)_{25}$ 扩增得到的等位基因数目最多。

表 4.1　三疣梭子蟹 19 个多态微卫星标记的基本特征及主要遗传学参数

位点	重复单元	引物序列（5′－3′）	Na：扩增长度（bp）	Ho	He	PIC	P_{HWE}
H4	$(TC)_{26}$	F：AATCACTTCACTACACCTTTT R：CTTGATGGGTGGCAGTCT	12：225～325	1.000	0.889	0.857	0.269
H11	$(TAC)_{15}$	F：GCCCTGATACTCGGTGAA R：GGAGCAGAGGCAGCAATA	5：76～100	0.375	0.365	0.338	0.435

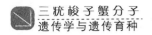
（续表）

位点	重复单元	引物序列(5′-3′)	Na：扩增长度（bp）	Ho	He	PIC	P_{HWE}
H16	$(CA)_{29}$ T$(AC)_{14}$	F：GCTTTGGTGGCTATGGTTGT R：CGTATGCAAAGAGGGGAACA	15：124～214	1.000	0.928	0.902	0.000*
H33	$(TC)_{31}$	F：CTAAACTCAAGGCAAAAAAC R：TATAGGGGCTTAAGTGTACG	14：140～184	1.000	0.890	0.859	0.015*
H35	$(GTA)_{19}$ - $(GTA)_{12}$	F：ATATTTGATGGTTTGGGGTCATTA R：TATTTTCCGTACTATTTGGGATAA	6：121～155	0.167	0.778	0.727	0.000*
H38	$(CT)_{29}$ $(ACT)_{12}$	F：CGCTCCGAGGTGAATTAC R：AACACGACGCAAACAAGG	10：240～281	1.000	0.879	0.845	0.000*
h13	$(GTA)_{19}$	F：ATGGGCAAGCCTCTTAATGT R：GGATCTTCGGGTAGGACTGA	11：285～375	0.542	0.803	0.757	0.002*
h20	$(TC)_4$ - $(CT)_7$ - $(TC)_4$	F：GCTTTTCTATTCATCCACCA R：TCCTTTCTATCAGCCACTCA	18：290～380	0.583	0.880	0.853	0.000*
C9	$(TCAC)_3$ - $(AAAAG)_6$	F：TTGCTGGTCACCTCTTGG R：CGTTCCTGAGCCTGAGTG	5：306～475	0.417	0.717	0.647	0.000*
C10	$(GT)_6T(TG)_{29}$ TA$(TG)_7$	F：TCTGTGAGTCGAGCGTGCTA R：CATTTCGTGAGTGTCATTTCCA	12：312～386	0.950	0.834	0.767	0.324
C13	$(TAC)_{20}$ TC$(CTA)_{23}$	F：CTGTCTGATGAGTGAGGCTAC R：TGACCACGAGGAAAGGAG	13：370～445	0.958	0.919	0.892	0.000*
C14	$(GTA)_5$ - $(AGT)_{11}$	F：AGTGAGATTAACGCAACT R：CATCTTTCATTACAGGGA	6：355～410	0.750	0.738	0.681	0.476
C18	$(TG)_{17}$	F：CCTCCAATCTATCTCCAC R：AAGGTGGTTTAGTGAGGA	4：168～182	0.625	0.621	0.550	0.347
C31	$(GA)_{30}$	F：TATAAGGGCTTAAGTGTACG R：GATCTAAACTCAAGGCAAAA	8：143～182	0.917	0.874	0.839	0.000*
C32	$(GT)_{21}$	F：CCTCAGGGCAGCTCTGGAT R：CCCGGACTAGGTGACAGGTT	11：242～400	1.000	0.877	0.843	0.000*
D3	$(TC)_8$ - $(TC)_{18}$	F：CAGTGAGGAATGCTAACGGT R：TTGATGGGTGGCAGTCTGAG	9：207～250	0.750	0.819	0.778	0.000*
D5	$(TAC)_{25}$	F：TGTAGGTAGATAGGTAGGAAGG R：ATGAACTGAGCACAGGAG	21：177～326	0.875	0.941	0.916	0.000*

（续表）

位点	重复单元	引物序列(5′－3′)	Na：扩增长度（bp）	Ho	He	PIC	P_{HWE}
D6	$(TC)_{16}$	F：CGCTACCTCTACTCATCC R：GTGTCTAGTGCGTCCAAC	11：192～326	0.792	0.895	0.864	0.000*
D11	$(TG)_{20}$	F：TGTTGTGGTTTGACATATCC R：CCAAAGTCATCCTGAAGGTA	13：147～213	0.958	0.895	0.864	0.000*

注：F：正向引物；R：反向引物；T_a：退火温度；Na：等位基因数；Ho：观测杂合度；He：期望杂合度；PIC：多态信息含量；P_{HWE}：哈代－温伯格平衡显著性检验值；*：$P<0.05$。

　　从磁珠富集法构建的三疣梭子蟹微卫星富集文库中获得 673 个阳性克隆，送上海 sunny 公司测序后，结果显示成功测得的 662 个序列中含有微卫星 508 个，占所有序列的 76.7%，达到了较高的阳性克隆率，证明了磁珠富集法克隆微卫星效率高，是一种值得推荐的微卫星制备方法。

　　（2）GenBank 数据库筛选

　　随着网络信息技术的不断发展，大量的 DNA 序列发布到公共 DNA 数据库中，特别是 EST 数据库。从公共数据库中获得微卫星序列比较经济，可以节省大量的科研经费，是对公共 DNA 数据资源的充分利用。目前在一些重要经济水产动物如鲤鱼、鲫、真赤鲷、红鳍东方鲀和大西洋鲑、栉孔扇贝等中已经得到应用。

　　EST 数据库的微卫星序列位于基因的保守区，因此在亲缘关系较近的物种中具有较高的通用性。我们从 GenBank 数据库中进行了三疣梭子蟹微卫星序列的查找和分析并设计引物。

　　截止 2008 年 10 月，在 GenBank 数据库中共搜索三疣梭子蟹的 494 条 EST 序列（GenBank 注册号 GE342639～GE342976、GE468039～GE468194）和 75 条 SSR 序列（Genbank 注册号 EU113241、EU18859、EU267706～EU267768，EU794003～EU794048），经筛选最终获得 92 条含有微卫星重复单元的 EST 序列，占整个 GenBank 数据库中三疣梭子蟹 EST 序列总数的 18.62%。根据侧翼序列的 GC 含量，使用软件 Primer 5.0 共设计了 35 对 EST－SSR 和 30 对 SSR 的引物。合成的 65 对引物经过优化 PCR 反应条件，共有 33 个微卫星位点扩增出较为清晰、能够准确判读的条带，用 8% 非变性聚丙烯凝胶电泳检测营口三疣梭子蟹 24 个个体的多态性，结果显示有 12 个位点具有多态性（部分电泳图谱如图 4.4）。

　　应用软件 Cervus 2.0 进行微卫星等位基因的分析(表 4.2)，在 24 个样本中共获得 117 个等位基因，各位点的等位基因大小范围在 73～404 bp 之间，符合引物设计时的理论产物长度。各个位点的等位基因数从 4～15 个不等，平均每个位点 9.75 个等位基因，观测杂合度和期望杂合度分别为 0.208～1.000 和 0.532～0.931，多态信息含量为 0.413～0.919，表现了较高的多态性，12 个座位中有 4 个偏离了哈代－温伯格平衡($P≤0.05$)。

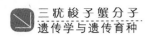

表 4.2 三疣梭子蟹 12 个多态微卫星标记的基本特征及主要遗传学参数

位点	重复单元		引物序列 (5'-3')	Na: 扩增长度 (bp)	H_o	H_e	PIC	P_{HW}	GenBank 登录号
E8	$(GTG)_5$	F:	TACTTGAGACGCCGCCTGGTTA	6: 73~89	0.208	0.799	0.750	0.751	GE342702
		R:	ACAAGATCCTTCGTGCTGGG						
E9	$(TAC)_{15}$	F:	TACTTGAGACGCCGCCTGGTTA	6: 127~159	0.750	0.876	0.819	0.204	GE342703
		R:	ACAAGATCCTTCGTGCTGGG						
E11	$(TGG)_6$	F:	ATCTCTGCTCCTGCTCGTA	4: 318~404	0.850	0.532	0.413	0.435	GE342670
		R:	AGTTCTCGGCGATTGTCCC						
E13	$(AC)_{21}-(CA)_5$	F:	AAGGAGGAGGCTTTGATATG	15: 225~307	1.000	0.918	0.891	0.000*	GE468190
		R:	GTCTTCCACTCCCTTACTCT						
E17	$(TG)_{12}$	F:	ATAAATATCTTGGAAGCCCTCA	7: 247~301	1.000	0.821	0.778	0.015*	GE468082
		R:	ACGCCACATAGAAACACTCACTC						
E18	$(CA)_6T(AC)_{18}$	F:	CCACAACTGCAAACACCT	10: 204~273	1.000	0.944	0.919	0.000*	GE468081
		R:	TTGGCATTTTCATCACTTAC						
E20	$(GT)_{21}$	F:	CCTCAGGGCAGCTCTGGAT	15: 217~310	0.958	0.887	0.855	0.503	GE468057
		R:	CCCGGACTAGCTGACAGGTT						
E24	$(AC)_{11}G(CA)_{14}$	F:	AACTATGGGTCCTGAGTATTA	15: 229~298	1.000	0.931	0.905	0.000*	GE468121
		R:	CTCGGTTTCTGTCTCCACTT						
E28	$(GTAT)_3(TAC)_7$	F:	CGTTACTGAAAGAGCGTGTGAA	8: 110~156	0.792	0.737	0.684	0.064	GE342919
		R:	GCAGAGGTTGTACCACCG						
PN22	$(GT)_{29}$	F:	CAATGCGGGATCGTAACGG	11: 255~307	0.917	0.870	0.838	0.424	EU794033.1
		R:	CTTGTCGGCGGTCGGCTTCT						
PN24	$(CA)_{32}$	F:	CCAGGCTGCCTCAGGATA	14: 114~174	1.000	0.907	0.878	0.476	EU794012.1
		R:	ATGGCTGTTCCGCTATGC						
PN27	$(GTGA)_8$	F:	ATTAGTCCACGACATCCG	6: 96~127	0.417	0.713	0.654	0.347	EU794007.1
		R:	ACAACAGCCGCAGAAACAC						

注：同表 4.1。

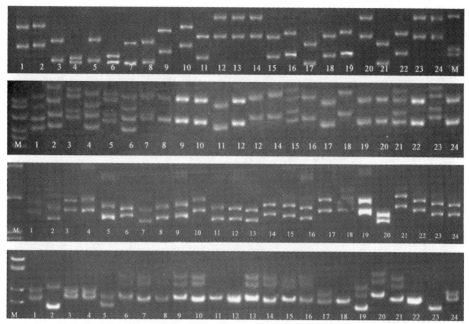

图 4.4 来自 GenBank 数据库的部分微卫星位点（E13、E18、E20 和 PN27）在营口 24 个
三疣梭子蟹个体的扩增图谱

GenBank 数据库中三疣梭子蟹的基因序列为我们筛选微卫星标记提供了更为简便的途径。相对于从基因组中筛选微卫星序列而言，这种方法不需要克隆和测序，更加省时省力而且经济。在本研究中，我们通过简单的计算机检索，共获得了 92 条 EST – SSR 序列，占所有 EST 序列总数的 18.62%。此外我们还获得了已公布的 75 条微卫星序列并设计合成 30 对引物，检测出 3 个多态性位点。随着三疣梭子蟹 EST 序列的不断丰富，我们有希望从中获得更多的三疣梭子蟹微卫星分子标记。

从基因组直接筛选得到的微卫星标记绝大部分为 II 型标记，II 型标记在寻找其功能或者与某些性状相关联上仍旧存在耗时费力的缺点。而 I 型标记可以和已知的基因相联系，在基因组进化研究、QTL(Quantitative Trait Loci) 分析和比较基因组学研究等工作中能够发挥重要的作用。因此，从 EST 库中筛选微卫星标记能够将 II 型标记转化为 I 型标记，为 I 型标记的筛选提供了很好的思路。这些标记一旦得到定位，可以为相关联的基因提供重要的信息。EST 标记在基因组作图领域也有独特的优势，作为表达基因所在区域的分子标签，因编码 DNA 序列高度保守而具有自身的特殊性质，与来自非表达序列的标记(如 AFLP、RAPD、SSR 等)相比更可能穿越家系与种的限制。

（3）筛选近缘物种 SSR 引物

由于重复序列和包含引物位点的侧翼序列在物种间具有一定的保守性，所以一个物种的微卫星引物可以用来检测相近物种的同源位点的多态性。近年来的研究发现，许多物种间的微卫星引物扩增成功，而且所得位点的多态性也相当高，如斑节对虾的 3 对微卫星引物可直接应用于中国对虾、凡纳滨对虾、日本对虾和斑节对虾的基因组比较作图，同时也为图谱克隆法提供了新的思路；对太平洋牡蛎的微卫星引物在三角帆蚌基因组中扩增出特异性条带，10 对引物在洞庭湖三角帆蚌小群体中检测到个体间等位基因的多态性。

我们在远海梭子蟹微卫星引物（表 4.3）中筛选出适合三疣梭子蟹的微卫星。

表 4.3 远海梭子蟹的 SSR 标记

位点	重复单元	引物序列（5′–3′）	扩增长度（bp）	GenBank 注册号
pPp02	$(CA)_{16}$	F：GTGACCAGTAGGCGACCGAG R：ACGACTGCTTGTACGACCTTCA	61～141	AF410871
pPp04	$(TG)_{28}$	F：GCCACTATCTTGCTGAGGTTGA R：GCCATAGCACGAACACTTTTGA	222～306	AF410872
pPp05	$(AG)_{35}$	F：GCTACGACAGTCCAATAACAACGT R：GATAGACCGACCTCACCTCAAAA	87～151	AF410873
pPp08	$C_{10}(AC)_{10}$	F：TGGTGGGAAGGAAAGTCACC R：ACCATTTGCAACACTTCCCTG	133～187	AF410874
pPp09	$(TG)_{34}$	F：CCTGTATTGTCATGTGTTTGATTTT R：CTACGACCAACTTTACCGCC	91～155	AF410875
pPp18	$(TG)_{17}$	F：AGTAAGGGACCGTGGTGAAT R：CGTTGTCTAAAGCACATGAGATT	79～157	AF410876
pPp19	$(AAAT)_8$	F：TTTGTTGTTTGCTCATTCAAGTTTACT R：TCTCTCATCCAATACGTAACAAAACAT	130～146	AF410877

注：F：正向引物，R：反向引物。

合成的 7 对引物在基因组中扩增的结果显示，引物 pPp04 和 pPp08 能扩增出清晰的条带，通过多态性检测发现引物 pPp04 具有较好的多态性，在 24 个个体中的等位基因数为 9 个，观测杂合度和期望杂合度分别为 1.000 和 0.882，多态信息含量为 0.849，在非变性聚丙烯酰胺凝胶电泳下检测的图谱见图 4.5。

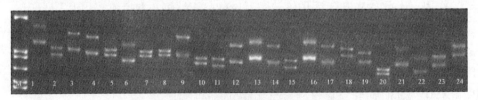

图 4.5 位点 pPp04 在营口 24 个三疣梭子蟹个体的扩增图谱（M：pBR322 DNA）

微卫星的一个潜在价值是从一个物种产生的引物可应用于相关的物种，对相近种的微卫星引物进行优化设计获得一个物种微卫星位点通常比较节约和简单易行，可以从 Gen-Bank 等数据库以及发表的文章中找到近缘物种的微卫星序列，而且对设备仪器要求也不高。一般来说，亲缘关系越近的物种，借用微卫星成功的可能性就越大。但是，试验表明，借用其他物种微卫星座位有很多缺点，一是近缘物种微卫星座位数量有限，与三疣梭子蟹亲缘关系近的物种的微卫星序列报道还比较少；二是在可借用的微卫星中有效的很少。本研究利用发表的 7 对远海梭子蟹微卫星引物只筛选出 2 对可以用于三疣梭子蟹 DNA 的扩增，而且最终只得到 1 个座位在三疣梭子蟹中具多态性。

我们以磁珠富集文库法、GenBank 数据库筛查法和近缘物种远海梭子蟹引物筛选法三种技术手段筛选了三疣梭子蟹的微卫星标记，并利用 24 个三疣梭子蟹个体对得到的微卫星位点进行多态性评价，计算如等位基因数、观测杂合度、期望杂合度及多态信息含量等指标。实验结果表明富集文库适合大规模筛选目标物种的微卫星标记，GenBank 筛查微卫星序列是最经济省时的。另外，近缘物种的筛查表明蟹类微卫星引物的通用性较差。三种方法共筛选了 32 个具多态性的微卫星位点，这些位点可以用于三疣梭子蟹遗传多样性分析、亲缘关系鉴定及遗传图谱等方面。

4.2.1.2　其他微卫星标记筛选

宋来鹏[5] 构建了三疣梭子蟹部分基因组文库，对片段长度为 500 ~ 1 500 bp 的 4 164 个克隆进行测序，共获得总长度为 622 409 bp 的基因组 DNA 序列，从中找到具有 1 ~ 6 个核苷酸重复的微卫星重复序列 697 个，平均每 100 000 bp 中具有的微卫星重复序列数约 112 个。统计微卫星重复类型，以两碱基重复数目最多，为 445 个，在微卫星序列总数中所占比例为 63.84%；其次分别是三碱基，152 个，占 21.81%；单碱基，45 个，占 6.46%；四碱基，31 个，占 4.45%；五碱基，14 个，占 2.01%；六碱基，10 个，占 1.43%。

同类型的重复序列中，重复拷贝类别所占的比例也各不相同。在单碱基重复类型中，重复拷贝全部为 A，没有发现核心序列为 C 的重复拷贝类别；两碱基重复中，AG 重复最多，其次是 AC 和 AT；三碱基重复中，共发现 8 种重复类别，其中以 ACT 最多，其次是 AGG 和 AAT；四碱基重复中，AGAC 重复数目最多；五碱基重复中，以 AACCT 重复最多；六碱基重复中，AGGGGA 重复最多（表 4.4）。具有 GC 重复拷贝的微卫星重复数目很少，只发现 1 个（GenBank 注册号：EU113241）。

表 4.4　碱基重复类型中重复拷贝类别及其在所属重复类型中的百分比[5]

	单碱基	两碱基		三碱基							
重复拷贝	A	AG AC AT GC		ACT	AGG	AAT	ACC	AAG	ATC	AAC	AGC
重复数目	45	214 187 43 1		42	35	28	21	9	7	7	3
总计	5	445		152							
百分比	100%	48.09 42.02 9.66 0.23		27.63	23.03	18.42	13.82	5.92	4.61	4.61	1.97

注：四碱基及其以上重复的兼并原则与以上相同，因 4—6 碱基重复的类型较为复杂，而三疣梭子蟹基因组中其类型及各类型的拷贝数相对较少，未一一列出。

不同类别的重复序列中，重复拷贝数的变化范围较大，从 5 ~ 280 之间都有分布，但主要分布在 12 ~ 70 之间（占全部拷贝数的 82.64%）。与拷贝数的分布趋势相对应，微卫

星序列长度主要在 24～72 bp 的。单碱基重复拷贝数的分布范围主要在 28～40 和 68～76
之间，两者共 36 个，占全部 45 个单碱基重复类型的 80.00%；两碱基主要分布在 12～36
之间，共 285 个，占全部 445 个两碱基重复类型的 64.04%；三碱基主要分布在 8～24 之
间，共 88 个，占全部 152 个三碱基重复类型的 57.90%；四碱基主要分布在 7～26 之间，
共 23 个，占全部 31 个四碱基重复类型的 74.19%；五碱基主要分布在 5～12 之间，共 10
个，占全部 14 个五碱基重复类型的 71.43%；六碱基主要分布在 4～12 之间，共 9 个，占
全部 10 个六碱基重复类型的 90.00%。

董志国[6]采用磁珠富集法成功构建三疣梭子蟹基因组微卫星文库：采用限制性内切酶
Mse I 对基因组 DNA 进行酶切，用 Mse I 接头连接；用生物素标记的寡核苷酸探针(GA)$_{15}$
进行筛选，磁珠富集含有微卫星的 DNA 单链序列；对 DNA 模板进行 PCR 扩增，连接
pUCm - T 载体后转入感受态大肠杆菌，得到微卫星序列文库；利用蓝白斑筛选获得 113 个
阳性克隆，测序后得到 85 条微卫星序列，完美型、非完美型、复合型序列分别占总数的
64.71%、22.35%、12.94%。最终选择设计出 31 个理想的微卫星引物，用一个人工养殖
群体进行检验，其中 18 个微卫星标记具有多态性，等位基因数为 2～4，群体水平的观测
杂合度和期望杂合度分别是 0.148～0.862 和 0.489～0.747，有 2 个位点显著偏离 Hardy -
Weinberg equilibrium ($P < 0.01$)。为开发更多有用的多态性标记，用(CA)$_{15}$为探针，对连
云港 30 个野生三疣梭子蟹进行扫描，筛选出 14 对条带清晰稳定、多态性高的引物。这 14
个标记中，等位基因数为 3～9 个，群体水平的观测杂合度和期望杂合度分别在 0.541～
0.862 和 0.616～0.840 之间。

王建平等[7]采用磁珠富集法，利用生物素标记的(GT)$_{15}$寡核苷酸探针，从三疣梭子蟹
基因组 500～1 000 bp 的片段中筛选微卫星序列。将洗脱的杂交片段克隆到 pMD18 - T 载体
上构建富集微卫星基因组文库后，通过 PCR 筛选检测出阳性克隆并进行测序。

在成功获得测序结果的 56 条序列中，共 49 个含有重复碱基数不少于 10 的微卫星位
点，阳性比例达到 87.5%。通过多序列比对发现 2 个冗余序列(同一序列测序两次)。在
47 个非冗余序列中，位点 CGT7D12 与 CGT3H6 相似性为 91%，ClustalW 分析表明
CGT7D12 比 CGT3H6 多出了 7 个 GT/AC 重复；位点 CGT1G12 和 CGT1E1 的相似性为
86%，ClustalW 分析表明两个序列间的 GT 重复次数不同。

除了与探针(GT)相同或互补的以 GT/CA 为重复单位的微卫星序列外，同时还检测到
了以 AG、CAC、TAC、TAG、GACT 等为重复单位的序列。通过(GT)$_{15}$探针筛选的微卫星
序列中，最短的重复序列长为 12 bp (CGT2C8)。根据 Weber 分类方法，完美型微卫星的
最大重复次数为 47 次，长度达 94bp (CGT5B10)；非完美型微卫星最大长度为 126 bp
(CGT5H11)；复合型微卫星的最大重复长度达到 102 bp (CGT1F5)。此外，在重复序列两
侧各 150 bp 的长度范围内，经 primer premier 5.0 检测，共有 40 条(85.1%)微卫星重复序
列的两端有能够进行引物设计的侧翼序列(表 4.5)。

表 4.5　三疣梭子蟹微卫星位点序列信息[7]

编号	重复形式	序列长度(bp)	引物设计
CGT5E5	$(GT)_{15}$	534	可设计
CGT5F7	$(TC)_{31}$，$(AC)_{20}$，$(AGGA)_3$，$(GTGGAG)_3$	669	不可设计
CGT5F6	$(ACAG)_3$，$(AC)_{36}$，$(CT)_{22}$	346	不可设计
CGT5H11	$(CA)_{12}GA(CA)_{14}TA(CA)_{35}$	617	可设计
CGT5G10	$(GT)_3(GAGT)_7$	435	可设计
CGT5G9	$(AC)_{31}$	469	可设计
CGT5G5	$(GT)_{11}$，$(CGA)_6$，$(TAG)_{28}$	615	可设计
CGT5F12	$(TC)_{21}$	104	不可设计
CGT5F10	$(CA)_{27}$	420	可设计
CGT5D6	$(AC)_{32}$	701	可设计
CGT5B10	$(AG)_{47}$，$(CT)_{11}$	636	可设计
CGT5B9	$(AG)_{16}AA(AG)_{16}$	575	可设计
CGT5B6	$(CA)_6TA(CA)_{20}$	451	不可设计
CGT5B5	$(GA)_{36}$，$(GT)_{21}$	381	可设计
CGT5A6	$(AC)_8(AG)_{14}$	419	可设计
CGT4A3	$(GT)_7$	194	可设计
CGT4G12	$(CGCA)_6$	405	可设计
CGT4E9	$(CA)_7TA(CT)_{19}$	436	可设计
CGT4A9	$(CA)_{16}$	302	可设计
CGT3H6	$(AC)_{14}$	459	可设计
CGT3G9	$(GT)_{12}$	329	可设计
CGT3E11	$(TC)_2(TA)_4$，$ACAA(AC_3TC)_2(AC)_3$	609	可设计
CGT3E4	$(CA)_3AA(CA)_2$	604	可设计
CGT3C6	$(TG)_{10}CG(TG)_{10}$	176	不可设计
CGT3C1	$(AC)_{18}$	377	可设计
CGT2F10	$(AC)_{29}$	579	可设计
CGT2C8	$(TAT)_4$	339	可设计
CGT1G12	$(GT)_{16}$	308	可设计
CGT1F10	$(GT)_5GC(GT)_5AT(GT)_{11}$	351	可设计
CGT1F5	$(CT)_{26}$，$(AC)_{27}$，$(CAC)_8(TAC)_{26}$	524	可设计
CGT1E1	$(GT)_{25}$	506	可设计

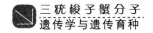
（续表）

编号	重复形式	序列长度(bp)	引物设计
CGT1D3	$(TG)_{29}$，$(CAC)_8$	519	可设计
CGT1A8	$(AC)_{27}$	590	可设计
CGT7F6	$(CA)_{29}$，$(AC)_{13}$	516	可设计
CGT7E3	$(GT)_{10}$	527	可设计
CGT7D2	$(CCT)_{10}$	540	可设计
CGT7C7	$(CA)_{27}$	396	可设计
CGT7B10	$(AC)_{45}$	619	可设计
CGT7B6	$(TG)_{33}$	457	可设计
CGT7A5	$(CA)_{32}$	449	可设计
CGT6E3	$(AC)_3(CTC)_5(CAC)_3$	408	不可设计
CGT6D7	$(AC)_{11}$	393	可设计
CGT6A10	$(TCC)_3TTT(TCC)_3$	495	可设计
CGT6A8	$(ACC)_3AAC(ACC)_2GCC(ACC)_3$	550	可设计
CGT6A2	$(AG)_{44}$	520	不可设计
CGT7F8	$(AC)_{27}$	519	可设计
CGT7D12	$(GT)_{21}$	427	可设计

　　刘汝和许强华[8]同样采用磁珠富集法筛选了三疣梭子蟹的微卫星序列。经 Sau3AI 酶切后的 200～1 000 bp DNA 纯化片段与两端已知序列的人工接头相连，用含有生物素标记的$(CA)_{12}$和$(GA)_{12}$探针杂交，根据磁珠链酶亲和素与生物素特异结合的特性，捕获含有微卫星序列的单链 DNA，以此为模板用人工接头序列为引物进行 PCR 扩增，将获得的片段连接到 PMD18－T 载体后，转化至 DH5α 感受态细胞，成功构建微卫星富集文库。分别用探针$(CA)_{12}$和$(GA)_{12}$对 600 个菌落进行 PCR 筛选，获得 160 个阳性克隆，挑选其中的 60 个克隆进行测序，在成功获得测序结果的 51 条序列中，得到 42 条微卫星序列（Gen-Bank 注册号：HQ283153～HQ283194）。除探针使用的 CA/GT、GA/CT 重复外，还得到 GAGT 重复序列。42 条微卫星序列中，完美型 31 个(73.8%)，非完美型 9 个(21.4%)，混合型 2 个(4.8%)（表4.6）。完美型的比例显著高于非完美型，这与其他真核生物微卫星序列的特征相一致。39 条(92.9%)微卫星序列的重复次数大于 10，其中重复次数在 10～19 之间的有 27 条，20 次以上的有 12 条。

表4.6　三疣梭子蟹富集文库中微卫星克隆特性[8]

编号(基因注册号)	序列重复结构	类型
PT_A01(HQ283153)	$(GA)_8$	完美型
PT_A02(HQ283154)	$(CT)_9T(CT)_5$	非完美型

（续表）

编号（基因注册号）	序列重复结构	类型
PT_B03（HQ283155）	$(CT)_{12}T(CT)_6$	非完美型
PT_B04（HQ283156）	$(CT)_{10}$	完美型
PT_B05（HQ283157）	$(CT)_{15}$	完美型
PT_B07（HQ283158）	$(GT)_{16}$	完美型
PT_B09（HQ283159）	$(CT)_5TT(CT)_{11}$	非完美型
PT_B12（HQ283160）	$(CA)_{24}$	完美型
PT_C01（HQ283161）	$(CT)_{13}$	完美型
PT_C02（HQ283162）	$(TC)_{13}$	完美型
PT_C03（HQ283163）	$(AG)_3G(AG)_8$	非完美型
PT_C06（HQ283164）	$(GA)_{11}$	完美型
PT_C08（HQ283165）	$(CT)_7AT(CT)_7$	非完美型
PT_C10（HQ283166）	$(GT)_3CT(GT)_3(CT)_3$	混合型
PT_C12（HQ283167）	$(CA)_{28}$	完美型
PT_D05（HQ283168）	$(CT)_{12}$	完美型
PT_D06（HQ283169）	$(CT)_{12}$	完美型
PT_D07（HQ283170）	$(CT)_{10}$	完美型
PT_D08（HQ283171）	$(GA)_{10}(GAGT)GA(GAGT)_4$	混合型
PT_D12（HQ283172）	$(GT)_{29}$	完美型
PT_E01（HQ283173）	$(CT)_5GT(CT)_4GT(CT)_4GT(CT)_4T(CT)_8$	非完美型
PT_E02（HQ283174）	$(GA)_{12}$	完美型
PT_E03（HQ283175）	$(CT)_{12}$	完美型
PT_E04（HQ283176）	$(CT)_{14}$	完美型
PT_E05（HQ283177）	$(CT)_{16}$	完美型
PT_E06（HQ283178）	$(GT)_{27}$	完美型
PT_E07（HQ283179）	$(CA)_{13}$	完美型
PT_E10（HQ283180）	$(CT)_8TT(CT)_9$	非完美型
PT_E11（HQ283181）	$(GA)_2A(GA)_{11}$	非完美型
PT_F05（HQ283182）	$(CA)_{20}$	完美型
PT_F07（HQ283183）	$(CT)_{22}$	完美型
PT_F08（HQ283184）	$(CA)_{24}TA(CA)_8CT(CA)_4$	非完美型

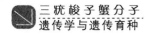
（续表）

编号（基因注册号）	序列重复结构	类型
PT_F10（HQ283185）	$(GA)_8$	完美型
PT_G01（HQ283186）	$(CT)_{12}$	完美型
PT_G02（HQ283187）	$(GT)_{22}$	完美型
PT_G04（HQ283188）	$(TG)_{31}$	完美型
PT_G06（HQ283189）	$(GT)_{38}$	完美型
PT_G10（HQ283190）	$(TG)_{27}$	完美型
PT_H05（HQ283191）	$(CT)_{22}$	完美型
PT_H07（HQ283192）	$(CT)_{10}$	完美型
PT_H08（HQ283193）	$(TG)_{13}$	完美型
PT_H12（HQ283194）	$(CT)_{15}$	完美型

　　李晓萍等[9]选用辽宁丹东鸭绿江口的 30 只野生三疣梭子蟹，采用富集文库—菌落原位杂交法分离微卫星标记。梭子蟹基因组 DNA 经限制性内切酶 Hae Ⅲ 切割后，以 T_4 DNA 连接酶连接，再用固定了 $(AC)_{15}$ 和 $(AG)_{15}$ 探针的尼龙膜（Hybond N$^+$）捕捉含有微卫星的片段，并转化至大肠杆菌 DH5α，从而构建三疣梭子蟹微卫星富集文库。菌落原位杂交后，任意选取 150 个克隆进行测序，得到 124 条序列，其中 18 个克隆的核心序列重复数太少或不含有重复序列，另外 106 个含重复序列的克隆中均只含有微卫星位点，阳性克隆率为 85.48%。通过重复序列筛查去除冗余部分，得到 103 个独立克隆序列，共含有 176 个微卫星位点（GenBank 注册号：GQ466018 ~ GQ466043 和 GU177130 ~ GU177207）。其中完美型 43 个，占 41.75%；非完美型 8 个，占 7.77%；复合型 52 个，占 50.48%。利用软件设计 105 对微卫星引物，56 对能够稳定扩增并得到清晰的预期长度片段，30 对表现出多态性。

　　对 30 只野生梭子蟹进行多样性评价，30 个位点中获得了 238 个等位基因，平均每个位点扩增得到 8 个等位基因。不同引物获得的等位基因数差异较大，从 3 ~ 13 个不等。这 30 个位点的多态信息含量为 0.350 ~ 0.892，其中 28 个位点的多态信息含量高于 0.5，显示出高度多态性；只有 PTR103b 和 PTR131 两个位点的在 0.25 ~ 0.5 之间，显示中度多态性。多态性的高低也反映在期望杂合度与观测杂合度的差异上，所有位点的观测杂合度、期望杂合度分别为 0.222 ~ 1.000、0.436 ~ 0.909 之间。

　　Zhu 等[10]构建三疣梭子蟹基因组微卫星富集文库，从含有微卫星标记的 DNA 序列中设计出 30 对引物，筛选出 10 对多态性微卫星引物（GeneBank 注册号：HM013830 ~ HM013839）。对渤海地区 33 只野生梭子蟹个体进行多态性检测，结果显示（表 4.7）：每个微卫星位点的等位基因数为 6 ~ 12，平均等位基因数为 9，观测杂合度为 0.689 ~ 1.000，期望杂合度为 0.734 ~ 0.904，多态性信息含量为 0.680 ~ 0.875，平均多态信息含量为

0.818。所有位点均符合哈迪 – 温伯格平衡。

表 4.7　三疣梭子蟹 10 个微卫星位点分析[10]

位点	重复单元	引物序列(5′ – 3′)	H_O	H_E	P_{HWE}	Na	PIC
CR5	(GT)12	F：AGTGAGTGCGAGGTGCTTC R：GACCAGTAAACGACCGAGG	0.8095	0.7340	0.0219	6	0.6807
CR7	(GT)10 (GT)39	F：GTTTTCATCTGCCATCGCT R：CTTAGGGAGTGACTGGCGA	0.9474	0.8634	0.2180	8	0.8219
CR15	(CA)95	F：ACATCAGGCATTTTTGCAC R：ACGGAAACTTCTTTCAGGAG	0.7419	0.8831	0.0074	12	0.8578
CR19	(GT)12 (GT)13	F：CGTGGTCTGTCTTGCCTGA R：ACTTCGGTCGTCTGCTGGT	0.6897	0.8506	0.0263	8	0.8152
CR20	(CT)18 (CA)32	F：CACAGTTTTTCAGTGAAGGA R：AGGAGACACACCCAAATATC	0.8214	0.8286	0.0147	9	0.7902
CR25	(GT)27	F：GCTTGTAAGTGACGCTGGT R：TAATGGGAAAGACTGGCTC	0.8261	0.8899	0.0242	11	0.8447
CR30	(TG)12	F：AGAGCATCAGTCTTGAGGTC R：GACACGAGCACTATCACATC	0.7692	0.8575	0.0210	8	0.8219
CR56	(GT)12 (GT)13	F：CGTGGTCTGTCTTGCCTGA R：ACCAGCAGACGACCGAAGT	0.8846	0.8635	0.1164	10	0.8301
CR69	(GT)32	F：CATAGAACACGGACCAGGAG R：CGTCGACCACTTAGCACTTG	0.8696	0.8850	0.0070	9	0.8512
CR70	(TG)12 (GT)12	F：AGAAGTAGGCTGACTCGCA R：AGAAAGACTGGCAGGGTGA	1.0000	0.9045	0.0702	10	0.8755

4.2.1.3　三疣梭子蟹微卫星标记的应用

韩智科等[11]利用 FIASCO 方法构建三疣梭子蟹微卫星富集文库，在含有微卫星标记的 DNA 序列中设计了 71 对引物并进行多态性筛选，筛选出 21 对多态性微卫星引物（GenBank 注册号：GQ463623、GQ463626、GQ463627、GQ463629、GQ463632、GQ463636、GQ463637、GQ463644、GQ463647、GQ463656、GQ463660、GQ463661、GQ463665 ~ GQ46367、GQ463669、GQ463670、GQ463672、GQ463673、GQ463681 和 GQ463685）。对 1 个三疣梭子蟹野生群体的 30 个个体进行遗传多样性检测，结果显示（表 4.8）：21 个位点中共获得 188 个等位基因，平均每个位点扩增得到 8.9 个等位基因。不同引物获得的等位基因数差异较大，从 3 ~ 13 个不等，其中 Pot8、Pot37、Pot48、Pot53、Pot54、Pot66 六个位点分别获得了 11、12、12、11、13、11 个等位基因，而 Pot46 仅获得了 3 个等位基因。等位基因长度分布在 131~312 bp，基本符合引物设计时理论产物长度。21 个微卫星位点的期望杂合度 0.716~0.913，多态信息含量为 0.659~0.889，它们的值均高于 0.5，具有很高的杂合度，可用于三疣梭子蟹种群遗传结构分析，为三疣梭子蟹品种选育、种系评估等提供微卫星序列信息。

表 4.8 三疣梭子蟹 21 对微卫星引物退火温度及其多态性位点评价[11]

克隆编号	退火温度（℃）	扩增片段长度范围（bp）	等位基因数	观测杂合度 H_o	期望杂合度 H_e	多态信息含量 PIC	P_{-val}
Pot4	60	167~236	7	0.704	0.767	0.714	0.0141
Pot7	58	178~246	6	0.926	0.859	0.826	0.0071
Pot8	60	174~239	11	1.000	0.890	0.862	0.5034
Pot10	60	165~247	9	0.963	0.853	0.817	0.0090
Pot13	58	172~243	9	0.926	0.884	0.853	0.0000*
Pot17	55	216~256	10	0.778	0.811	0.774	0.0039*
Pot18	60	214~276	7	0.857	0.821	0.782	0.1030
Pot25	60	205~297	9	0.821	0.873	0.841	0.0204
Pot28	60	131~189	9	0.852	0.871	0.839	0.0145
Pot37	58	167~221	12	0.923	0.888	0.859	0.0106
Pot41	60	154~224	9	1.000	0.886	0.856	0.0283
Pot42	60	183~265	6	1.000	0.716	0.659	0.4400
Pot46	55	231~312	3	0.778	0.723	0.679	0.6847
Pot47	60	227~307	9	0.778	0.892	0.862	0.0000*
Pot48	60	152~205	12	1.000	0.854	0.819	0.0000*
Pot50	58	173~257	9	0.792	0.798	0.755	0.0000*
Pot51	60	216~258	9	0.885	0.857	0.822	0.0010*
Pot53	60	234~281	11	0.862	0.891	0.863	0.5463
Pot54	60	206~247	13	1.000	0.913	0.889	0.8665
Pot62	57	143~241	9	0.821	0.873	0.842	0.5232
Pot66	57	136~239	11	0.464	0.889	0.859	0.0000*

注：*：严重偏离哈迪 - 温伯格平衡的位点，P_{-val}：连锁不平衡检验的 P 值。

他们[12]采用上述 Pot17、Pot46、Pot62、Pot66、Pot7、Pot37、Pot50、Pot4、Pot10、Pot28、Pot41、Pot47、Pot48、Pot51、Pot53 和 Pot54 十六个微卫星标记位点对三疣梭子蟹 F1 到 F4 四代选育家系样本进行扩增：F1 代获得 78 个等位基因，平均等位基因数为 3.5；F2 代获得 62 个等位基因，平均等位基因数为 2.4；F3 代获得 57 个等位基因，平均等位基因数为 2.3；F4 代扩增出 52 个等位基因，平均等位基因数为 2.1。对四个选育家系进行遗传结构与遗传多样性变化情况的分析，结果显示：随着选育的进行，4 个世代家系遗传多样性指标值逐渐下降，F1 代到 F4 代 16 个微卫星位点的平均多态信息含量 PIC 从 0.675 下降到 0.406（F1、F2、F3 家系的 PIC 均大于 0.5，属于高度多态；F4 家系的 PIC 小于 0.5，属于中度多态），平均等位基因数从 3.5 下降到 2.1，平均观测杂合度从 0.643 下降到 0.477，平均等位基因纯合率从 0.566 下降到 0.402。采用卡方检验对各位点进行哈迪－温伯格平衡检验，每个世代出现不同程度的平衡偏离。通过软件 POP GENE 对各家系进行 F 检验，结果表明，各家系存在不同程度的遗传分化，且 19.07% 的遗传分化来自群体间、80.93% 来自群体内。另外，通过对 F_{IS} 值的计算显示，4 个家系在整体上均表现出一定程度的杂合子缺失，其中 F4 有 12 个位点、F3 有 6 个位点、F2 有 3 个位点、F1 有 8 个位点处于杂合子缺失状态。遗传距离逐渐增加，相邻世代间的遗传相似性逐步升高。经过连续 4 代的微卫星标记辅助选育，选育群体的遗传背景逐步得到纯化，基因型逐渐趋向纯合，经进一步的育种研究有望获得较稳定的三疣梭子蟹优良品系。

刘磊等[13]以三疣梭子蟹人工选育的快速生长自交家系 F2 代（以 2008 年莱州湾群体雄蟹为父本和海洲湾群体雌蟹为母本交配产生 F1 代，随机选取 F1 后代交配产生 F2 代自交家系）为材料，提取 110 个个体的基因组 DNA 序列，设计并合成引物后 PCR 扩增测序，并对其进行遗传多样性研究。在 35 个微卫星位点上（GenBank 注册号：GQ463626 ~ GQ463676、GQ466021、GQ466023、GQ466024、GQ466028、GQ466030、GQ466032、GQ466033、GQ466037、GQ466039、GQ466041 ~ GQ466043、GU177171、GU177193、GU177196）共检测出 87 个等位基因，各位点的等位基因数为 2 ~ 4 个不等，平均有效等位基因数为 2.2 个，观测杂合度平均值为 0.646，期望杂合度平均值 0.513，多态信息含量平均值 0.449，经卡方检验，多数位点显著（$P < 0.05$）或极显著（$P < 0.01$）偏离 Hardy － Weinberg 平衡。采用 SAS 9.1 中的一般线性模型（general linear model，GLM）对微卫星标记与生长相关性状（全甲宽、甲宽、甲长、体高、体质量、第 II 侧齿间距、第 I 步足长节长、大螯长节长）进行连锁分析，研究发现：Pot08 位点与体质量、全甲宽、甲长、体高、第 II 侧齿间距显著相关（$P < 0.05$），Pot42 位点与体质量、甲长、大螯长节长、第 I 步足长节长显著相关（$P < 0.05$），Pot53 位点与全甲宽、甲宽、大螯长节长显著相关（$P < 0.05$），与第 II 侧齿间距极显著相关（$P < 0.01$），Pot57 位点与第 I 步足长节长显著相关（$P < 0.05$），PTR8a 位点与第 I 步足长节长、体高、甲长显著相关（$P < 0.05$），与体质量、第 II 侧齿间距、全甲宽、甲宽极显著相关（$P < 0.01$），PTR30 位点与体质量和甲长显著相关（$P < 0.05$），PTR131 位点与体质量、全甲宽、甲宽显著相关（$P < 0.05$）。这些梭子蟹生长相关微卫星位点的筛选为其分子标记辅助育种奠定了基础，特别是 PTR8a 位点可作为以体质量为选育目标的首选标记。

4.2.2 我国其他主要经济蟹类微卫星标记开发

4.2.2.1 中华绒螯蟹的微卫星标记及辅助选育

Hänfling 和 Weetman[14]于 2003 年首次从中华绒螯蟹中筛选出 12 个微卫星多态性位点（Esin06、Esin18、Esin26、Esin30、Esin36、Esin38、Esin42、Esin55、Esin67、Esin74、Esin75 和 Esin87，GenBank 注册号 AF536339 ~ AF536350）。多态性分析表明等位基因数为 7 ~ 40，观测杂合度和期望杂合度分别为 0.50 ~ 0.95 和 0.46 ~ 0.98。毛瑞鑫等[15]利用磁珠富集和放射性杂交，构建中华绒螯蟹的部分基因组微卫星文库。利用生物素标记的（GA）$_{12}$微卫星探针进行片段吸附，将捕获片段连接 pGEM - T 载体后转入 DH5α 大肠杆菌感受态细胞中，再通过同位素标记的（GA）$_{12}$探针进行二次筛选。实验获得 1 500 个克隆，杂交前阳性克隆率为 62.5%、杂交后为 29.8%。将杂交筛选后的 447 个阳性克隆测序，发现 248 个克隆含微卫星序列。所得微卫星序列中，GA/CT 重复单元所占比例最高，其次还有三碱基（CCT、TCC）和四碱基（AAGG、TTCC）重复单元。设计并合成 50 对引物，PCR 扩增后发现 21 对扩增出清晰可重复的目的条带，且其中 15 对有多态性。田胜君等[17]采用磁珠富集法构建中华绒螯蟹的基因组微卫星文库。对 225 个单菌落 PCR 鉴定后，阳性克隆有 168 个，其中 94 个经测序含有微卫星位点，准确率为 55.95%。这些微卫星序列中，重复单元的重复次数为 5 ~ 10 次的占 34.04%，10 ~ 20 次的占 20.21%，大于 20 次的序列占 45.75%。根据 Weber 分类标准，完美型微卫星 69 个（占 73.40%），非完美型微卫星 17 个（占 18.09%），混合型微卫星 8 个（占 8.51%）。据其侧翼序列设计并合成 53 对引物，有 31 对（占 58.50%）能获得特异扩增条带。

Chang 等[15]构建中华绒螯蟹部分基因组文库，并从中筛选到 18 个微卫星位点（GenBank 注册号 DQ450902、DQ450904、DQ50905、DQ450907 ~ DQ450911、DQ450914 ~ DQ450919、DQ450921、DQ450922、DQ450924、DQ450926）。以辽宁的 29 只养殖中华绒螯蟹为样品，进行多态性分析。结果表明，18 个位点的等位基因数为 8 ~ 30，观测杂合度为 0.140 ~ 0.900，期望杂合度为 0.731 ~ 0.951，χ^2检验发现 15 个位点偏离哈迪 - 温伯格平衡（Hardy - Weinberg）。朱泽远[14]将富集回收产物和生物素探针相杂交，通过磁珠富集法构建中华绒螯蟹微卫星文库，并将一次富集和二次富集文库的 96 个阳性克隆进行双向测序，在其中 75 个克隆中开发获得 45 个微卫星（ES1 ~ ES45，GeneBank 注册号 DQ388769 ~ DQ388807、DQ114479 ~ DQ114484）。将 14 个能特异扩增的微卫星位点进行荧光标记，并以江苏无锡的 32 只养殖中华绒螯蟹样品进行检测分析，发现 ES10 和 ES26 为重复位点，ES38 为单态位点，ES17、ES35 和 ES37 偏离哈迪 - 温伯格平衡，其他位点可用于群体多样性研究。

吴滟等[16]采用微卫星标记对同池养殖的长江水系中华绒螯蟹群体进行分析，从中筛选生长性状（体重、体长和体宽）相关的分子标记。结果表明，位点 ESIN33、ESC29

和 ESC57 与体重、体宽和体高极显著相关（$P < 0.01$）；位点 ESC65 与体高、体宽极显著相关（$P < 0.01$），与体重显著相关（$P < 0.05$）。在不同基因型间进行多重比较，结果显示：ESIN33 位点处 AC 基因型个体的平均体重、体宽和体高分别为（149.69 ± 28.930）g、（6.20 ± 0.390）cm 和（3.25 ± 0.241）cm，显著高于该位点上另外 6 种基因型（BB、BC、BD、CC、CD 和 DD）个体的体重值；ESC29 位点上 DD 基因型个体平均体重、体宽和体高分别为（141.96 ± 7.128）g、（6.88 ± 0.278）cm 和（3.36 ± 0.237）cm，显著高于该位点上另外 7 种基因型（AC、BB、BD、CC、CD、DE 和 EE）个体的指标值；ESC65 位点上 BB 基因型个体的平均体重、体宽和体高分别为（140.54 ± 29.628）g、（6.81 ± 0.480）cm 和（3.27 ± 0.276）cm，显著高于该位点上另外 10 种基因型（DD、BD、AA、BE、CE、EE、AC、BC、CC 和 AB）个体的值。由此表明，ESIN33 位点的 AC 基因型、ESC29 位点的 DD 基因型、ESC65 位点的 BB 基因型，是中华绒螯蟹生长性状的优势基因型，对其快速生长有重要作用。中华绒螯蟹育种研究中广泛使用微卫星标记，可用于确定父母、种属关系，也可在没有外部物理标记及混合养殖情况下区分出混养群体所属家系。但目前真正将微卫星标记应用于实际育种研究的还不多，该研究中对 30 个可能与生长性状（体重、体长和体宽）相关的微卫星标记的筛选，可为中华绒螯蟹的分子标记辅助育种提供参考。

4.2.2.2　拟穴青蟹的微卫星标记及应用

Takano 等[17]首次从拟穴青蟹中获得 5 个微卫星标记位点（GenBank 注册号：AB206575 ~ AB206574），并在日本群体中对其进行多样性分析。位点 mco86 的重复单元为（GA）$_n$，长度为 139 ~ 234 bp，具有 38 个等位基因，期望杂合度和观测杂合度分别为 0.999 和 0.958，多态性信息含量为 6.1×10^{-3}；位点 mco67 的重复单元为（CA）$_n$，长度为 142 ~ 218 bp，具有 24 个等位基因，期望杂合度和观测杂合度分别为 0.900 和 0.920，多态性信息含量为 1.7×10^{-2}；位点 mco77 的重复单元为（CA）$_n$，长度为 70 ~ 188 bp，具有 44 个等位基因，期望杂合度和观测杂合度分别为 0.961 和 0.850，多态性信息含量为 2.8×10^{-3}；位点 mco44 的重复单元为（CA）$_n$，长度为 123 ~ 231 bp，具有 26 个等位基因，期望杂合度和观测杂合度分别为 0.924 和 0.885，多态性信息含量为 1.3×10^{-2}；位点 mco16 的重复单元为（CT）$_n$，长度为 82 ~ 232 bp，具有 24 个等位基因，期望杂合度和观测杂合度分别为 0.910 和 0.870，多态性信息含量为 1.1×10^{-2}。统计检验表明，除位点 mco67 之外，其他的微卫星 DNA 均显著偏离哈迪 - 温伯格平衡。

Xu 等[18]选用 30 个野生拟穴青蟹个体为研究对象，构建一个富含（CA）$_{15}$ 和（CT）$_{15}$ 序列的 DNA 文库，利用 FIASCO 法筛选出 10 个位点（GenBank 注册号：FJ600508 ~ FJ600517）。对筛选到的这 10 个位点进行遗传多样性分析，结果表明每个位点的等位基因数为 8 ~ 18，平均等位基因数为 11.8，观测杂合度为 0.602 7 ~ 0.933 3，期望杂合度为 0.588 6 ~ 0.924 3。统计分析发现所有位点均符合哈迪 - 温伯格平衡，且不存在连锁不平衡现象。

周宇芳等[19]制备基因组 DNA，利用 PCR 扩增电泳、测序和多态性分析，对实验室自主开发的 6 个微卫星 DNA 位点（GenBank 注册号：FJ439603，FJ439609，FJ439611，FJ439619，FJ439627 和 FJ439636）进行检测。东海三门湾野生群体中，每个位点的等位基因数为 4 ~ 18，平均等位基因数为 9.83，有效等位基因数为 3.24 ~ 10.90，平均有效等位基因数为 6.23，平均杂合度为 0.577，平均多态信息含量为 0.799。而浙江三门养殖群体中，每个位点的等位基因数为 6 ~ 14，平均等位基因数为 9.83，有效等位基因数为 5.23 ~ 8.43，平均有效等位基因数为 6.74，平均杂合度为 0.561，平均多态信息含量为 0.828。实验表明了所测 6 个微卫星位点的多态性及其用于遗传多样性分析的可行性。

Cui 等[20]通过 5′锚定 PCR 技术从拟穴青蟹基因序列中筛选到 18 个微卫星位点，GeneBank 注册号为 HM623189 ~ HM623206。在一个海南拟穴青蟹群体的 32 个个体中，所有位点上共检测到 125 个等位基因。每个位点的等位基因数为 6 ~ 9，平均等位基因数为 6.9，等位基因片段长度为 166 ~ 316 bp，多态性信息含量、观测杂合度、期望杂合度分别为 0.39 ~ 0.88、0.33 ~ 0.92、0.42 ~ 0.86，平均期望杂合度为 0.74，平均观测杂合度为 0.65，平均多态信息含量为 0.69。Bonferroni 修正后发现 Scypa13、Scypa14 和 Scypa15 三个位点显著偏离哈迪 – 温伯格平衡（$P < 0.0028$），这 3 个位点的无效等位基因频率分别为 0.24、0.15 和 0.15，位点间均没有连锁现象存在。

Ma 等[21]从 GenBank 数据库中下载 352 条基因和 EST 序列，经 SSRhunter 软件分析发现 54 条中含有微卫星重复序列，其中多数仅含有 1 个重复单元，而少数基因含有两到三个重复单元。在这些微卫星重复中，两碱基重复占最大比例，其次是二碱基和三碱基重复，而四碱基和五碱基重复分别只在 4 个和 1 个微卫星位点中发现。上述微卫星位点均位于内含子区和 5′、3′非编码区。设计并合成 54 对引物后 PCR 扩增，结果发现 18 个多态性微卫星位点。多态性分析共检测到 106 个等位基因（长度 158 ~ 371 bp），每个位点上等位基因数为 2 ~ 10，观测杂合度为 0.08 ~ 1.00，期望杂合度为 0.08 ~ 0.88，多态信息含量为 0.07 ~ 0.85，平均观测杂合度、平均期望杂合度、平均多态信息含量分别为 0.67、0.62 和 0.58。在这 18 个位点中，12 个具有高度多态性（$PIC > 0.5$），3 个具有中度多态性（$0.25 < PIC < 0.5$），3 个具有低度多态性（$PIC < 0.25$）。Bonferroni 校正后位点 Scpa – ALF – SSR 和 Scpa – SSR06 偏离哈迪 – 温伯格平衡，而在位点 Scpa – ALF – SSR 和 Scpa – SSR03 之间存在连锁平衡现象。研究还表明，这些微卫星引物在锯缘青蟹、紫螯青蟹和榄绿青蟹等其他青蟹属中具有通用性。

马俊鹏[22]在测序获得的 80 条拟穴青蟹基因组序列中，发现其中 29 条含有微卫星重复。设计并合成引物后，有 13 对可成功扩增获得微卫星序列。这 13 个微卫星位点（GenBank 注册号 JN117280 ~ JN117189）的等位基因数为 3 ~ 8，平均等位基因数 5.923，观测杂合度和期望杂合度分别为 0.508 ~ 0.859 和 0.500 ~ 0.875，多态信息含量 PIC 介于 0.427 ~ 0.981（其中 11 个位点 $PIC > 0.5$，为高度多态性位点）。Bonferroni 校正后，所有位点均符合哈迪 – 温伯格平衡。

宋忠魁等[23]利用磁珠富集法开发拟穴青蟹的微卫星位点。实验发现长度少于 400bp 的序列含微卫星的可能性超过长度大于 400bp 的序列；从二碱基到五碱基重复类型，完美型微卫星的概率逐渐变大。设计并合成 28 对引物，结果 12 对能稳定扩增出目的长度片段。群体微卫星位点分析表明，12 个微卫星位点（GenBank 注册号：JQ979182 ~ JQ979194）的等位基因数为 2 ~ 7，有效等位基因数为 1.280 ~ 5.755，观测杂合度为 0.050 ~ 0.950，期望杂合度为 0.224 ~ 0.847，多态信息含量 PIC 为 0.194 ~ 0.804（10 个微卫星位点具有高度多态性，PIC > 0.50；1 个具有中度多态性，0.25 < PIC < 0.50；另外 1 个具有低度多态性，PIC < 0.25）。Bonferroni 校正后，9 个位点偏离哈迪 - 温伯格平衡，两组两两位点之间存在连锁不平衡现象。位点 g - 175 和 g - 300 含有两个微卫星序列信息，为混合位点。排除上述混合微卫星位点和非高度多态性位点，剩余 8 个可以用于拟穴青蟹群体遗传学的研究。

Yao 等[24]通过 5′锚定 PCR 法构建了拟穴青蟹基因组文库，并在克隆测序获得的 10 条序列中筛选出 13 个微卫星位点（GenBank 注册号：JN117280 ~ JN117290，注册号为 JN117281 和 JN117286 的序列中各含有两个微卫星位点）。以东海地区采集的 32 只拟穴青蟹为样品对这些位点进行多态性分析，结果每个位点的等位基因数为 3 ~ 8，平均等位基因数 5.923，没有无效等位基因的存在；每个位点的观测杂合度和期望杂合度分别为 0.500 ~ 0.875 和 0.500 ~ 0.859；每个位点的多态信息含量为 0.427 ~ 0.981，11 个位点的多态性信息含量大于 0.5，为高度多态性位点。Bonferroni 校正后，所有位点都符合哈迪 - 温伯格平衡，不存在连锁不平衡现象。

马群群[25]利用拟穴青蟹深度测序获得的大量微卫星序列，设计并合成 63 对多态性微卫星引物。通过 Popgene 软件分析 63 个位点（GenBank 注册号：JX102573 ~ JX102634、HM345952）的遗传参数，结果显示：观测等位基因数为 2 ~ 14，平均等位基因数 5.6 个；有效等位基因数为 1.4 ~ 9.1，平均有效等位基因数 3.8 个；观测杂合度和期望杂合度分别为 0.19 ~ 1.00 和 0.27 ~ 0.90，平均观测杂合度和平均期望杂合度分别为 0.67 和 0.66；多态信息含量为 0.25 ~ 0.89，平均多态信息含量为 0.62。Bonferroni 校正后，11 个位点偏离哈迪 - 温伯格平衡，各位点之间不存在连锁不平衡现象。实验选用 10 个多态性微卫星标记对 4 个系谱清晰的全同胞家系进行系谱认证和亲缘关系分析，验证了微卫星标记在拟穴青蟹亲子鉴定中的可行性。

4.3　SNP 标记的筛选及辅助选育

4.3.1　三疣梭子蟹 SNP 标记的筛选及应用

目前，对三疣梭子蟹的 SNP 标记尚未进行大规模的筛选，主要集中在功能基因 SNP 位点及与重要性状如抗病、生长等性状的相关性等的研究。

4.3.1.1　热休克蛋白70(PtHsp70)的 SNP 标记

我们[26]以浙江宁波的20个三疣梭子蟹基因组 DNA 为模板,PCR 扩增克隆后测序,研究 PtHsp70 的基因序列结构及其多态性(图4.6)。结果20条 PtHsp70 的基因编码区序列中筛选到4个 SNP 位点:1133 C/T、1311 C/T、1551 C/T、1809 A/G(GenBank 注册号:GQ385969 ~ GQ385972)。这4个 SNP 变异均属于同义突变,突变频率依次为0.15、0.15、0.30和0.50。

图 4.6　PtHsp70 基因序列及其 SNP 标记位点

4.3.1.2　精氨酸激酶(PtAK)的 SNP 标记

为分析 PtAK 的基因组结构及其遗传多态性,我们[27]选取了19只三疣梭子蟹野生个体,来源分别是:宁波(中国东海,NBK1 ~ NBK6,受溶藻弧菌刺激并具有疾病耐受性),北海(中国北海,BH1 ~ BH4,未刺激),连云港(中国东海,LYG1 ~ LYG5,未刺激),营口(中国渤海,YK1 ~ YG4,未刺激)。从每只蟹的肌肉组织中提取基因组 DNA,设计引物对 PtAK 基因进行 PCR 扩增克隆,用于 Sanger DNA 测序,通过 ClustalX 软件分析和序列比对获得基因的多态性位点信息。19条 PtAK 基因组序列(GenBank 注册号:

HQ214136～HQ214154）中共检测到 24 个 SNP 突变位点，包含 21 个碱基转换位点和 3 个颠换位点（图 4.7A）。所有 SNP 位点中，有 3 个位于内含子中，17 个位于编码的外显子中，4 个位于非编码的外显子中。在第一外显子中，SNP 只存在于经溶藻弧菌刺激并具有疾病耐受性的 6 只宁波梭子蟹样品（NBK1～NBK6）中，而这种 SNP 变异同样存在于另外取样的 10 只梭子蟹个体。所有 SNP 中有 13 个属于错义突变，并产生 10 种编码蛋白，其中 6 种是在宁波梭子蟹（NBK1～NBK6）中产生的（图 4.7B）。宁波梭子蟹 NBK6 中，第 1 172 位核苷酸 G（G_{1172}）经转换突变成 T，导致开放读码框的提前终止；连云港梭子蟹 LYG3 中第 1 061 位核苷酸 C（C_{1061}）转换成 T，并造成了氨基酸序列中第 280 位的保守精氨酸（R_{280}）变为半胱氨酸（C）；而在另一个宁波梭子蟹 NBK1 中，Arg 结合位点（第 225 位的谷氨酸 E_{225}）因第 897 位核苷酸 A_{897} 转换成 G 而发生改变。这表明了 PtAK 基因的多种突变形式，且并不是所有突变都具有活性。具有溶藻弧菌耐受性的 6 只梭子蟹样品中共检测到 9 个非同义突变 SNP、6 种编码蛋白，表明了 PtAK 基因蛋白的改变可能与个体疾病耐受性相关。

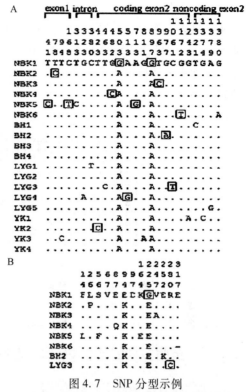

图 4.7　SNP 分型示例

PtAK 基因 SNP 位点及编码氨基酸序列

A：SNP 变异位点；B：编码氨基酸序列变异。梭子蟹 BH3、BH4、LYG2 和 YK4 的核苷酸序列相同；BH1、BH3～BH4、LYG1～LYG2、LYG 5、YK1 和 YK3～YK4 的氨基酸序列相同。错义突变和两个保守半胱氨酸的改变以方框（□）标出。

4.3.1.3　Crustin(PtCrustins)的 SNP 标记

我们[28]以宁波地区取样获得的 8 只野生三疣梭子蟹个体（NBK1～NBK8）为样品，设计 2 对引物分别对 PtCrustins 基因进行 PCR 扩增克隆，并用于测序，通过 ClustalX 软件分析和序列比对研究 PtCrustin2 和 PtCrustin3 基因的遗传多态性。

（1）PtCrustin2 的 SNP 标记

从 8 只三疣梭子蟹样品（NBK1～NBK8）的 PtCrustin2 基因组 DNA 序列（1 612 bp，GenBank 注册号：JQ728423、JQ728426～JQ728428、JQ728430～JQ728432、JQ728434）中，共检测到 23 个 SNP 位点（图 4.8A）。这些位点中包含 16 个转换位点、4 个颠换位点以及 3 个插入缺失位点。其中，9 个 SNP 位于基因内含子中，3 个位于编码的外显子中，11 个位于非编码的外显子中。

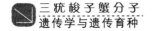
（2）PtCrustin3 的 SNP 标记

从 3 只梭子蟹样品（NBK1、NBK4、NBK7）的 PtCrustin3 基因组序列（1 726 bp，Gen-Bank 注册号：JQ728425、JQ728429、JQ728433）中检测到 8 个 SNP 位点（图 4.8B）。这些位点中包含 4 个转换位点和 4 个颠换位点。其中，6 个 SNP 位于基因内含子中，而 2 个位于编码的外显子中。

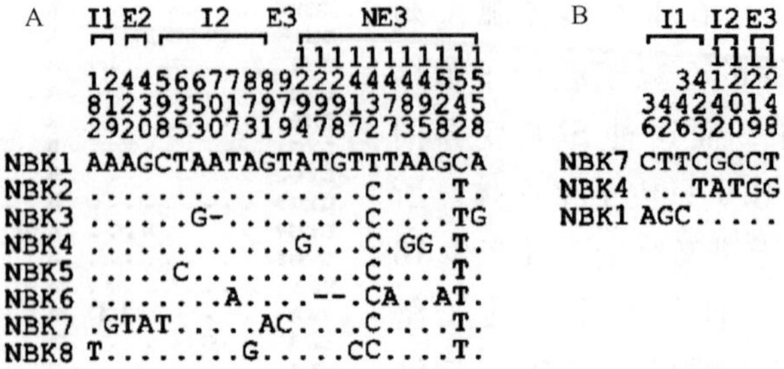

图 4.8　PtCrustins 基因的 SNP 位点

A：8 只三疣梭子蟹（NBK1 ~ NBK8）样品中，PtCrustin2 基因序列（1612 bp）的 SNP 标记位点；B：3 只三疣梭子蟹（NBK1、4、7）样品中，PtCrustin3 基因序列（1 726 bp）的 SNP 标记位点。基因序列上方的数字代表核苷酸位置；I：内含子，E：外显子，NE：非编码外显子。

4.3.1.4　抗脂多糖因子（PtALFs）的 SNP 标记及其溶藻弧菌敏感/耐受相关性

我们[29]将青岛地区 200 只三疣梭子蟹个体进行溶藻弧菌刺激感染实验，处理后从中选出具有病菌敏感性和耐受性的个体，感染早期（刺激 100 h 之内）死亡的三疣梭子蟹被认为是敏感群体，而最后（刺激 130 h 之后）存活的被认为是耐受性群体。将不同样品提取基因组 DNA，设计特异引物并分别进行 PCR 扩增，然后直接测序并做耐受性相关分析。PtALFs 中不仅筛选到大量的 SNP 标记位点，还检测到一些与三疣梭子蟹对溶藻弧菌敏感/耐受性状相关的候选 SNP 位点。

（1）PtALF1 ~ PtALF3 的 SNP 标记及其耐受相关性

PtALF1、PtALF2 和 PtALF3 三者可能是由基因组上相同 DNA 序列编码而成，只是前体 mRNA 经过了不同的剪接形式，因而我们将 PtALF1 ~ PtALF3 的基因序列一并进行 SNP 标记的筛选。

通过直接测序，在三疣梭子蟹 27 个敏感个体和 31 个耐受性个体的 PtALF1 ~ PtALF3 基因组序列（981 bp，GenBank 注册号：HM536671）中，共发现 127 个 SNP 位点，包括 107 个转换位点、15 个颠换位点和 5 个插入缺失位点（图 4.9A）。其中，30 个位点位于基因内含子中，33 个位于编码的外显子中，64 个位于非编码的外显子中。在编码区的 SNP 位点（cSNP）中，有 24 个属于错义突变，8 个属于同义突变。第 179 位核苷酸 G_{179} 转换成 A，能够致使终止密码子 TGA 的出现，造成开放读码框的提前终止（图 4.9B）。

对 PtALF1 ~ PtALF3 基因所有 SNP 位点的不同基因型及等位基因在两个群体中的分布作统计分析，结果表明共有 5 个 SNP 位点与溶藻弧菌耐受性相关（表 4.9）。第三外显子 514 位（E3 – 514）的 T 碱基缺失在耐受群体中的等位基因（T – del）频率和基因型（Tr – del/

del)频率均为 71.0%，在敏感群体中的频率仅为 44.4%，等位基因频率存在显著性差异（$P=0.041<0.05$），而基因型频率存在极显著差异（$P=0.004<0.01$）。另外四个 SNP 位点（I2~32 T-ins/del、I2~34 T-A、E3-169 A-G 和 E3-200 T-C）中，等位基因频率在敏感群体和耐受群体中同样存在显著差异（$P<0.05$），显著性水平 P 值分别为 0.035、0.024、0.011 和 0.011。

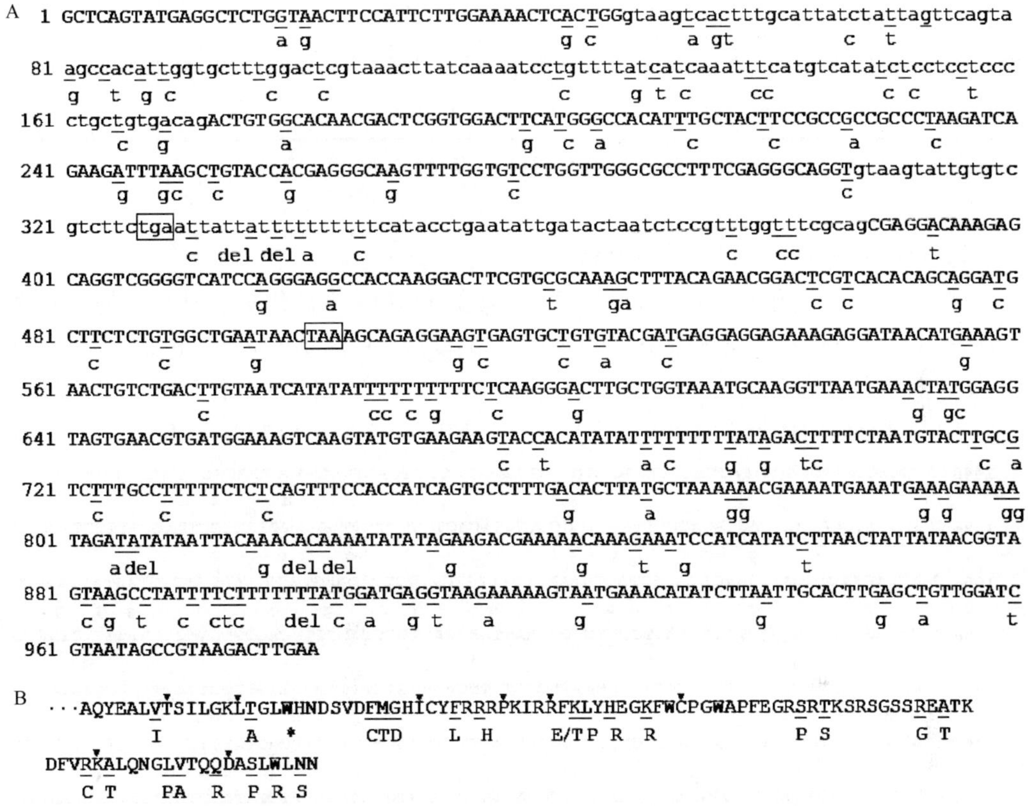

A 1 GCTCAGTATGAGGCTCTGGTAACTTCCATTCTTGGAAAACTCACTGGgtaagtcactttgcattatctattagttcagta
　　　　　　　　　　　　　　　a g　　　　　　　　　　　g c　a gt　　　　　　　　　c t

81 agccacattggtgctttggactcgtaaacttatcaaaatcctgttttatcatcaaatttcatgtcatatctcctcctccc
　　　g　t　g c　　　　　　c　　　　　　　　　c　　　g t c　　　　cc　　　　c c　t

161 ctgctgtgacagACTGTGGCACAACGACTCGGTGGACTTCATGGGCCACATTTGCTACTTCCGCCGCCGCCCTAAGATCA
　　　　c　g　　　　a　　　　　　　　　g c a　　　　c　　　c a　　　　a　　　c

241 GAAGATTTAAGCTGTACCACGAGGGCAAGTTTTGGTGTCCTGGTTGGGCGCCTTTCGAGGGCAGGTgtaagtattgtgtc
　　　　g　gc　c　　g　　　　　g　　　　　c　　　　　　　　　　　c

321 gtcttctgaattattattttttttttcatacctgaatattgatactaatctccgtttggtttcgcagCGAGGACAAAGAG
　　　　　　c del del a　c　　　　　　　　　　　c　cc　　　　t

401 CAGGTCGGGGTCATCCAGGGAGGCCACCAAGGACTTCGTGCGCAAAGCTTTACAGAACGGACTCGTCACACAGCAGGATG
　　　　　　　　g　　　　　　　　　　　t　　　ga　　　　　　c　c　　　g c

481 CTTCTCTGTGGCTGAATAACTAAAGCAGAGGAGTGAGTGCTGTGTACGATGAGGAGGAGAAAGAGGATAACATGAAAGT
　　c　　c　g　　　　　　　gc　　c a　　c　　　　　　　　　　g

561 AACTGTCTGACTTGTAATCATATATTTTTTTTTTCTCAAGGGACTTGCTGGTAAATGCAAGGTTAATGAACTATGGAGG
　　c　　　　　　　　　cc c g　c　g　　　　　　　　　　　g gc

641 TAGTGAACGTGATGGAAAGTCAAGTATGTGAAGAAGTACCACATATATTTTTTTTTATAGACTTTTCTAATGTACTTGCG
　　　　　　　　　　　　　c t　　　　a　c　　g g tc　　　c a

721 TCTTTGCCTTTTTCTCTCAGTTTTCCACCATCAGTGCCTTTGACACTTATGCTAAAAAACGAAAATGAAATGAAAGAAAA
　　c　c　　c　　　　　　　　　　g a　gg　　　　g g　　gg

801 TAGATATATAATTACAACACAAAATATATAGAGACGAAAAACAAAGAAATCCATCATATCTTAACTATTATAACGGTA
　　a del　　g del del　　g　　t g　　　t

881 GTAAGCCTATTTTCTTTTTTTATGGATGAGGTAAGAAAAGTAATGAAACATATCTTAATTGCACTTGAGCTGTTGGATC
　c g t　c ctc　del c a g t　a　　　g　g a　t

961 GTAATAGCCGTAAGACTTGAA

B …AQYEALVTSILGKLTGLWHNDSVDFMGHICYFRRRPKIRRFKLYHEGKFWCPGWAPFEGRSRTKSRSGSSREATK
　　　I　A　*　CTD　L H　E/TP R R　PS　GT

DFVRKALQNGLVTQQDASLWLNN
C T　PA R PRS

图 4.9　PtALF1~PtALF3 基因 SNP 位点及其编码氨基酸序列

A：SNP 位点。大写字母所示为外显子区，小写字母所示为内含子区；方框内（□）所示为起始和终止密码子；SNP 位点用下划线（＿＿＿）标出，并在其下标出对应的突变碱基类型。B：编码氨基酸序列。错义突变用下划线（＿＿＿）标出，并在其下标出对应的突变氨基酸类型；同义突变用箭头（▼）标出；终止密码子突变用阴影（　　）标出。

表 4.9　PtALF1~PtALF3 SNP 位点在敏感群体和耐受群体中的分布

| 位点 | 基因型 | 基因型个体数 | | χ^2 | P | 等位基因类型 | 等位基因型个体数 | | χ^2 | P |
		敏感	耐受性				敏感	耐受性		
I2~32	T/T	15	23	2.219	0.136	T-Ins	30	46	4.438	0.035*
	-/-	12	8			T-Del	24	16		
I2~34	T/T	25	24	2.534	0.111	T	50	48	5.069	0.024*
	A/A	2	7			A	4	14		
E3-169	A/A	15	9	5.249	0.072	A	30	20	6.388	0.011*
	A/G	0	2			G	24	42		

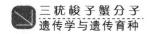
（续表）

位点	基因型	基因型个体数		χ^2	P	等位基因类型	等位基因型个体数		χ^2	P
		敏感	耐受性				敏感	耐受性		
	G/G	12	20							
E3 – 200	T/T	15	10	3.194	0.074	T	30	20	6.388	0.011*
	C/C	12	21			C	24	42		
E3 – 514	T/T	15	9	4.185	0.041*	T – Ins	30	18	8.370	0.004**
	–/–	12	22			T – Del	24	44		

注：E：外显子，I：内含子，位置数字表示碱基对的位置；*：敏感群体和耐受性群体中有显著差异，**：极显著差异。

（2）PtALF4 的 SNP 标记及其耐受相关性

三疣梭子蟹 28 个敏感个体和 25 个耐受个体的 PtALF4 基因组第三外显子的一段序列片段（932 bp，GenBank 注册号：JF756054）中，共发现 96 个 SNP 位点，包括 77 个转换位点、16 个颠换位点和 3 个插入缺失位点（图 4.10A）。其中，只有 4 个 SNP 位点位于编码外显子中，其余的均位于非编码区。在这 4 个 cSNP 中，2 个（1517 T – C 和 1526 C – T）属

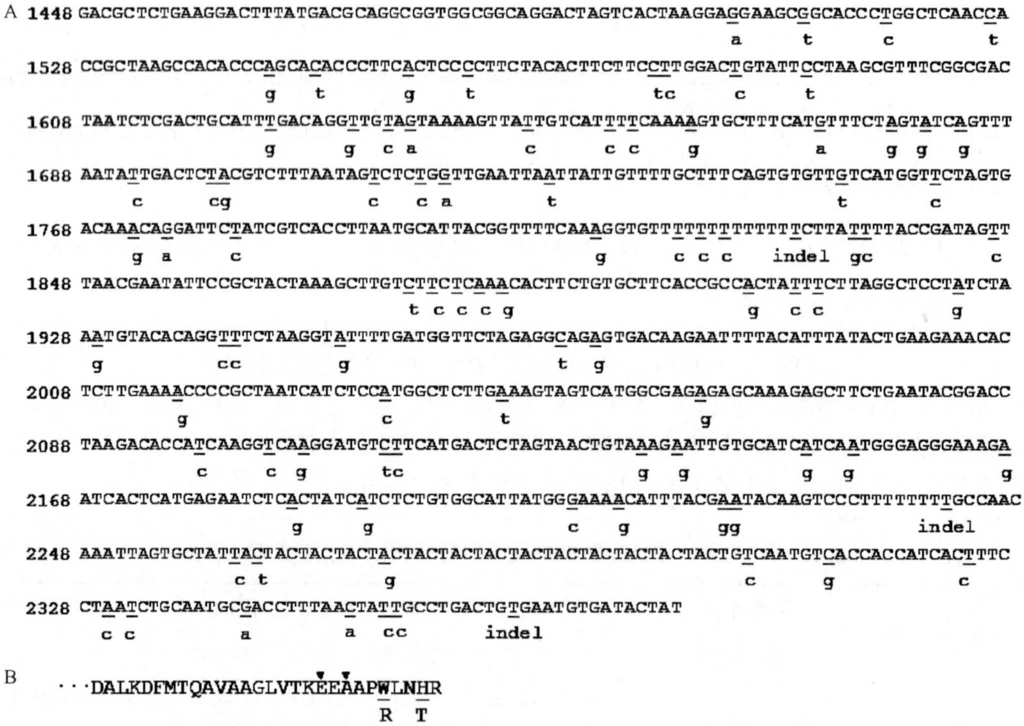

图 4.10　三疣梭子蟹 PtALF4 基因 SNP 位点及其编码氨基酸序列

A：SNP 位点。大写字母所示为外显子区，小写字母所示为内含子区；方框内（□）所示为起始和终止密码子；SNP 位点用下划线（＿＿＿）标出，并在其下标出对应的突变碱基类型。B：编码氨基酸序列。错义突变用下划线（＿＿＿）标出，并在其下标出对应的突变氨基酸类型；同义突变用箭头（▼）标出；终止密码子突变用阴影（　）标出。

于错义突变，它们分别因为 1 517 位核苷酸 $T_{1517} \rightarrow C$ 和 1526 位核苷酸 $C_{1526} \rightarrow T$ 转换，而造成 121 位色氨酸（W_{121}）变为精氨酸（R）和 124 位组氨酸（H_{124}）变为酪氨酸（Y）；另外 2 个（1504 G – A 和 1509 G – T）属于同义突变，并分别编码第 116 位谷氨酸（E_{116}）和 118 位丙氨酸（A_{118}）（图 4.10B）。

对 PtALF4 基因所有 SNP 位点的不同基因型及等位基因在两个群体中的分布作统计分析，结果表明共有 6 个 SNP 位点与梭子蟹对溶藻弧菌的耐受性相关（表 4.10）。其中，3 个 SNP 位点（1692 T – C、1719 G – A 和 1753 G – T）在基因型频率分析上发现与该病菌耐受性显著相关（$P < 0.05$），且在等位基因频率上极显著相关（$P < 0.01$）；另外 3 个 SNP 位点只在等位基因频率上具有显著相关性（$P < 0.05$）。

表 4.10　PtALF4 SNP 位点在敏感群体和耐受群体中的分布

位点	基因型	基因型个体数		χ^2	P	等位基因型	等位基因型个体数		χ^2	P
		敏感	耐受性				敏感	耐受性		
1504	G/G	17	10	3.075	0.215	G	36	21	5.278	0.022*
	G/A	2	1			A	20	29		
	A/A	9	14							
1692	T/T	16	6	5.975	0.015*	T	32	12	11.951	0.001**
	C/C	12	19			C	24	38		
1713	T/T	21	13	3.038	0.081	T	42	26	6.0776	0.014*
	C/C	7	12			C	14	24		
1719	G/G	16	6	5.975	0.015*	G	32	12	11.951	0.001**
	A/A	12	19			A	24	38		
1753	G/G	16	6	5.975	0.015*	G	32	12	11.951	0.001**
	T/T	12	19			T	24	38		
1829	T/T	10	4	2.641	0.104	T – Ins	20	8	5.282	0.022*
	–/–	18	21			T – Del	36	42		

注：E：外显子，I：内含子，位置数字表示碱基对的位置；*：敏感群体和耐受群体中有显著差异，**：极显著差异。

（3）PtALF5 的 SNP 标记及其耐受相关性

三疣梭子蟹 18 个敏感个体和 17 个耐受个体的 PtALF5 基因组序列（1743 bp，GenBank 注册号：JF756055）中，共发现 103 个 SNP 位点，包括 78 个转换位点、19 个颠换位点和 6 个插入缺失位点（图 4.11A）。其中，62 个 SNP 位点位于基因内含子中，9 个位于编码的外显子，32 个位于非编码的外显子。cSNP 中有 4 个同义突变和 5 个错义突变（图 4.11B）。第 25 位核苷酸 C_{25} 经转换突变成 T，造成终止密码子 TAA 的出现，导致开放读码框提前终止。

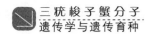

A   1 ATCAGCAGGTGGGAACTCAAGTGGCAAGCGACTGTTACCTGCCCCGGATGGACGCCTGTGAAAGGAAAAGgtaacacgag
                 c   ctt   a

    81 tctctttgtccatttgttgtgtctgttgtgcgttgtgttgtgatatgacgctgattttattgtgtgtgtgtgtgtgtgt
          c   a c   ctc   c   c   a ct

   161 gtgtgcgtgtgtaattcactgtttgatctgctgcggtctctgacgagacagccagacgttaccctacggaacgagctcag
              t   tt   gg   ca   g

   241 agctcattatttccgatcttcggataggcctgagaccaggcacacaccacacaccgggacaataaggtcacaactcctcg
                     t   g   t   ga   g   c   c

   321 atttacatcccgtacctactcactgctaggtgaacaggggctacacgtgaaaggagacacacccaaatatctccacccgg
                          g   t   ac   c   c

   401 ccggggaatccaacccggtcctctggcttgtgaagccagcgctctaaccactgagctaccgggccgtgtgtgtgtgtgt
          aagg   t   a a   a   g

   481 gtgtgtgtgtgtgtaagagagccactattctatatattatctattttctttctttataacacttccttttgatttctt
          a a a   g   indel g

   561 tttgttctatatagtttttattcgcatttttaagtatctaatcctctttatcatcttcaataggatctgatgcttctct
            c   c   a

   641 ttatggtagctaatagtctggtggggcgtgtctaaccattactgaccactctctctctctctctctctctctctctct
          c   indel

   721 ctctctctctctctctactcttcttccttcttccttcttcctctctttcttcttccttcttcctctttccttcttcttc
                                                                    c

   801 ttcctccttccttccctcttccctattctctctttactcttcactcttcactcttcattctctcccttttccctcttctc
                          c   t

   881 tcctcttttctccttccttctttcttctctcttctctcttcactcttccttccttcttccctcctccctccttccctctct
          t   c   t

   961 ttttcctccctcttctctcttcactcttcactcctccttccttcttccctcttccctcttcttccctcccctttccctcc
                                                                        indel

  1041 ctccatggaatagTGCGGGGCTACTCCAACCCTTTGTCAGCTGAGCGAGAGGCCACCAGAGACTTTGTGCAGAGAATCGT
                 gc   a   c

  1121 ACAGCGAGGACTGGTCACAAGGGACGAGGCGAGTGAGTGGCTGTGAGCTGCACGCCACCACACCACCACACCGCTACACT
          g   a

  1201 ACAGCATCACCACACCACACCACCACTACACTAAGGCTCGTTTTTTTTTTTAAGCACTCCTGCACTTCACCTTCACTATTT
                          g   t   indel   c   t

  1281 CAAGAGGCTTTTATTTAAGTTTACATGAGTTTTTTAAGGTGTTTTTACGTTTCTAGAGTCAGATTGACACGATTTCTACA
                      g   c   indel c   a

  1361 CTATTAACTGGAGAAACACTCTTGAAAACTCCGCTAGTCATCTCTATGCTCTTGGAAAATAGTCGTGGTGAGAGGGCAAA

  1441 GATTTTTAAGGTGTTTTTATGGTTCTAGAGACAGATTGACACGATTTCTACACTATTAACTGGAGAAACACTCTTGAAAA
                                                                        t

  1521 CTCCGCTAGTCATCTCTATGCTCTTGGAAAATAGTCGTGGTGAGAGGGCAAAGATTTCTAAGGTGTTTTTATGGTTCTAG
          c   g   a   c   g   a   g   cc

  1601 AGACAGATTGACACGATTTCTACACTATTACCTCTAGAAACACTTGAAAAACCACTAGTCATCTCTTTAATAATAGTCCT
                  g

  1681 GATGAGAGAGCAAAGTGTTTCTGAATACGGGCCACAAACGCCACAACACCACAACACCACAACACCACAACACCACACGA
          g   g   c

  1761 CAAAATAATATAAGTAGTAATGACTGTTGTGTTTATTCTCTTCCCGACAAAGTGTAATGTCGAGGAAGTTATCAAAAAGA
          g indel   a t   c   g   g

  1841 CAG

B ···ISRWELKWQATVTCPGWTPVKGKVRGYSNPLSAEREATRDFVQRIVQRGLVTRDEASEWL
        R   RH/*   P   R

图4.11 三疣梭子蟹 PtALF5 基因 SNP 位点及其编码氨基酸序列

A：SNP 位点。大写字母所示为外显子区，小写字母所示为内含子区；方框内（□）所示为起始和终止密码子；
SNP 位点用下划线（＿＿＿）标出，并在其下标出对应的突变碱基类型。B：编码氨基酸序列。错义突变用下划
线（＿＿＿）标出，并在其下标出对应的突变氨基酸类型；同义突变用箭头（▼）标出；终止密码子突变用阴影
（ ）标出。

对 PtALF5 基因所有 SNP 位点的不同基因型及等位基因在两个群体中的分布作统计分析,结果表明只有 1 个 SNP 位点(E2 - 727 T - A)与梭子蟹对溶藻弧菌的耐受性相关(表 4.11)。在该位点上,T/T 基因型在耐受群体中频率显著高于敏感群体($P = 0.028 < 0.05$),而 T 等位基因在耐受群体中频率极显著地高于敏感群体($P = 0.002 < 0.01$)。

表 4.11 PtALF5 SNP 位点在敏感群体和耐受群体中的分布

位点	基因型	基因型个体数		χ^2	P	等位基因型	等位基因型个体数		χ^2	P
		敏感	耐受性				敏感	耐受性		
E2 - 727	A/A	17	11	4.833	0.028 *	A	34	22	9.665	0.002 **
	T/T	1	6			T	2	12		

注:E:外显子,I:内含子,位置数字表示碱基对的位置;*:敏感群体和耐受群体中有显著差异,* *:极显著差异。

(4)PtALF6 的 SNP 标记及其耐受相关性

三疣梭子蟹 25 个敏感个体和 24 个耐受个体的 PtALF6 基因组序列片段(821 bp,GenBank 注册号:JF756056)中,共发现 53 个 SNP 位点,包括 31 个转换位点、16 个颠换位点和 5 个插入缺失位点(图 4.12A)。其中,13 个 SNP 位点位于基因内含子中,18 个位于编码的外显子,而 21 个位于非编码的外显子中。cSNP 中,6 个属于同义突变,12 个属于错义突变(图 4.12B)。

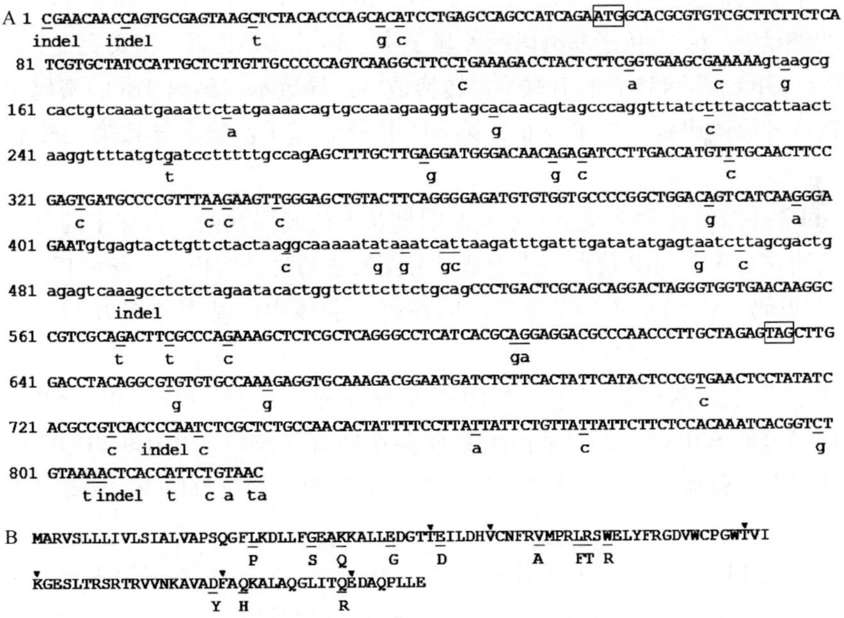

图 4.12 三疣梭子蟹 PtALF6 基因 SNP 位点及其编码氨基酸序列

A:SNP 位点。大写字母所示为外显子区,小写字母所示为内含子区;方框内(□)所示为起始和终止密码子;SNP 位点用下划线(＿＿＿)标出,并在其下标出对应的突变碱基类型。

B:编码氨基酸序列。错义突变用下划线(＿＿＿)标出,并在其下标出对应的突变氨基酸类型;同义突变用箭头(▼)标出;终止密码子突变用阴影(　　)标出。

对 PtALF6 基因所有 SNP 位点的不同基因型及等位基因在两个群体中的分布作统计分析，只发现 1 个错义 SNP（E3 – 45 G/T）与梭子蟹对溶藻弧菌的耐受性相关（表4.12）。在该位点上，T 等位基因在敏感群体中不存在，而在耐受群体中的基因频率为 12.5%，二者之间存在显著性差异（$P = 0.012 < 0.05$）。此处的 G→T 转换导致第 94 位氨基酸由天冬氨酸 D_{94} 变为酪氨酸 Y。这是 PtALF6 基因序列中唯一一个与溶藻弧菌敏感/耐受性状相关的候选 SNP 标记位点。

表 4.12　PtALF6 SNP 位点在敏感群体和耐受群体中的分布

位点	基因型	基因型个体数		χ^2	P	等位基因型	等位基因个体数		χ^2	P
		敏感	耐受性				敏感	耐受性		
E3 – 45	G/G	25	21	3.329	0.068	G	50	42	6.658	0.012*
	T/T	0	3			T	0	6		

注：E：外显子，I：内含子，位置数字表示碱基对的位置；*：敏感群体和耐受群体中有显著差异，**：极显著差异。

（5）PtALF7 的 SNP 标记及其耐受相关性

三疣梭子蟹 23 个敏感个体和 28 个耐受个体的 PtALF6 基因组序列片段（1 481 bp，GenBank 注册号：JF756057）中，共发现 158 个 SNP 位点，包括 114 个转换位点、37 个颠换位点和 7 个插入缺失位点（图4.13A）。其中，46 个 SNP 位点位于基因内含子中，33 个位于编码的外显子，64 个位于非编码的外显子中。30 个 cSNP 属于错义突变，7 个属于同义突变（图4.13B）。第 455 位核苷酸 G_{455} 转换成 A，导致本应编码 Trp 的密码子变为终止密码子，造成开放读码框的提前终止；第 841 位核苷酸 G_{841} 缺失导致第三外显子的移码突变。

对 PtALF7 基因所有 SNP 位点的不同基因型及等位基因在两个群体中的分布作统计分析，结果表明共有 3 个 SNP 位点与梭子蟹对溶藻弧菌的耐受性相关（表4.13）。在 I1 – 30 T – C 这一非编码 SNP 位点上，C 等位基因在耐受群体中的基因频率为 14.3%，而在敏感群体中并不存在，二者之间存在极显著差异（$P = 0.008 < 0.01$）。在 E3 – 23 G – A 这一同义 SNP 位点上，两群体间等位基因频率存在显著差异（$P = 0.012 < 0.05$）；而在 E3 – 656 T – A 这一 SNP 位点上，基因型频率存在显著差异（$P = 0.029 < 0.05$）。E3 – 656 中有两种基因型，分别为 T/T 和 T/A，同时 T/A 基因型在敏感群体中的频率明显低于耐受群体。

PtALF1 ~ PtALF7 基因序列的所有 SNP 位点中，共有 97 个存在于编码区序列中并引起非保守氨基酸的改变，4 个编码 SNP 引起开放阅读框的提前终止或移码突变，从而引起保守半胱氨酸残基的改变。该结果说明了 PtALF1 ~ PtALF7 基因具有多种突变形式，且并不是所有突变都具有活性。多数与溶藻弧菌耐受性相关的 SNP 位点位于基因内含子区或非编码的外显子区，它们并不直接改变蛋白翻译序列，但可能会在基因表达和蛋白加工过程中造成不同的调控或修饰。少数溶藻弧菌耐受相关性 SNP 位于编码区中，其中 2 个为同义突变 SNP(PtALF4 的 1504 G‐A 和 PtALF7 的 E3‐23 G‐A)，1 个为错义突变 SNP(PtALF6 的 E3‐45 G‐T)。错义突变 SNP 位点将导致蛋白组成和结构的改变，进而引起生物性状的改变，从而在选择育种中发挥重要作用。

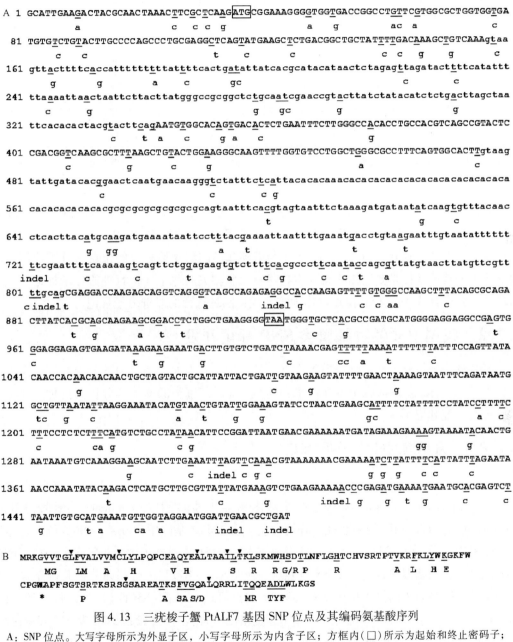

图 4.13　三疣梭子蟹 PtALF7 基因 SNP 位点及其编码氨基酸序列

A：SNP 位点。大写字母所示为外显子区，小写字母所示为内含子区；方框内(□)所示为起始和终止密码子；SNP 位点用下划线(＿＿＿)标出，并在其下标出对应的突变碱基类型。B：编码氨基酸序列。错义突变用下划线(＿＿＿)标出，并在其下标出对应的突变氨基酸类型；同义突变用箭头(▼)标出；终止密码子突变用阴影(　)标出。

表 4.13　PtALF7 SNP 位点在敏感群体和耐受群体中的分布

位点	基因型	基因型个体数		χ^2	P	等位基因	等位基因型个体数		χ^2	P
		敏感	耐受性				敏感	耐受性		
I1 – 30	T/T	23	24	3.565	0.059	T	46	48	7.131	0.008**
	C/C	0	4			C	0	8		
E3 – 23	G/G	21	20	3.165	0.075	G	42	40	6.329	0.012*
	A/A	2	8			A	4	16		
E3 – 656	T/T	19	15	4.791	0.029*	T	42	43	3.833	0.050
	T/A	4	13			A	4	13		

注：E：外显子，I：内含子，位置数字表示碱基对的位置；＊：敏感群体和耐受群体中有显著差异，＊＊：极显著差异。

总之，我们从三疣梭子蟹抗脂多糖因子不同基因亚型 PtALF1 ~ PtALF3、PtALF4、PtALF5、PtALF6 和 PtALF7 的序列片段中，分别筛选到 127、96、103、53 和 158 个 SNP 标记位点，并各自找到 5、6、1、1、3 个与溶藻弧菌的耐受性相关的位点。分子标记辅助育种开展的首要条件是要选出一批与生物优良性状相关的适于选择育种的分子标记，上述溶藻弧菌耐受性相关的 SNP 位点可作为抗病优良品种选育的候选分子标记。

4.3.2　我国主要经济虾蟹类 SNP 标记开发

SNP 具备理想分子标记的一系列优点，是一种具有很大发展潜力的分子标记。作为一种新型的分子标记，SNP 在重要海洋甲壳动物，尤其虾蟹类的遗传学分析及良种选育工作中已得到研究和应用。

4.3.2.1　凡纳滨对虾的 SNP 标记

Glenn 等[30]研究了凡纳滨对虾 α – 淀粉酶基因（alpha – amylase，AMY2）和组织蛋白酶 – L 基因（cathepsin – L，CTSL）两个生长相关候选基因（GeneBank 注册号分别为 AY366356 和 AY366355）的多态性，分析发现：在 AMY2 基因中存在 4 个 SNP 位点，分别位于该基因的第 340、351、415 和 501 位核苷酸；CTSL 中存在 1 个位于第 681 位核苷酸的 SNP 位点。从两基因中各选一个 SNP 位点，通过 PCR – RFLP 进行基因分型并确定等位基因：AMY2 基因第 2 内含子中的 SNP G351A 位点可被 ScaI 酶特异性识别切割，产生长为 535 bp（等位基因 G）、442 bp 和 93 bp（等位基因 A）的不同片段；CTSL 基因第 3 内含子中的 SNP C681G 位点可被 PvuⅡ酶特异性识别切割，产生长为 775 bp（等位基因 C）、571 bp 和 204 bp（等位基因 G）的不同片段。随后在两个凡纳滨对虾群体 LV1 和 LV2 中分别做 AMY2 和 CTSL 基因多态性与体重（body weight，BW）的相关性分析，结果表明：在这两群体（LV1 和 LV2 群体）中，AMY2 和 CTSL 基因都和体重缺乏相关性；但在 LV2 群体中，CTSL 基因中 SNP C681G 位点上 G 等位基因个体具有较高的体重。所以还需要更多实验来研究凡纳滨对虾 AMY2 和 CTSL 基因是否与其体重生长有明显的相关性。

辛静静等[31]利用 PCR – RFLP 法对 379 尾凡纳滨对虾 AMY 基因（GenBank 注册号：AJ13352613）的多态性进行检测，并分析其与生长性状的相关性。外显子 5（AMY – 5）与外显子 6（AMY – 6）区域的基因片段均具有多态性，AMY – 5 扩增产物有 C/C、C/T、T/T 三种基因型，AMY – 6 产物有 A/A、A/B、B/B 三种基因型。分析显示：C/C、C/T 基因型个体在体重、体长、头胸甲长、头胸甲宽、第一腹节长及尾节长 6 个生长指标上显著高于 T/T 基因型个体（$P < 0.05$）；A/A、B/B 基因型个体在体长、第一腹节长及尾节长 3 个指标上显著高于 A/B 基因型个体（$P < 0.05$），同时 A/A 基因型个体在体重、头胸甲长及头胸甲宽 3 个指标上显著高于 A/B 基因型个体（$P < 0.05$）（表 4.14）。由此表明 AMY 基因多态性对对虾的生长性状有显著影响，可作为影响凡纳滨对虾生长性状的候选标记基因，为对虾选育提供分子标记。

表 4.14　凡纳滨对虾 AMY 基因不同基因型与生长性状的相关分析[31]

基因型		凡纳滨对虾各指标值					
		体重/g	体长/cm	头胸甲长/cm	头胸甲宽/cm	第一腹节长/cm	尾节长/cm
AMY – 5	C/C	21.262[b] ±0.433	12.604[a] ±0.086	3.027[a] ±0.4025	1.598[a] ±0.013	1.376[a] ±0.013	1.706[b] ±0.012
	C/T	22.750[a] ±0.600	12.809[a] ±0.119	3.076[a] ±0.035	1.616[a] ±0.019	1.393[a] ±0.018	1.734[b] ±0.016
	T/T	16.391[c] ±0.398	11.623[b] ±0.079	2.753[b] ±0.023	1.447[b] ±0.012	1.256[b] ±0.012	1.601[b] ±0.011
AMY – 6	A/A	20.797[a] ±0.456	12.507[a] ±0.089	2.991[a] ±0.026	1.583[a] ±0.014	1.346[a] ±0.013	1.696[a] ±0.012
	A/B	18.256[b] ±0.400	11.956[b] ±0.078	2.859[b] ±0.023	1.497[b] ±0.012	1.305[b] ±0.010	1.637[b] ±0.010
	B/B	20.233[ab] ±1.183	12.482[a] ±0.232	2.913[ab] ±0.068	1.551[ab] ±0.036	1.388[a] ±0.035	1.701[a] ±0.040

注：表中数值为平均值 ± 标准误差；在各引物的同一列中标有不同小写字母 a、b、c 表示差异显著水平 $0.01 < P < 0.05$。

马宁等[32]利用 PCR 产物直接测序法，以 40 尾养殖凡纳滨对虾为样品，在 CTSL 基因（GenBank 注册号：Y13924）中获得 20 个 SNP 标记位点，其中 8 个位于外显子区（T226G、G240A、G537A、C597T、C645T、G798C、C831T、C1117T、C1132T）、12 个位于内含子区（A150C、C429T、T453C、C955T、C963T、C977T、C982T、G1001C、A1005T、G1367A、T1391C）。外显子中，除 2 个（T226G、C1117T）同义突变位点外，其余 6 个是错义突变，分别导致了精氨酸→组氨酸、精氨酸→谷氨酰胺、丙氨酸→缬氨酸、脯氨酸→亮氨酸、色氨酸→丝氨酸、丙氨酸→缬氨酸的改变。所有 SNP 突变类型中，转换型（A/G、C/T）所占比例为 75%，明显高于颠换型（A/C、A/T、C/G、G/T）。

曾地刚等[33]采用焦磷酸测序法，对 96 尾凡纳滨对虾的 CTSL（GenBank 注册号：AY366355）基因序列进行分析。结果在 C681G SNP 位点处发现 3 种基因型 C/C、C/G 和 G/G，基因型频率依次为 0.81、0.16 和 0.03，卡方检验表明其符合哈迪 – 温伯格平衡（$P > 0.05$）。C/C 个体体重均值（2.34 ± 1.45）g，C/G 个体体重均值（2.18 ± 1.41）g，G/G 个体体重均值（3.19 ± 0.59）g，SPSS 分析显示差异不显著，表明 C681G SNP 与凡纳滨对虾体重相关关系不显著，这与 Glenn 等[5]的结果一致，仍需增加实验群体和样品数量进行研究。

张留所[34]通过 PCR 扩增测序检测凡纳滨对虾 β－1，3－葡聚糖结合蛋白（BGBP）、脂多糖和葡聚糖结合蛋白（LGBP）、crustin、蜕皮抑制激素（MIH）等基因的 SNP 多态性，结果四个基因片段序列中分别发现 6、6、18 和 10 个 SNP 位点。这些 SNP 所处位置依次为 BGBP 基因的第 30、120、127、270、294、344 个核苷酸，LGBP 基因的第 64、148、160、173、178、182 个核苷酸，crustin 基因的第 41、46、70、71、90、109、120、158、162、171、175、176、180、183、186、193、227、242 个核苷酸和 MIH 基因的第 53、142、448、506、529、543、576、623、637、641 个核苷酸。研究还将这些 SNP 标记用于遗传连锁图谱的构建。

Zeng 等[35]研究了凡纳滨对虾热休克蛋白 70（heat shock protein 70，Hsp70）基因（Gen-Bank 注册号：AY645906）的序列多态性及其与虾类病毒耐受性的相关性。从 3 个凡纳滨对虾群体（一个 Taura 综合征病毒 TSV 耐受品系 PL1 和两个 TSV 敏感品系 PL2、PL3）中选取 104 个个体，通过 PCR 直接测序法在该基因编码区共发现 5 个 SNP：661C/A、712T/C、782C/T、892C/T 和 1090C/T。PL1、PL2、PL3 品系中位点 SNP 892C/T 的等位基因频率明显不同（$P < 0.001$）。采用 TSV 攻毒试验将 182 只对虾分为 TSV 病毒耐受群体（62 只）和敏感群体（160 只），通过焦磷酸测序法对 892C/T 进行 SNP 分型，统计分析表明该位点上 C 等位基因在敏感群体中频率为 97%，而在耐受群体中的频率仅为 3%，两群体中的确存在显著性差异（$P < 0.001$）。结果显示凡纳滨对虾 Hsp70 基因的 SNP 位点与对虾抗病性存在相关性。

赵贤亮[36]利用 EST 数据库信息，分别在凡纳滨对虾血蓝蛋白大、小两个亚基（分别命名 HcL、HcS）基因全长序列中发现 14 和 35 个 SNP 位点，这些位点主要集中在 Ig－like 区。PCR－SSCP 分析表明 Ig－like 区 HcLC1 和 HcSC3 片段分别有 5 条和 4 条主要条带，条带测序序列不同，分别在 1315、1410、1432 位点和 2318、2370、2413、2460、2466 位点存在 SNP，说明血蓝蛋白具 SNP 分子多态性。构建质粒文库并测序，结果在 HcS Ig－like 区共检测到 78 个 SNP 位点，DNA 外显子、内含子水平和 mRNA 水平 SNPs 突变率大小分别为 0.36% ~ 8.00%、0.36% ~ 31.27% 和 0.27% ~ 3.48%，心脏、胃、鳃和肝胰脏等不同组织间 SNP 多态性的一致性较低，表明具有组织特异性；HcL Ig－like 区共检测到 42 个 SNP 位点，DNA 外显子、内含子水平和 mRNA 水平 SNPs 突变率大小分别为 0.34% ~ 14.36%、0.34% ~ 14.63% 和 0.27% ~ 25.60%，4 种组织间主要 SNP 位点（1272、1315、1410、1450、1938）一致性较高。进一步采用副溶血弧菌感染实验，在易感组和抗性组对虾进行比较，检测到 4 个与凡纳滨对虾抗性相关的血蓝蛋白 SNP 位点（2334、2342、2354 和 2374）。

Gorbach 等[37]开发了一个新的计算机程序软件 SNPIDENTIFIER，对数据库中的凡纳滨对虾基因组序列进行检测，共从 25 937 条已知 EST 序列中获得 3 532 条 contig 序列，经软件分析 141 条 contig 中预测到 504 个 SNP 位点。这些 SNP 位点的最小等位基因频率（minor allele frequency，MAF）大于 0.1，序列两端的 15 个碱基都能比对到共有序列上。设计并合成 19 对引物，15 对可通过 PCR 扩增获得目的 DNA 片段。在选取的 39 个 SNP 位点中，有 17 个（44%）得到多态性验证。

Ciobanu 等[38]通过生物信息学和再测序，从凡纳滨对虾商业养殖群体中鉴定出 1 221 个 SNP 位点，SNP 密度为 285bp/SNP。多数为二等位基因位点，只有少数（0.6%）为三等位基因位点。所有 SNP 突变位点中，转换型占 63.3%，颠换型占 36.6%，转换、颠换比例为 1.73。最常见的 SNP 类型为 A/G：T/C 突变（63.3%），其次为 A/C：G/T（18%）、A/T（12.6%）和 C/G（5.6%）。选取 211 个 SNP 进行实验，88% 位点在选自 3 个商业品系的 637 尾凡纳滨对虾样品中表现出多态性，但仅有少数 SNP 位点与对虾体重、存活率和 TSV 抗性等重要形状存在相关性；等位基因频率分析也表明在连续 3 代商业群体中 SNP 多态性变化不大。

Chen 等[39]克隆获得凡纳滨对虾利阿诺定受体基因（ryanodine receptor gene）的部分序列（GenBank 注册号：HM367069）。以 10 尾痉挛病凡纳滨对虾和 10 尾健康对虾为样品，通过 PCR 直接测序技术，在凡纳滨对虾利阿诺定受体基因中检测到 7 个 SNP 位点。5 个 SNP 位点（1713A/G、1749T/C、1755T/C、3965G/A 和 8737C/T）位于外显子区，且都是同义突变 SNP；另外 2 个 SNP 位点（1553C/T 和 13337A/G）位于内含子区。研究将为凡纳滨对虾抗痉挛病研究提供功能基因序列和 SNP 标记位点。

Liu 等[40]从 NCBI 数据库的 155 411 条凡纳滨对虾 EST 序列中分析预测出 17 225 个 SNP 位点，包括 9 546 个转换、5 124 个颠换和 2 481 个插入缺失位点。具有功能注释的 Contig 序列中，共有 7 298 个 SNP 替换，其中 58.4%（4 262）为错义突变并可导致编码氨基酸的改变。他们还检测到 250 个错义 SNP 与对虾经济性状相关。此外，编码区序列中错义突变（nsSNP）与同义突变（sSNP）所占比例的比值（Ka/Ks）在 0 ～ 4.01 之间，平均值为 0.42、中值为 0.26。这些大量功能 SNP 位点的筛选将为虾类选择育种提供极具应用价值的候选分子标记。

4.3.2.2 中国对虾的 SNP 标记

邱高峰等[41]随机选取烟台、长岛、青岛近海的对虾各 5 只和宁波养殖对虾标本 2 只，对中国对虾线粒体 DNA 的 16S rRNA 基因序列进行多态性分析。结果在 523bp 的 16S rRNA 片段中，共检测到 37 个 SNP 位点和 17 种基因型（每个个体含有一种单一基因型）。所有 SNP 位点中包含 14 个转换、11 个颠换和 12 个插入/缺失位点。

Zhang 等[42]利用四引物扩增受阻突变系统 PCR（tetra_ primer amplification refractory mutation system PCR，四引物 ARMS - PCR），对中国对虾 80 个 SNP 位点进行基因分型和验证，结果 80 组引物中有 20 组可获得较好的分型效果。上述 20 个 SNP 位点中，转换型突变所占比例为 45%（9 个），颠换型突变所占比例为 55%（11 个）。利用 20 组四引物 ARMS - PCR SNP 引物对六个家系的 180 尾中国对虾个体序列进行扩增和分型，结果表明每个位点的等位基因数为 1.127 ～ 1.193，平均等位基因数为 1.600，每个位点的观测杂合度、期望杂合度和多态信息含量分别为 0.373 ~ 0.487、0.505 ~ 0.609 和 0.145 ~ 0.373，最小等位基因频率为 0.378 ~ 0.497。哈迪 - 温伯格平衡检验表明 8 个(6.7%)SNP 位点偏离平衡，其余 12 个位点(93.3%)符合哈迪 - 温伯格平衡。研究为简单快速高效进行 SNP 基因分型提供了一种可行的方法，即四引物 ARMS - PCR 法。

张建勇[43]设计了 800 组四引物 ARMS - PCR 引物用于中国对虾遗传连锁图谱的构建，共产生 119 个父本 SNP 标记、115 个母本 SNP 标记。整合后的图谱共含有 180 个 SNP 标记，对位点在作图群体中的分型结果进行分析，结果表明有效等位基因数、观测杂合度、期望杂合度、多态信息含量和最小等位基因频率分别为 1.041 ~ 1.993、0.169 ~ 0.657、0.067 ~ 0.772、0.145 ~ 0.481 和 0.021 ~ 0.492。对 180 个 SNP 标记与中国对虾体重相关性进行分析，结果发现 2 个 SNP 位点(C2904 - 168 和 C12871 - 235)与对虾体重显著相关。利用图谱构建家系进行 QTL 定位，结果在 LG 连锁群上初步定位了 1 个与对虾体重相关的 SNP 位点，该位点分布于 C2904 - 168 和 C12871 - 235 区间，与标记性状间的相关性分析结果吻合。

吴莹莹等[44]利用高分辨率溶解曲线(High resolution melt，HRM)和非标记探针技术，分析中国对虾 EST 序列中的 118 个候选 SNP 位点，共得到 39 个(33.1%)具有二等位基因多态性的 SNP 位点。对一个混养家系群体的 48 尾中国对虾进行遗传多样性分析，发现所有 SNP 位点的有效等位基因数 1.051 ~ 1.999，平均有效等位基因数为 1.574，观测杂合度为 0.000 ~ 0.947，期望杂合度为 0.409 ~ 0.506，多态信息含量 PIC 为 0.047 ~ 0.375(包含 12 个 PIC < 0.25 的低度多态位点和 27 个 0.25 < PIC < 0.5 的中度多态位点)。Blast 比对发现，这些 SNP 位点对应的基因大都与免疫有关(如血蓝蛋白、血蓝蛋白亚基 L、氧合酶、假定 Kazal 型蛋白酶抑制剂等)。

4.3.2.3 拟穴青蟹的 SNP 标记

Ma 等[45]首次对拟穴青蟹 SNP 标记位点进行了报道。通过 15 个基因测序共获得 12 500 bp 的高质量拼接 DNA 序列；通过 8 个青蟹样品的基因序列比对，从中发现 37 个候选 SNP 位点，每 338 bp 有 1 个 SNP 位点。在一个包含 30 个野生青蟹的群体中，通过 SNaP-shot 分型方法对 SNP 位点进行多态性分析，发现 24 个位点被成功分型，其中 14 个位点 (ScPaSNP01 ~ ScPaSNP05、ScPaSNP09 ~ ScPaSNP11、ScPaSNP16 ~ ScPaSNP20、ScPaSNP22)发生转换突变、10 个(ScPaSNP06 ~ ScPaSNP08、ScPaSNP12 ~ ScPaSNP15、ScPaSNP21、ScPaSNP23 ~ ScPaSNP24)发生颠换突变，转换和颠换的比值为 1：0.71。24 个 SNP 位点中，16 个位于非编码区，8 个位于外显子区，且有 3 个(ScPaSNP03、ScPaSNP17 和 ScPaSNP22)为导致氨基酸改变的错义突变。每个位点处都含有 2 个等位基因，在这些位点上共发现 48 个等位基因。每个位点的最小等位基因频率(minor allele frequency，MAF)为 0.02 ~ 0.44，观测杂合度为 0.04 ~ 0.59，期望杂合度 0.04 ~ 0.50，平均观测杂合度和平均期望杂合度分别是 0.30 和 0.31。统计分析表明，所有位点均符合哈迪 - 温伯格平衡(P > 0.05)。连锁不平衡分析表明，有 6 个位点对之间(真核翻译起始因子 4A 基因的 ScPaSNP05 和 ScPaSNP07 位点之间、α - I 微管蛋白基因的 ScPaSNP14、ScPaSNP15 和

ScPaSNP21 三个位点相互之间、基质金属蛋白酶亚基基因的 ScPaSNP19 和 ScPaSNP20 位点之间及甘露糖结合蛋白基因的 ScPaSNP22 和 ScPaSNP24 位点之间)存在连锁关系,但在不同基因间没有连锁现象存在,Bonferroni 校正后也不存在两两连锁现象($P > 0.0021$)。

马群群等[46]利用 GeneBank 公布的拟穴青蟹线粒体基因序列设计引物,分别以福建省宁德采集的 16 个野生拟穴青蟹的基因组 DNA 为模板,进行 PCR 直接测序并分析其 mtD-NA 细胞色素 C 氧化酶亚基 I(COI)的 SNPs 位点。结果表明,在所克隆的 761 bp 的 COI 基因序列中共发现 29 个 SNP 位点,突变个体数从 1~8 个不等,变异频率最小值为 3.45%,最大值为 27.59%,平均变异频率为 3.8%。这些 SNP 中,25 个为转换位点,3 个为颠换位点,另外一个既有转换也有颠换。氨基酸分析表明,20 个 SNP 突变位点属于同义突变,未造成氨基酸的改变;剩余 9 个 SNP 属于错义突变,造成氨基酸的改变。

Lin 等[47]在 3 只健康拟穴青蟹中对 Toll 基因亮氨酸重复区(leucine – rich repeat domain,LRR)的 SNP 位点及其与病原识别相关性进行分析,结果发现 220 个 SNP 位点。多数位点丰度较低,突变频率在 1.0%~4.0%之间。但在位点 1 372 处发现一个突变频率高达 50% 的 A→G 转换突变(c. 1372A > G)。蛋白结构预测表明该突变为一个错义突变,氨基酸序列发生改变,进而导致 SpToll 二级结构的变化,提示该位点可能与 SpToll 特异性识别病原微生物有关。在此基础上进行副溶血弧菌(Vibrio Parahemolyticus)刺激实验,结果显示具有 G/G 基因型的青蟹个体累积死亡率明显低于 A/A 或 A/G 基因型个体死亡率,表明该位点(c. 1372A > G)的确与病原抗性相关,有望作为新的分子标记用于抗逆优良青蟹的筛选。

马洪雨等[48]以采自宁德、汕头、万宁、东方和三亚 5 个地理群体的 148 个野生拟穴青蟹个体为研究对象,根据锯缘青蟹抗菌肽 SCY2 基因序列(GenBank 注册号:EF555445)设计并合成引物,通过 PCR – RFLP 技术获得拟穴青蟹 SCY2 基因序列(GenBank 注册号:HM357236),并分析其多态性。结果发现 SCY2 基因的第一外显子和第一内含子中各有 1 个 StuI 酶切位点。第一外显子中的酶切位点处未发生改变,每个个体序列均被切开,只表现出单态性。第一内含子中的酶切位点因 867bp 处发生 C→G 突变(由 A 等位基因变为 B 等位基因),突变个体序列不能被识别切割,具有多态性。AA 基因型电泳图含 3 条带(分别 151 bp、356 bp 和 509 bp),AB 基因型电泳图含 4 条带(151 bp、356 bp、509 bp 和 660 bp)。148 只拟穴青蟹中,只有三亚群体中的 1 个个体表现为 AB 基因型,其余均为 AA 基因型,没有 BB 基因型。AB 基因型频率为 0.85%,B 等位基因频率为 0.34%。

Yang 等[49]以 30 个拟穴青蟹个体为研究对象,利用 PCR 直接测序技术在拟穴青蟹 Hsp70 基因中检测到 6 个 SNP 位点(270 T/G、759C/A、760 G/T、762A/T、1024C/T 和 2534 G/A),每个位点突变频率分别为 0.50、0.40、0.20、0.20、0.40 和 0.29。

4.3.2.4　中华绒螯蟹的 SNP 标记

张凤英[50]以长江、辽河和瓯江水系的中华绒螯蟹为材料,从肝胰腺提取纯净线粒体,PCR 扩增得到线粒体 12S rRNA 和 16S rRNA 基因序列,并检测不同个体、不同水系间的多态性。12S rRNA 片段长为 458 bp,在所测 15 个个体中(每水系各 5 个)共检测到 2 个 SNP

位点，包括 1 个转换(21 A→G)和 1 个颠换(438 A→C)位点。16S rRNA 片段长为 527 bp，在所测 3 个个体中(每水系各 1 个)共检测到 3 个 SNP 位点，包括 1 个转换(21 T→C)和 2 个颠换(520 C→A、526 G→C)位点。SNP 位点的存在为中华绒螯蟹遗传变异研究、种与亚种的鉴定等研究提供资料。

Zhang 等[51]利用 PCR 直接测序获得 32 条中华绒螯蟹细胞色素 b(Cytb)和线粒体细胞色素氧化酶 I (COI)基因序列，分别检测到 17 和 11 个 SNP 位点(图 4.14、图 4.15)。研究表明这些 SNP 位点可作为绒螯蟹不同亚种间的特异性 DNA 条形码，能够用于种间分析。

No.	Variable Sites						GenBank Accession No.
	1 1 1 1333369011 5036964818	1111112222 3345780026 2816106724	2233333333 7823777789 0573567816	4444444444 1122233478 4703725499	4555555555 9015567889 8772551340	5566666 9901123 4765920	
1	GCTTACGCTC	CGGTGACAAC	TTTAAGCCAT	TACTGCTCTA	TAGAAAACTT	CCACATC	AY640057
2	....	....A.....	......T...	....	....	....	EU316087
3	....	T...A.....	....	....	....	....	AY640059
4	....	....A.....	....	..C.......	....	....	AY640062
5	....	....A.....	....	....	......C...	....	EU316063
6	....	....	....	....	....	....	FJ476081
7	....	....	....	....	....	..T....	EU315957
8	....	.A..A.AC.	....	....	....	....	AY274302
9	....	.A..A.....	....	.T....C.	C...	....	EU316078
10	....	.A..A.....	.....A...	....	......T...	....	EU315981
11	....	.A..A.....	....	....	......T...	..C.	EU315978
12	....	.A..A.....	....	....	......T...	...G.	EU316085
13	....	.A..A.....	....	....	...G.T...	....	EU316102
14	....	.A..A.....	....	....	......TG.	....	EU316108
15	....	.A..A.....	..C......	....	......T...	....	EU316090
16	....	.A..A.....	....	....	......T...	....	FJ476088
17	....	.A..A.....	....	.G......	....	....	AY640061
18	....	.A..A.....	C	....	......T...	....	EU316032
19	....	.A..A.....	....	....	......T...	..C.	EU316088
20	....	.A..A.....	....	....	......T...	...G.	EU316099
21	....	.A..A.....	....	....	.G....T...	....	FJ476100
22	....	.A..A.....	....	....	.G....T...	..C.	EU316109
23	....	.A..A.....	....	.G......	....	....	EU316084

图 4.14　中华绒螯蟹 Cytb 基因的 SNP 位点[51]

No.	Variable Sites						GenBank Accession No.
	11 3344566700 0458109558	1111111122 2334455801 6252439083	2222222223 2467788890 8170328923	3333333333 1113334445 2570395684	3344444444 5900022788 7905809734	4455555 8800134 6917670	
1	CCCTATATAG	ACCACAGATC	TATAGCTTGC	TACTTCACTC	ATACAAGACC	ACAACCA	AF435119
2	....	...G......	....	...G......	....	....	AF435118
3	....	...G......	....	....	....	....	AF435117
4	....	...G......	.G.G....T	....	.........T	....	AF435114
5	....	...G......	..G.......	....	.........T	....	AF105247
6	....	...G......	....	....	.........T	....	AF435115
7	.......G.	...G......	....	....	.........T	....	DQ882062

图 4.15　中华绒螯蟹 CO I 基因的 SNP 位点[51]

Li 等[52]将 16 960 条中华绒螯蟹 NCBI EST 序列进行拼接，共获得 1 330 条 contig 序列，从其中 353 条 contig 中检测到 3 991 个 SNP 位点(包含 1 093 个颠换和 1 485 个转换)，SNP 发生频率为 0.78 SNP/100 bp。所有 SNP 突变类型中，C/T 转换所占比例最高，为 32.2%(829 个)；T/G 颠换所占比例最低，仅为 8.2%(211 个)。以 40 只野生中华绒螯蟹为样品，选取 38 个 SNP 位点设计并合成引物，结果 12 个位点(31.6%)能成功扩增目的产物且具有二等位多态性，18 个位点(47.4%)能获得扩增但只有一个等位基因，8 个位点(21.1%)不能扩增目的产物。具有二等位多态性的 SNP 位点中，最小等位基因频率为 0.150~0.500，观测杂合度为 0.056~0.833，期望杂合度为 0.155~0.507，平均最小等位基因频率、平均观测杂合度和平均期望杂合度分别为 0.315、0.356 和 0.387。密码子使用偏好性研究还表明，中华绒螯蟹高表达基因中 GC 含量较高，同义突变位点中偏好使用 G/C 密码子。这是首次从中华绒螯蟹中筛选得到的大批量 SNP 位点，丰富了中华绒螯蟹分子标记信息。

4.4　遗传连锁图谱构建

4.4.1　构建过程

构建遗传图谱的途径有 3 种：① 通过有计划性的有性杂交构建连锁群；② 鉴于一些伦理或生活周期问题，只能进行谱系分析，即收集家系成员的资料进行遗传连锁分析；③ 某些物种不进行减数分裂，用 DNA 转移方法进行分析。此处主要介绍第一种途径，即利用标记重组率的分析建立遗传连锁图谱。

4.4.1.1　作图群体的创建

创建一个作图群体是构建遗传连锁图谱的首要条件，可利用减数分裂在目的基因或标记位点间产生分离，但减数分裂的重组现象仅仅发生在有性生殖的生物个体中，所以很多不能进行有性生殖的物种不能够采取这种方法进行连锁图谱构建。我们可通过有性杂交创建需要的作图群体。建立一个有效的作图群体，需要考虑以下几方面因素：① 亲本的选择；② 分离群体类型的选择；③ 作图群体大小的确定。

（1）亲本的选择

亲本选择能直接影响到构建连锁图谱的难易程度及所建图谱的质量，在选择亲本的时候需要注意以下四方面的问题：① 要选择亲缘关系较远、含有丰富多态性的亲本，这样就会有足够的标记用于图谱的构建，能连锁上的性状就会越多。② 要考虑到后代的可育性，若亲本间的差异过大，杂种染色体之间的配对和重组会受到抑制，导致连锁座位间的重组率偏低，并导致严重的偏分离现象，降低所建图谱的可信度和适用范围，严重的甚至还会造成杂种后代不育，影响分离群体的构建；由于各种原因，仅用一对亲本的分离群体建立遗传图谱往往不能完全满足基因组研究和育种的要求，应选用几个不同的亲本组合，分别进行连锁作图，以达到相互弥补的目的。③ 选择的亲本及其 F1 杂交后代要经过细胞学鉴定，排除双亲间相互易位、染色体缺失等现象的存在，否则后代不能用来构建连锁图谱；④ 要尽可能地将目的性状构建进去，同时尽量选用纯度高的材料，通过自交进行纯化，这样会使构建的图谱更加具有应用价值。

（2）分离群体类型的选择

作图群体对连锁图谱的作图效率和应用起着决定性的作用，根据作图目的、图谱分辨率、所用物种构建的难易程度将其分成两大类：一是暂时性分离群体，包括单交组合所产生的 F2 代及其衍生的 F3、F4 以及回交群体（backcross，BC）和三交群体等，这类群体的分离单位是个体，一旦经过自交或近交，遗传组成就会改变，不能永久使用；另一种是永久性群体，包括重组自交系（recombinant inbred lines，RIL）及双单倍体（double haploid，DH）群体等，这类群体的分离单位是株/系，不同株/系之间存在基因型的差异，而在一个株/系内个体间基因型相同且纯合，具有自交不分离性，可通过自交或近交繁殖后代，不会改变群体的遗传组成，能够永久使用。构建遗传连锁图谱可以选用不同类型的分离群体，但它们各有优缺点，应结合具体情况选择不同的分离群体。

单交组合 F2 代及其衍生的 F3、F4 代群体　F2 代群体是指 F1 代自交或近交产生的群体，这个群体经常被用于较易得到近交系的物种研究中，由于 F2 代群体存在大量的作图信息，同时含有亲本所有可能的等位基因组合，是一种应用非常广泛的作图群体。建立 F2 群体非常容易，这是使用 F2 群体进行遗传作图的最大优点。迄今为止，已经有许多物种中利用 F2 代构建遗传连锁图谱，如斑马鱼遗传连锁图谱的建立。但 F2 群体有一个不足之处，即存在杂合基因型，RFLP 等很难识别纯合基因型与杂合基因型之间的差异，从而会因作图精度降低无法满足研究需要。为了提高作图精度、减小误差，就需要使用较大的群体，从而增加 DNA 标记分析的费用。F_2 群体的另一个缺点是不易长期保存，有性杂交一代后，群体的遗传结构就会发生变化。为了延长群体的使用时间，可使用 F2 代单个个体的衍生系（F3 代群体或 F4 代群体）。为了保证这种代表性的真实可靠，衍生系中选取的个体必须是随机的，且数量要足够多。

回交群体（backcross，BC）　F1 代个体和任一亲本杂交所产生的群体被称为回交群体。理论上讲，回交群体的亲本两对同源染色体中都是只有一条发生了重组，存在很强的连锁不均衡性，因此作图效率非常高，在动物和植物中的应用都很广泛。回交一代 BC1 中每一分离的基因座只有两种基因型，它直接反映了 F1 代配子的分离比例，因而 BC1 群体的作图效率最高，这是它优于 F2 群体的地方。BC1 群体还有一个用途，就是可以用来检验雌、雄配子在基因间的重组率上是否存在差异，其方法是比较正、反回交群体中基因的重组率是否不同。例如正回交群体为（A×B）×A，反回交群体为 A×（A×B），前者反映的是雌配子中的重组率，后者反映的是雄配子中的重组率。虽然 BC1 群体是一种很好的作图群体，但它与 F2 群体一样，是一个暂时性群体，存在不能长期保存的问题，而且容易有假杂种现象的出现，造成作图误差。另外还有一些可以采用三交群体，即（A×B）×C，尽可能避免假杂种现象产生。

重组自交系(recombinant inbred lines，RIL)　重组自交系是指继 F2 代个体后，连续进行多代自交或近交产生的几乎接近完全纯合的一个品系，是一种可以长期使用的永久性作图群体。理论上，建立一个无限大的 RIL 群体，必须自交无穷多代才能达到完全纯合；建立一个有限大小的 RIL 群体则只需自交有限代。然而，即使是建立一个通常使用的包含 100～200 个个体的 RIL 群体，要达到完全纯合，所需的自交代数也是相当多的。这样，构建 RIL 品系需要的时间过长，一般要通过 6～7 代才可以得到(杂合度在 3% 左右，已基本接近纯合)，纯合子产生的速率与重组率呈反比。这个群体适用于一些生活周期短的动植物，自交物种能较快获得纯合体，而一些不能自交的群体则要利用 F2 代同胞个体的自交而得到重组自交系，例如用这种方法已经构建了小鼠的遗传连锁图谱。

双单倍体(double haploid，DH)　双单倍体是指单倍体(haploid)经过染色体加倍(如热休克法)形成的二倍体，群体中个体基因型完全纯合。对于那些生活周期较长的生物，可大大缩短作图群体的创建时间，同时也是一种永久性作图群体。近年来，随着人工雌核或雄核发育技术的开发和广泛应用，在一些水生动物特别是鱼类中的应用十分广泛。

杂交 F1 群体　杂交 F1 群体是一种十分容易获得、操作简单、周期短、适用于杂合度较高的物种图谱构建的作图群体。对于大部分的水生动物而言，自然群体拥有很高的多态性，即使近交系难以获得杂交 F1 群体也完全能满足构建图谱的需要，例如构建的美洲牡蛎和皱纹盘鲍遗传连锁图谱就是利用杂交 F1 群体构建的。

总而言之，构建图谱需根据研究目标的不同选择合适的作图群体。一般来说永久性群体具有其特有的优势：① 检验的可重复性；② 等位基因的固定性；③ 基因型的可确定性；④ 无显性效应。上述几种作图群体的特点如表 4.15 所示。

表 4.15　不同作图群体的特点

特点	杂交 F2	回交 BC	重组自交系 RIL	双单倍体 DH
群体的形成	F1 自交	F1 回交	F2 自交	F1 花药培养
准确度	低	低	高	高
所需群体大小	大	大	小	小
永久性/暂时性	暂时性群体	暂时性群体	永久性群体	永久性群体
分离比率	1:2:1	1:1	1:1	1:1
构建成本	低	低	中等	中等
构建周期	短	短	长	短

(3)作图群体大小的确定

在遗传图谱构建中，图谱的分辨率和精确度很大程度上取决于群体大小。群体越大，作图精度越高；但群体太大时，不仅大大增加实验研究的工作量，而且增加研究成本。因此应当选取大小合适的群体进行遗传连锁图谱构建。大量的作图实践表明，由于利用分子标记构建的图谱反映的是基因座位之间的距离，所需的群体远远小于形态标记构建图谱所

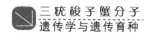

需的群体，在已经报道的分子遗传图谱中，所用的群体一般不足 100 个个体。而如果用这样大小的群体定位控制性状（尤其数量性状）的基因，就会产生很大的试验误差。从作图效率考虑，作图群体所需样本容量的大小取决于以下两个方面：一是随机分离结果可以辨别的最大图距，二是两个标记间可以检测到重组的最小图距。因此，作图群体的大小可根据研究的目标确定。作图群体越大，可以分辨的最小图距就越小，可确定的最大图距也越大。如果作图的目的是用于基因组序列分析或基因分离等工作，则需用较大的群体，以保证所建连锁图谱的精确性。在实际工作中，构建分子标记骨架连锁图可基于大群体中的一个随机小群体，当需要精细地研究某个连锁区域时，再有针对性地在骨架连锁图的基础上扩大群体。这种大、小群体相结合的方法，既可达到研究的目的，又可减轻工作量。

作图群体大小还取决于所用群体的类型。如常用的 F2 和 BC1 两种群体中，前者所需的群体就必须大些。这是因为 F2 群体中存在更多种类的基因型，为了保证每种基因型都有可能出现，就必须有较大的群体。一般而言，F2 群体的大小要比 BC1 群体大一倍左右，这样才能达到与 BC1 差不多的作图精度。所以说，BC1 的作图效率比 F2 高得多。在分子标记连锁图的构建中，DH 群体的作图效率在统计上与 BC1 相当，RIL 群体则稍差些。为了达到彼此相当的作图精度，所需的群体大小的顺序为 F2 > RIL > BC1 > DH。

4.4.1.2 标记的选择

形态学标记、生物化学标记和 DNA 分子标记等遗传标记均可用于遗传连锁图谱的构建。以分子标记构建遗传连锁图谱的本质是个体间核苷酸序列因缺失、插入、易位、倒位、重排等产生差异，通过分子标记反映出这些差异，进而在分子水平上构建遗传连锁图谱。

4.4.1.3 数据统计及图谱构建

选好要作图的群体以及要用的分子标记，对选好的整个群体进行分析，收集以电泳条带或者峰型为表现形式的分离数据进行数字化处理。在这个过程中应注意的是：必须区分所有可能的类型和情况，并赋予相应的数字或符号；对所赋值的座位带型一定要统一，不能产生混淆；对于没有把握的数据要剔除，勉强利用这些标记不仅会严重影响该标记自身的定位，还可能会影响到其他标记的正确定位；当构建图谱所用的两亲本出现多条带的差异时，应通过共分离分析鉴别这些条带是属于同一座位还是分别属于不同座位，若属于不同座位应逐一条带地分别记录分离数据。

4.4.2 遗传连锁图谱的应用

4.4.2.1 数量性状基因定位(QTL)

经济性状相关基因的定位是遗传连锁图谱的重要应用之一，在动植物中有许多非常重要的经济性状都表现出数量性状的特点。将复杂的数量性状分解成为多个 QTL，进而定位在生物基因组中不同的染色体上，并对每个 QTL 进行作用效果和类型的判断，计算 QTL 对表型的贡献率和作用方式以及相互作用关系。这种关系取决于 QTL 座位对表型作用效果、研究群体以及 QTL 之间重组率的大小，即只有分子标记与 QTL 相距较近的时候，才可以通过重组将它们集中在同一个后代中，这种方法可以阐明数量性状的多基因控制，实现利用分子标记辅助选择数量性状。近年来，水生生物中的育性、抗性、生长发育、产量以及品质等经济性状都是研究的重点和热点，这些研究对于分子标记辅助育种以及基因克隆都有重要意义。

4.4.2.2　比较基因组作图

比较基因组研究的是利用一个物种的基因或者基因的部分片段或 DNA 分子标记，通过遗传或者物理作图的方法，比较其他物种的分布特点从而构建相应的遗传连锁图谱，揭示染色体上基因的同源顺序。

比较作图(comparative mapping)就是利用一个物种的 DNA 标记对另一物种进行遗传或物理作图。比较作图的分子基础就是物种间 DNA 序列尤其是编码序列的保守性。通过比较作图可揭示不同物种基因组或基因组区域同线性或共线性的存在，从而了解不同物种基因组结构的相似性及基因组进化的历程。所谓同线性是指能够定位在一个物种的染色体上的两个或多个标记又被定位于另一物种的同源染色体区域上，但这些标记间的相对排列顺序可变化；共线性指能够定位在同源染色体区域上的标记，标记间的相对排列顺序是保守的。

最早的比较基因组学研究始于人、鼠和牛的比较作图，连锁同源性分析中。随着人类染色体完全测序的开展，人们已经开始将重心转移到基因组的功能和进化机理的研究，例如斑马鱼中已开展了与其他动物基因组的比较分析。

比较基因组学的研究对生物的进化、演变等有重大影响。通过比较作图可显著增加各物种中可供利用的遗传标记的数量，对遗传研究较为滞后的物种十分重要。利用比较作图法还可能根据已定位在某个物种中的新基因，在其他近缘物种的染色体同源区域定位相同的基因，将大大提高基因定位的效率。目前，众多生物的基因组全序列测序已经完成，比较作图研究随之进入一个新的时代，即可以直接在 DNA 序列水平上利用比较基因组学对不同生物的基因组进行分析，从而对未知生物的遗传本质具有一个更深刻的了解。

4.4.2.3　基因克隆

基因克隆(gene cloning)，又称图位克隆(map–based cloning)或定位克隆(positional cloning)，最早在 1986 年提出，是基于遗传图谱的基因克隆。这个方法是利用已经构建的分子遗传图谱，将功能基因定位到染色体某个具体的位置，找到与该基因紧密连锁的分子标记，再辅以亚克隆和染色体步移(chromosome walking)获得含有目的基因的克隆片

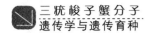

段，最后进行功能和理化机制的验证。迄今为止，有些物种已经利用图位克隆法定位了很多基因。

4.4.3　我国主要经济虾类的遗传连锁图谱构建

随着海洋生物资源开发的日益更新，水产养殖成为农业经济中的一个重要分支，而海水养殖业也成了沿海地区经济发展的支柱产业。与陆生动物相比，水产养殖虽然发展较快，但是仍处于较落后的水平，目前主要以野生种群的养殖为主，这就可能会导致养殖品种的病害问题，进而造成大规模的死亡，由此表明品种选育和遗传改良的迫切性和必要性。将分子生物学手段应用到水产动物遗传改良工作中，能加快水产养殖业的发展进程。要想达成种质遗传改良，首先要构建生物的遗传连锁图谱，进而将遗传标记与生物种质鉴定、亲缘关系分析紧密结合在一起。目前，已经利用分子标记，构建了很多水生生物的遗传连锁图谱。一些重要的经济性状相关基因也被定位在图谱中，为今后遗传改良和标记辅助选育提供理论依据，使得培育优质高产抗逆品种成为可能。

1997 年，美国农业部（USDA）制定了包括鲶鱼、鳟鱼、罗非鱼、虾类和牡蛎在内的 5 种水产经济动物的基因组计划，其首要目标就是要构建这些水产动物的遗传连锁图谱，进而定位重要的经济性状，最后利用比较基因组学进行相应物种的作图。

由于虾蟹等甲壳动物的基因组太过庞大，导致标记开发工作进行缓慢，拖延了对其遗传连锁图谱的构建。但是在这种情况下，科学家们仍对虾蟹遗传连锁图谱进行了很多的研究，尤其是在对虾类中构建了一些遗传连锁图谱。

4.4.3.1　日本对虾遗传连锁图谱构建

Moore 等[53]最早构建了日本对虾全同胞家系的 AFLP 分子标记遗传连锁图谱。图谱含 44 个连锁群，最终定位了 129 个 AFLP 标记，标记平均间隔为 15.0 cM，覆盖率达 57%。他们还分析了 SSR 标记构建图谱的可行性，认为 AFLP 标记是构建图谱的有力工具，详细描述了如何将 AFLP 片段转化为 STS（Sequenced Tagged Sites）标记。这是甲壳动物乃至水生无脊椎动物中首次报道的连锁图谱。

Li 等[54]利用 401 个 AFLP 标记构建了日本对虾第二张雌雄遗传连锁图谱。雄性图谱中（图 4.16），将 217 个 AFLP 标记定位于 43 个连锁群，每个连锁群所含标记数为 2~10 个，标记平均间隔为 9.68 cM，图谱总图距为 1 780 cM；雌性图谱中（图 4.17），将 125 个 AFLP 标记定位于 32 个连锁群，每个连锁群所含标记数为 2~8 个，标记平均间隔为 10.9 cM，图谱总图距为 1 026 cM。在雌性图谱的第 18 连锁群上，有一个与性别紧密连锁的标记位点，对应 LOD 值为 5.0。研究不仅大大提高了日本对虾遗传连锁图谱的精度和密度，还成功地将性别相关标记定位到雌性连锁群上。

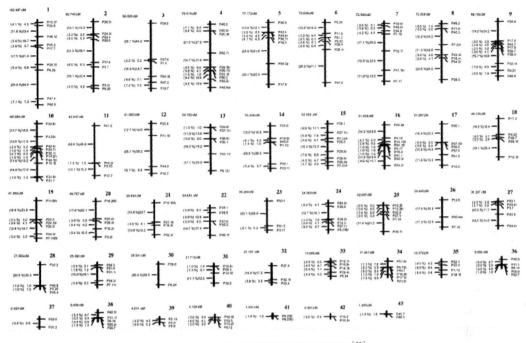

图 4.16　日本对虾雄性遗传连锁图谱[53]

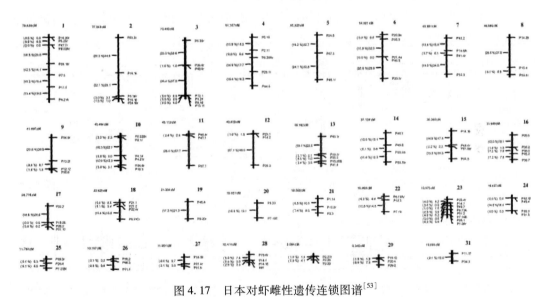

图 4.17　日本对虾雌性遗传连锁图谱[53]

4.4.3.2　斑节对虾遗传连锁图谱

Wilson 等[55]利用 116 个 AFLP 标记构建了斑节对虾遗传连锁图谱，其中 63 个标记被定位于 19 个连锁群(包含 8 个大于 50 cM 的主连锁群和 11 个不超过 50 cM 小连锁群)。每个连锁群所含平均标记数为 3.3 个，每个连锁群平均图距为 74.3 cM，图谱总图距为

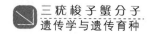
1 412 cM，标记平均间隔为 22.4 cM。该图谱标记间遗传距离过大，需要用更多 AFLP 或其他标记提高遗传饱和度、增大图谱覆盖率。

Maneeruttanarungroj 等[56]利用 50 个 EST - SSR 标记和 208 个其他标记(包含 185 个 AFLP 标记、1 个 EPLC 标记、6 个 SSCP 标记、1 个 SNP 标记、15 个 SSR 标记)构建一张新的斑节对虾遗传连锁图谱。雄性图谱中将 157 个标记定位到 47 个连锁群，标记平均间隔为 7.0 cM，每个连锁群平均长度为 23.4 cM，每个连锁群所含平均标记数为 3.3 个，图谱总图距 1 101.0 cM，覆盖率约 55%；雌性图谱中将 111 个标记定位到 36 个连锁群，标记平均间隔为 8.0 cM，每个连锁群平均长度为 24.8 cM，每个连锁群所含平均标记数为 3.1 个，图谱总图距 891.4 cM，覆盖率约 45%。

Staelens 等[57]以 3 个 F1 全同胞家系为作图群体，利用 AFLP 分子标记构建斑节对虾性别相关遗传连锁图谱，并筛选定位性别相关的分子标记。雌性图谱中将 494 个标记定位到 43 个连锁群，标记平均间隔为 5.2 cM，每个连锁群平均长度为 54.9 cM，每个连锁群所含平均标记数为 11 个，图谱总图距 2 362 cM；雄性图谱中将 757 个标记定位到 44 个连锁群，标记平均间隔为 3.3 cM，每个连锁群平均长度为 54 cM，每个连锁群所含平均标记数为 17.2 个，图谱总图距 2 378 cM。该图谱达到高密度遗传连锁图谱水平。对性别连锁 AFLP 分子标记进行分析，表明斑节对虾性别决定机制可能为 ZZ - ZW 型。

You 等[58]以斑节对虾 F1 家系为材料，利用 256 个 SSR 和 85 个 AFLP 标记，构建斑节对虾雌性和雄性遗传连锁图谱。雌性图谱(图 4.18)分布于 46 个连锁群，包括 171 个 SSR

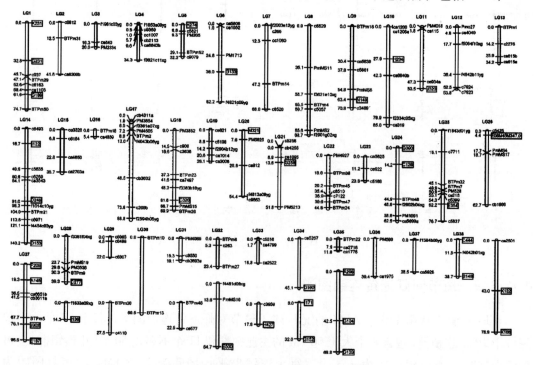

图 4.18　斑节对虾雌性遗传连锁图谱[58]

和 36 个 AFLP 标记,标记间隔为 0 ~ 60.5 cM,标记平均间隔 13.8 cM,每个连锁群长度为 5.4 ~ 43.2 cM,连锁群平均长度为 48.1 cM,每个连锁群所含平均标记数为 5 个,图谱总图距为 2 182 cM;雄性图谱(图 4.19)分布于 43 个连锁群,包括 176 个 SSR 和 49 个 AFLP 标记,标记间隔为 0 ~ 43.5cM,标记平均间隔 11.2 cM,每个连锁群长度为 1.4 ~ 107.9 cM,连锁群平均长度为 47.3 cM,每个连锁群所含平均标记数为 5 个,总图距为 2 033.4 cM。有 136 个 SSR 标记在雌雄连锁图谱之间共有,它们分布于 38 个连锁群上 (LG1 ~ LG38)。研究还将 1 个与性别相关的 AFLP 标记(E06M45M347.0)定位到雌性图谱的第 26 号连锁群上,揭示 LG26 连锁群可能与性染色体相关。

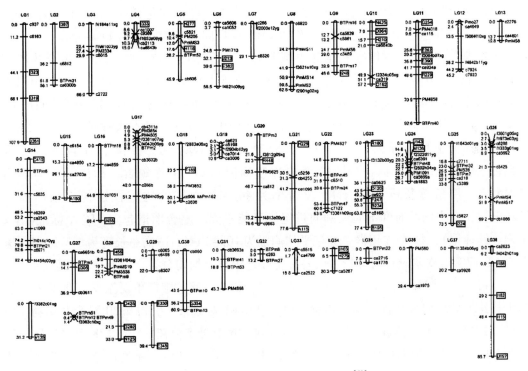

图 4.19　斑节对虾雄性遗传连锁图谱[58]

4.4.3.3　中国明对虾遗传连锁图谱

岳志芹等[59]于 2004 年最先报道了中国明对虾的遗传连锁图谱。他们利用 AFLP 分子标记技术和拟测交理论,以中国明对虾单对杂交亲本和 F1 代个体为作图群体,分别构建雌性和雄性遗传连锁图谱。雄性连锁图谱中,74 个标记组成了 5 个连锁群、7 个三联体、13 个连锁对,总图距为 951.5 cM,最大连锁群长度为 206.2 cM,最短连锁群长度为 7.4 cM,连锁群平均长度为 38.1 cM,标记平均间隔为 12.8 cM;雌性连锁图谱中,66 个标记组成 5 个连锁群、4 个三联体、13 个连锁对,总图距为 712.7 cM,最大连锁群长度为 128.2 cM,最短连锁群长度为 7.7 cM,连锁群平均长度为 32.4 cM,标记平均间隔为10.7 cM。估算的中国明对虾基因组总长度为 2 000 cM,所构建的连锁图谱分别覆盖了基因组长度的47.5%和35.6%。该图谱的作图群体较小,标记数目不足,仅有5个连锁群所含标记数超过 3 个,远小于中国明对虾的单倍体染色体数目($n = 44$)。

李晓静等[60]以单对杂交亲本及其 F2 代为作图群体,构建中国明对虾 RAPD 标记遗传连锁图谱。109 对引物共产生 234 个符合 1:1 孟德尔分离比的位点和 50 个符合 3:1 孟德尔分离比的位点。利用拟测交理论分析,雌性连锁图谱中包含 107 个 1:1 分离标记,分布于 31 个连锁群,图谱总长度为 1 406.1 cM,标记平均间隔为 18.5 cM;雄性连锁图谱中包含 91 个 1:1 分离标记,分布于 26 个连锁群,图谱总长度为 1 187.7 cM,标记平均间隔为18.27 cM。利用 F2 自交模型分析,雌雄整合图谱中包含 35 个 3:1 分离标记,分布于 10 个连锁群,图谱总长度为 432.9 cM,标记间的平均间隔为 17.3 cM。

田燚等[61]利用 F2 群体家系构建中国明对虾遗传连锁图谱。55 对引物组合共产生 532 个符合作图策略的 AFLP 标记,将符合 1:1 分离比的 234 个位点(43.98%)利用拟测交原理构建雌性和雄性遗传连锁图谱,符合 3:1 分离比的 216 个位点(40.60%)利用 F2 自交模型构建雌雄整合图谱。雌性遗传图谱包含 103 个标记(没有未连锁标记),28 个连锁群,标记平均间隔为 14.53 cM,图谱总长度 1 090 cM,覆盖率为 47.67%;雄性遗传图谱包含 144 个标记(含 10 个未连锁标记),35 个连锁群,标记平均间隔为 16.46 cM,图谱总长度 1 617 cM,覆盖率为 44.41%。雄性比雌性遗传连锁图谱长 32.6%,说明中国明对虾不同性别间重组率可能不同。整合图谱包含 216 个标记(含 2 个未连锁标记),44 个连锁群,标记平均间隔为 10.42 cM,图谱总长度为 1 772 cM,覆盖率 63.17%。皮尔逊相关分析表明各标记在连锁群上均匀分布,没有成簇现象。

孙昭宁等[62,63]利用中国明对虾"黄海 1 号"雌虾和野生雄虾单对杂交产生的 F1 代,初步构建 RAPD 和 SSR 标记遗传连锁图谱。利用 61 对 RAPD 引物和 20 对 SSR 引物,对父母本和 82 个 F1 个体进行遗传分析,共得到 146 个母本分离标记(128 个 RAPD、18 个 SSR)和 127 个父本分离标记(109 个 RAPD、18 个 SSR)。雌性图谱包括 8 个连锁群、9 个三联体、14 个连锁对,标记平均间隔为 11.28 cM,图谱共覆盖 1 173 cM,覆盖率为59.36%;雄性图谱包括 10 个连锁群、12 个三联体、7 个连锁对,标记平均间隔为 12.05 cM,图谱共覆盖 1 145 cM,覆盖率为 62.01%。该图谱中分离标记和连锁群数量仍然有限,RAPD 标记本身的不稳定性和 SSR 标记数量的有限性限制了图谱的进一步应用。

李健等[64]利用 AFLP、SSR、RAPD 三种标记技术和拟测交技术,构建中国明对虾"黄海 1 号"雌雄遗传连锁图谱。通过 61 对 RAPD 引物、20 对 SSR 引物和 88 对 AFLP 引物组合,对父母本和 82 个 F1 个体进行遗传分析,结果得到 783 个分离标记(501 个 AFLP、45 个 SSR、237 个 RAPD),利用其中 761 个标记构建遗传连锁图谱。雌性图谱包括 40 个连锁群、15 个三联体、20 个连锁对,标记平均间隔为 12.5 cM,图谱共覆盖 2 835.5 cM,覆盖率为 73.5%;雄性图谱包括 41 个连锁群、6 个三联体、12 个连锁对,标记平均间隔为 11.9 cM，图谱共覆盖 2 776.7 cM，覆盖率为 73.3%。

刘博等[65,66]利用 AFLP、RAPD 和 SSR 标记，以朝鲜半岛的野生中国明对虾雌性个体和人工选育的"黄海 1 号"中国对虾雄性个体杂交产生 F1，F1 自交产生 F2 全同胞家系，通过拟测交策略构建中国明对虾遗传连锁图谱。雌性图谱中将 231 个分子标记（199个 AFLP、24 个 SSR 和 8 个 RAPD 标记）定位到 44 个连锁群，其余 64 个未连锁标记包括 18 个连锁对和 28 个单一标记；图谱总图距为 1 611 cM，标记平均间隔为 7.8 cM，每个连锁群长度为 6.3～115.4 cM，每个连锁群所含标记数为 2～22 个，图谱覆盖率为 67.8%。雄性图谱中将 204 个分子标记（170 个 AFLP、25 个 SSR 和 9 个 RAPD 标记）定位到 44 个连锁群上，其余 60 个未连锁标记包括 17 个连锁对和 26 个单一标记；图谱总图距为 1 573.4 cM，标记平均间隔为 8.8 cM，每个连锁群长度为 9.6～99.1 cM，每个连锁群所含标记数为 2～12 个，图谱覆盖率为 64.9%。通过符合区间作图，首次对"黄海 1 号"的体重、全长、头胸甲、腹节长、尾节长等 15 个生长相关的性状进行了 QTL 定位，结果共定位了 13 个生长性状的 59 个 QTL，检测出 14 个主要的 QTL。这 14 个主要QTL 的加性效应为正值，可解释的表型变异率为 11.5%～35.6%。雌性图谱中检测出分别与头胸甲长、第 3 腹节长和第 5 腹节长相关的 4 个主要 QTL，它们分别为位于 LG10、LG1、LG6 和 LG31 上的 STL10.1、A3L1.1、A3L6.2 和 A5L31.6，可解释的表型变异率依次为 11.5%、13.6%、14.6% 和 13.6%。其余 8 个性状，第 1 腹节长、第 2 腹节长、第 6 腹节长、尾节长、头胸甲宽、第 1 腹节宽、头胸甲高和第 1 腹节高的 10 个主要 QTL 位于雄性图谱的 A1L1.1、A1L15.3、A2L1.1、A6L15.1、TL10.1、CW15.2、A1W15.2、CH15.1、CH15.2 和 A1H15.1，可解释的表型变异率为 12.3%～35.6%，其中 CW15.2、CH15.1、CH15.2 和 A1H15.1 可解释的表型变异率分别为29.8%、35.6%、31% 和 24.5%。以上 14 个与生长相关的主要 QTL 为"黄海 1 号"分子标记辅助选育提供基础。

Wang 等[67]利用 AFLP、SSR 和 RAPD 三种分子标记构建中国明对虾遗传连锁图谱。雌性图谱（图 4.20）中共 236 个标记定位于 44 个连锁群（其中 40 个含有三个以上分子标记），标记平均间隔为 8.93 cM，每个连锁群所含平均标记数为 5.36 个，最大连锁群长度为 121.23 cM，最小连锁群长度为 38 cM，总图距为 1 715.06 cM，覆盖率为 63.98%；雄性图谱（图 4.21）中共将 255 个标记定位于 50 个连锁群（其中 46 个含有三个以上分子标记），标记平均间隔为 10.13 cM，每个连锁群所含平均标记数为 5.10 个，最大连锁群长度为 159.59 cM，最小连锁群长度为 39 cM，总图距为 2076.53 cM，覆盖率为 63.40%。在雌性图谱的第 1 连锁群 LG1 和雄性图谱的第 44 连锁群 LG44 上，还定位到 5 个与体长、头胸甲长、头胸甲宽、第 1 腹节长、WSSV 抗性等相关的 QTL。

Zhang 等[68]以 100 个中国明对虾 F1 代个体为作图群体，利用 200 个 SNP 分子标记，构建了中国明对虾第一张 SNP 标记遗传连锁图谱。雄性图谱包含 115 个标记，21 个连锁群，每个连锁群长度为 7.3～125.6 cM，连锁群所含平均标记数为 6.5，标记平均间

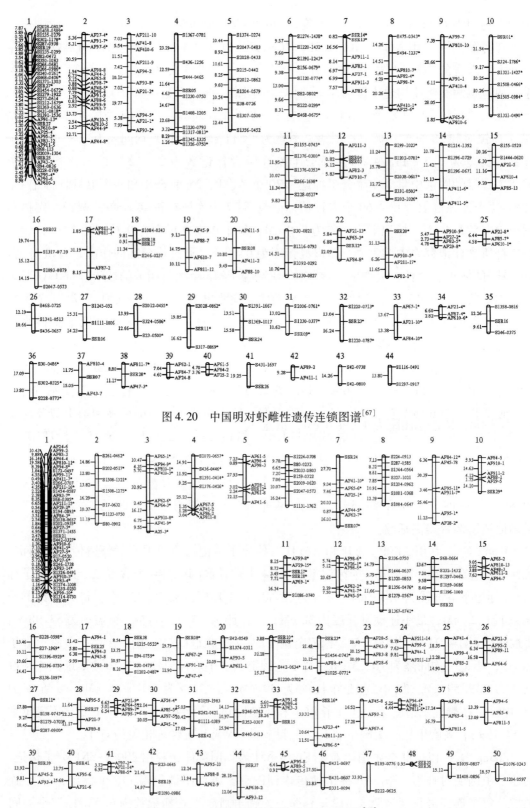

图 4.20　中国明对虾雌性遗传连锁图谱[67]

图 4.21　中国明对虾雄性遗传连锁图谱[67]

隔为 9.4 cM，图谱总图距为 879.7 cM，覆盖率为 51.94%；雌性图谱包含 119 个标记，21 个连锁群，每个连锁群长度为 7.1 ~ 137.2 cM，连锁群所含平均标记数为 5.7，标记平均间隔为 8.9 cM，图谱总图距为 876.2 cM，覆盖率为 53.77%。整合连锁图谱共包含 180 个标记，16 个连锁群，标记平均间隔为 5.2 cM，图谱总图距为 899.3 cM。整合图谱的第 16 连锁群上定位到一个体重相关的 QTL，它在连锁群上的图距为 2.8 cM，位于 C2904 - 168 和 C12871 - 235 两个 SNP 标记位点之间，对应 LOD 值为 2.0。

4.4.3.4　凡纳滨对虾遗传连锁图谱

Pe′rez 等[69]利用 103 个 AFLP 标记、42 个 F1 杂交个体、在缺乏父本信息的情况下，初步构建了凡纳滨对虾遗传连锁图谱。103 对引物共产生 741 个分离位点，其中 477 个符合 1∶1 分离比、181 个符合 3∶1 分离比。雄性图谱中有 182 个 AFLP 标记、47 个连锁群，总图距 2 116 cM，标记平均间隔为 15.6 cM；雌性图谱中有 212 个 AFLP 标记、51 个连锁群，总图距为 2 771 cM，标记平均间隔为 17.1 cM。凡纳滨对虾雌性基因组大小估计值为 4 445 ~ 5 407 cM，雄性基因组大小估计值为 3 584 ~ 4 333 cM，雌性图谱比雄性图谱长 24%。

Zhang 等[70]利用 AFLP、SSR 和 SNP 标记及 F1 全同胞家系，构建凡纳滨对虾雌雄遗传连锁图谱。雌性遗传图谱(图 4.22)包括 319 个遗传标记(300 个 AFLP、18 个 SSR 和 1 个 SNP 标记)，分布于 45 个连锁群，每个连锁群长度为 28.5 ~ 260.0 cM，每个连锁群图距为 7.6 ~ 25.9 cM，图谱总图距为 4 134.4 cM，覆盖率为 75.9%。雄性遗传图谱(图 4.23)包括 267 个标记(252 个 AFLP、14 个 SSR 和 1 个 SNP 标记)，分布于 45 个连锁群，每个连锁群长度为 14.2 ~ 161.1 cM，图谱总图距为 3 220.9 cM，覆盖率为 69.6%。雌性图谱的第 29 连锁群上定位到 3 个性别相关微卫星标记(v1f148，v145f120，v95f166)，它们的图距分别为 6.6 cM、8.6 cM 和 8.6 cM，对应 LOD 值为 17.8、14.3 和 16.4。这些定位的 QTL 可作为选育工作的重要数量性状。

Du 等[71]建立了凡纳滨对虾第一张 SNP 标记遗传连锁图谱。研究从已公布的数据库序列中，共获得 1 344 个 SNP 位点。选取 825 个 SNP 位点用于基因分型，结果有 453 个可成功分型，其中 418 个定位于 45 条连锁群。这 418 个 SNP 来源于 347 条 contig 序列(67 条含 2 个 SNP 分型位点，2 条含 3 个 SNP 分型位点，其余含 1 个 SNP 分型位点)。雌性图谱总图距为 2 071.1 cM，包含 418 个标记，每个连锁群所含标记数为 3 ~ 25 个，每个连锁群长度为 2.1 ~ 196.6 cM；雄性图谱总图距为 2 130.2 cM，包含 413 个标记，每个连锁群所含标记数为 3 ~ 23 个，每个连锁群长度为 0.9 ~ 130.9 cM；雌雄整合连锁图谱总图距为 2 262.3 cM，包含 418 个标记，每个连锁群所含标记数为 3 ~ 25 个，每个连锁群长度为 2.9 ~ 171.3 cM。

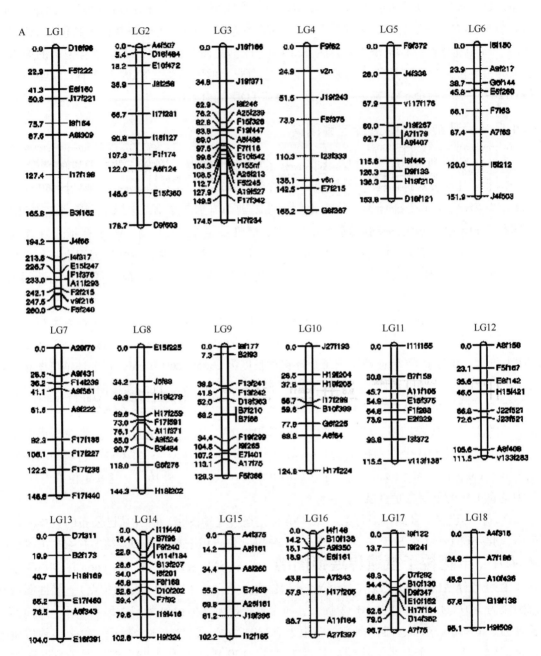

图 4.22　凡纳滨对虾雌性遗传连锁图谱[70]

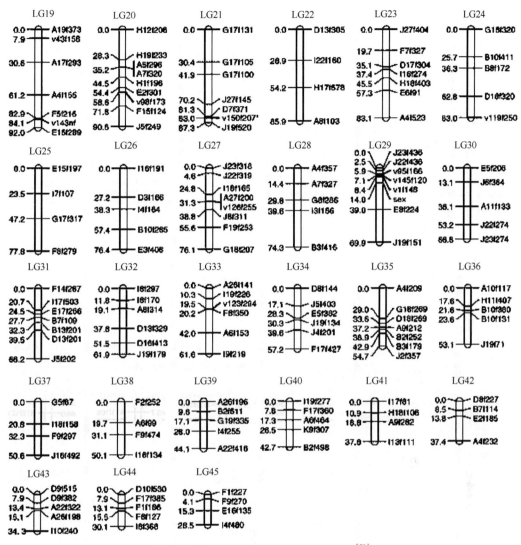

图 4.23 凡纳滨对虾雄性遗传连锁图谱[70]

4.4.4 三疣梭子蟹遗传连锁图谱

罗云等[72]利用 AFLP 和 SSR 标记相结合的方法，以莱州湾和舟山野生群体杂交（1♂×3♀）产生的 F2 代家系作图群体，进行三疣梭子蟹雌雄遗传连锁图谱构建。用经过筛选的 60 对 AFLP 引物和 3 对 SSR 引物对亲本及 108 个 F2 代个体进行遗传分析，共得到母本分离标记 214 个（212 个 AFLP 和 2 个 SSR）、父本分离标记 195 个（194 个 AFLP 和 1 个 SSR）。雌性图谱包括 100 个遗传标记、9 个连锁群、6 个三联体和 15 个连锁对，标记平均间隔为 22.0 cM，图谱总长度为 1 544 cM，总覆盖率为 52.9%（表 4.16，图 4.24）；雄性图谱包括 71 个遗传标记、6 个连锁群、6 个三联体和 11 个连锁对，标记平均间隔为 24.0 cM，图谱总长度为 1 174.2 cM，预测长度总覆盖率为 49.5%（表 4.16，图 4.25）。连锁群长度和其上的标记数量呈明显正相关，图谱中遗传标记分布比较均匀。

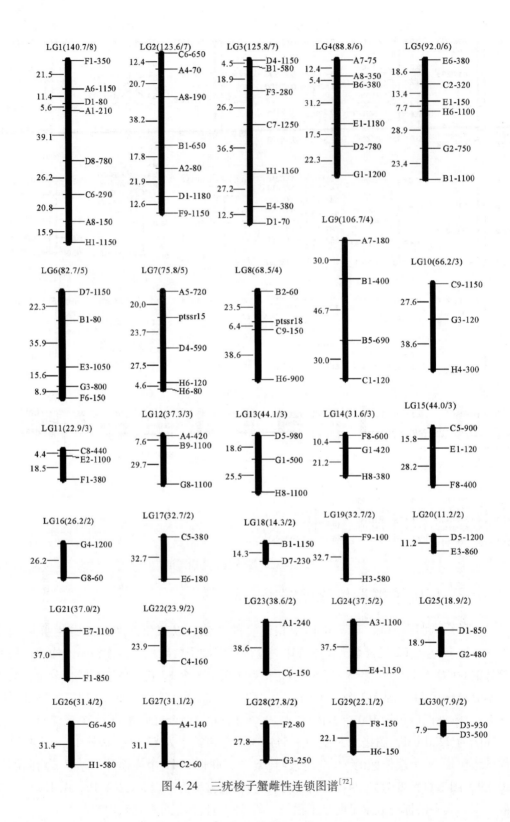

图 4.24 三疣梭子蟹雌性连锁图谱[72]

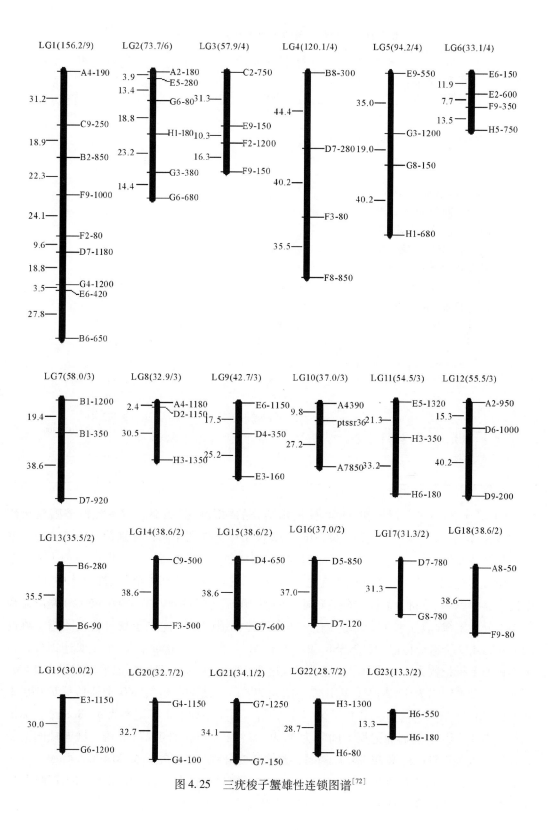

图 4.25　三疣梭子蟹雄性连锁图谱[72]

表4.16 三疣梭子蟹雌雄图谱的相关数据统计[72]

相关参数	雌性连锁图谱	雄性连锁图谱
作图标记数目	155	139
连锁标记数目	100	71
未连锁标记数目	55	68
连锁群数目(>3个标记)	9	6
三联体	6	6
连锁对	15	11
平均每个连锁群标记数目	3.3	3.1
相邻标记间平均间隔(cM)	22.0	24.0
相邻标记间最大间隔(cM)	46.7	44.4
相邻标记间最小间隔(cM)	4.4	2.4
最短连锁群长度(cM)	7.9	13.3
最长连锁群长度(cM)	140.5	156.2
图谱观察值(cM)		
G_{of}	904.6	535.2
G_{oa}	1 544	1 174.2
图谱预期长度(cM)		
G_{e1}	2 864	2 301.2
G_{e2}	2 972.4	2 443.6
G_e	2 918.2	2 372.4
图谱覆盖率(%)		
C_{of}	31.0%	22.6%
C_{oa}	52.9%	49.5%

　　Liu 等[73]利用 SSR 标记和 AFLP 标记相结合的"拟测交"策略,以三疣梭子蟹莱州湾(♂)和海州湾(♀)群体杂交产生的110个 F2 代个体为作图家系,分别构建了三疣梭子蟹雌性和雄性遗传连锁图谱。将经过筛选的1 294个遗传标记(55个 SSR 标记和1 239个 AFLP 标记)应用于遗传分析和图谱构建。所有分离标记中,1 024个(雌性个体中548个、雄性个体中504个)符合孟德尔分离定律,而有106个(雌性60个、雄性46个)偏离孟德尔1:1 分离定律(表4.17)。最终共有919个遗传标记(71%)定位于雌雄连锁图谱。雌性图谱包括479个遗传标记(22个 SSR 和457个 AFLP 标记),分布于51个主要连锁群,每个连锁群上标记数为9.4~53个,连锁群长度为13.1~156.7 cM,标记平均间隔7.8 cM,相邻标记最大间隔为32.7 cM(表4.17,图4.26);雄性图谱包括440个遗传标记(19个 SSR 和421个 AFLP 标记),分布于50个连锁群,每个连锁群上标记数为5~8.8个,标记平均间隔8.7 cM,相邻标记最大间隔为30.9 cM(表4.17,图4.27)。雌、雄连锁图谱的总长度分别为3 521.3 cM 和3 517.6 cM,预期长度分别为4 745.2 cM 和4 692.4 cM,图谱覆盖率分别达到74%和75%(表4.17)。这是梭子蟹科中首次构建的中密度遗传连锁图谱,为实现重要经济性状的 QTL 定位奠定基础。

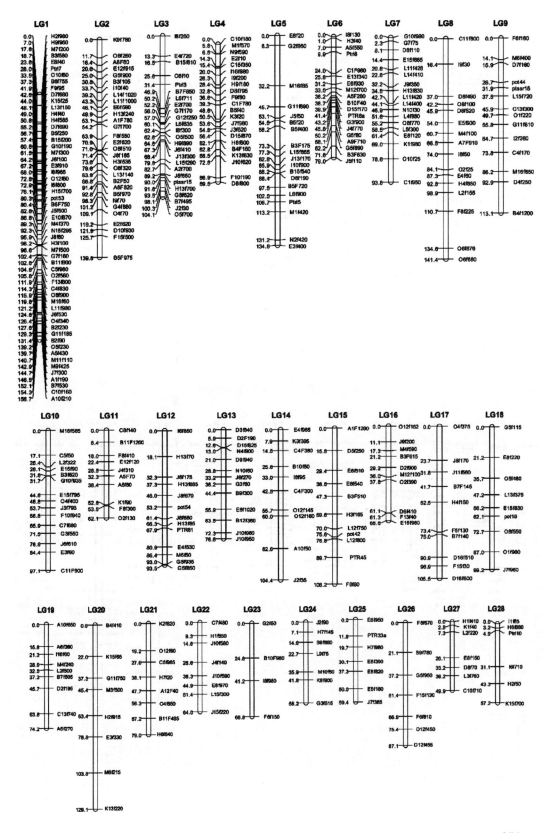

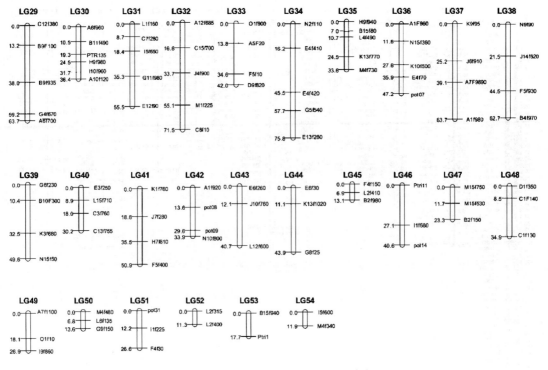

图 4.26　三疣梭子蟹雌性连锁图谱[73]

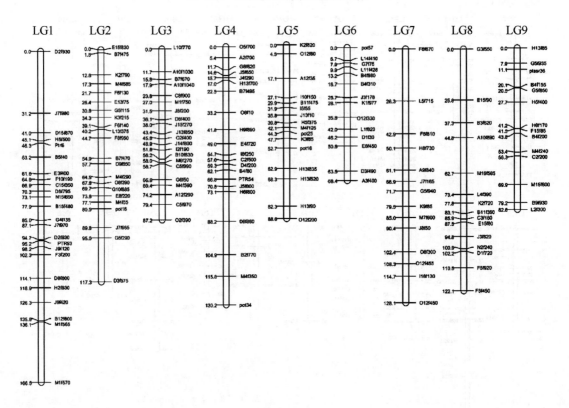

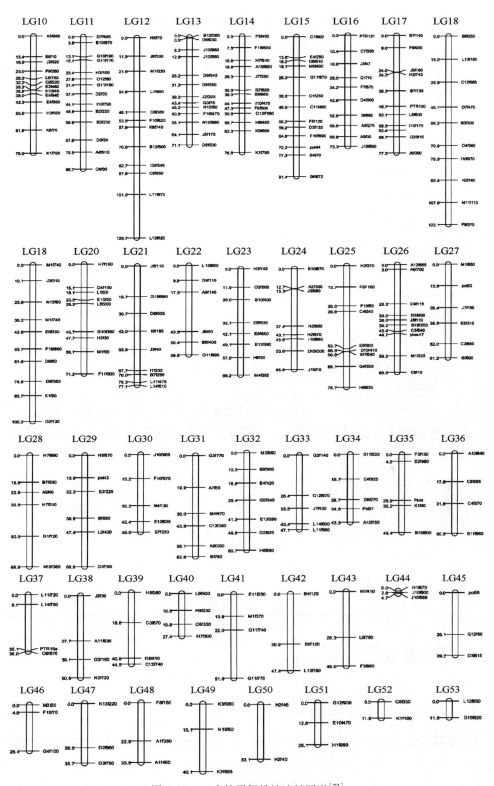

图 4.27 三疣梭子蟹雄性连锁图谱[73]

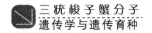

表 4.17   三疣梭子蟹遗传图谱相关数据统计[73]

	雌性图谱	雄性图谱
分离标记数目	548	504
连锁分析标记数目	528	496
作图标记 AFLP 数目	457	421
作图标记 SSR 数目	22	19
未连锁对	6	6
未连锁标记数目	37	44
连锁群	51	50
平均每个连锁群标记数目	9.4	8.8
每个连锁群最少标记数	3	3
相邻标记间平均间隔(cM)	7.8	8.7
相邻标记间最大间隔(cM)	32.7	30.9
最短连锁群长度(cM)	13.1	4.7
最长连锁群长度(cM)	156.7	166.5
图谱观测值(cM)		
G_{of}	3 216.8	3 157.6
G_{oa}	3 521.3	3 517.6
图谱预期长度(cM)		
G_{e1}	4 725.1	4 691.7
G_{e2}	4 765.2	4 693.1
G_e	4 745.2	4 692.4
图谱覆盖率(%)		
C_{of}	67.8	67.3
C_{oa}	74.2	75

4.5   高通量分子标记

4.5.1   高通量分子标记简介

目前使用传统的 PCR 扩增测序技术一次只能检测出少数标记，难以快速地获得大量标记位点，分子标记的数量和质量不能满足研究和应用的需要。随着组学研究的进步和高通量测序技术的发展，越来越多的大规模、高效率的分子标记筛选工作不断取得进展。

基因组是一个物种单倍体细胞中的全部染色体或基因。基因组学是"整体水平研究和利用生物基因组的一门学问。该学科提供并利用基因组信息以及相关数据系统，试图解决生物、医学和工业领域的重大问题"。基因组学研究包括以全基因组测序为目标的结构基因组学和以基因功能鉴定为目标的功能基因组学。而转录组是在特定组织或细胞某一发育阶段或功能状态下转录出来的所有 RNA 的集合。转录组学研究探讨的是特定细胞群内大规模基因的表达水平，揭示生物体特定生命过程的基因表达调控以及疾病发生分子机理，其研究可以不完全依赖于物种基因组数据，也可为基因结构和功能研究提供新线索。

最早发展起来的、能大量获得基因序列和转录信息的技术是表达序列标签（Expressed sequence tag，EST）技术、基因芯片（Microarray）技术、基因表达系列分析（serial analysis of gene expression，SAGE）技术以及大规模平行测序技术（massively parallel signature sequencing，MPSS）。

① 表达序列标签 EST 是从基于 mRNA 构建的 cDNA 文库中随机挑取 cDNA 克隆，进而从 5′末端或 3′末端对插入的 cDNA 片段进行一轮单向自动测序而获得的末端序列片段，长度一般为 300~500 bp，携带着基因的部分遗传信息。1991 年 Adams 等首次使用 EST 技术从人脑 cDNA 文库中随机挑取克隆，测序得到了一系列 EST 序列。EST 技术的优势是：可供研究的范围大，对物种没有限制，并可用多个物种 EST 数据进行种间比较。

② 芯片技术是将 DNA 序列有序地固化在硅片、玻片或尼龙膜等载体的表面，形成密集的二维分子排列，与已标记的靶分子（待测的 cDNA）杂交，通过检测杂交信号的强度判断该样品中的靶分子数量，从而获得样品中基因转录信息。芯片技术大大提高了基因的检测通量，除能进行 EST 技术完成的分析外，还能为比较转录组学、新基因发现、可变剪接分析等提供更深层次的分子生物学信息；但缺点是对低表达基因的检测灵敏度不高，很难检测出融合基因与反顺反子等转录产物，必须结合其他技术手段（例如 Northern 杂交技术等）对得到的结果进行验证。

③ SAGE 技术以测序为基础，分析数万条 SAGE 标签序列，可以比较完整地获取某物种全基因组范围内的基因表达类别与丰度，在转录组研究、鉴定差异表达基因以及疾病组织差异表达谱的研究中具有重要意义。

④ MPSS 技术以基因测序为基础，理论依据与 SAGE 相似，但它测的基因表达水平是以标签序列的拷贝数为基础，得到的是一个数字化表达系统。用该技术进行研究不需提前知道基因序列，在功能基因组学、比较转录组学、致病基因的检测等方面有重要应用价值。

随着技术的发展，出现了第二代/新一代高通量测序技术，也称深度测序。它能够对一种生物、组织器官或者细胞的基因组、转录组或代谢组进行全面、深入的分析，相对节省时间和成本，可用于一次大批量数据的获得与分析。高通量测序技术主要包括 Roche/454、Solexa/Illumina 和 AB/SOLiD 测序技术：

① 454 公司是新一代测序技术的首创者，先后推出通过焦磷酸测序法（pyrosequencing）进行超高通量基因组测序的系统以及性能更优的 Genome Sequencer FLX System（GS

FLX)测序系统。454 测序平台的最大优势是读长较长，现阶段 454 GS FLX 测序系统的序列读长已超过 400 bp，准确率可达 99% 以上；但它的测序成本比其他新一代测序平台高，单碱基重复区准确度降低。对于那些需要得到较长读序的研究，例如需要进行从头拼接的生物体研究以及宏基因组研究，454 测序是理想的选择。

② Solexa/Illumina 采用可逆终止的边合成边测序原理，实现了自动化的测序样品制备及大规模平行测序，其测序平台不断升级，先后有了 GAIIx、HiSeq、MiSeq 等一系列测序仪。测序过程中 DNA 片段加上接头之后，可随机附着于玻璃表面，并在固相表面经桥式扩增，形成数千份相同的单分子簇以作测序模板；测序时和模板配对的 ddNTP 被加上去，不配对的被洗去，成像系统能捕捉荧光标记核苷酸；随 DNA 3′端阻断剂去除，下一轮的延伸进行，每次只能延伸一个核苷酸。Illumina 测序的缺点是随着反应轮数增加，序列长度和质量均有所下降，且在 GC 区有明显错误倾向；优点是可用单端或双端测序，HiSeq2000 读序最长可达 2×100 bp，准确度高，测序成本低，所需样本量少。它适合于从头组装、小 RNA 测序、基因差异表达、转录本分析等诸多研究，是现在应用最为广泛的新一代高通量测序平台。

③ AB/SOLiD 测序在文库构建和 PCR 扩增上与 454 GS FLX 类似，但在测序过程中用连接反应代替了传统的聚合酶延伸反应。每次 SOLiD 测序经过分别由多个连接反应组成的五轮测序反应，从而获得所有位点的颜色信息，由此推断出相应的碱基序列。SOLiD 序列读长较短(30～50 bp)，测序后数据的拼接组装较难，必须具备扎实的生物信息学分析基础，因此也不适合从头组装；但它具有超高的数据输出量，序列获取的精确度、敏感度很高，适合于小 RNA 的发现和 SNP 检测。

大规模测序分析可在一次实验过程中同时获得成千上万个序列，甚至可检测到全基因组范围内的基因转录表达水平及其分子标记。它产生的海量数据可采用多种统计学方法和软件进行辅助分析。通过基因组和转录组的大规模测序分析，可获得丰富、高质量的大量分子标记，能克服传统检测方法通量低的局限性，具有快速、高效、高通量等优点。因此，高通量分子标记系统正逐渐发展成为分子标记筛选的一种重要方法和工具，在水产动物分子标记的研究中也将获得越来越多的应用。

4.5.2　我国主要经济贝类和虾蟹类高通量分子标记

4.5.2.1　贝类高通量分子标记

王家丰[74]以长牡蛎全基因组序列为参考，利用青岛、大连、秦皇岛三个地区的 60 个长牡蛎个体为样品，混合后进行转录组 Solexa 测序，从中筛选基因表达区/编码区的 SNP 标记位点，并结合高分辨率溶解曲线 HRM 技术构建适合长牡蛎高杂合基因组的高通量 SNP 标记开发平台。利用该平台在长牡蛎基因区成功开发出 1 329 个 SNP 标记，分型效率达到 65.2%。获得分型的 SNP 标记中，84% 是转换类型，16% 为颠换类型。通过 SNP 标记的引物序列与长牡蛎基因组序列定位后，发现所有 SNP 标记覆盖长牡蛎基因组中 653 个

Scaffold，占基因组所有 Scaffold 的 38.1%。基因组定位发现所有 SNP 标记分布于 864 个基因，这些基因涉及 197 个 KEGG 注释通路（占所有通路的 66.6%），包括代谢、应激、免疫、抗逆、调节、生殖以及机体构成等方面，几乎涵盖长牡蛎整个生命活动的所有过程。这些标记的开发为牡蛎重要性状有关的基因解析以及功能验证提供资料。

亓海刚等[75]以青岛沿海收集的 20 个野生长牡蛎为样品，进行群体转录组 Solexa 测序，共获得 5.9×10^7 条 reads 序列。借助 Tophat 程序发现 79%（4.7×10^7）的 reads 可以比对到长牡蛎基因组参考序列上。利用 samtools 程序在这些区域中检测到 4.1×10^5 个 SNP 位点（2.8×10^5 个转换位点和 1.3×10^5 个颠换位点）。所有 SNP 位点包含 3.0×10^5 个同义突变位点和 1.1×10^5 个非同义位点；呈现杂合状态的位点达到 3.7×10^5 个，而纯合位点只有 4.4×10^5 个。群体 SNP 分布频率为 1.8%，即平均每 55bp 的编码区序列中含有一个 SNP 位点；一个长牡蛎个体中编码区平均杂合率为 0.43%。对每个基因，设计并合成引物后进行 HRM 分析，开发并验证 CDS 基因中的 300 个多态性标记，SNP 标记设计效率达到 40%。研究进一步证明转录组测序和 HRM 分型策略促进多位点多个体的高通量 SNP 分子标记开发和基因型分析，由此获得的位点也将极大丰富长牡蛎现有标记资源。

姜国栋[76]以栉孔扇贝转录组高通量测序数据为基础，随机选取 500 条 454 测序的 cDNA 序列，设计引物并用于 PCR 扩增后检测到 101 个分型位点；采用高分辨率溶解曲线 HRM 法分型，在五个野生群体的 48 个个体中筛选到 44 个多态性 SNP 标记位点，包括 34 个转换和 10 个颠换。SNP 开发密度约为每 630 bp cDNA 序列中一个 SNP 位点。李玲等[4]同样利用栉孔扇贝 454 转录组测序数据和非标记探针结合溶解曲线的方法检测候选标记，结果共筛选到 51 个 SNP 位点，其中 49 个具有多态性，每个位点的最小等位基因频率、观测杂合度和期望杂合度分别为 0.061～0.500、0.083～0.889 和 0.083～0.583。

王晓涧[77]分析栉孔扇贝和虾夷扇贝的转录组测序数据以筛查 SNP 位点，利用 HRM 技术开发出栉孔扇贝的 SNP 标记，并在虾夷扇贝中进行了标记通用性分析。实验利用 CAP3 软件分别将栉孔扇贝和虾夷扇贝的 EST 序列拼接，分别获得 457 566 条栉孔扇贝和 253 184 条虾夷扇贝 contig 序列；种间比对和筛查后，在 8 472 条同源 contig 中获得大量候选 SNP 位点，每条 contig 所含 SNP 位点数从 1 到几十不等。设计 124 组可在栉孔扇贝与虾夷扇贝中通用的引物和探针组合，85 对可在栉孔扇贝基因组中得到目的扩增条带；群体验证显示 49 个位点可准确分型，其中 38 个为多态性 SNP 位点（包括 11 个颠换和 27 个转换）。标记通用性分析显示，开发的栉孔扇贝 cSNP 标记在虾夷扇贝的通用率为 21%。

李纪勤等[78]利用栉孔扇贝 454 转录组测序数据进行 SNP 筛选，通过 QualitySNP 在含有 4 条以上 EST 序列的 18 780 条拼接 contig 中，共检测到 21 813 个候选 SNP 标记位点。SNP 平均频率为 426.5 bp。所有 SNP 位点中包含 14 641 个转换位点（7 408 个 A/G、7 233 个 C/T）和 7 172 个颠换位点（2 000 个 A/C、2 500 个 A/T、1 708 个 G/T 和 914 个 G/C）。A/G 突变所占比例最大，达到 34.0%；G/C 突变所占比例最小，仅有 4.2%。利用 HRM 结合非标记探针技术，对其中 90 个位点在长岛、荣成、青岛、日照 4 个地区野生群体中进行位点多态性检测，得到 33 个（36.7%）具有二等位基因多态性的位点，其中 26 个获得了功能注释。进一步的标记验证显示，33 个多态位点在 48 个青岛野生个体中成功分型，观测杂合度和期望杂合度分别为 0.062 ~ 0.744 和 0.099 ~ 0.504，其中 5 个位点偏离哈迪－温伯格平衡，各位点间没有连锁不平衡。

侯睿[79]将包含虾夷扇贝多个发育时期和不同成体组织的混合 cDNA 样品进行 454 测序，共获得 970 422 条 reads 序列，将其中 805 330 条高质量 reads 拼接获得 32 590 条 contig 序列。利用 SciRoko 软件在 2 494 条 contig 中搜索到 2 748 个 SSR 位点，包含 196 种重复单元类型。转录组 SSR 重复类型中，三核苷酸重复频率最高（39.4%），其次为二核苷酸重复（21.1%）、四核苷酸重复（15.5%）和五核苷酸重复（14.6%），六核苷酸重复频率最低（9.4%）。三核苷酸重复中，ATC 出现频率最高（366，33.8%），它也是所有重复类型中出现频率最高的（13.2%）。QualitySNP 软件分析共预测到 34 841 个高质量 SNP 和 14 358 个插入缺失位点，每 156 bp 转录组序列中便出现一个 SNP 或插入缺失。研究还通过 Illumina Hiseq 2000 高通量测序平台对虾夷扇贝的全基因组进行了 shot gun 测序和 de novo 组装，得到 269 180 438 条 reads，SOAPdenovo 软件拼接后获得 645 247 条 scaffold 序列。同样利用 SciRoko 软件预测虾夷扇贝基因组 SSR 序列，结果共得到 87 594 个 SSR 位点，包含 427 种重复单元类型，总长 1 670 469 bp，占基因组序列总长的 0.22%。基因组 SSR 重复类型中，二核苷酸重复最为丰富（20.5%），其次为寡核苷酸、四核苷酸、五核苷酸、三核苷酸和六核苷酸重复。虾夷扇贝转录组和全基因组高通量测序组装获得的大量 SNP、SSR 位点，将为其遗传图谱构建、标记辅助育种等提供丰富资源。

Niu 等[80]提取缢蛏外套膜、鳃、肝脏、虹吸管、性腺和肌肉组织等的总 RNA，混合后以 454 焦磷酸测序技术进行转录组高通量分析。实验获得 859 313 条 reads 序列，拼接组装得到 16 323 条 contig 序列和 131 346 条 singleton 序列。实验在 1 583 条 contig 和 13 563 条 singleton 序列中获得 13 563 个 SSR 标记位点，多数位点为三核苷酸（46.4%）和二核苷酸（46.3%）重复。三核苷酸重复中，（ATC/ATG）n 和（AAT/ATT）n 所占比例最高，分别为 13.8% 和 11.2%；二核苷酸重复中，（AT/TA）n 和（AC/GT）n 所占比例最高，分别为 19.3% 和 18.8%。选取 55 个 SSR 位点设计引物，在 24 个个体中进行标记多态性验证，结果 26 个（47.3%）SSR 具有多态性。这 26 个位点所含等位基因数为 3 ~ 20，观测杂合度和期望杂合度分别为 0.250 ~ 0.917 和 0.620 ~ 0.950。实验进一步利用 VarScan 软件获得 13 634 个 SNP 标记位点，包含 7 600 个转换位点和 6 034 个颠换位点。选取 47 个 SNP 位点设计并合成引物，经 PCR 扩增、Sanger 测序后，有 40 个（85.1%）得到目的多态性验证。

4.5.2.2　虾类高通量分子标记

孟宪红[81]通过人工感染方法获得"黄海 2 号"中国明对虾的白斑综合症病毒（WSSV）敏感组和抗性组，采用新一代高通量 Roche/454 测序技术对其转录组进行分析。研究获得 451 637 条高质量 EST 序列，CAP3 软件拼接共获得 48 681 条 unigene 序列（包括

18 560 条 contig 序列和 30 121 条 singleton 序列)。将 WSSV 抗性组和敏感组序列各自拼接组装后,分别获得 16 790 和 12 573 条特异 unigene 序列。968 条抗性组 contig 和 1 156 条敏感组 contig 具有基因注释信息。实验从所有 18 560 条 contig 序列中检测到 71 724 个 SNP 位点(包含 47 142 个转换位点和 24 574 个颠换位点),SNP 发生频率为 91 bp/SNP。所有 SNP 位点中,53 449 个位于编码区,18 275 个位于非编码区。在编码区 SNP 中,34 642 个为错义突变,17 329 个为同义突变,1 478 个为无义突变。研究为今后中国明对虾性状相关功能基因的发掘和鉴定、高密度遗传连锁图谱的构建、QTL 准确定位等提供丰富的数据。

Jung 等[82]将罗氏沼虾肌肉、卵巢、精巢 3 种组织 RNA 混合并构建成一个测序文库,采用 454 高通量测序技术对其进行转录组分析,从中筛选到大量 SNP、SSR 分子标记。实验利用 454 GS – FLX 平台测序获得 787 731 条 reads 序列,去除低质量序列并经从头拼接组装后获得 123 534 条 EST 序列(NABI SRA 数据库注册号:SRP007672),包含 8 411 条 Contig 和 115 123 条 Singletons 序列。EST contig 序列中共检测到 834 个 SNP 替换位点和 1 198 个插入缺失突变位点,其中 SNP 单碱基替换位点包括 555 个转换(Ts)位点和 279 个颠换(Tv)位点,Ts:Tv = 1.99:1.00(图 4.29)。所有 SNP 突变类型中 A/G 和 C/T 两种转换所占比例最高,转录组不同基因中 SNP 密度不同。此外,通过 QDD 程序分析,发现 658 个微卫星重复位点,包括 61.85% 的二核苷酸重复、35.87% 的三核苷酸重复和 2.28% 的四核苷酸/五核苷酸/六核苷酸重复(图 4.30)。大规模 SNP、SSR 等分子标记位点的筛选为罗氏沼虾群体遗传多态性和繁殖育种提供丰富资源。

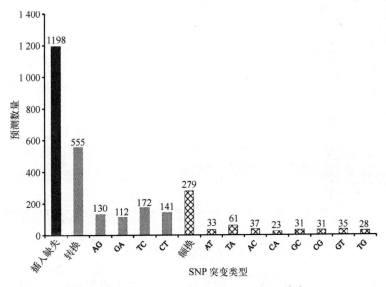

图 4.28　罗氏沼虾转录组 SNP 突变类型[82]

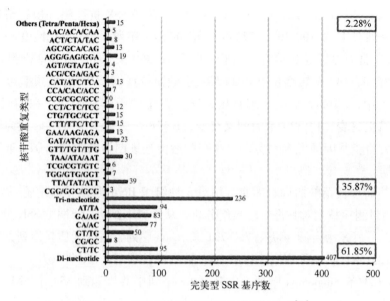

图4.29　罗氏沼虾转录组微卫星重复类型[82]

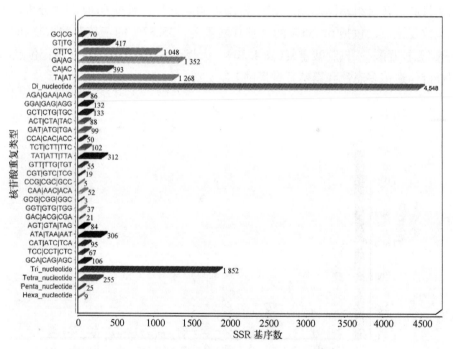

图4.30　日本沼虾转录组微卫星重复类型[83]

　　Ma等[83]通过实验提取卵裂期、原肠胚期、无节幼体期和溞状幼体期日本沼虾的眼柄、鳃、心脏、卵巢、精巢、肝胰腺、肌肉和胚胎等组织总 RNA，等量混合作为一个cDNA 文库。在 ABI3730 测序平台上进行 454 焦磷酸测序，实验共获得 984 204 条高质量reads 序列，拼接组装得到 81 411 条 unigene 序列（包含 42 551 条 contig 和 38 860 条

singleton）。Mreps 软件分析获得 6 689 个微卫星重复位点，包含 67.99% 的二核苷酸重复序列、27.69% 的三核苷酸重复和 4.32% 的四核苷酸/五核苷酸/六核苷酸重复（图 4.30）。二核苷酸重复中，（GA/AG）n、（TA/AT）n 和（CT/TC）n 所占比例最大，分别为 29.73%、27.88% 和 23.04%；三核苷酸重复中倾向使用 A、T 碱基，（TAT/ATT/TTA）n 和（ATA/TAA/AAT）n 所占比例最大（图 4.30）。通过 VarScan 软件分析和多序列比对，获得 24 786 个 SNP 标记位点，包含 6 679 个插入缺失（In）位点、10 261 个转换（Ts）位点和 7 846 个颠换（Tv）位点，In∶Ts∶Tv=1∶1.54∶1.17。所有 SNP 类型中，AG/GA、CT/TC 和 AT/TA 突变最常见，而 GC/CG 所占比例最小（图 4.31）。以 8 尾日本沼虾个体为材料，选取 20 个 EST序列中的 39 个 SNP 位点进行验证，结果 26 个（66.67%）位点具有目的多态性。随着所用日本沼虾个体数的增多，将会有更多 SNP 位点获得多态性验证。大批量 SSR、SNP 标记的筛选为日本沼虾进化分析、分子生态学分析、基因组作图和 QTL 定位分析等奠定基础。

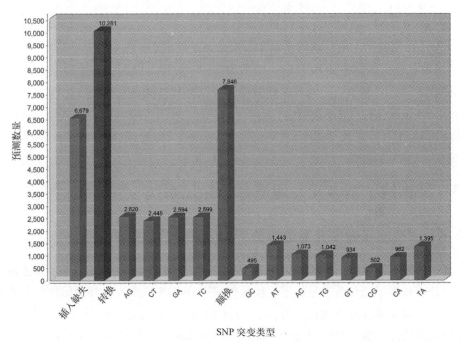

图 4.31　日本沼虾转录组 SNP 突变类型[83]

4.5.2.3　蟹类高通量分子标记

Xiong 等[84] 对一只养殖中华绒螯蟹样品进行 Solexa/Illumina 高通量基因组测序，筛选微卫星标记位点。实验经测序共获得 76.27 Gb 基因组原始数据（raw data），将其中56.20 Gb 高质量序列通过 SOAP 软件进行从头组装，最后获得 1 096 936 条 sacffold 序列。利用 SSRFinder 软件筛选到 141 737 个微卫星重复序列，微卫星分布密度为 161 SSR/Mb。所有位点中，二核苷酸重复所占比例最高（58.54%，82 979 个），其次是三核苷酸重复

（30.11%，42 675 个）、四核苷酸重复（7.53%，10 668 个）和五核苷酸重复（2.47%，3 496 个），六核苷酸重复（1.05%，1 486 个）和寡核苷酸重复（0.31%，433 个）所占比例最低。二核苷酸重复单元多为 AC 重复（67.55%），三核苷酸重复单元多为 AGG 重复（59.32%）。为了对筛选得到的微卫星标记进行验证，选择具有合适侧翼序列的位点，设计 100 对引物进行 PCR 扩增，结果有 82 对能扩增得到目的长度序列，78% 的扩增微卫星具有多态性。以 20 个微卫星序列对长江地区的 30 只野生中华绒螯蟹进行检测，发现每个位点的等位基因数为 2～14，平均等位基因数为 7.4，观测杂合度和期望杂合度分别为 0.326～0.958 和 0.510～0.971。平均观测杂合度和平均期望杂合度分别为 0.689±0.170 和 0.800±0.147。Bonferroni 校正后，4 个（20%）位点（Eri3、Eri8、Eri11 和 Eri14）显著偏离哈迪 – 温伯格平衡；所有位点均没有连锁现象的存在，标记独立。

Zou 等[85]构建了拟穴青蟹精巢、卵巢及眼柄、射精管、输精管、促雄腺等器官的混合 cDNA 文库，转录组测序获得 5 160 条高质量 EST 序列，拼接组装后获得 3 837 条 unigene 序列（包含 576 条 contig 序列和 3 261 条 singleton 序列）。经简单序列重复识别工具 SSRIT 分析后，发现 373 条序列中含有 411 个微卫星位点（33 条含有 2 个位点、五条含有 3 个位点），重复位点的频率为 9.93%，密度为 3.68 kb EST 序列中一个重复位点。按照重复单元类型区分，二碱基、三碱基、四碱基、五碱基和六碱基重复所占比例分别为 32.6%（134 个）、34.1%（140 个）、2.12%（87 个）、8.7%（36 个）和 3.4%（14 个）。将这 373 条序列进行 Blast 比对，发现 9 条（2.4%）为已知基因、29 条（7.8%）为假设基因、335 条（89.8%）为未知基因。

4.5.3　三疣梭子蟹多元高通道分子标记系统

4.5.3.1　三疣梭子蟹多元高通道分子标记系统的内容和特点

随着生物技术的发展，分子标记也在不断更新，目前广泛应用在海洋动物遗传学分析中的标记是线粒体序列和微卫星标记。线粒体序列（mtDNA）作为核外遗传物质，具有进化速度快、非重组变异和母系遗传等特点，完全相同的序列信息表明样品来源于同一母本。常用作种内遗传分析的 mtDNA 片段有 COI、16S 和 CR。微卫星是在真核和原核生物基因组中存在的由 2～6 个碱基构成的串联重复序列，具有高度多态性和共显性特点。微卫星标记能够提供双亲的遗传信息，尤其应用在揭示个体间和群体间的基因交流、推测亲权关系和杂交现象的分析中，能更全面地反映群体间的遗传关系。基因组微卫星标记常被用于濒危珍贵保护动物以及海洋经济物种的遗传多样性评估及系谱认证。因此，很有必要将三疣梭子蟹序列信息（国际共享数据库 GenBank 中公布 112 个核苷酸序列和 494 个 EST 序列）系统的开发并真正应用于遗传育种所需的系谱认定和遗传关系分析中，对其研究将有重要的意义。在此基础上，我们发明了一种三疣梭子蟹多元高通道遗传标记系统及遗传分析方法。

该遗传标记系统可分为线粒体序列信息系统和微卫星分子标记系统，其中微卫星分子标记系统为又由 7 个 SSR 标记的系统 1 和 6 个 SSR 标记的系统 2 组成。系统 1 中 7 个 SSR 标记的 7 对引物分别是

E13（F：AAGGAGGAGGCTTTGATATG；R：GTCTTCCACTCCCTTACTGT）

P04（F：GCCACTATCTTGCTGAGGTTGA；R：GCCATAGCACGAACACTTTTGA）

E20（F：CCTCAGGGCAGCTCTGGAT；R：CCCGGACTAGGTGACAGGTT）

E24（F：AACTATGGGTCCTGAGTATTA；R：CTCGGTTTCTGTCCACTT）

C13（F：CTGTCTGATGAGTGAGGCTAC；R：TGACCACGAGGAAAGGAG）

C31（F：TATAAGGGCTTAAGTGTACG；R：GATCTAAACTCAAGGCAAAA）

H4（F：AATCACTTCACTACACCTTTT；R：CTTGATGGGTGGCAGTCT）。

系统 2 中 6 个 SSR 标记的 6 对引物分别为

E9（F：TACTGAGACGCCGCTGGTTA；R：ACAAGATCCTTCGTGGTGGG）

E18（F：CCACAACTGCAAACACCT；R：TTGGCATTTTCATCACTTAC）

E28（F：CGTTACTGAAAGAGTGGTGAA；R：GCAGAGGTTGTACCACCG）

C14（F：AGTGAGATTAACGCAACT；R：CATCTTTCATTACAGGGA）

H13（F：ATGGGCAAGCCTCTTAATGT；R：GGATCTTCGGGTAGGACTGA）

E17（F：ATAAATATCTTGGAAGCCCTCA；R：ACGCCACATAGAACACTCACTC）。

线粒体序列信息系统中扩增 COI、16S 和 CR 序列所用的 3 对引物分别是 LCO1490（GGTCAACAAATCATAAAGATATTGG）和 HCO2198（TAAACTTCAGGGTGACCAAAAAAT-CA）、16Sar - L（CGCCTGTTTATCAAAAACAT）和 16Sbr - H（CCGGTCTGAACTCAGAT-CACGT）、12ST（AGGAATTAAGAAACAATCAAACTTT）和 CRT（GCCGTTGAGTGAAGAGT-GTTCAGATAG）。

利用这一多元高通道遗传标记系统进行遗传分析时，首先是运用线粒体的三对引物扩增 COI，16S 和 CR 的序列的信息作为分子标记，将混养家系中同一母本和不同母本所产的后代根据遗传结构和遗传多样性分开，然后再运用微卫星分子标记，将已区分母本的后代根据遗传距离和遗传多样性进行父本的区分，从而完成三疣梭子蟹遗传育种过程中的系谱认证并确认近交系数。此系统遗传分析的方法可同时检测成百上千个样品。

研究将三疣梭子蟹线粒体标记和 SSR 标记结合，建立多元高通量遗传标记系统和遗传分析方法，具有以下优点：

① 育种的遗传背景清晰，避免了传统育种的盲目性。利用线粒体序列和微卫星作为分子标记，解析了我国海域三疣梭子蟹野生群体的遗传多样性，明确了育种基础群、育种选择群个体间的遗传关系，使育种材料的选择具有更强的目的性。

② 线粒体序列和微卫星分子标记的结合，既避免了仅用线粒体序列无法明确父系信息的缺点，也减少了仅用微卫星标记的繁琐，有利于快速确认所研究个体的系谱发生。

③ 应用多元高通量遗传标记系统对育种群体遗传多样性的实时监测，可以有效避免遗传育种过程中的近交衰退，保障育种的科学性和可持续性。

4.5.3.2　三疣梭子蟹多元高通道分子标记系统的实施方式

应用此遗传标记系统，首先需要提取三疣梭子蟹组织样品的 DNA 作为模板，并分别以各自序列信息合成的引物扩增线粒体片段和微卫星分子标记。线粒体 COI、16S 和 CR 序列扩增的 PCR 扩增条件为 95℃变性 2 分钟；95℃变性 30 秒，54～56℃退火 45 秒，72℃延伸 60 秒，32～35 个循环；最后 72℃延伸 5 分钟。线粒体片段的 PCR 扩增产物回收、纯化后用于测序并分析。而微卫星分子标记扩增的 PCR 条件为 95℃变性 2 分钟；95℃变性 30 秒，54～58℃退火 45 秒，72℃延伸 60 秒，28～32 个循环；最后 72℃延伸 5 分钟。微卫星扩增产物经 8%聚丙烯酰胺凝胶电泳分析后，用于 Cervus Version 2.0 软件进行数据处理。

运行 Cervus 的模拟分析功能，得到使用该技术区分混养家系的数目与家系鉴别成功率之间的关系（图 4.32）。从图 4.32a 中灰线所示，完全使用这一技术方法，由线粒体信息确定母本后，在一个亲本信息已知的情况下，再运用 SSR 标记系统 1 和系统 2 可成功区分 1 000 个家系（准确率 100%）；从图 4.32a 中黑线所示，若不先使用线粒体信息确定母本，在双亲信息未知情况下，应用 SSR 标记系统 1 和系统 2 仅能区分 400 个家系（准确率 100%）；从图 4.32b 中灰线所示，由线粒体信息确定母本后，在一个亲本信息已知的情况下，单独应用 SSR 标记系统 1 或系统 2 可成功区分 300 个家系（准确率 100%）；从图 4.32b 中黑线所示，若不先使用线粒体信息确定母本，在双亲信息未知情况下，单独应用 SSR 标记系统 1 或系统 2 可成功区分 20 个家系（准确率 100%）。

选取三个三疣梭子蟹家系的样品，每个家系都为一雌、一雄所产的全同胞家系。分别从每个家系中随机取 10 只、14 只和 16 只幼蟹个体，分别编号明确其亲缘关系组成样本Ⅰ。从另一个养殖

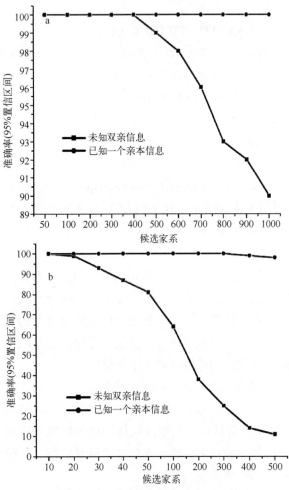

图 4.32　三疣梭子蟹多元高通道遗传分析
方法的模拟检测图

双亲信息未知的情况下，运用软件 Cervus Version2. 0 的 Simu-lation 功能，区分 400 个家系的准确率为 100%；由线粒体信息确定母本后、在一个亲本信息已知的情况下，区分 1 000 个家系的准确率为 100%。

群体中随机选 6 只雌蟹和 6 只雄蟹并分别编号后与真正的 3 对亲本一起共同作为候选亲本组成样本Ⅱ。进行混养家系的分析时假定样本Ⅰ和样本Ⅱ之间的亲缘关系未知，将样本Ⅰ与样本Ⅱ一起应用本专利技术进行遗传分析，具体为先测定所有样本的线粒体信息，明确母本信息并将不同母亲的个体分开；再应用 SSR 系统 1 和系统 2 检测所有样本的基因型，明确父本信息，并根据样本Ⅰ中 40 个个体基因型的数据，用 Populations 软件计算出个体之间的遗传距离，用 UPGMA 的方法根据个体间遗传距离将三个家系的 40 个个体分别聚成三类，同一家系的个体均被单独聚成一类，分析的结果与记录编号比对，正确率 100%（图4.33）。

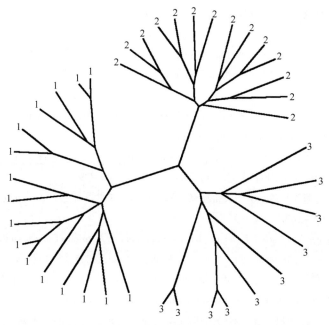

图 4.33 运用三疣梭子蟹多元高通道遗传分析方法的家系鉴定图

参考文献

［1］于忠伟. 标记辅助选择及其在动物育种中的应用. 家禽科学，2009，2：44－47.

［2］马群群. 拟穴青蟹 SNP 和 SSR 标记开发及系谱认证技术的建立研究//上海海洋大学硕士学位论文，2012.

［3］张建勇. 中国对虾(*Fenneropenaeus chinensisi*)基因组 SNP 标记的开发与应用//中国海洋大学博士学位论文，2011.

［4］Cui Z，Liu Y，Wang H，et al. Isolation and characterization of microsatellites in *Portunus trituberculatus*. Conservation Genetics Resources，2011，4(2)：251－255.

［5］宋来鹏. 三疣梭子蟹基因组串联重复序列分析及微卫星标记的初步筛选//中国海洋大学硕士学位论文，2008.

［6］董志国. 中国沿海三疣梭子蟹群体形态、生化与分子遗传多样性研究//上海海洋大学博士学位论文，2012.

[7] 王建平, 余晓巍, 沈庞幼. 三疣梭子蟹(*Portunus trituberculatus*)微卫星位点的分离和序列分析. 海洋与湖沼, 2009, 40(4): 83 – 87.

[8] 刘汝, 许强华. 三疣梭子蟹微卫星文库的构建及序列分析. 上海海洋大学学报, 2010, 19(6): 728 – 733.

[9] 李晓萍, 刘萍, 宋协法. 三疣梭子蟹微卫星富集文库的构建与群体遗传分析. 中国水产科学, 2011, 18(1): 194 – 201.

[10] Zhu K C, Wang W M, Yan B L, et al. Development of polymorphic microsatellite markers for the swimming crab, *Portunus trituberculatus* (Miers, 1876). Conservation Genetics Resources, 2010, 2(S1): 117 – 119.

[11] 韩智科, 刘萍, 李健, 等. 三疣梭子蟹多态性微卫星 DNA 标记的筛选及评价. 渔业科学进展, 2012, 33(1): 72 – 78.

[12] 韩智科, 刘萍, 李健, 等. 三疣梭子蟹选育家系微卫星分析. 水产学报, 2012, 36(1): 25 – 31.

[13] 刘磊, 李健, 刘萍, 等. 三疣梭子蟹微卫星标记与生长相关性状的相关性分析. 水产学报, 2012, 36(7): 1 034 – 1 041.

[14] Hänfling B, Weetman D. Characterization of microsatellite loci for the Chinese mitten crab, *Eriocheir sinensis*. Molecular Ecology Notes, 2003, 3: 15 – 17.

[15] Chang Y M, Liang L Q, Li S W, et al. A set of new microsatellite loci isolated from Chinese mitten crab, *Eriocheir sinensis*. Molecular Ecology Notes, 2006, 6: 1 237 – 1 239.

[16] 吴滟, 付春鹏, 蒋速飞, 等. 中华绒螯蟹微卫星标记与生长性状相关性的初步分析. 水生生物学报, 2011, 35(2): 197 – 202.

[17] Takano M, Barinova A, Sugaya T, et al. Isolation and characterization of microsatellite DNA markers from mangrove crab, *Scylla paramamosain*. Molecular Ecology Notes, 2005, 5(4): 794 – 795.

[18] Xu X, Wang G, Wang K, et al. Isolation and characterization of ten new polymorphic microsatellite loci in the mud crab, *Scylla paramamosain*. Conservation Genettics, 2009, 10(6): 1 877 – 1 888.

[19] 周宇芳, 舒妙安, 赵晓枫, 等. 青蟹野生与养殖群体遗传多样性的微卫星分析. 浙江农业学报, 2011, 31: 712 – 716.

[20] Cui H, Ma H, Ma L, et al. Development of eighteen polymorphic microsatellite markers in *Scylla paramamosain* by 5' anchored PCR technique. Molecular biology reports, 2011, 38(8): 4 999 – 5 002.

[21] Ma H, Ma C, Ma L. Identification of type I microsatellite markers associated with genes and ESTs in *Scylla paramamosain*. Biochemical Systematics and Ecology, 2011, 39: 371 – 376.

[22] 马俊鹏. 仿刺参及拟穴青蟹微卫星文库的构建及分子标记的开发//浙江海洋学院硕士学位论文, 2012.

[23] 宋忠魁, 聂振平, 谢达, 等. 拟穴青蟹(*Scylla Paramamosain*)微卫星位点开发——基于(AG)$_{12}$探针杂交. 海洋与湖沼, 2013, 44: 171 – 176.

[24] Yao H F, Sun D Q, Wang R X, et al. Rapid isolation and characterization of polymorphic microsatellite loci in the mud crab, *Scylla paramamosain* (Portunidae). Genetics and molecular research, 2012, 11: 1 503 – 1 506.

[25] 马群群. 拟穴青蟹 SNP 和 SSR 标记开发及系谱认证技术的建立研究//上海海洋大学硕士学位论文, 2012.

[26]Cui Z, Liu Y, Luan W, et al. Molecular cloning and characterization of a heat shock protein 70 gene in swimming crab (*Portunus trituberculatus*). Fish & shellfish immunology, 2010, 28(1): 56 – 64.

[27]Song C, Cui Z, Liu Y, et al. Cloning and expression of arginine kinase from a swimming crab, *Portunus trituberculatus*. Molecular biology reports, 2012, 39(4): 4 879 – 4 888.

[28]Cui Z, Song C, Liu Y, et al. Crustins from eyestalk cDNA library of swimming crab *Portunus trituberculatus*: molecular characterization, genomic organization and expression analysis. Fish & shellfish immunology, 2012, 33(4): 937 – 945.

[29]Li X, Cui Z, Liu Y, et al. Polymorphisms of anti – lipopolysaccharide factors in the swimming crab *Portunus trituberculatus* and their association with resistance/susceptibility to Vibrio alginolyticus. Fish & shellfish immunology, 2013, 34(6): 1 560 – 1 568.

[30]Glenn K L, Grapes L, Suwanasopee T, et al. SNP analysis of AMY2 and CTSL genes in *Litopenaeus vannamei* and *Penaeus monodon* shrimp. Animal genetics, 2005, 36(3): 235 – 236.

[31]辛静静, 刘小林, 李喜莲, 等. 凡纳滨对虾 α – 淀粉酶基因 PCR_RFLP 多态性与生长性状的相关分析. 海洋学报, 2011, 33(3): 124 – 130.

[32]马宁, 陈晓汉, 曾地刚, 等. 凡纳滨对虾组织蛋白酶基因单核苷酸多态性的检测. 水利渔业, 2008, 28: 31 – 33.

[33]曾地刚, 陈晓汉, 彭敏, 等. 用焦磷酸测序技术检测凡纳滨对虾组织蛋白酶基因单核苷酸多态性. 水产学报, 2008, 32: 684 – 689.

[34]张留所. 凡纳滨对虾分子标记筛选、连锁图谱构建和 QTL 定位//中国科学院海洋研究所博士学位论文, 2006.

[35]Zeng D, Li M, Yang C, et al. Analysis of Hsp70 in *Litopenaeus Vannamei* and Detection of SNPs. Journal of Crustacean Biology, 2008, 28(4): 727 – 730.

[36]赵贤亮. 凡纳滨对虾血蓝蛋白 Ig – like 去单核苷酸多态性(SNPs)的研究//汕头大学硕士学位论文, 2010.

[37]Gorbach D M, Hu Z L, Du Z Q, et al. SNP discovery in *Litopenaeus vannamei* with a new computational pipeline. Animal genetics, 2009, 40: 106 – 109.

[38]Ciobanu D C, Bastiaansen J W, Magrin J, et al. A major SNP resource for dissection of phenotypic and genetic variation in Pacific white shrimp (*Litopenaeus vannamei*). Animal genetics, 2010, 41: 39 – 47.

[39]Chen X H, Zeng D G, Ma N. Cloning, partial sequence, and single – nucleotide polymorphism of the ryanodine receptor gene of the Pacific white shrimp *Litopenaeus vannamei* (Penaeidae). Genetics and molecular research, 2010, 9: 2 406 – 2 411.

[40]Liu C, Wang X, Xiang J, et al. EST – derived SNP discovery and selective pressure analysis in Pacific white shrimp (*Litopenaeus vannamei*). Chinese Journal of Oceanology and Limnology, 2012, 30(5): 713 – 723.

[41]邱高峰, 常林瑞, 徐巧婷, 等. 中国对虾 16SrRNA 基因序列多态性的研究. 动物学研究, 2000, 21: 35 – 40.

[42]Zhang J Y, Wang W J, Meng X H, et al. Genotyping of single nucleotide polymorphisms in *Fenneropenaeus chinensis* (Decapoda, Penaeidae) by tetra – primer ARMA – PCR. Russian Journal of Marine Biology, 2011, 37: 401 – 408.

[43] 张建勇，王清引，王伟继，等. 四引物扩增受阻突变体系 PCR 技术在中国明对虾 SNP 基因分型中的研究. 中国水产科学, 2011, 18: 751－759.

[44] 吴莹莹，孟宪红，孔杰，等. 非标记探针 HRM 法在中国对虾 EST－SNP 筛选中的应用. 渔业科学进展, 2013, 34: 111－118.

[45] Ma H, Ma Q, Ma C, et al. Isolation and characterization of gene－derived single nucleotide polymorphism (SNP) markers in *Scylla paramamosain*. Biochemical Systematics and Ecology, 2011, 39 (4－9): 419－424.

[46] 马群群，马洪雨，马春艳，等. 拟穴青蟹线粒体 COI 基因序列克隆及 SNPs 位点分析. 生物技术通报, 2011(7): 111－116.

[47] Lin Z, Qiao J, Zhang Y, et al. Cloning and characterisation of the SpToll gene from green mud crab, *Scylla paramamosain*. Developmental and comparative immunology, 2012, 37(1): 164－175.

[48] 马洪雨，马春艳，丹张，等. 利用 PCR－RFLP 技术分析拟穴青蟹抗菌肽基因 SCY2 的 SNP 位点. 武汉大学学报(理学版), 2011, 5: 343－349.

[49] Yang Y, Ye H, Huang H, et al. Expression of Hsp70 in the mud crab, *Scylla paramamosain* in response to bacterial, osmotic, and thermal stress. Cell stress & chaperones, 2013, 18: 475－482.

[50] 张凤英. 中华绒螯蟹线粒体 12SrRNA 和 16SrRNA 基因的序列测定及其种质资源的研究. 南京师范大学硕士学位论文, 2003.

[51] Zhang D, Tang B, Ding G, et al. Molecular authentication of the fashionable dainty *Eriocheir japonica sinensis* based on mitochondrial DNA bar coding. European Food Research and Technology, 2009, 230: 173－178.

[52] Li H J, He C B, Yang Q, et al. Characterization of single nucleotide polymorphisms from expressed sequence tags of Chinese mitten crab *Eriocheir sinensis*. Aquatic Biology, 2010, 11: 193－199.

[53] Moore S S, Whan V, Davis G P, et al. The development and application of genetic markers for the Kuruma prawn *Penaeus japonicus*. Aquaculture, 1999, 173(1－4): 19－32.

[54] Li Y, Byrne K, Miggiano E, et al. Genetic mapping of the kuruma prawn *Penaeus japonicus* using AFLP markers. Aquaculture, 2003, 219(1－4): 143－156.

[55] Wilson K, Li Y, Whan V, et al. Genetic mapping of the black tiger shrimp *Penaeus monodon* with amplified fragment length polymorphism. Aquaculture, 2002, 204(1－4): 297－309.

[56] Maneeruttanarungroj C, Pongsomboon S, Wuthisuthimethavee S, et al. Development of polymorphic expressed sequence tag－derived microsatellites for the extension of the genetic linkage map of the black tiger shrimp (*Penaeus monodon*). Animal genetics, 2006, 37: 363－368.

[57] Staelens J, Rombaut D, Vercauteren I, et al. High－density linkage maps and sex－linked markers for the black tiger shrimp (*Penaeus monodon*). Genetics, 2008, 179: 917－925.

[58] You E M, Liu K F, Huang S W, et al. Construction of integrated genetic linkage maps of the tiger shrimp (*Penaeus monodon*) using microsatellite and AFLP markers. Animal genetics, 2010, 41: 365－376.

[59] 岳志芹，王伟继，孔杰，等. 分子标记构建中国对虾遗传连锁图谱的初步研究. 高技术通讯, 2004, 5: 88－93.

[60] 李晓静，王伟继，孔杰，等. 利用中国明对虾单对杂交亲本及其 F2 群体构建 RAPD 遗传连锁图谱. 中国水产科学, 2007, 14: 770－777.

[61]田燚，孔杰，王伟继. 中国对虾遗传连锁图谱的构建. 科学通报，2008，53：544 - 555.

[62]孙昭宁，刘萍，李健，等. RAPD 和 SSR 两种标记构建的中国对虾遗传连锁图谱. 动物学研究，2006，27：317 - 324.

[63]Sun Z, Liu P, Li J, et al. Construction of a genetic linkage map in *Fenneropenaeus chinensis* (Osbeck) using RAPD and SSR markers. Hydrobiologia, 2007, 596：133 - 141.

[64]李健，刘萍，王清印，等. 中国对虾遗传连锁图谱的构建. 水产学报，2008，32(2)：161 - 173.

[65]Liu B, Wang Q, Li J, et al. A genetic linkage map of marine shrimp *Penaeus* (*Fenneropenaeus*) *chinensis* based on AFLP, SSR, and RAPD markers. Chinese Journal of Oceanology and Limnology, 2010, 28：815 - 825.

[66]刘博. 中国对虾"黄海 1 号"遗传连锁图谱构建及生长相关 QTL 定位//中国海洋大学博士学位论文，2009.

[67]Wang W, Tian Y, Kong J, et al. Integration genetic linkage map construction and several potential QTLs mapping of Chinese shrimp (*Fenneropenaeus chinensis*) based on three types of molecular markers. Russian Journal of Genetics, 2012, 48：422 - 434.

[68]Zhang J Y, Wang W J, Kong J, et al. Construction of a genetic linkage map in *Fenneropenaeus chinensis* using SNP markers. Russian Journal of Marine Biology, 2013, 39：136 - 142.

[69]Pérez F, Erazo C, Zhinaula M, et al. A sex - specific linkage map of the white shrimp Penaeus (*Litopenaeus vannamei*) based on AFLP markers. Aquaculture, 2004, 242(1 - 4)：105 - 118.

[70]Zhang L, Yang C, Zhang Y, et al. A genetic linkage map of Pacific white shrimp (*Litopenaeus vannamei*)：sex - linked microsatellite markers and high recombination rates. Genetica, 2007, 131：37 - 49.

[71]Du Z Q, Ciobanu D C, Onteru S K, et al. A gene - based SNP linkage map for pacific white shrimp, *Litopenaeus vannamei*. Animal genetics, 2010, 41：286 - 294.

[72]罗云，高保全，刘萍，等. 三疣梭子蟹遗传连锁图谱的初步构建. 渔业科学进展，2010，31(3)：56 - 65.

[73]Liu L, Li J, Liu P, et al. A genetic linkage map of swimming crab (*Portunus trituberculatus*) based on SSR and AFLP markers. Aquaculture, 2012, 344：66 - 81.

[74]王家丰. 长牡蛎基因区 SNP 标记规模开发及其在遗传育种研究中的应用//中国科学院海洋研究所博士学位论文，2012.

[75]亓海刚，王家丰，李莉，等. 基于转录组数据的长牡蛎基因组功能基因 SNP 分析与标记开发//中国动物学会·中国海洋湖沼学会贝类学分会第九次会员代表大会暨第十五次学术讨论会会议摘要集，2011.

[76]姜国栋. 栉孔扇贝(*Chlamys farreri*)cSNP 的开发及其在单倍型构建中的作用//中国海洋大学硕士学位论文，2011.

[77]王晓涧. 栉孔扇贝(*Chlamys farreri*)cSNP 标记的开发及其种间通用性研究//中国海洋大学硕士学位论文，2012.

[78]李纪勤，包振民，李玲，等. 栉孔扇贝 EST - SNP 标记开发及多态性分析. 中国海洋大学学报，2013，43：56 - 63.

[79]侯睿. 虾夷扇贝基因组结构特征与进化基因组学分析//中国海洋大学博士学位论文，2012.

[80]Niu D, Wang L, Sun F, et al. Development of molecular resources for an intertidal clam, *Sinonovacula*

constricta, using 454 transcriptome sequencing. PloS one, 2013, 8: e67456.

[81] 孟宪红. 中国对虾"黄海 2 号"对 WSSV 的抗病性分析//中国海洋大学博士学位论文, 2010.

[82] Jung H, Lyons R E, Dinh H, et al. Transcriptomics of a Giant Freshwater Prawn (*Macrobrachium rosenbergii*): De Novo Assembly, Annotation and Marker Discovery. PloS one, 2011, 6: e27938.

[83] Ma K, Qiu G, Feng J, et al. Transcriptome analysis of the oriental river prawn, *Macrobrachium nipponense* using 454 pyrosequencing for discovery of genes and markers. PloS one, 2012, 7: e39727.

[84] Xiong L W, Wang Q, Qiu G F. Large – Scale Isolation of Microsatellites from Chinese Mitten Crab *Eriocheir sinensis* via a Solexa Genomic Survey. International journal of molecular sciences, 2012, 13: 16 333 – 16 345.

[85] Zou Z, Zhang Z, Wang Y, et al. EST analysis on the gonad development related organs and microarray screen for differentially expressed genes in mature ovary and testis of *Scylla paramamosain*. Comparative biochemistry and physiology Part D, Genomics & proteomics, 2011, 6: 150 – 157.

第5章　三疣梭子蟹良种培育技术体系

5.1　我国甲壳类水产新品种概况

水产苗种是水产养殖业最活跃、最重要的生产要素。水产良种是水产养殖业科技进步的集中体现，推广应用良种是提高水产品产量和质量的最经济、最有效的途径。我国是世界第一水产大国和第一用种大国，总产量和养殖产量连续22年居世界第一位，特别是从2008年起养殖产量一直占世界养殖总产量的70%，其中优良的水产苗种起到巨大的推动和促进作用。

我国水产苗种产业的发展经历了起步、发展和快速发展三个阶段。以20世纪50年代突破家鱼人工繁育系列和海带育苗成功为起点，我国水产苗种业开始起步，改变了我国千百年来依靠捕捞天然苗种进行养殖的历史。20世纪60—70年代，水产苗种生产进入发展阶段，在此期间共建设水产苗种场1 500多个，部分种类的育苗技术难题得到了攻克。1991年农业部成立国家原种良种审定委员会，正式启动水产原良种体系建设，标志着我国开始了全面建设水产苗种产业的快速发展时期。水产养殖种类随之发生了重要变化，海水养殖由传统的贝藻类为主向虾类、贝类、鱼类和海珍品发展；淡水养殖打破以"四大家鱼"为主的传统格局，鳗鲡、罗非鱼、河蟹等一批名特优水产种类的养殖逐步形成规模化。

虾蟹类甲壳动物养殖业是我国重要的经济产业之一，为解决沿海及内陆农民的就业和经济增收做出了巨大贡献，产生了巨大的社会和经济效益。但近年来由于种质退化、环境恶化和病害猖獗等原因，虾蟹养殖业的可持续发展受到了严重制约，因此开展虾蟹类甲壳动物的良种培育势在必行。目前，全国水产原种和良种委员会审定的新品种有116个，其中甲壳类12个(表5.1)。

表5.1　全国水产原种和良种审定委员会通过的12个甲壳类水产新品种

物种	养殖年产量(万t)	新品种名称	育种方法	农业部公告号
凡纳滨对虾	140	科海1号、中科1号、中兴1号、桂海1号	群体、家系	第1563、1926号
中国明对虾	4.5	黄海1号、黄海2号	群体、家系	第348、1116号
斑节对虾	5.5	南海1号	群体	第1563号
青虾	22.6	太湖1号	杂交	第1116号

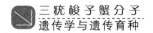
（续表）

物种	养殖年产量（万 t）	新品种名称	育种方法	农业部公告号
罗氏沼虾	13	南太湖 2 号	家系	第 1339 号
中华绒螯蟹	60	光合 1 号、长江 1 号	群体	第 1756 号
三疣梭子蟹	10	黄选 1 号	群体	第 1926 号

5.1.1　凡纳滨对虾

（1）凡纳滨对虾"科海 1 号"

品种登记号：GS—01—006—2010

亲本来源：国内凡纳滨对虾养殖群体

选育单位：中国科学院海洋研究所、西北农林科技大学、海南东方中科海洋生物育种有限公司

品种简介：该品种是 2002 年从海南和广东等地的 14 个养殖基地收集的从夏威夷引进并繁养 4 代的凡纳滨对虾养殖群体构建的育种基础群体，以生长速度为主要选育指标，经 7 代连续选育获得的品种。

该品种适宜高密度养殖，生长速度快，适应性强，遗传特性稳定。在 8 万尾/亩、10 万尾/亩、12 万尾/亩、14 万尾/亩的养殖条件下，养殖 100 天，平均体重比当地养殖的商业苗种分别增加 12.6%、23.6%、25.7% 和 41.7%；养殖成活率分别提高 3.0%、7.0%、8.6% 和 14.0%；体长变异系数从第四代（G4）的 10.6% 降到第六代（G6）的 6.6%。

适宜在我国海水及咸淡水水域进行高密度养殖。

（2）凡纳滨对虾"中科 1 号"

品种登记号：GS—01—007—2010

亲本来源：美国引进及国内养殖凡纳滨对虾

选育单位：中国科学院南海海洋研究所、湛江市东海岛东方实业有限公司、湛江海茂水产生物科技有限公司、广东广垦水产发展有限公司

品种简介：该品种是以从美国夏威夷、佛罗里达州引进的 2 个群体和国内 5 个养殖群体为基础群体，以生长速度为主要选育指标，经 2 代群体选育及 5 代家系选育获得的品种。该品种与普通养殖品种相比，生长速度提高 21.8%；收获期规格整齐，体长变异系数小于 5%；仔虾淡化应激成活率提高 30.2%。

适宜在我国海水及咸淡水水域养殖。

（3）凡纳滨对虾"中兴 1 号"

品种登记号：GS—01—008—2010

亲本来源：美国引进凡纳滨对虾群体

选育单位：中山大学、广东恒兴饲料实业股份有限公司

品种简介：该品种是以 2002 年从美国夏威夷海洋研究所引进的凡纳滨对虾为基础群体，以白斑综合征病毒抗性为主要选育指标，经连续 5 代家系选育获得的品种。

该品种与夏威夷引进的凡纳滨对虾相比，抗病评价指数提高 47.22%，养殖成活率提高约 20%。

适宜在我国海水及咸淡水水域养殖。

（4）凡纳滨对虾"桂海 1 号"

品种登记号：GS—01—001—2012

亲本来源：美国凡纳滨对虾选育群体

选育单位：广西壮族自治区水产研究所

品种简介：该品种是以 2006 年从美国引进的凡纳滨对虾选育群体为基础群，采用家系选育技术，以生长速度和养殖成活率为选育指标，年建立家系 60 个，选留家系 12 个，每家系按 5% 留种率选留 600 尾后代，经连续 5 代选育而成。

在 5 万尾/亩的放养密度下，与从美国进口种虾生产的第一代虾苗相比，该品种生长速度快，单造亩产量可提高 13.97%；成活率高，单造养殖成活率可达 80.88%，提高 11.32% 以上；85 日龄后展现出明显生长优势，130 日龄平均体重提高 15% 以上。

适宜在我国各地人工可控的海水、咸淡水水体中养殖。

5.1.2 中国明对虾

（1）中国对虾"黄海 1 号"

品种登记号：GS—01—001—2003

亲本来源：海捕亲虾

选育单位：中国水产科学研究院黄海水产研究所、山东省日照水产研究所

品种简要说明：1997 年从海捕亲虾中筛选经检疫证明无特定病原（对虾的白斑综合征，WSSV）的个体，进行育苗、养成，逐代选择个体大、健壮的个体，每代冬、春两次选择，每代总选择强度 1% ~3%，每代用于育苗的亲虾 500 ~1 000 尾，至 2003 年获第 7 代。

该品种生长速度快，比对照群体体长增长 8.4%，体重增长 26.9%，发病率低。生化遗传与分子遗传检测表明，同野生群体相比，中国对虾"黄海 1 号"的遗传多样性明显降低，即有较大程度的纯化。

养成中间试验效果：2001 年示范养成 1 095 亩，平均亩产 183 kg；2002 年示范养成 1 181 亩，平均亩产 185 kg，受到养殖者欢迎。我国北方沿海对虾养殖区均可养殖。

（2）中国对虾"黄海 2 号"

品种登记号：GS—01—002—2008

亲本来源：中国对虾野生群体和养殖群体

培育单位：中国水产科学研究院黄海水产研究所

品种简介：中国对虾"黄海 2 号"是采用群体、家系与多性状复合育种技术，经 10 代连续选育获得的品种。

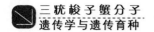

该品种生长速度快，收获体重比未经选育的野生种提高30%以上，适合大规格商品虾的养殖；具有明显的抗病性，表现为不发病、染病后死亡慢等特点，染病死亡时间延长10%以上；驯化特征明显，游动慢、不易受惊、养殖存活率高。该品种适宜在浙江、江苏、山东、河北及辽宁等人工可控的海水养殖区养殖。

5.1.3 斑节对虾

斑节对虾"南海1号"

品种登记号：GS—01—009—2010

亲本来源：野生斑节对虾

选育单位：中国水产科学研究院南海水产研究所

品种简介：该品种是以我国海南三亚、临高、文昌和泰国普吉岛4个野生群体为基础群体，以体重增长速度为主要选育指标，经连续5代群体选育获得的品种。

该品种与普通斑节对虾相比，体重增长速度提高21.6%～24.4%，养殖成活率提高8.4%。

适宜在福建、广东、广西和海南等热带、亚热带地区的海水及咸淡水水域养殖。

5.1.4 青虾

杂交青虾"太湖1号"

品种登记号：GS—02—002—2008

亲本来源：父本为青虾和海南沼虾杂交种(经与青虾进行两代回交的后代)，母本为太湖野生青虾

培育单位：中国水产科学研究院淡水渔业研究中心

品种简介：父本群体是2001年以青虾为母本、海南沼虾为父本进行杂交，利用群体选育技术对杂交种进行选育，通过连续2代与青虾回交和连续3代群体内自交而选育的群体。母本群体是2003年采捕太湖天然水域的野生青虾，利用群体选育技术连续选育3代获得的群体。

该品种在同等养殖条件下，比太湖青虾生长速度提高30%以上，单位产量提高25%左右。

适宜在长江流域及其以南地区人工可控的淡水池塘养殖。

5.1.5 罗氏沼虾

罗氏沼虾"南太湖2号"

品种登记号：GS—01—001—2009

亲本来源：野生及养殖罗氏沼虾

选育单位：浙江省淡水水产研究所、浙江南太湖淡水水产种业有限公司

品种简介：该品种是以2002年从缅甸引进的罗氏沼虾群体后代、浙江省和广西壮族

自治区于 1976 年引进的罗氏沼虾日本群体后代作为基础群体，采用巢式交配方法建立家系，应用标记技术对 100 多个家系进行同塘生长测试，以 REML 方法估计遗传参数和 BLUP 方法估计育种值，以生长速度和成活率为目标性状，经连续 4 代选育而成。

平均个体增重比市售苗种提高 36.87%，养殖成活率提高 7.76%，同等条件下，起捕时间早，生长同步性好，商品虾加工虾仁的出肉率高。

适宜在淡水或盐度在 3‰ 以下咸淡水中养殖，且水温能连续 90 天保持在 22℃ 以上。

5.1.6　中华绒螯蟹

(1) 中华绒螯蟹"长江 1 号"

品种登记号：GS—01—003—2011

亲本来源：长江水系中华绒螯蟹

选育单位：江苏省淡水水产研究所

品种简介：该品种是以 1 000 组体形特征标准、健康无病的长江水系原种中华绒螯蟹为基础群体，以生长速度为主要选育指标，经连续 5 代群体选育而成。

该品种生长速度快，2 龄成蟹生长速度提高 16.70%；形态特征显著，背甲宽大于背甲长呈椭圆形，体型好；规格整齐，雌、雄体重变异系数均小于 10%。

适宜在长江中下游地区湖泊、池塘等水体养殖。

(2) 中华绒螯蟹"光合 1 号"

品种登记号：GS—01—004—2011

亲本来源：辽河入海口野生中华绒螯蟹

选育单位：盘锦光合蟹业有限公司

品种简介：该品种是从 2000 年开始以辽河入海口野生中华绒螯蟹 3 000 只为基础群体（雌雄比为 2:1），以体重、规格为主要选育指标，以外观形态为辅助选育指标，经连续 6 代群体选育而成。

该品种规格大，成活率高。选育群体的成蟹规格逐代提高，同辽河野生中华绒螯蟹相比，成蟹平均体重提高 25.98%，成活率提高 48.59%。

适宜在我国东北、华北、西北及内蒙古地区淡水水体中养殖。

5.1.7　三疣梭子蟹

三疣梭子蟹"黄选 1 号"

品种登记号：GS—01—002—2012

亲本来源：野生三疣梭子蟹

选育单位：中国水产科学研究院黄海水产研究所，昌邑市海丰水产养殖有限责任公司

品种简介：该品种是以 2005 年收集的莱州湾、鸭绿江口、海州湾和舟山 4 个野生三疣梭子蟹群体构建基础群，以生长速度为选育指标，经连续 5 代群体选育而成。

与未经选育的三疣梭子蟹相比，在相同条件下进行养殖，收获时该品种平均体重可提

高 20.12%，成活率可提高 30.00%，且全甲宽变异系数小于 5%，规格整齐。

　　适宜在浙江及以北沿海人工可控的海水水体中养殖。

5.2　新品种"科甬 1 号"选育概述

5.2.1　选育背景

　　三疣梭子蟹，隶属于节肢动物门(Arthropoda)、甲壳动物亚门(Crustacea)、软甲亚纲(Malacostraca)、十足目(Decapoda)、梭子蟹科(Portunidae)、梭子蟹亚科(Portuninae)、梭子蟹属(*Portunus*)，又称梭子蟹、白蟹、枪蟹，广泛分布于我国山东、浙江、广西、广东、福建、海南以及日本、朝鲜、马来西亚群岛等水域，是重要的海洋经济蟹类，也是近海渔业捕捞的主要种类之一。

　　20 世纪 90 年代以来，由于自然资源的捕捞量远不能满足消费需求，我国开始了三疣梭子蟹的人工养殖，现已在整个东海沿岸、山东半岛和辽东半岛沿岸得到普及。据《2012 中国渔业统计年鉴》统计，全国梭子蟹养殖面积达 47 万亩，产量达到 9 万 t，年产值近 100 亿元，已成为我国海水养殖的主导种类之一。其中，以浙江、江苏为代表的东海沿岸，三疣梭子蟹养殖面积和产量居全国首位。以浙江省为例，三疣梭子蟹养殖是浙江省的优势产业，2011 年全省三疣梭子蟹养殖面积达 5 万亩，产量达 2 万 t，约占全国养殖产量的 1/4，产值 10 多亿元。

　　我国的三疣梭子蟹养殖业发展迅速，已形成规模化，但同时也带来了种质、资源、环境及病害等诸多问题，严重制约了三疣梭子蟹人工养殖的健康发展。目前三疣梭子蟹苗种繁育所用的亲本基本都是靠捕捞野生蟹，未经严格的人工选育，种质已经出现退化。随着养殖环境的不断恶化，病害频繁发生，其中以溶藻弧菌为主要病原的"乳化病"或称"牛奶病"危害最大，严重时可导致绝收。病害问题已经成为制约三疣梭子蟹养殖产业发展的主要障碍。因此，对三疣梭子蟹进行遗传选育，培育出具有生长快、溶藻弧菌耐受能力强等优良性状的新品种，是三疣梭子蟹养殖产业的当务之急。

　　蟹类良种选育起步较晚、工作滞后，目前仅培育出有限的几个新品种。其中在中华绒螯蟹中获得了 2 个新品种。江苏省淡水水产研究所通过连续 5 代群体选育，培育出中华绒螯蟹新品种"长江 1 号"(品种登记号：GS—01—003—2011)：该品种生长速度快，2 龄成蟹生长速度提高 16.70%；形态特征显著，背甲宽大于背甲长呈椭圆形，体型好；规格整齐，雌、雄体重变异系数均小于 10%。盘锦光合蟹业有限公司通过连续 6 代群体选育，培育出中华绒螯蟹新品种"光合 1 号"(品种登记号：GS—01—004—2011)：该品种规格大，成活率高，选育群体的成蟹规格逐代提高，同辽河野生中华绒螯蟹相比，成蟹平均体重提高 25.98%，成活率提高 48.59%。在三疣梭子蟹人工选育领域，黄海水产研究所收集莱州湾、舟山、海州湾、鸭绿江 4 个不同地理群体，构建三疣梭子蟹快速生长育种核心群体，成功培育出了三疣梭子蟹"黄选 1 号"快速生长新品种(品种登记号：GS – 01 – 002 –

2012)，养殖区域主要在山东省。

与"黄选 1 号"不同，中国科学院海洋研究所与宁波大学合作，针对江浙主产区的三疣梭子蟹，在国家"863"计划课题（20011108BA15890、2006AA10A406、2012AA10A409）、国家农业科技成果转化资金项目（2010GB2C220537）、国家自然科学基金"中国海三疣梭子蟹种群遗传结构变化和群体间隔离/联通效应分析"（440976088）、"三疣梭子蟹抗脂多糖因子不同亚型的基因调控和免疫功能研究"（31101924）、"三疣梭子蟹丝氨酸蛋白酶功能多样性及其调控机制"（41206147）和"交配对三疣梭子蟹卵巢发育的影响"（41106123）、高等学校博士学科点专项科研基金"三疣梭子蟹免疫相关基因与抗溶藻弧菌感染的相关性研究"（20103305120002）、浙江省重大科技专项"三疣梭子蟹良种繁育及雌性化技术研究"（2004C12029）和宁波市重大招标农业攻关项目"三疣梭子蟹高产抗病品系选育"（2008C11001）等多项课题的资助下，从 2005 年开始，收集了我国沿海海区 8 个不同地理群体样品，利用分子生物学技术分析了三疣梭子蟹的遗传多样性和遗传结构，研发了三疣梭子蟹人工定向交配技术及新品种人工高效养殖配套技术，利用微卫星标记和线粒体标记建立了三疣梭子蟹系谱认证技术，奠定了三疣梭子蟹良种选育的技术基础。

5.2.2　选育目标

以生长速度和溶藻弧菌耐受性为选育目标，选育生长速度快、溶藻弧菌耐受性强的三疣梭子蟹新品种。

生长速度是重要的经济性状，大规格三疣梭子蟹价格明显偏高。目前市面上销售的三疣梭子蟹价格差别较大，250 g 左右大规格个体每 500 g 售价百元上下，而规格小的个体每 500 g 售价才二三十元，不同规格价格相差两三倍。可见，养殖快速生长新品种具有较高的经济效益。

乳化病是三疣梭子蟹养殖过程中发生的一种危害最大的暴发性疾病。此病通常发生在每年的 10 月至翌年 2 月的低水温期，患病蟹蟹体消瘦，食欲减退，肌肉萎缩。横切步足，在断口处有乳白色液体流出。打开蟹盖，盖内亦有大量乳白色牛奶状液体。2006 年，我们课题组通过组织病理、超微病理研究，结合血液生化指标等，发现三疣梭子蟹乳化病的主要病原菌是一种革兰氏阴性菌—溶藻弧菌。目前，关于三疣梭子蟹病害及其防治的研究尚处于起步阶段，主要集中于对病因的探讨和环境因子、致病因子的了解上。培育溶藻弧菌耐受性强的优质三疣梭子蟹种苗，提高其自身的免疫力是解决三疣梭子蟹病害问题的根本之道。

5.2.3　育种基础群体的遗传确认

基于线粒体和微卫星位点的遗传结构分析均发现三疣梭子蟹群体发生了中等程度分化。但微卫星标记和线粒体控制区序列信息所揭示的结果有所不同，主要表现在以下几个方面：① 应用微卫星标记的分析中，种群遗传分化和种群的地理距离呈负相关，说明三疣梭子蟹种群间存在基因交流；② 应用线粒体控制区序列信息的分析中，黄海和渤海种

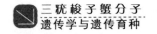

群发生了显著分化，说明洋流的存在影响海洋生物幼体阶段的遗传结构形成；③ 线粒体控制区序列信息没有检测到黄海和南海种群之间存在分化，可能是因为线粒体遗传信息是母系遗传，雌蟹和雄蟹的迁移能力不同或将影响基于线粒体控制区基因的遗传多样性和种群结构的分析。

综合以上利用线粒体和微卫星标记进行遗传多样性和遗传结构分析的结果。首先，东海宁波群体的遗传多样性最高，这主要因为宁波海区相对比较开放，此区域三疣梭子蟹不仅可以向东海海区南部迁徙，还可以随着北向的高盐海水进入黄海北部区域。遗传多样性越丰富的群体具有越强的进化和适应环境变化的能力。其次，渤海莱州湾和南海北部湾的三疣梭子蟹群体遗传距离最大，发生了明显的遗传分化。遗传距离分析常用于估测物种群体结构和进化关系，从遗传的角度区分品种、品系和种群。杂交理论认为，遗传差异越大的不同地理群体之间进行杂交，杂种中表现出来的杂种优势就越大，也利于维持较高的遗传多样性。最后，虽然青岛群体和连云港群体的遗传多样性都比较高，但考虑到我们的选育工作主要在浙江省进行，选用本地群体可以更好地保留其长期以来形成的适宜于本地的优良特质。

基于以上遗传分析结果，最终选取东海浙江省宁波、渤海莱州湾和南海北部湾三个地理群体作为育种基础群，以保证后续选育群体丰富的遗传多样性、尽可能高的杂种优势以及适宜于当地养殖等目标的实现。

5.2.4　新品种配套养殖技术及应用基础研究

针对三疣梭子蟹"科甬 1 号"新品种的特征，开展了新品种配套养殖技术研究。发明了单个体筐养技术，其特征是每只三疣梭子蟹在一个独立的塑料筐中进行养殖，避免了个体间的互相残杀，使养殖成活率达 70% 以上。此外还针对单个体筐养的特征，研发了自动化投饵技术，实现了养殖自动化。

针对三疣梭子蟹"科甬 1 号"新品种的特征，开展了抗脂多糖因子的系统研究。抗脂多糖因子是一种能够结合革兰氏阴性菌细胞壁主要成分脂多糖并中和其毒性作用的小分子抗菌肽。发现三疣梭子蟹抗脂多糖因子 7 种亚型，研究每种亚型的基因结构、组织表达特异性、溶藻弧菌刺激后的表达规律、重组蛋白抑菌效果、与溶藻弧菌抗性相关的 SNP 位点等，为分子标记辅助选育提供重要参考。

5.2.5　主要性状

（1）形态学特征

三疣梭子蟹"科甬 1 号"具有典型的三疣梭子蟹形态特征：头胸甲呈梭形，背面大部为褐色，并有灰白色斑点分布，腹面为白色，符合三疣梭子蟹国家标准所列特征。"科甬 1 号"的大螯不动指和大螯长节的长度与未选育蟹相比存在显著差异。

（2）细胞遗传学特征

三疣梭子蟹"科甬 1 号"染色体数目为 $2n = 106 = 40m + 6sm + 60t$，染色体臂数 NF =

152，未发现异型性染色体存在。

（3）生化遗传学特征

三疣梭子蟹"科甬 1 号"新品种不同组织 10 种同工酶（ADH、CAT、ACP、EST、FDH、LDH、MDH、GDH、SOD 和 ATP）的 25 个基因座位中，ADH、ACP－1、CAT－2、EST－2、FDH－2 和 SOD 共 6 个基因座位为多态，其多态座位比例（P）为 24%，预期杂合度为 0.107。

（4）分子遗传学特征

抗脂多糖因子是一种能够结合脂多糖并中和其毒性、从而达到抗革兰氏阴性菌作用的小分子抗菌肽。溶藻弧菌（革兰氏阴性菌）是三疣梭子蟹主要病害乳化病的主要致病菌。SNP 是基因组中最丰富的遗传多态性，已成为研究抗病性状的首选分子标记。在 7 种抗脂多糖因子亚型（PtALF1－7）多态性（SNP）检测中，PtALF1－3 中有 5 个位点、PtALF4 中有 6 个位点、PtALF5 中有 1 个位点、PtALF6 中有 1 个位点、PtALF7 中有 3 个位点的多态性在"科甬 1 号"新品种和未经选育对照组中存在显著差异。

Crustin 是一种富含半胱氨酸的多结构域抗菌肽。在两种该基因亚型（PtCrustin2 和 Pt-Crustin3）多态性检测中，PtCrustin2 基因中有 3 个位点、PtCrustin3 中有 4 个位点的多态性在"科甬 1 号"新品种和未经选育对照组中存在显著差异。

（5）经济性状

养殖成活率及生长速度　三疣梭子蟹"科甬 1 号"新品种养殖成活率比未经选育对照组提高 13.91%，收获时平均体重比未经选育对照组提高 11.29%。

溶藻弧菌耐受性及免疫酶活特征　三疣梭子蟹"科甬 1 号"与未经选育对照组相比，溶藻弧菌 24 h 后的累计存活率显著提高，超氧化物歧化酶（T－SOD）和酚氧化酶（PO）活力显著低于对照组，过氧化物酶（POD）、过氧化氢酶（CAT）、酸性磷酸酶（ACP）活力及血蓝蛋白含量显著高于对照组。

主产区　三疣梭子蟹"科甬 1 号"新品种与"黄选 1 号"相比，更适于江浙等南方区域养殖。

5.2.6　主要优缺点

（1）主要优点

相同养殖条件下，与三疣梭子蟹对照组相比，三疣梭子蟹"科甬 1 号"平均体重提高 11.29%，溶藻弧菌感染耐受性明显提高，养殖相对存活率提高 13.91%，全甲宽变异系数小于 5%，规格整齐。

（2）存在缺点

抗病力强主要是针对溶藻弧菌为主要病原引起的疾病；养殖效果验证仅限于浙江省三疣梭子蟹养殖主产区。

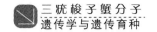
5.3　新品种"科甬1号"选育技术

5.3.1　选育技术方案

收集沿海东海、南海、黄海、渤海4个海区不同来源的地理群体，经过遗传多样性分析，选择、构建三疣梭子蟹育种基础群体，采用群体选育的方法（分子标记辅助）培育新品种。从育种基础群体中挑选个体大、活力强、健康交尾的抱卵蟹构建核心育种群体，利用三疣梭子蟹乳化病的主要病原菌对其进行人工浸染处理，以生长速度和病原菌耐受性为选育指标，每年进行1代选育。每年对育种核心群体进行示范养殖及对比养殖测试。

5.3.2　选育技术路线

2005年收集沿海8个地理群体，采用线粒体控制区序列信息和微卫星标记进行遗传多样性和遗传结构分析，根据结果从中选取宁波、莱州湾、北部湾3个群体作为育种基础群体，2006年构建育种核心群体，以生长速度快和溶藻弧菌耐受性强为选育目标，以个体体重和成活率为选育指标，每年进行1代群体选育。每代均进行溶藻弧菌浸染处理，并结合多元高通道分子标记系统进行系谱认证，应用单个体筐养技术养殖。按照5%左右的留种率，育种核心群体至2010年已连续进行了5代群体选育，形成了特征明显、性状稳定的三疣梭子蟹新品种，拟将其暂命名为"科甬1号"，对其进行关键基因SNP位点检测。2011年、2012年对新品种进行生产性养殖对比实验。总的选育技术路线见图5.1。

5.3.3　选育操作流程

采用群体选育方法，经过连续5代选育得到"科甬1号"新品种。

以生长速度快和溶藻弧菌耐受性强为目标，2005年收集我国沿海8个野生地理群体进行遗传结构分析与测试，明确建立以东海浙江宁波群体、渤海莱州湾群体、南海北部湾群体为群体选育的3个育种基础群体。2006年，从育种基础群体中挑选个体大、活力强、健康交尾的抱卵雌蟹构建核心育种群体一代，利用浓度为 1.14×10^7 cfu溶藻弧菌对其进行浸染处理4 h，存活抱卵蟹经清洁海水冲洗和高锰酸钾溶液浸泡消毒后转入亲蟹培育池强化培育。挑选存活临产雌蟹经消毒后装入事先消毒过的笼中吊挂在水泥池内孵化、排幼、育苗，标准化管理培育苗种至Ⅱ期幼蟹。收集500只以上亲蟹的子代等量混合养殖进行池塘养殖，作为保种群体，定期进行成活率和生长性能测试。待性成熟时，挑选个体大、活力强的健康雌、雄蟹各2 000只以上，按1:1性别比进行人工交配。交配结束后，收集交配雌蟹，进行室内人工越冬，抱卵蟹用溶藻弧菌进行浸染处理

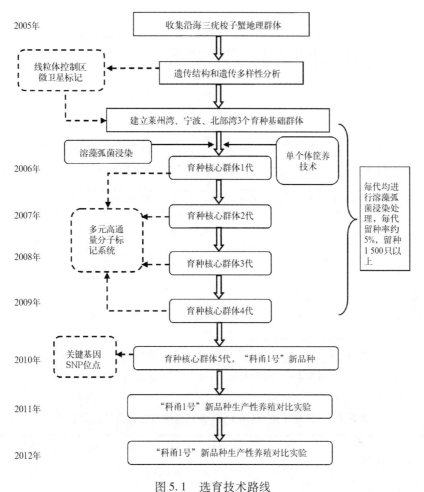

图 5.1　选育技术路线

注：虚线方框所示为分子标记辅助育种环节

4 h，存活抱卵蟹经清洁海水冲洗和高锰酸钾溶液浸泡消毒后转入亲蟹培育池强化培育，翌年春季选择 1 000 只以上亲蟹进行苗种繁育、养殖并保种。核心群体每年进行 1 次选育，每代留种率为 5% 左右。经过连续 5 代选育，得到"科甬 1 号"新品种。具体实施流程见图 5.2，每代留种亲蟹数量见表 5.2。

2011—2012 年，连续 2 年进行新品种生产性对比养殖试验。其中 2011 年与未经选育的对照商品苗种相比，收获时平均个体体重提高 10.03%，成活率提高 12.48%；2012 年与未经选育的对照商品苗种相比，收获时平均个体体重提高 10.44%，成活率提高 12.53%。

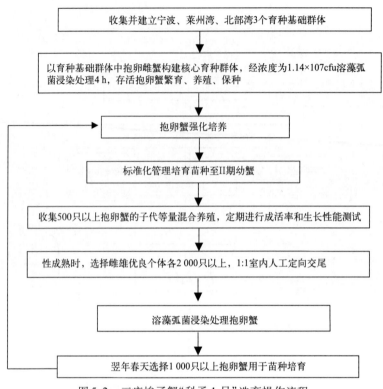

图5.2　三疣梭子蟹"科甬1号"选育操作流程

表5.2　三疣梭子蟹"科甬1号"每代留种亲蟹数量和选育进展

年份	群体世代	留种率（%）	越冬亲蟹（只）	扩繁群体亲蟹（只）	保种群体亲蟹（只）	选育进展（提高%）	
						平均个体体重	成活率
2005年	育种基础群体（原代）		1 070	548	270	—	—
2006年	育种核心群体1代	5.3	2 612	1 260	590	1.74	6.24
2007年	育种核心群体2代	5.2	2 718	1 413	520	2.42	8.26
2008年	育种核心群体3代	4.6	2 840	1 325	568	4.69	8.69
2009年	育种核心群体4代	4.8	2 400	1 279	516	8.36	10.17
2010年	育种核心群体5代	4.9	3 240	1 431	528	11.29	13.91

5.3.4　选育过程

5.3.4.1　群体选育

1）育种基础群体遗传种质检测

2005年分别收集黄海、渤海、东海和南海4个海区（丹东、营口、青岛、宁波、北海、莱州、连云港、日本)8 个地理群体,利用分子生物学技术从中确认莱州湾、宁波、北部湾育种基础群体,以生长速度快和溶藻弧菌耐受性强为目标,构建育种核心群体,并对其经过连续 5 年群体选育筛选,先后应用微卫星标记、线粒体控制区序列、免疫相关基因等生物学信息进行亲缘关系、溶藻弧菌抗性分析等,并对其生长、存活率进行评估。

(1)亲蟹室外暂养、抱卵蟹的获得

交配亲蟹卵巢发育至 V 期,呈橘红色时开始产卵,卵产出后抱于腹部。此时将抱卵亲蟹转移至抱卵池,透光率约 5%以下。亲蟹运输过程中,将螯足用橡皮筋绑住,近距离用湿的草袋或麻袋包裹,洒水干运,远距离放入网袋内,带水充气运输。运达后,经 400 mg/L 福尔马林溶液浸泡 5 min,清洗后去皮筋移入亲蟹车间,放养密度在 3 只/m² 以内。

(2)抱卵蟹室内营养强化与催熟

挑选健壮活泼、体表洁净、体色正常、肢体完整、无外伤,体重在 300 g 以上抱卵蟹,移至室内亲蟹池进行营养强化与催熟。营养强化阶段,每日按体重的 5%～8%投喂缢蛏、沙蚕等优质饵料,及时清除残饵,每日换水 20%～50%、每 2～3 m² 放充气头 1 只,保持水质清新,同时保持安静。刚产出时卵块为浅黄色,逐渐变为橘黄、橙黄、茶褐、褐色和紫黑色。

(3)溶藻弧菌人工浸染操作过程

按常规方法培养溶藻弧菌,按种类鉴定要求进行菌种鉴定,经鉴定确认为溶藻弧菌后收集菌体,并在自制培养桶中配制好浓度为 1.14×10^7 cfu 的溶藻弧菌菌液,然后将筛选出的抱卵亲蟹放在桶中进行连续 4 h 的人工浸染,浸染过程桶内一直充气,保证溶氧充足。收集菌体至浸染结束在一天内完成,保证菌体存活。

浸染结束后,所用桶用高浓度高锰酸钾溶液消毒。所用抱卵亲蟹用清洁海水冲洗几分钟,然后放入 2 mg/L 高锰酸钾溶液浸泡消毒 15 min;之后,存活抱卵蟹转入预先用 50 mg/L 高锰酸钾消毒并清洁海水冲洗的亲蟹培育池强化培育。培育过程陆续有抱卵亲蟹死亡。

挑选存活的临产亲蟹用 40 mg/L 制霉菌素浸浴消毒 50 min 后冲洗干净,装入事先消毒过的笼中吊挂在水泥池内孵化、排幼、育苗。

2)自然产卵孵化

将卵色转为灰黑色、胚体心跳达到 150 次/min 以上的亲蟹,经 20～100 mg/L 福尔马林浸浴 10 min 消毒,清水冲洗后,放入网笼或塑料箱中,移入育苗池排幼,幼体密度以 15 万～25 万尾/m³ 为宜。

3)蟹苗培育与暂养

蟹苗培育是指溞状幼体、大眼幼体和仔蟹等几个阶段的培育。蟹苗培育池宽度为 4～5 m,长度为 5～10 m(面积 20～50 m²,水深 1.2～1.3 m)的水泥池进行。Z_I～Z_N 期 20～24℃,大眼幼体至仔蟹期 22～25℃,日温差不超过 1℃,发育至仔蟹 I 期后调节温度至放养水温。Z_I 期投喂单胞藻和轮虫，$Z_{II} \sim Z_{IV}$ 期投喂轮虫和卤虫无节幼体，大眼幼体和仔蟹投喂卤虫成体、贝虾鱼肉碎末或蛋羹等，全程也可投喂专用配合饲料，日投喂 4~8 次。$Z_I \sim Z_{II}$ 期以添水为主，$Z_{III} \sim Z_{IV}$ 期日换水 20%~30%，大眼幼体期至 50%，仔蟹期加大到 100%，并充气增氧，使水中的 pH 值保持在 7.8~8.6，氨氮低于 0.4 mg/L，溶解氧 5 mg/L 以上，透明度 30~40 cm。幼体发育至 Z_{IV} 期以后，换水不能改善水质时，可进行倒池和分池。进入大眼幼体期，在池内设置网片和牡蛎壳等隐蔽物。仔蟹发育至 II 期，蟹壳变硬后出池。

在新品种配套养殖技术中，当幼蟹长到全甲长 3 cm 时，放入单个体养殖筐进行养殖，每个养殖筐编号做好相应标记。

4）室外养殖与测试

II 期仔蟹蟹壳变硬后以相同的放养密度放至室外养成池养殖，养殖方法按照《三疣梭子蟹"科甬 1 号"新品种养殖技术规范》进行。定期进行如下测试：

① 养殖期成活率；② 生长速度与整齐度：定期随机测量每个群体 50 只个体的体重、全甲宽，计算平均体重、全甲宽及群体内差异；③ 病原筛查：定期随机抽样检测各群体个体是否携带溶藻弧菌；④ 溶藻弧菌耐受性：每代随机抽取 300 只 55 g 的幼蟹，以未经选育的三疣梭子蟹为对照，用 1.14×10^7 cfu/mL 的溶藻弧菌进行浸染，检测溶藻弧菌耐受性。

5）群体选留与传代

每代核心群体以 5% 左右的留种率，挑选个体大、活力强的健康雌、雄蟹各 1 500 只以上，按 1∶1 的雌雄比例进行交配；交配结束后，选择健康交配雌蟹转移至室内越冬池或者大棚土池进行越冬；翌年春季选择 1 000 只以上亲蟹进行苗种繁育，收集其中 500 只以上亲蟹的部分子代按等比例混合进行池塘养殖，作为保种群体。

6）群体选育结果

自 2005 年 9 月起，先后收集了 8 个地理种群，经遗传多样性分析后，确认并建立宁波、莱州湾和北部湾 3 个育种基础群体；2006 年，从育种基础群体中挑选个体大、活力强、健康交尾的抱卵雌蟹构建核心育种群体，利用溶藻弧菌对其进行浸染处理，存活亲本培育后作为育种核心群体进行新品种培育。经过连续 5 代群体选育，到 2010 年获得特征明显、性状稳定的三疣梭子蟹"科甬 1 号"。相同养殖条件下，与三疣梭子蟹对照系相比，三疣梭子蟹"科甬 1 号"平均体重提高 11.3%，溶藻弧菌感染耐受性明显提高，养殖相对存活率提高 13.9%；全甲宽变异系数小于 5%，规格整齐。

5.3.4.2　日常管理

（1）越冬管理

水温低于 8℃ 以前，投喂优质鲜活饵料并适量换水，水温降至 8℃ 后潜沙进入越冬期，此时保持水温稳定，不投饲，少换水，避光，减少干扰。

（2）病原筛查

亲蟹定期进行严格的病原筛查，主要检测溶藻弧菌。必要时需进行其他病毒、细菌和寄生虫检测。病原的检测采用 PCR、RT－PCR 或 LAMP 方法进行，也可用核酸探针及其他方法进行检测或比对。发现带有特定病原体的个体，或出现原因不明的大量死亡时，整批次销毁。

5.3.4.3　室外养殖与测试

收集 500 只以上亲蟹的部分子代按等比例混合进行池塘养殖，作为保种群体，养殖面积 200 亩；以石浦港野生苗种为对照，进行三疣梭子蟹"科甬 1 号"室外养殖对比小试，养殖面积 60 亩。

养殖方法按照《三疣梭子蟹"科甬 1 号"新品种养殖技术规范》进行。随机测量 80 日龄、120 日龄和收获时 50 个个体的全甲宽、甲宽、甲长、体高、体重 5 个形态学指标。

5.3.4.4　新品种

（1）新品种形成

2010 年，将经过连续 5 代选育获得的三疣梭子蟹核心群体定为三疣梭子蟹新品种，拟命名为"科甬 1 号"。

（2）新品种历年对比小试

2006—2012 年在宁海得水养殖有限公司对选育群体进行养殖对比小试，以宁海本地未经选育的商品苗种为对照，每年养殖面积 60 亩，放苗密度 3 500 尾/亩，按照《"科甬 1 号"三疣梭子蟹新品种养殖技术规范》进行统一管理和养殖。收获时测量"科甬 1 号"、对照三疣梭子蟹体重，统计成活率和溶藻弧菌感染后的累积成活率（表 5.3）。

表 5.3　三疣梭子蟹"科甬 1 号"与对照历年对比小试结果

时间	体重（g）			成活率（%）			溶藻弧菌感染后累计存活率		
	"科甬 1 号"	对照	提高（%）	"科甬 1 号"	对照	提高（%）	"科甬 1 号"	对照	提高（%）
2006 年	193.42	190.11	1.74	11.23	10.57	6.24	21.7	12.3	76.42
2007 年	194.96	190.35	2.42	11.53	10.65	8.26	30.4	15.8	92.41
2008 年	198.66	189.75	4.69	11.51	10.59	8.69	35.2	13.7	156.93
2009 年	207.36	191.37	8.36	11.59	10.52	10.17	39.4	13.8	185.55
2010 年	213.85	192.16	11.29	11.79	10.35	13.91	43.3	13.3	225.56
2011 年	214.74	190.75	12.58	11.81	10.24	15.33	40.4	13.5	199.26
2012 年	215.93	191.32	12.86	12.05	10.39	15.97	42.2	14.7	187.07

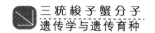
5.4 新品种"科甬1号"养殖繁殖制种技术报告

5.4.1 三疣梭子蟹"科甬1号"新品种制种技术规范

5.4.1.1 范围

本规范规定了三疣梭子蟹(*Portunus trituberculatus*, Miers)"科甬1号"新品种制种技术。

本规范适用于经人工选育的三疣梭子蟹"科甬1号"新品种。

本规范起草单位：中国科学院海洋研究所、宁波大学。

本规范起草人：崔朝霞、王春琳、刘媛、母昌考、李荣华

5.4.1.2 规范性引用文件

下列文件中的条款通过本标准的引用而成为本标准的条款。凡是注日期的引用文件，其随后所有的修改单(不包括勘误的内容)或修订版均不适用于本标准，然而，鼓励根据本标准达成协议的各方研究可使用这些文件的最新版本。凡是不注日期的引用文件，其最新版本适用于本标准。

GB 11607　　渔业水质标准

GB 13078　　饲料卫生标准

NY 5052　　无公害食品　海水养殖用水水质

NY 5071　　无公害食品　渔用药物使用准则

NY 5072　　无公害食品　渔用配合饲料安全限量

5.4.1.3 环境条件

（1）制种场所

制种场所应选择远离污染、交通便利、电力充足、有淡水水源、避风、浪小的沿海地区建立养殖场，或选择已建成的梭子蟹良种场。

（2）水质条件

制种用水源水质应符合 GB 11607 的要求，养殖水体应符合 NY 5052 要求。

（3）病原检验与隔离

制种场所应配备主要梭子蟹病原检验设备，并培训检验操作人员。亲蟹养殖及繁殖场所应具备严格的病原隔离设施，建立严格的病原隔离与防疫制度。

5.4.1.4 亲蟹来源及特征

① 三疣梭子蟹"科甬1号"新品种亲蟹保存在特定的良种保持基地(良种场)。

② 亲蟹为经选育性状优良、遗传稳定、适合扩繁推广群体。

③ 严禁近亲繁殖的亲蟹后代用于繁殖养殖生产用的蟹苗。

④ 三疣梭子蟹"科甬 1 号"的主要形态特征及分子标记符合《三疣梭子蟹"科甬 1 号"新品种种质标准》。

5.4.1.5　亲蟹室外饲养

(1)饲养池

亲蟹室外培育池面积 500 ~ 600 m²，水深 1.0 ~ 1.2 m 为宜，水质稳定，亲蟹的活动空间大，适合亲蟹的早期培育。室内池面积小于 100 m²，水深 0.8 ~ 1.0 m 为宜，便于观察和捕捞，利于亲蟹的强化培育。70% 的池底铺经消毒处理的细沙 10 ~ 15 cm，排水口附近不铺沙，有进排水、控温、控光和充气设施。

(2)水质

亲蟹池用海水应符合或优于 GB 11607 标准，用水经过沉淀、过滤处理，盐度 20 ~ 32。其中溶解氧保持在 5 mg/L 以上，pH 值 8.0 ~ 8.5，水温 25 ~ 30℃。强化培育和产卵期间，亲蟹池水温保持在 19 ~ 20℃。

(3)底质

一般为水泥护坡，防渗膜铺底的结构，也可为泥沙底，但应彻底除害消毒。池底要平坦，并有一定坡度，以便排干池水。

(4)放养密度

放养密度视水池面积、培育季节、亲蟹的生理状况及个体大小等决定。在正常情况下每平方米控制在 5 ~ 6 只，抱卵蟹控制在 3 只以内。

(5)饲料与投饵

室外饲养以人工配合饲料为主。投饵要定时、适量、均匀，以满足亲蟹摄食为原则。每天投喂量为亲蟹总体重的 5% ~ 8% (饵料以干重计)，每天投喂 4 次。

夜间投喂量略高于日间投喂量。

(6)越冬管理

秋选亲蟹需经越冬，水温 13℃左右入池，投喂优质鲜活饲料并适量换水，水温降至 8℃后潜沙进入越冬期，此时保持水温稳定，不投饵，少换水，避光，减少干扰。

(7)饲养管理

参照《三疣梭子蟹"科甬 1 号"新品种养殖技术规范》执行。

(8)检疫检验

亲蟹应定期进行严格的病原检疫，必须检测溶藻弧菌。必要时需进行鳗弧菌等其他细菌、病毒和寄生虫检测。病原的检测采用 PCR、RT - PCR 或 LAMP 方法进行，也可用核酸探针及其他方法进行检测。发现带有特定病原病原体的个体，或出现原因不明的大量死亡时，必须整批次销毁。

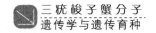

5.4.1.6　亲蟹选择

（1）配种原则

根据遗传背景及测试结果，核心群体每代留种率为 5% 左右，挑选个体大、活力好的健康蟹雌雄各 1 500 只以上，按照雌雄比例 1:1，进行室内水泥池（或者大棚土池）交尾。

（2）亲蟹外观

亲蟹健壮活泼、体表洁净、体色正常、肢体完整、无外伤，雌蟹雄蟹个体重在 300 g 以上。

（3）雌雄鉴别和选择

雄蟹的蟹脐为尖脐，雌蟹的蟹脐为团脐。

5.4.1.7　亲蟹培育

（1）培育池

以室内水泥池为宜，池壁光滑，面积小于 100 m²，水深 0.8 ~ 1.0 m 为宜，便于观察和捕捞，利于亲蟹的强化培育。70% 的池底铺经消毒处理的细沙 10 ~ 15 cm，排水口附近不铺沙，有进排水、控温、控光和充气设施。

（2）水质

应符合或优于 GB 11607 标准，且经过严格的过滤消毒。其中溶解氧至少保持在 5 mg/L 以上，pH 值 8.0 ~ 8.5，水温在 19 ~ 21℃。

（3）运输

将双螯用皮筋绑住，近距离可用湿的草袋或麻袋包裹，洒水干运，远距离应放入网袋内，带水充气运输。

（4）入池

运达后，经 400 mg/L 福尔马林溶液药浴 5 min，清洗后去皮筋入室内池的亲蟹，放养密度 5 ~ 6 只/m²，抱卵后控制在 3 只/m² 以内，且应将雌雄个体分池饲养。

（5）营养强化与投饵

室内培育需经过 2 ~ 3 个月的营养强化，按体重的 5% ~ 8% 投喂贝肉、沙蚕等优质饵料，每天投喂 2 次，早上 8:00—10:00 时、晚上 18:00—20:00 时各投喂 1 次，夜间投喂量为日间投喂量的 2/3，及时清除残饵。

（6）换水与控温

每天吸污换水一次，每日换水 20% ~ 50%，保持水质清新，同时保持安静。换水水温应与池水温度接近（相差小于 1℃），否则，需要预热。

（7）亲蟹升温催熟

亲蟹入池后，池面遮光，在自然水温下稳定 1 ~ 2 d，开始升温促熟、促产，未抱卵蟹日升温 0.5℃，至 18 ~ 19℃ 恒温，抱卵后升至 20℃ 恒温；抱卵蟹宜在 3 ~ 5 d 内达到 20℃

后恒温。

5.4.1.8　苗种繁育

当雄蟹精荚成熟饱满、雌蟹卵巢成熟(呈橘红色或橙色)时，即可进行苗种繁育。繁育技术参照《三疣梭子蟹"科甬 1 号"新品种繁殖与苗种培育技术规范》执行。

5.4.1.9　留种与扩繁

选育群体每代以 5% 左右的留种率进行留种，分别挑选活力强、个体较大的健康雌雄蟹各 1 500 只以上，按 1∶1 的雌雄比例进行交配，一部分交配雌蟹进行室内越冬，一部分交配雌蟹土池越冬。次年春季选择 1 000 只以上亲蟹进行苗种繁育，收集其中 500 只以上亲蟹的部分子代按等比例混合进行池塘养殖，作为保种群体。

5.4.2　三疣梭子蟹"科甬 1 号"新品种繁殖与苗种培育技术规范

5.4.2.1　范围

本规范规定了三疣梭子蟹(*Portunus trituberculatus*，Miers)"科甬 1 号"新品种繁殖与苗种培育技术。

本规范适用于经人工选育的三疣梭子蟹"科甬 1 号"新品种。

本规范起草单位：中国科学院海洋研究所、宁波大学。

本规范起草人：崔朝霞、王春琳、刘媛、母昌考、李荣华

5.4.2.2　规范性引用文件

下列文件中的条款通过本规范的引用而成为本规范的条款。凡是注日期的引用文件，其随后所有的修改单(不包括勘误的内容)或修订版均不适用于本规范，然而，鼓励根据本规范达成协议的各方研究是否可使用这些文件的最新版本。凡是不注日期的引用文件，其最新版本适用于本规范。

GB 11607　渔业水质标准

GB 3097　海水水质标准

NY 5052　无公害食品　海水养殖用水水质

NY 5071　无公害食品　渔用药物使用准则

NY 5072　无公害食品　渔用配合饲料安全限量

5.4.2.3　亲本来源及主要形态特征

① 三疣梭子蟹"科甬 1 号"新品种亲本需引自特定的良种保持基地(良种场)。

② 亲本为经选育适合推广的新品种。

③ 严禁近亲繁殖的亲本后代用于繁殖养殖生产用蟹苗。

④ 三疣梭子蟹的主要形态特征为：身体分为头胸部和逐渐缩小的腹部两部分，背覆头胸甲，头胸甲呈梭形，茶绿色，中央凸起，周边凹下，具三个疣状突起；头部附肢包括大、小两对触角，大额一对、小额两对；胸部的附肢包括颚足 3 对，螯肢 1 对，步足 4 对；腹部位于头胸部腹面，覆盖在头胸甲的腹甲中央沟表面，即蟹脐，雄蟹与雌蟹蟹脐各不相同，雄蟹为尖脐，雌蟹为团脐。

5.4.2.4　亲本选择

① 选育亲蟹应健壮活泼、体表洁净、体色正常、肢体完整、无外伤，个体重在 300g 以上。经抽检不携带特定病原。

② 亲蟹成熟度指标。雌蟹卵巢饱满，颜色鲜明，呈橙红色；雄蟹精囊饱满，呈乳白色。

③ 雌雄鉴别和选择。雄蟹的蟹脐为尖脐，雌蟹的蟹脐为团脐。

④ 亲蟹检疫检验与方法。亲蟹交配之前应严格进行病原检疫，必须检测溶藻弧菌。必要时需进行鳗弧菌等其他细菌、病毒和寄生虫检测。病原的检测采用 PCR、RT – PCR 或 LAMP 方法进行检测，也可用核酸探针及其他方法进行检测或比对。发现带有特定病原病原体的个体，或出现原因不明的大量死亡时，必须整批次销毁。

⑤ 雌雄搭配。经筛选的亲本，按雌雄分池饲养，性成熟后按雌雄比1:1 的比例，配对入池，交配受精。

⑥ 全封闭隔离养殖。所有进入亲蟹保持基地的生物样品、饵料都要经过严格的病原检测。

5.4.2.5　亲本培育

1)亲蟹培育池条件

(1)位置

选择潮流畅通、无污染、交通方便、电力充足、有淡水水源、避风浪小、少受自然或人为干扰的沿海地区建设亲蟹培育池。

(2)规格

亲蟹培育池应分为两种类型：一种室内池，便于观察和捕捞，面积在 100 m^2 左右，水深以 0.8 ~ 1.0 m 为宜，70% 的池底铺经消毒处理的细沙 10 ~ 15 cm，排水口附近不铺沙，有进排水、控温、控光和充气设施。另一种是室外池，面积在 500 ~ 600 m^2。水质稳定，亲蟹的活动空间大，利于亲蟹的强化培育。秋季和越冬期间，池水加深，以 1.5 ~ 2.5 m 为宜。

(3)水质

亲蟹池用海水应符合或优于国家渔业水质标准。其中溶解氧至少保持在 5 mg/L 以上，pH 值以 8.0 ~ 8.5 为宜。强化培育和产卵期间，亲蟹池水温必须保持在 19 ~ 20℃。

（4）底质

室内培育池一般为水泥结构，室外池底也可为膜底或泥沙底，如是泥沙底应彻底除害消毒。池底要平坦，并有一定坡度，以便排干池水。

2）亲蟹培育池整治与消毒

放干池水，清除底污，清洗池壁。采用生石灰，漂白粉等药物进行池水常规消毒，在亲蟹放养前进行试水，一般可用小斗池，放入数十只蟹，观察 24h 之后，蟹体活动正常，证明池水无毒，方能放养亲蟹。

3）放养密度

放养密度视水池面积、培育季节、亲蟹的生理状况及个体大小等决定。水体较大、水温较低的季节以及个体较小和非产卵期等，亲蟹放养密度可以大一些；反之，亲蟹放养密度则小一些，在正常情况下每平方米控制在 5~6 只。

4）饲料与投饵

投饵要定时、适量，以满足亲蟹摄食为原则。每天投喂量为亲蟹总体重的 5%~8% 左右（饵料以干重计），上午 8：00—9：00 时、下午 17：00—18：00 时各喂一次。下午投喂量占总重量的 2/3。在投饵时，应沿池边多投喂，避免亲蟹饱饿不均。饲料的种类以贝肉、沙蚕等鲜活饵料为主。

5）饲养管理

① 保持池水中充足的溶解氧。在水源条件好的地方，应经常注入新水，或部分更换池水，使水质清新，或者通过空气压缩机充气增氧。

② 应按繁殖时间的安排调节培育池水温。越冬期间，当越冬池水温控制在 8~13℃ 时，其性腺发育缓慢；未抱卵亲蟹每天升温 0.5℃，至 19~20℃ 恒温，抱卵后升至 20℃ 恒温；抱卵蟹宜在 3~5 d 内达到 20℃ 后恒温。

6）水质管理

水质应符合或优于国家渔业用水标准，按常规水质管理，每天换水清污，保持水质优良，蟹池水质应达到如下理化因子指标。

（1）溶解氧

保持在 5.0 mg/L 以上。

（2）水温

三疣梭子蟹对水温的适应能力较强，存活水温在 4~35℃，适宜水温 17~30℃，最适宜水温为 25~28℃ 之间。

（3）盐度

适应盐度 10~35，最适生长盐度为 20~35。越冬适应盐度为 20~25。

（4）pH 值

梭子蟹喜弱碱性水质，适宜的 pH 值在 8.0~8.5 之间。

5.4.2.6　受精产卵

(1)产卵受精形式

梭子蟹雌雄异体，体外受精。雄蟹在当年秋季性腺发育成熟，并与雌蟹交尾，雌蟹性腺从当年的秋季开始发育，到第二年的春季发育成熟产卵。产卵活动多在夜间进行。将卵色呈灰黑色、胚体心跳达 150 次/min 以上的亲蟹，经消毒处理后，放入网笼或塑料箱中，移入育苗池内排幼。

刚孵出的幼体为溞状幼体。当水温为 22～25℃时，幼体发育时间为 15～18 d，其中溞状幼体阶段为 10～12 d，蜕皮 4 次，变态为大眼幼体，5～6 d 后，再蜕皮 1 次变态为第 I 期仔蟹。

三疣梭子蟹为多批次产卵类型，产卵后经 10～15 d 强化培育，亲蟹可再次产卵，一般产卵两次，大型雌蟹可连续产卵 3～4 次。

(2)产卵后亲本的处理

幼体孵出后，将雌性亲蟹移出产卵孵化池，可再进行强化培育。

5.4.2.7　孵化

(1)孵化池

一般采用混凝土结构，也可采用砖砌。孵化池应高出地面，孵化池大小以 20 m³ 左右为宜，有效水深 1.2～1.3 m，用水通过自流进入各培育池。

(2)光照

孵化期间必须遮光，光照度宜小于 200 Lux。

(3)供氧

孵化场充氧设备宜选用鼓风机，培育池安装送气管道和充气设备，曝气充氧，保证水体溶氧充足。

(4)水质要求

孵化池用水应达到或高于海水养殖用水水质标准（NY 5052 无公害食品 海水养殖用水），pH 值为 8.0～8.5，孵化水温 20～24℃，溞状幼体 Z_I～Z_{IV} 期 20～26℃，大眼幼体期 24～26℃，日温差不超出 ±1℃ 之内。幼体对硫化氢、氨态氮和亚硝酸盐的敏感度很高，孵化场用水不得含有硫化氢，氨态氮不得高于 0.4 mg/L，亚硝酸盐不得高于 0.1 mg/L，硝酸盐不得高于 10 mg/L。

(5)水处理

孵化用水应为无特定病原的海水，且需经严格多级沙滤及紫外线消毒。

(6)排水

孵化池排出的废水应防止污染水源，处理和过滤后才准排入大海。

(7)水泵

水泵规格的选用应以能快速注满水池为准。潜水泵或用于循环水的水泵与水接触部位应采用不产生化学作用的材料制成，如 PVC 塑料等。

（8）水质检测设备

孵化用水需经水质检验检测合格后方可使用。水质检测方法按国家标准执行。孵化场所要备有温度、溶氧、pH 值、透明度、盐度等水质检测设备。

（9）孵化管理

为控制溞状幼体的密度，每个孵化池所放抱卵亲蟹的数量依据池子的大小而定，一般每平方米放体重 300 g 左右的亲蟹 3 ~ 5 只。

5.4.2.8 幼体与蟹苗培育

1）幼体培育池

幼体培育池为室内水泥池，幼体培育池可为圆形、圆角的方形或长方形，较为合适的规格应是长 5.0 m，宽 4.0 m，深 1.2 ~ 1.3 m 的长方形。池底和四壁应刷一层防水漆，并标出水深刻度线，有进排水、滤水、加温和充气设备，能控制温度，保证水体溶氧充足。池底应适当倾斜，便于排换水。

2）培育池消毒

开始幼体培育前应对培育池消毒。新建水泥池由于碱性太强，需要先用水浸泡 1 个月左右。消毒方法为：先刷去池壁的污垢，用 1.5 mg/L 的次氯酸水或 6.0 mg/L 的漂白粉浸泡一天，然后冲洗干净，干露 1 ~ 2 d，使用前再用干净海水冲洗一次。也可使用含碘消毒液或其他含氯消毒剂消毒，不得使用国家禁用药物消毒。

3）培育密度

当亲蟹腹部卵块呈黑灰色，镜检膜内无节幼体心跳达 150 次/min 左右时，将亲蟹捞出，用制霉菌素 40 mg/L 消毒 50 min，然后冲洗干净装笼，每笼 3 ~ 5 只亲蟹，吊入培育池，按满水体计算幼体密度控制在 10 万 ~ 15 万尾/m^3，当一个苗种培育池幼体数量达到要求后，迅速将亲蟹笼转移至下一育苗池。

4）饲料及投喂方法

Z_I 期投喂单胞藻和轮虫，Z_{II} ~ Z_{IV} 期投喂轮虫和卤虫无节幼体，大眼幼体和仔蟹投喂卤虫成体、贝虾鱼肉碎末或蛋羹等，全程也可投喂专用配合饲料，饲料质量应符合 GB 13078 和 NY 5072 要求。日投喂 4 ~ 8 次。

5）水质管理

连续充气，保持溶氧量在 5.0 ~ 6.5 mg/L 以上，严格控制氨态氮的浓度（不超过 0.5 mg/L）；Z_I ~ Z_{II} 期以添水为主，Z_{III} ~ Z_{IV} 期日换水 20% ~ 30%，大眼幼体期至 50%，仔蟹期增加到 100%。

6）日常管理

幼体发育变态时间、对环境条件敏感度，饵料的适口及丰欠、培育水的盐度、水质、溶氧、水温控制等是幼体培育期的关键。

（1）饵料

幼体培育阶段，应注重投喂适口和适量的活体饵料，以避免同一培育池出现参差不齐和防止因饵料不足引起幼体营养不良而大小不一。

（2）水质要求

盐度适宜范围为 25～35；水温宜控制在 20～26℃；溶解氧保持在 5.0～6.5 mg/L。

（3）水质监测

应定期监测水体氨氮、亚硝酸盐、硫化氢、化学耗氧量等水质指标，并控制在国家渔业水质标准规定的范围内。

7）病害防治

在幼体培育过程中，要坚持预防为主，防重于治。幼体培育前，幼体培育池及其他用具应进行彻底清洗和消毒。对活饵进行消毒，避免食物污染，发现感染病菌的蟹苗应及时处理。应以物理和生物防御为主进行病害防治，严禁使用国家禁用的各种抗生素和其他违禁药物。

8）蟹苗规格和质量

Z_{II} 期或 Z_{III} 期的一日龄或二日龄期幼蟹，幼蟹规格整齐，发育同步，软壳率小于 5%，无翻转、打旋现象，无黑化个体，手触逃避迅速，个体健壮。

5.4.2.9 蟹苗运输

（1）桶装运输

采用装苗桶带水充氧运输，桶内放置适当水草或网片，桶内水量以不超过桶容量的90% 为宜，适宜放苗密度为每升水体 300 只以内的仔蟹 II 期幼体，陆路可采用车运，应尽量避免路途颠簸。装苗和运输时间宜在 12 h 以内，途中不间断充氧，并采用遮阳措施避光，桶内温度宜控制在 18～23℃，可使用密封好的冰块降温。

（2）苗袋充氧运输

将苗种装入容积 20 L 或相近规格的双层无毒塑料袋，袋内放置经海水浸泡后的水草或稻草，再加入适量的海水，仔蟹 II 期幼体适宜装苗密度为每升水体 600 只以内，充氧扎口，气和水的比例宜控制在 2:1 左右，再装入塑料泡沫箱（800 mm×300 mm×450 mm）或相近规格的纸箱，每箱数袋，苗箱用胶带密封。装苗和运输时间宜在 8 h 以内，箱内可加入适量冰袋降温，袋内温度宜控制在 18～23℃。